中国科学院大学研究生教材系列

废弃资源循环与管理

张付申　主　编

张聪聪　副主编

科 学 出 版 社

北 京

内 容 简 介

本教材按照基础篇、应用篇和管理篇的逻辑编写，共 20 章，在兼顾知识全面性的基础上，重点介绍国内外固体废弃物管理、循环利用、处理和最终处置等方面的新理论、新方法、新技术和新工艺。基础篇分为 6 章，主要介绍固体废弃物材料化利用、能源化利用、前端处理和末端净化、工程应用等方面的基础知识，同时立足填埋、焚烧和生物处理，介绍了 CDM 项目实施、焚烧能源回用和生物处理产品资源循环的基础知识。应用篇分为 9 章，主要介绍石油行业、能源行业、矿产行业、冶金行业、典型化工行业、新型煤化工行业、污泥处理行业、电子电器行业和废弃生物质利用行业固体废弃物处理的基本原理与资源循环的国内外新技术与新工艺。管理篇分为 5 章，结合近年来固废行业的新发展，重点介绍了垃圾智慧管理、"无废城市"数字管理、城市矿产管理、建筑垃圾管理和危险废物管理的基本理论、分析评价方法和相关模式。

本书适合环境工程、环境科学、环境管理、环境监测等专业研究生、本科生的教学用书或参考用书，同时也可供科研机构、企事业单位、环境卫生管理部门从事固体废弃物研究、管理、经营、贸易、分析测试等人员参考。

图书在版编目（CIP）数据

废弃资源循环与管理 / 张付申主编. -- 北京：科学出版社，2025.3.
（中国科学院大学研究生教材系列）. -- ISBN 978-7-03-080990-2

Ⅰ. X7

中国国家版本馆 CIP 数据核字第 2024YM5294 号

责任编辑：李明楠　孙静惠 / 责任校对：杜子昂
责任印制：徐晓晨 / 封面设计：蓝正设计

科 学 出 版 社 出版

北京东黄城根北街 16 号
邮政编码：100717
http://www.sciencep.com

北京华宇信诺印刷有限公司印刷
科学出版社发行　各地新华书店经销

*

2025 年 3 月第 一 版　开本：720 × 1000　1/16
2025 年 3 月第一次印刷　印张：27
字数：542 000

定价：138.00 元

（如有印装质量问题，我社负责调换）

《废弃资源循环与管理》编委会

前　言

随着环境问题的日益突出和社会公众关注程度的不断提高，"固体废弃物"、"固体废物"频繁见于诸类媒体。中共中央、国务院高度重视固体废弃物资源化工作，对此作出了一系列重要指示和重大部署。在《国家中长期科学和技术发展规划纲要（2006—2020年）》中，"综合治污与废弃物循环利用"被列为环境领域的优先主题之一；党的十九大报告中，把"加强固体废弃物和垃圾处置"作为着力要解决的突出环境问题之一；党的二十大报告指出，推进各类资源节约集约利用，加快构建废弃物循环利用体系；国务院《关于加快发展节能环保产业的意见》中，把"深化废弃物综合利用"作为"发展资源循环利用技术装备"的核心；国务院《关于加快推进生态文明建设的意见》中明确将"废弃物综合利用"作为循环经济发展和生态文明建设的重要保障。

大家在查阅资料、阅读文献时，经常看到"固体废弃物"和"固体废物"的表述，经常有人询问这两个词如何区别？如何使用？实际上，"固体废弃物"与"固体废物"没有实质性的区别，是自然形成的两个词。根据科研、教学和企业相关人员的研究经历、工作环境、岗位特点、个人喜好等差异，不同人通常偏向于使用某个词。与国外交流比较多的研究或教学人员，大都倾向于使用"废弃物"。通过与企业的管理和研究人员交流发现，大多数企业也倾向于使用"废弃物"。在我国相关的法律法规中均使用"废物"，因此，研究或教学内容涉及法律法规条文比较多的相关人员，或者管理层面的人员，一般习惯于使用"废物"。列入危废管理的废弃物，在我国的台湾叫"有害废弃物"，在大陆主要用于管理和法律法规密切相关的文件中，称为"危险废物"。

固体废弃物一般包括生活源固体废弃物、电子废弃物、农业固体废弃物、工业固体废弃物、危险废物等。各类固体废弃物中均蕴藏着价值不菲的再生资源，生活源固体废弃物中含有大量的金属、高分子和无机非金属资源；电子废弃物中含有大量的金属和高分子资源，其中的稀贵金属备受青睐；农业固体废弃物中含有丰富的生物质资源；工业固体废弃物是矿产、冶金、石油、化工、能源、建筑等企业在生产活动中排放的各种废渣、粉尘和其他固体废弃物的总称，主要包括采矿废渣（废石、煤矸石、尾矿等）、燃料废渣（煤渣、粉煤灰、烟道灰等）、冶金废渣（高炉矿渣、钢渣、各种有色金属冶炼渣和各种粉尘等）、化工废渣（硫酸矿烧渣、电石渣、磷石膏、碱渣、煤气化渣、煤液化渣、磷渣、塑料废屑和橡胶碎屑等）、玻璃废渣、陶瓷废渣、造纸废渣、建筑废弃物和污泥等；危险废物中虽然蕴藏多种有价值的资源，但一般以管理和安全处置为主要目的。这些固体废弃物数量庞大、成分复杂、种类繁多，随着工业生产的发展，这些废弃物数量日益增加，大量堆积，不仅占用土地，污染环境，同时造成资源的浪费。

在我国，固体废弃物来源广泛，相当数量的固体废弃物并没有经过妥善的处理处置，长期堆存，占用大量土地，成为新的环境污染源，在一定程度上造成了环境公害。一般情况下，固体废弃物的环境污染与环境危害并不是简单的递进关系，不同种类的废弃物对环境的危害方式不同，同一类型的废弃物在不同环境条件下产生的危害也存在较大的差别，不同危害模式所造成的污染严重程度与修复成本相差悬殊，这充分说明了固体废弃物对环境污染的多样性和复杂性。由于固体废弃物管理与安全处理处置体系的科技支撑不足，垃圾围城、垃圾围村、垃圾扰民等现象广为存在。我国固体废弃物污染问题在世界上较为突出和复杂，集中表现在产生量大、成分复杂、有害介质多、长期堆存、粗放利用等。固体废弃物中含有重金属、有机污染物、病原微生物等多种有毒有害物质，长期堆存和粗放利用造成了严重的水-土-气复合污染，成为危害人体健康、影响生态环境安全、制约生态文明建设和行业可持续发展的重要因素。

固体废弃物中蕴含着丰富的可回收金属、非金属资源和能源。对固体废弃物进行科学有效的利用是世界范围内破解废弃物污染重大问题、突破战略资源短缺瓶颈、推动绿色循环产业发展的重要途径。从全生命周期的视角看，废弃物资源化可以替代原生矿产资源，有效降低原生资源开采引发的生态破坏与环境污染问题，并能显著促进节能减排。例如，对报废汽车零部件进行再制造，与新品制造相比，可节约成本 50%、节能 60%、节约原材料 70%，大幅度降低对环境的不良影响。许多发达国家把废弃物循环利用纳入高新科技发展规划，旨在推动资源循环利用新兴产业的健康发展。德国的废弃物循环利用产业每年创造 500 亿欧元产值，美国废弃物的年产值高达 2400 亿美元，我国的资源综合利用产值迄今已经突破了 2000 亿美元。废弃物循环利用可以替代原生资源、增强资源供给、有效控制环境污染，是突破我国资源环境瓶颈、大幅度降低资源对外依存度的突破口。研究表明，我国废弃物综合利用率每提高一个百分点，相当于新增资源量 8000 万吨，可以替代原生资源 5 亿吨。

随着我国工业化进程的加速推进，钢铁、水泥等产能过剩行业已经基本达到饱和，新型煤化工、新能源等新兴产业快速增长，新增工业固体废弃物的问题日益突出。近年来，固体废弃物引发的重大环境污染事故和社会群体性事件频发，"毒渣"、"毒地"事件时有发生，这些与固体废弃物的不规范粗放处置密切相关。当前，我国大量工业固体废弃物堆存已经使脆弱的环境难以支撑，成为"邻避"事件的主要诱因，实现固体废弃物源头减量、资源化利用与无害化处置已经成为当前迫切和重大的民生需求。

在固体废弃物管理和循环利用方面，欧洲及美国、日本等发达国家和地区的许多经验值得我们借鉴，这些国家和地区已经开始将互联网信息化技术应用于城镇固体废弃物的智能化识别、定位、跟踪、监控和管理。发达国家城镇生活垃圾收运工作比较规范，对每一类垃圾建立了分类、收运、处理的综合管理系统。日本形成了健全的法律和完善的规章制度；德国根据包装垃圾、有机垃圾和其他垃圾分别建立了一套相对独立和完整的收运体系；美国的垃圾回收产业正在全美产业结构中占有越来越重要的位置。迄今大部分发达国家已经形成以卫生填埋、焚烧发电、机械分选、堆肥发酵等为主流技术的生活垃圾处理体系。

我国的固体废弃物再利用主要面临四个重大挑战：一是固体废弃物循环利用与安全处置过程中污染物形态变化特征、迁移转化规律、二次合成机理不够明确，污染物多界面过程和在复合介质中的传输机制、环境因子间的耦合作用机理、人体健康危害方式和评价方法等研究不足，支撑核心技术的物质转化机理和工艺过程缺乏深层次研究。二是缺乏创新性的核心技术，制造设计能力受制于发达国家，成套先进装备大多依靠进口，且许多进口装备不能适用于我国固体废弃物的特点。例如，我国城市生活垃圾特性复杂、餐厨垃圾中油脂和盐分含量高、泥沙含量高等，其能源化利用面临着比发达国家更大的技术挑战。三是废弃物处理与循环利用过程中资源转化率低，资源化产品低端化，利用方式单一，二次污染和跨介质污染转移问题日益突出。例如，我国废旧电器电子材料综合利用率不到40%，而发达国家大多超过75%。四是目前我国已经进入新型城镇化加速、产业集聚增强、城乡融合凸显的全新发展阶段，跨产业间废弃物/副产品的代谢利用、循环经济产业链条以及区域综合集成示范亟待加强。

我国相继出台了《中华人民共和国固体废物污染环境防治法》、《危险废物经营许可证管理办法》、《关于办理环境污染刑事案件适用法律若干问题的解释》、《城市生活垃圾管理办法》等相关法律法规。应对我国废弃物产生量剧增及其污染问题的新挑战，迫切需要立足于经济社会发展趋势预测、产业发展与环保需求以及国际循环型社会建设动态的分析，针对产生量大且影响面广、环境危害突出、与民众切身相关和循环利用潜力大的废弃物进行攻关，突破关键技术与装备，促进产业化应用，强化科技成果与废弃物处理的融合。

固体废弃物是一门交叉学科，是随着国民经济发展的需要和环境健康的需求而产生的一门学科。二十世纪九十年代初，日本筹备成立废弃物学会，寻求与韩国和中国的合作，当时找到了韩国废弃物学会的信息，但没有发现中国存在废弃物学会。虽然我国的废弃物学科起步相对较晚，但由于我国国情的特点，形成了固体废弃物面广、量大、种类繁多、成分复杂、蕴藏资源丰富、环境污染突出等诸多特点，催生了这个学科的快速发展。

作为环境工程领域的应用性学科，固体废弃物学科的研究、教学和管理团队迅速壮大，新成果层出不穷，很有必要定期收集、归纳、整理、总结，形成系统性的学习材料，以便更好地推动固体废弃物学科的健康发展。目前，虽然面向环境领域本科生的固体废弃物方面的书籍较多，但面向研究生的高等教材和参考书比较匮乏。鉴于此，编者结合多年的科研与教学经验，组织编写了《废弃资源循环与管理》一书。本书在兼顾固体废弃物知识全面性的基础上，重点收集了近年来国内外不同行业固体废弃物处理、循环利用、管理、最终处置等方面的新理论、新方法、新技术和新工艺，适合作为环境工程、环境科学、环境管理、环境监测等专业研究生、本科生的教学用书和参考用书，同时也可供科研机构、企事业单位、环境卫生管理部门从事固体废弃物研究、管理、经营、贸易、分析测试等人员参考。

书中的部分插图得到了张军平、贺凯、阿来拉姑等的大力支持，在此表示由衷的感谢！

本书在编写过程中，得到了中国科学院大学的大力支持；本书的出版，得到了中国科学院大学教材出版中心的资助，编者在此一并致谢！

由于编者水平有限，编写时间又比较仓促，书中难免会存在疏漏之处，敬请读者批评指正，以便再版修订时加以改正。

编　者

2025 年 1 月于北京

目　　录

第1章 废弃资源材料化基础

内容提要与主要知识点

本章重点介绍材料的基本知识：废弃资源材料化利用的基本方法、关键技术和主要衍生产品。要求了解固体废弃物材料化利用的主要途径，结构材料与功能材料的区别与应用范围，固体废弃物衍生结构材料的特点与评价标准，固体废弃物合成功能材料的种类、特点与应用领域。

1.1 概　述

固体废弃物的主要处理方式包括填埋、焚烧和资源化利用，其中再生循环利用是目前国家鼓励的主要发展方向。材料化利用是固体废弃物资源化的主要途径之一，其中建筑行业是消纳固体废弃物的主流行业，包括制备水泥、混凝土、路基材料、建筑材料掺合料等，也可用作玻璃、陶瓷、饰面材料、保温材料、吸声材料、隔声材料等的原材料。

材料的分类方法多种多样，按照应用领域一般分为建筑材料、能源材料、电子材料、航空航天材料、核材料、环境材料、生物材料等；按照材料的物理化学属性一般分为金属材料、高分子材料、无机非金属材料和复合材料等；按照材料的性能和使用目的可以分为结构材料和功能材料等。

固体废弃物种类繁多，成分丰富而复杂，既可以用来制备结构材料，也可以用来制备功能材料。结构材料（structural material）是以材料的力学性能为基础，以其他物理性能和化学性能为辅助因素，用来制造受力构件所用的材料。功能材料（functional material）是指具有优良的物理学、化学、生物学功能的材料，这类材料涉及面广，包括光学功能、电学功能、热学功能、磁学功能、力学功能、声学功能、分离功能、吸附功能、催化功能、记忆功能、生命支持功能等。相对于通常的结构材料，功能材料除了具有机械特性外，还具有各自特定的功能特性。

1.2 固体废弃物合成结构材料

结构材料需要具有优异的力学性能，主要用于制造受力构件和承受建筑物荷载，应用于高楼大厦、民用房屋、桥梁、道路、水利设施、海底工程、核电设施、国防军事工程等建设，主要包括胶凝材料、砖瓦、砌块、陶瓷、玻璃、铸石、骨料等。1824 年英国建筑工人 Joseph Aspdin 发明的硅酸盐水泥，在建筑领域迅速得到应用和发展。迄今，水泥、混凝土、建筑砂浆已经成为世界各国不可或缺的建筑工程结构材料，为支撑全球的工业化以及城市的快速发展起着重要的作用。混凝土、建筑砂浆作为复合材料，一般含有多种组分，包括胶凝材料、粗骨料、细骨料、水、掺合料、外加剂等。在这些组分中，骨料约占混凝土、建筑砂浆总体积的 60%～80%，对结构起着支撑作用，是混凝土、建筑砂浆中最主要的组成成分。

1.2.1　建筑材料的组成与特点

1. 胶凝材料

胶凝材料是指在一定条件下经过自身的物理化学作用能够将其他材料胶结成整体，并具有一定强度的材料，其他材料主要指砂子、石块、砖瓦、砌块、纤维、板材等。按照硬化条件，胶凝材料一般分为气硬性胶凝材料和水硬性胶凝材料两种。气硬性胶凝材料只能够在空气中硬化和发展，保持其硬度，如镁质胶凝材料等；水硬性胶凝材料既能够在空气中硬化，又能够在水中硬化、发展并保持其硬度，如水泥等。水泥、钢材和木材并称为三大基础建筑材料。根据胶凝材料的组成不同，又可以将其分为有机胶凝材料和无机胶凝材料。有机胶凝材料最常用的有沥青、树脂、橡胶等，主要以天然或人工合成的高分子化合物为基本组成；无机胶凝材料最常用的有石灰、石膏、水玻璃、菱苦土、水泥等，主要以无机氧化物或矿物为基本组成，有时也把沸石粉、火山灰、粉煤灰、矿渣等活性混合材料视为无机胶凝材料。

2. 墙体材料

墙体材料主要包括普通砖、空心砖、蒸压砖和建筑砌块等。

（1）普通砖

普通砖指没有孔洞或孔洞率不大于 15%的砖。建筑用的普通砖种类很多，按所用原材料可分为黏土砖、煤矸石砖、粉煤灰砖、矿渣砖、灰砂砖、页岩砖、尾矿砖等；按生产工艺可分为烧结砖和非烧结砖等；按有无孔洞可分为实心砖和空心砖。烧结普通砖是指以黏土、页岩、煤矸石或粉煤灰为主要原料，经焙烧而成的普通实心砖。

烧结普通砖根据抗风化性能、泛霜、外观质量、尺寸偏差、石灰爆裂等分为优等品（A）、一等品（B）和合格品（C）三个等级。

普通砖的形状尺寸一般为 240mm×115mm×53mm，其强度等级的计算方式是取 10 块砖的抗压强度平均值，分为 MU30、MU25、MU20、MU15、MU10（其中 MU 表示烧结砖或砌块，数字表示强度等级）五个等级。

抗风化性能是评价普通砖耐久性的重要指标，通常利用抗冻性、吸水率和饱和系数三项指标进行评估。抗冻性的测定方法是将普通砖进行 15 次冻融循环处理，处理后不产生裂纹、分层、掉皮、缺棱、掉角等冻坏现象，且砖体的质量损失率低于 2%，强度损失率小于规定值；吸水率是指常温条件下在水中浸泡 24h 的质量吸水率；饱和系数是指在常温条件下浸泡 24h 的吸水率与在沸水中煮 5h 的吸水率之比。

泛霜是普通砖容易发生的现象，优等品一般要求无泛霜，一等品不允许出现中等泛霜，合格品不允许出现严重泛霜。

石灰爆裂是砖体膨胀破坏的一种现象，主要是由于原料中夹带有石灰，在高温熔烧时生成过火石灰，过火石灰在砖体内吸水膨胀。一般情况下，优等品不允许出现 2mm 以上的爆裂区域，一等品不允许出现 10mm 以上的爆裂区域，合格品中每组砖样 2~15mm 的爆裂区不得大于 15 处，其中 10mm 以上的区域不多于 7 处，且不得出现大于 15mm 的爆裂区。

烧结普通砖中的优等品可以用于砌筑清水墙，一等品、合格品可以用于砌筑混水墙，中等泛霜的砖不可以应用于潮湿的区域。清水墙是指砖墙外墙面砌成后只需要勾缝，不需要外墙面装饰，这类墙体对砌砖质量要求高，同时要求灰浆饱满，砖缝规范美观；混水墙则是指砌筑完后要整体抹灰的墙，墙体砌筑没有清水墙严格，但造价要高于清水墙。

（2）空心砖

空心砖指孔洞率大于 15% 的砖，它减轻了砖体的容重，同时提高了砖的绝热和隔声性能，可以节省制坯原材料 20%~30%，节省燃料 10%~20%，干燥和焙烧的时间短，易于焙烧均匀，烧成率高，同时可减轻自重的 1/4~1/3，提高工效 40%，降低造价 20%。空心砖中孔洞率介于 15%~35% 的称为建筑多孔砖，可以用作砌筑墙体的承重砖，孔洞率大于或等于 35% 的称为建筑空心砖，可以用作填充非承重砖。建筑空心砖的分级方法有多种，根据抗压强度大小分为 MU2.5、MU3.5、MU5.0、MU7.5、MU10 五个强度等级；根据表观密度大小分为 800、900、1100 三个密度级别；根据强度等级、尺寸偏差、外观质量和耐久性等综合指标分为优等品（A）、一等品（B）和合格品（C）三个等级。

（3）蒸压砖

蒸压砖的强度主要通过制砖时掺入一定量的胶凝材料或生产过程中形成一定的胶凝物质获得，而不是通过传统的烧结法获得。蒸压砖一般在高压状态下进行生产，由于压力大，材料中较多的气泡被挤出，从而制成坚硬的砖材。蒸压砖常采用石灰质原料、石膏、水泥、工业固废等材料制备，其质量硬度较高，耐磨性能好, 常被用于工业建筑、道路建设等。蒸压砖一般分为优等品（A）、一等品（B）和合格品（C）三个质量等级。

（4）建筑砌块

建筑砌块是用混凝土为主要原料生产的中、小型块状墙体材料, 高度大于 980mm 的称作大型砌块, 介于 380～980mm 的称作中型砌块, 介于 115～380mm 的为小型砌块。砌块的长度一般不超过高度的 3 倍, 高度不大于长度或宽度的 6 倍。根据用途不同建筑砌块可分为承重砌块和非承重砌块; 根据有无孔可分为空心砌块（空心率≥25%）和实心砌块（空心率<25%或无孔）; 根据材质不同可以分为硅酸盐砌块、混凝土砌块、轻骨料混凝土砌块和加气混凝土砌块等。

3. 铸石

铸石是硅酸盐结晶材料之一, 其耐磨性比锰钢高 5～10 倍, 比一般碳素钢高 10 倍以上, 耐腐蚀性比不锈钢、铝和橡胶高很多, 除氢氟酸和过热磷酸外, 其耐酸碱度接近 100%。此外, 铸石还具有良好绝缘性和机械性能, 因此, 铸石是钢铁、有色金属、合金材料、橡胶等材料的理想代用材料, 广泛用于工业生产设备中作为耐磨材料及耐酸耐碱材料使用。

4. 骨料

建筑工程上使用的骨料包括粗骨料、细骨料和轻骨料, 主要用于配制混凝土, 用量约占混凝土总体积的 80%左右。轻骨料是松散容重小于 $1200kg/m^3$ 的多孔轻质骨料的总称, 按来源分为工业废料轻骨料、人造轻骨料和天然轻骨料（表 1.1）。

表 1.1　轻骨料按来源分类

类别	轻骨料来源	主要品种
工业废料轻骨料	以工业废料为原料加工而成的多孔材料	膨胀矿渣、煤矸石陶粒、粉煤灰陶粒、粉煤灰漂珠、自燃煤矸石、煤渣等
人造轻骨料	以页岩、黏土、建筑垃圾等为原料加工而成的多孔材料	页岩陶粒、黏土陶粒、膨胀珍珠岩等
天然轻骨料	以天然形成的多孔岩石加工而成的多孔材料	浮石、火山渣、多孔凝灰岩等

1.2.2　固体废弃物制备建筑材料

1. 制备干混砂浆

干混砂浆是加水搅拌后可以直接使用的干混材料, 是近年来建材领域新兴的建筑材料。这种材料的特点是配比精准、性能稳定、使用简便，近年来在建筑领域得到了迅速发展和应用。干混砂浆的主要成分包括粗细骨料、胶凝材料、辅助胶凝材料、化学外加剂等。目前，已经应用于干混砂浆的工业固废包括粉煤灰、尾矿、矿渣、煤矸石、冶金渣、脱硫石膏等，主要用作辅助胶凝材料，改善干混砂浆的一些性能。

为了改善干混砂浆的工作性、流动性、凝结强度等性能，经常使用粉煤灰作为辅助胶凝材料，其作用在不同类型的砂浆中存在一定的差别，例如，将粉煤灰应用于保温砂浆中时，可以改善砂浆的工作性，提高保温效果；应用于自流平砂浆中则可以改善砂浆的流动性；应用于耐蚀砂浆中能够改善砂浆抗硫酸盐侵蚀。

在干混砂浆中还常常添加矿渣微粉，主要用于改善砂浆的强度和韧性，提高砂浆的抗折强度，矿渣在干混砂浆中发挥的作用和粉煤灰刚好相反。

为了改善干混砂浆的工作性能和力学性能，经常在砂浆中加入钢渣微粉。钢渣在形成过程中经历了高温烧结过程，相比粉煤灰和矿渣等工业废渣，钢渣的晶体晶格稳定，活性相对较低，再加上钢渣中含有的硅酸钙、钙镁橄榄石、铁铝酸钙等组分，赋予了其独特性能。在各种类型的钢渣中，风淬钢渣的颗粒呈球形，表观密度大，作为混凝土添加物时需水量较小，生产的混凝土抗压强度、抗折强度均高于普通混凝土。但是，钢渣混凝土的可泵性低于普通混凝土，且表观密度较大，对搅拌、运输、泵送设备的磨损比普通混凝土大。

2. 制备轻质骨料

作为一种新型建筑材料，轻质骨料具有密度小、抗渗性优异、耐冲击力强、耐热度高、抗震性强等特点，主要用于建造大跨度桥梁和高层建筑。粉煤灰、煤矸石、尾矿、矿渣、气化渣都可以用来生产轻骨料，主要用于制备轻质陶粒。此外，利用煤矸石还可以通过非成球法制备陶粒，基本方法是把煤矸石破碎到一定粒度，筛分后送入窑炉焙烧，生产的煤矸石陶粒的堆积密度主要取决于煤矸石的性质和组成成分。

3. 制备陶瓷产品

利用固体废弃物生产的陶瓷主要包括建筑陶瓷、多孔陶瓷、泡沫陶瓷、特殊功能陶瓷等，其中烧制多孔陶瓷等特殊功能的陶瓷对原材料的配比和烧制工艺均有较高要求。

一般认为，陶器（pottery）的发明并不是某一个国家独有的，它为人类所共有。而瓷器（china）是中国独有的发明创造，其具有优异的性能，通过丝绸之路输出到海外，使制瓷技术在世界范围得到普及，因此瓷器是中国对世界文明的伟大贡献之一。

陶器与瓷器的主要区别如下：

1）原材料不同：陶器一般使用黏土制坯烧成，而瓷器则需要选择特定的材料，一般以高岭土（因最早发现于江西景德镇东乡高岭村而得名）等作坯。

2）烧成温度不同：陶器烧成温度一般为700～1000℃，而瓷器的烧成温度一般为1100～1400℃。陶器坯体如果烧制温度过高，会把黏土烧熔成为玻璃质而不可能烧成瓷器。

3）烧制工艺不同：陶器以黏土为胎，经手捏、轮制、模塑、干燥、烧制而成；瓷器以瓷石、高岭土等为胎，经混炼、成型、施釉、彩绘烧制而成。

4）坚硬程度不同：陶器胎体硬度差；瓷器坚硬。

5）透明度不同：陶器不透明；瓷器半透明。

大多数工业废渣具有烧制陶瓷制品的潜在可行性，其中硅铝基废弃物是典型的代表。例如，粉煤灰主要由无定形玻璃体、莫来石、石英、方解石以及未燃尽残碳等组成，其化学成分和高铝黏土接近，可以用作烧制建筑陶瓷、玻璃陶瓷、泡沫陶瓷、多孔陶瓷和高性能陶瓷的原材料。煤矸石呈特殊的层状结构，含有碳素并且含氧化铝较低，内部二氧化硅呈分散分布状态，容易在高温条件合成碳化硅，进一步合成高性能复合陶瓷。硫磺废渣的成分主要是莫来石和赤铁矿，莫来石可以用作烧制一般陶瓷制品的原材料，而赤铁矿则具有双重作用，在陶瓷坯体中既可作为熔剂，又具有显色功能。

4. 制备玻璃类产品

硅铝基废弃物大多可以用作制备微晶玻璃的原材料。钢铁行业产生的钢渣和高炉渣，主要含有氧化钙、氧化镁、氧化铝、二氧化硅等成分，是玻璃的重要组成成分；钛渣可以直接作为矿渣微晶玻璃的原料，主要是因为其中含有20%左右的二氧化钛，在微晶玻璃制备中是性能优异的晶核剂和助熔剂；煤矸石可以用来制备泡沫玻璃，主要是其中含有一定量的可燃成分，在微晶玻璃生产过程中可以降低能耗，另外煤矸石燃烧时产生的气体有利于发泡，提高产品的孔隙率；粉煤灰是细小的颗粒，可以直接作为制备微晶玻璃的原材料，但由于其中氧化钙的含量低于矿渣，而氧化铝的含量高于矿渣，因此，需要与含钙较高的废弃物配合使用。

5. 制备建筑型材

我国建筑行业逐渐限制和禁止使用实心红砖，利用工业固体废弃物制备的实心砖和空心砖可以很好地替代传统的烧结红砖。煤矸石中含有硬质高岭土，其主要化学成分是 SiO_2、Al_2O_3、碱及碱土金属氧化物，可以用来生产承重多孔砖、外承重装饰砖、广场砖、道路砖、非承重空心砖等，利用煤矸石制砖工艺成熟，既利用了煤矸石中的黏土矿物又可以利用其储存的热量，实现废弃资源高效利用；

粉煤灰可以用来生产免蒸免烧墙体砖和粉煤灰硅酸盐水泥砌块，其中的建筑砌块是重点发展的墙体材料，粉煤灰砌块具有轻质、保温、防火等优点，很适合于现代建筑结构，具有良好的发展潜力；以煤渣和工业废渣为主要原材料，可以生产煤渣水泥空心砖，这类生态砖可以节约用料，降低砌体的造价成本，并且具有隔声、隔热、防寒的优异性能；将钢渣、砂子和石子等制成钢渣砖，产品的力学性能优异，渗水性好；由于钢渣中含有钙镁等可以被碳酸化的成分，通过碳酸化养护方式可以储存温室气体，可以为"双碳"战略的实现作出贡献。锰渣经过物理或化学活化后，可以生产建筑砌块，活化处理可以生成水化硅酸钙和水化铝酸钙，从而增加产品的强度；磷尾矿作为惰性填料，可以用于制备蒸养砖、发泡混凝土、硅酸钙板和轻质墙板等；以尾矿为主要原材料，加入的骨料和胶凝材料等加水成型养护后，可以生产尾矿免烧砖。

6. 制备生态水泥

生态水泥（ecological cement）是利用各种工业废渣、烟道灰、生活垃圾焚烧灰渣、市政污泥等废弃物为主要原材料，添加助剂，经过煅烧、粉磨形成的水硬性胶凝材料。生态水泥的生产能够降低废弃物处理的负荷，节省资源、能源，达成与环境共生的效果，因此，生态水泥的基本功能除了作为建筑材料外，还可以维护人体健康、保护环境。生态水泥的生产工艺与普通水泥类同，主要经过生料制备、烧成工序、球磨工序等得到熟料，然后掺加缓凝剂石膏，经过粉磨后即成生态水泥产品。生态水泥的烧成温度一般在 $1000 \sim 1450\,^\circ\mathrm{C}$ 之间，生产过程中燃料用量与二氧化碳的排放量都比普通水泥少，具有良好的生态环保和减排效果。因此，生态水泥不仅仅是一种水泥，它在环境、健康、安全等多方面体现了水泥功能的多重性。对生态水泥的评价需要从原料来源、原料制备、生产过程、使用过程、废弃物处置能力、能源利用、二氧化碳排放、环境友好性等多个方面综合考虑。

很多工业固体废弃物都可以用作烧制生态水泥的原材料，例如，煤矸石可以部分代替黏土配制水泥生料，也可以替代部分燃料烧制硅酸盐水泥熟料；粉煤灰是常用的水泥添加原料，主要功能是作为掺和料或者作为黏土组分生产水泥熟料，另外，也可以作为砂浆掺和料或者混凝土的掺和料添加到水泥中；煤矸石具有一定的潜在活性，可以添加到水泥中作为混合材，与熟料和石膏按比例配合磨细生产硅酸盐水泥。此外，铁尾矿、铜尾矿、铅锌尾矿等都可以用作水泥的矿化剂和铁质原料烧制水泥熟料，能够降低水泥熟料烧成能耗，减少水泥生产成本，提高熟料产量和质量。

7. 制备秸秆复合建筑材料

（1）秸秆水泥复合材料

秸秆是有机材料，水泥是无机材料，这两种材料的性质差别很大，通常情况下复合困难，主要原因是秸秆中存在羟基官能团，具有亲水性和强极性，吸湿后的秸秆体积大幅度膨胀，导致复合时秸秆与水泥基体之间的界面黏结性很差；另外，秸秆中含有大量的糖类、木质素等物质，在水泥的碱性环境中容易浸出，浸出后会在水泥颗粒表面形成吸附层，对水泥产生束缚作用，影响其水化的进程，降低水化速度，在较大程度上影响秸秆纤维水泥复合材料的强度。为了解决上述问题，可以先用碱性溶液对秸秆进行处理，去除植物纤维表面的蜡质，增强纤维和水泥基体的界面黏结能力，另外，在水泥中添加适量偏高岭土，可以降低水泥的碱性，提高纤维的增强效果。在秸秆水泥复合材料制备中，随着秸秆纤维掺入量的增加，复合水泥基材料的抗折、抗压强度逐渐增大，脆性降低，柔韧性得到明显提高。

（2）秸秆石膏复合材料

石膏制品具有抗压强度高、抗折强度低的特点，在石膏中掺入秸秆类增强材料后，可以在一定程度上提高产品的力学性能。但是，秸秆纤维容易吸水，其与石膏基体界面的黏结性能较差，导致秸秆纤维对石膏性能的改善效果不佳。解决这个问题的主要方法是对秸秆纤维进行碱处理，从而可以改善植物纤维-石膏基复合材料的力学性能，如果再用聚乙烯醇对秸秆纤维进行包覆改性，可以进一步改善其与石膏界面的结合能力，使复合材料的力学性能和防水性能得到较大程度的提高。

（3）秸秆复合墙体材料

秸秆复合墙体材料是以秸秆为原材料压制而成的一种环保生态建筑材料，具有良好的热工性能，节能、保温性能优良。这类墙体材料在实际生活中得到了一定程度的应用，但存在诸多问题，主要是秸秆中含有较高的硅，在纤维中容易形成非极性表层结构，影响对胶黏剂的吸附和氢键的形成，从而降低秸秆板材的强度；再者，秸秆表面有蜡质层，会影响胶液进入秸秆内部，大幅度降低胶液与羟基发生化学反应的能力，从而影响秸秆板材的质量。通过对秸秆表面进行碱处理，再配合有机硅改性酚醛树脂胶黏剂的使用，可以使秸秆板材的主要力学性能得到较大程度的提高。

（4）秸秆纤维砌块

秸秆纤维砌块是将秸秆压缩块放入混凝土空心砌块中制成的混凝土夹心砌块，这类材料制作简单，热工性能与隔热性能优越，同时还具有成本低、无污染、建造简单等优点。在高温高湿环境中，纤维混凝土夹心秸秆压缩块砌块内部的秸秆不会发生霉变，主要是由于秸秆砌块外面的塑封膜和混凝土对其起到了隔离水分的作用，同时秸秆砌块利用石灰浆作为胶凝剂，石灰浆的碱性可以有效地抑制霉菌的生长。

（5）类木塑复合材料

类木塑复合材料与木塑复合材料类似，主要区别是用秸秆等废弃物替代木粉制备复合材料。木塑复合材料是以木粉和热塑性塑料为主要原材料，加入偶联剂、改性剂、交联剂、润滑剂、填料等辅助材料，经过熔融热压制成的一种复合材料。近年来，由于木材加工废弃物的匮乏，人们尝试利用秸秆替代木粉生产复合材料，主要是由于秸秆中含有丰富的纤维素，具有一定的强度和韧性。但是，由于秸秆表面含有蜡质等成分，需要经过碱改性处理后，方可代替木粉与塑料复合制备类木塑复合材料，生产的产品具有良好的资源优势和价格优势。类木塑复合材料主要用于生产建筑板材、活动板房板材、门窗、楼梯扶手、装饰材料等。

8. 直接再生循环利用

根据固体废弃物的组成与结构特点，有些可以在现场加工处理后直接应用，比较典型的是建筑类废弃物，这类废弃物主要产生于各类建筑物及其辅助设施的建造、翻新、改造、装修、拆除等过程，主要由废弃混凝土、碎砖瓦、渣土、废沥青、废旧管材、木材、玻璃、陶瓷、墙体涂敷材料等组成。由于施工现场多数处于市区或居民集中区，普遍对环境要求较高，这类废弃物经过现场加工处理后，可以利用移动式破碎分选工作站，实现就地利用。

1.3　固体废弃物合成功能材料

功能材料具有优良的电学、磁学、光学、热学、声学、力学、化学、生物学功能，这类材料是新材料发展与创新的核心，在国民经济和社会发展中起着重要的支撑作用。近年来，随着各类环境问题的日益凸显以及环境工程事业的迅猛发展与需求，环境功能材料脱颖而出，成为人们关注的热点。环境功能材料具有独特的性能，包括环境协调性、先进性和舒适性，在污染控制、环境净化、舒适环境营造、清洁能源转化等方面发挥着越来越不可替代的作用。

环境功能材料主要包括多孔材料、吸附材料、催化材料、絮凝材料、噪声污染控制材料、吸水贮水材料、能源转化材料、氧化还原材料、黏结材料等。利用固体废弃物再生合成的环境功能材料归纳起来可以分为以下几类。

1.3.1　多孔材料

根据国际纯粹与应用化学联合会（International Union of Pure and Applied Chemistry，IUPAC）制定的孔分类标准，多孔材料可以分为微孔材料（孔径＜2nm）、介孔材料（孔径 2～50nm）和大孔材料（孔径＞50nm）。

废弃高分子类的废旧塑料、废旧橡胶和废旧纺织品都可以用来合成具有一定孔结构、比表面积和孔隙率的多孔功能材料,产品具有良好的物理化学性能,目前合成最多的是多孔碳材料。制备性能优异的多孔碳材料需要事先进行活化,常用的活化方法包括物理活化法、化学活化法和模板碳化法。模板碳化法可以用来制备具有纳米孔结构的优质材料,并且可以定向调控碳纳米材料的形貌与结构,广泛应用于多孔碳材料的制备。碳化温度、废旧聚合物的类型及反应物质量比是影响多孔碳材料孔结构的主要因素。例如,以碳酸钙为硬模板,可以将废旧聚四氟乙烯转化成纳米多孔碳微球;采用模板碳化法,以氧化镁为模板和裂解催化剂,在适宜温度下可以将废弃聚苯乙烯转化成多孔碳纳米片和中空碳球。

1.3.2　吸附材料

吸附材料一般包括活性炭类、树脂类、沸石类、生物类、非金属氧化物类、复合吸附材料等。表 1.2 中列出了几类典型的吸附剂。

表 1.2　水处理中典型的吸附剂

常见种类	已报道吸附剂	处理对象
黏土矿物类	高岭土 膨润土 硅藻土	城市生活污水 含酚废水 含亚甲基蓝和孔雀石绿染料废水
工业废渣类	沸石 坡缕石 活性氧化铝 煤矸石 活化煤 粉煤灰	碱性染料废水 放射性废水 草甘膦生产废水 洗浴废水 印染废水 含酚废水
生物类	赤泥 农林废弃物 壳聚糖 活性污泥	印染废水 有机废水 染料活性黑 5 废水 甲苯废水
活性炭类	活性炭 碳纳米管 有序介孔碳 生物质炭 石墨烯	原水中有机物 三氯甲烷废水 大分子染料废水 4-硝基甲苯溶液 亚甲基蓝废水
树脂类	大孔树脂 壳聚糖基复合材料 硅胶基复合材料 聚氨酯复合材料 石墨烯基复合材料	渗滤液中有机物 工业废水 饮用水中狄氏剂 苯酚废水 磺胺类抗生素废水

1. 碳基吸附剂

活性炭是一类性能优异的吸附材料，被广泛应用于饮用水净化、废水处理、尾气净化等诸多领域，这类材料比表面积大、孔隙结构发达、表面官能团丰富，对有机物具有良好的吸附去除效果。碳纳米管是一类新兴的碳基吸附材料，具有比表面积大、表面活性高、网状微孔通道丰富的特点，对有机物吸附的机制主要体现在疏水作用、氢键作用、π-π 键作用、静电作用等方面。有序介孔碳具有比表面积大、孔体积大小适中的特点，具有良好的吸附性能，其吸附容量高于一般的活性炭，而且重复再生利用率比活性炭高。生物质炭是一种由农林秸秆或有机废弃物在无氧或缺氧条件下经过高温裂解、炭化而制成的固体碳材料，具有一定的吸附性能，并具有高的热值和良好的化学稳定性，它是一种再生资源。石墨烯是单原子层的二维晶体，具有六角形蜂巢晶格状二维点阵结构，只有层数在十层以下的石墨才可以看作是二维结构的石墨烯。石墨烯的理论比表面积高达 $2630m^2/g$，具有很强的吸附性能，且制备过程简单，可用于多种污染物的去除。

2. 树脂类吸附剂

吸附树脂具有网状结构和高的比表面积，是一类富含离子交换基团、具有大孔结构的高分子吸附剂，对特定的有机物具有富集吸附作用。吸附过程中，树脂表面的吸附基团可以与溶液中的目标分子结合，形成特定的有机化学物质，从而使溶液中的目标物质吸附在树脂表面。吸附树脂的理化性质稳定，不溶于酸、碱和有机溶剂，其吸附性能与活性炭相似，吸附特性与范德华力或氢键有关，其吸附过程不受无机盐等杂物干扰。

3. 生物类吸附剂

生物类吸附剂包括藻类、微生物、动植物碎片、生物有机体、农林废弃物、壳聚糖、活性污泥等。农林废弃物主要有农作物秸秆、木屑、稻壳、甘蔗渣、花生壳、橘子皮、玉米芯、茭白叶等，这些材料富含纤维素和木质素等天然高分子，分子链上分布有大量羟基、羧基等活性基团，对水体中污染物质具有良好的絮凝和络合吸附作用。为了提高农林废弃物的吸附性能，常常对其进行改性处理，主要方法包括焙烧、水解、接枝共聚、醚化、酯化等。例如，利用磷酸可以对稻草秸秆进行改性，通过碱洗可以提高稻壳灰的吸附性能。

活性污泥是一种生物絮凝体，具有发达的孔结构、丰富的胞外聚合物和较大的比表面积，其中蕴含的大量微生物与有机物，含有大量的官能团，具有良好的吸附能力。利用污泥制作吸附剂的方法主要包括热解和活化，活化方法包括物理法和化学法。利用水蒸气、二氧化碳活化属于物理活化,利用 $ZnCl_2$、H_3PO_4、$NaOH$、$FeCl_3$ 等活化属于化学活化。

4. 钙基吸附剂

生活源废弃物、工业废弃物、矿物加工废弃物等含钙高的物质经预处理除去杂质后,均可以制备钙基 CO_2 吸附剂,主要用于去除气相 CO_2。钙基吸附剂掺杂不同的改性物质或载体后,能够形成层状或多孔状结构,大幅度提高比表面积,增加孔径,提高吸附效率。

废弃蛋壳、贝壳、鱼骨、造纸白泥等高钙含量的生物质废弃物是制备 CO_2 吸附剂的理想原材料。废弃蛋壳煅烧后制备的钙基 CO_2 吸附剂的碳酸化率高于市售碳酸钙,但其性能下降较快;贝壳、鱼骨类等原料由于微量元素的存在,制得的吸附剂失活相对较慢;造纸白泥的主要成分是碳酸钙,经预处理去除杂质后,添加掺杂剂改性可以制备 CO_2 吸附剂,具有较高的吸附性能。

电石渣的主要成分是氢氧化钙,呈多孔质结构,内部疏松,比表面积较大,对 CO_2 具有良好的吸附性能;同时,电石渣中含有少量氧化铝,在高温煅烧过程中氧化铝与钙能够反应生成 $Ca_{12}Al_{14}O_{33}$,其具有良好的骨架支撑作用,可以有效提高电石渣基吸附剂的稳定性和循环利用性能。

大理石中碳酸钙的含量达到 50%以上,主要由石灰石、方解石、白云石、蛇纹石、氧化钙、碳酸镁、二氧化硅等组成,结晶度高。大理石作为石材,在切割和抛光过程中会产生 20%以上的边角料废料,这些废弃物可以作为钙基 CO_2 吸附剂的原材料使用。利用大理石粉末制备的钙基 CO_2 吸附剂比商业碳酸钙制得的吸附剂具有更好的循环稳定性。

粉煤灰是煤燃烧后从烟气中收集捕获的细灰,是煤电厂排出的主要固体废弃物。粉煤灰具有高比表面积、高孔隙率以及低使用成本的特点,经常被用作吸附剂的改性材料。例如,钙基 CO_2 吸附剂能够与粉煤灰中的二氧化硅和氧化铝发生反应,生成钙硅氧化物和钙铝氧化物,通过两者的交互与叠加作用,可以有效增大吸附剂的比表面积,提高孔隙率,降低气体扩散的阻力,达到提高吸附性能的目的。

钢渣中的钙含量较高,吸附性能良好,其中电炉钢渣的吸收性能优于转炉钢渣。钢渣中的氧化铝与氧化钙结合成为钙铝氧化物后能够作为吸附剂的支撑骨架,从而在高温下抵抗吸附剂烧结变形,氧化镁能够阻止吸附剂颗粒间的烧结团聚。研究发现,多种物质复合可以提高吸附剂的循环吸附性能和吸附速率,例如,钢渣与钙基 CO_2 吸附剂复合后,钢渣中的 $Ca(OH)_2$、CaO、C2S 及 C3A 等矿物均可与 CO_2 发生化学反应生成碳酸钙,且不会影响钢渣的进一步利用。

固体废弃物制备高温钙基 CO_2 吸附剂的优势是来源广泛、成本低廉、促进资源循环、减少环境污染等。但利用废弃物改性钙基 CO_2 吸附剂存在诸多问题，包括：废弃物中的杂质元素含量高、成分复杂，容易对吸附剂产生负面影响，且影响机制复杂，同时碳酸化吸附率较低。

5. 复合吸附材料

复合吸附材料主要包括无机/无机、无机/有机、有机聚合物等。各种材料复合一方面可以改善材料的原有性能，另一方面又赋予复合材料新的功能。

1.3.3　催化材料

催化材料在能源开发、环境治理、化工合成、医药合成等领域已经得到了广泛的应用。目前，常见的催化材料主要有稀土催化材料、纳米催化材料、贵金属催化材料等，但这些催化材料的制备原料均较昂贵，生产成本高，限制了其实际应用。固体废弃物成分复杂，蕴藏着丰富的化学物质，可以用来合成多种多样的催化材料。

高分子废弃物经过物理、化学改性或裂解碳化得到的材料，有些具有催化性能，有些可以作为催化剂的载体。将混合塑料在改性蒙脱土/Co_3O_4 的催化作用下裂解可以制备高度石墨化的介孔中空碳球，通过改变催化剂 Co_3O_4 的含量，可以控制碳球的直径，而且介孔中空碳球表面含有—OH、C=O 和—COOH 官能团，介孔尺寸在 2～5nm 之间，这类介孔中空碳球可以作为催化剂载体、吸附剂、存储介质，也可以作为其他中空材料合成的模板。

粉煤灰中含有大量的 SiO_2、Al_2O_3、Fe_2O_3 等多种组分，具有多孔性、比表面积大的特点，在催化领域具有一定的应用潜力，其利用方式包括：①作为催化剂直接应用于催化反应中；②作为催化剂载体用于负载活性组分；③用于合成具有催化性能的沸石分子筛。

赤泥是由多种氧化物构成的强碱性非均相混合物，在催化合成领域具有一定的应用前景，主要集中在两个方面：①通过表面改性增大其比表面积，可以作为活化成分或催化剂载体直接应用于催化反应；②利用赤泥中含有的 Fe_2O_3，制备铁基催化剂，可以催化碳氢化合物的活化反应。但是，赤泥的催化性能低于一些商业催化剂，因而需要经过酸化、硫化、煅烧等处理提高其催化活性。

铝渣中含有金属铝和铝氧化物，以铝渣为原料，磷酸和三乙胺为结构导向剂，可以制备具有催化性能的 $AlPO_4$-5 型沸石。此外，废弃铝渣可以与钢铁酸洗废料反应制备 Fe_xO_y/Al_2O_3 催化剂，其中含有高度分散的 α-Fe_2O_3 和高比表面积的 γ-Al_2O_3 粒子，这种催化剂在乙醇脱水制乙醚的反应中，表现出较高的选择性，并且催化活性可调控。另有研究发现，通过高温煅烧、H_2SO_4 酸浸、氨水沉淀等方式处理铝渣，可以进一步制备具有高催化活性的 η-Al_2O_3。

木粉中含有大量的纤维素、半纤维素和木质素，通过炭化、磺化法可以制备生物质固体酸催化剂，这种催化剂可以催化醇与油酸的酯化反应，制备生物柴油。生物质炭基固体酸催化剂具有催化活性高、可重复利用、价格低廉以及环境友好等特点，是具有潜力的绿色催化剂。

1.3.4　吸水材料

利用废弃高分子聚合物为原材料，在引发剂和交联剂的作用下，通过高分子化合物与亲水性物质间的自由基反应，进行接枝共聚，可以合成高性能吸水性树脂。高性能吸水性树脂是一种富含强亲水性基团，通过物理和化学交联形成的具有三维网络结构的新型高分子环境功能材料，具有优异的吸水和保水性能，可吸收自身质量几百倍甚至上千倍的水量。这类材料主要应用于医疗卫生、农林园艺、废水处理及建筑等领域。

1.3.5　噪声污染控制材料

噪声污染控制材料主要包括吸声材料和隔声材料，这类材料主要用于控制交通运输、现代化工业及娱乐服务等行业产生的噪声污染。利用高分子废弃物合成的噪声污染控制材料主要包括两类：①把废弃高分子材料作为复合物的基体，结合添加各种填料、改性剂或进行声学结构设计等手段制备功能各异的新型声学材料；②把废弃高分子材料作为添加剂或填充物，用于改善一些材料的吸声和隔声性能。

利用废弃高分子材料制备的声学材料包括木塑和石塑等，主要利用热压、混炼和接枝等手段使高分子材料与其他组分相混合以达到相应的力学、声学等特性，这类材料的特点是密度较小并且易加工成型。

1.3.6　絮凝材料

絮凝剂是一类能使悬浮液中的细微颗粒凝聚、沉降的物质，种类繁多，一般分为无机絮凝剂、有机絮凝剂、微生物絮凝剂和复合絮凝剂。

无机絮凝剂应用广泛，生活用水净化、工业用水除杂、各类废水处理都会用到这类材料，同时在食品行业、化工行业、发酵工业等领域均有广泛应用。无机絮凝剂按金属盐种类可分为铝盐系和铁盐系两类，按阴离子成分可分为硫酸系和盐酸系。铝盐系和铁盐系絮凝剂价格低廉，絮凝效果优异，但在应用中容易对设备造成腐蚀，使用量过大会显著地增加污泥的金属含量，一般每吨干污泥增加金属 25～50kg，同时还会带来一系列的环境问题，如铝盐具有神经毒性，铁盐会增加尾水的色度等。

有机絮凝剂包括天然有机高分子絮凝剂和合成有机高分子絮凝剂，天然有机高分子种类繁多，主要包括改性淀粉、壳聚糖、聚氨基葡萄糖、藻酸钠、几丁质等，合成有机高分子絮凝剂包括聚乙烯亚胺、聚苯乙烯磺酸盐、聚丙烯酰胺及其衍生物等。天然高分子絮凝剂一般无毒、能安全降解，但絮凝活性较弱、成本较高，限制了其应用。相比之下，合成絮凝剂用量小、絮凝速度快、受外界因素影响小，应用较为广泛，但有些对环境的负荷较大，例如，聚丙烯酰胺及其衍生物虽然本身无毒，但难以生物降解，容易造成二次污染，其单体的残留会造成强烈的神经毒性，是强致癌物。

微生物絮凝剂是一类高分子聚合物，这些物质在微生物生长过程中产生，可以使水体中的固体悬浮颗粒、菌体细胞及胶体粒子等凝集而沉淀，这类絮凝剂一般无毒无害、可降解、易于分离沉降、适应范围广、不产生二次污染，是一种高效安全的絮凝剂。微生物絮凝剂主要包括：直接利用微生物细胞的絮凝剂、从微生物细胞提取的絮凝剂、微生物细胞代谢产生的絮凝剂等。能够产生絮凝剂的微生物种类很多，在霉菌、酵母菌、放线菌、细菌中都存在，其来源广泛，在土壤、活性污泥等各种菌源中均可筛选分离出来，并且可以采取生物工程的手段实现产业化生产。目前，微生物絮凝剂存在的主要问题是发酵工艺尚不成熟、成分和絮凝效果不稳定等，使其利用受到一定程度的限制。

利用固体废弃物可以制备多种絮凝剂，例如，以钛白粉生产中的副产物硫酸亚铁和废硫酸为原料，在一定压力和温度下，添加适量的双氧水为氧化剂，亚硝酸钠为催化剂，经氧化、水解和聚合过程制备无机絮凝剂聚合硫酸铁；以钢铁生产过程中产生的固体废弃物为原材料，用硫酸酸解，得到含铁硫酸盐与含铝硫酸盐混合溶液，经氧化、水解、聚合可以制备含铁、铝的高分子絮凝剂；以铝生产和加工过程中产生的铝渣、铝屑、铝灰等为原材料，通过酸溶、水解、聚合反应，可以制备含铝的高分子絮凝剂。

粉煤灰中含有 SiO_2、Al_2O_3、Fe_2O_3 等成分，通过改性，可以利用其中的硅、铝、铁等制备无机高分子聚硅酸盐絮凝剂，这类絮凝剂与传统铁盐和铝盐絮凝剂相比，成本低，性能好，与有机高分子絮凝剂相比，可以避免带来毒性及降低引起水体二次污染的风险，并且价格低廉。利用粉煤灰还可以制备含硫系列絮凝剂，包括聚合硫酸铁絮凝剂、聚合硫酸铝铁絮凝剂、聚合硅酸铝铁絮凝剂、聚合氯化硫酸铝铁絮凝剂等。粉煤灰絮凝剂在制备过程中一般需要对粉煤灰颗粒进行酸处理，这样可以在颗粒表面形成凹槽和孔洞，能吸附脱稳胶粒，同时絮凝剂中的水解物质可以形成许多复杂的多核络合物，有利于吸附废水中悬浮的胶体杂质，絮凝剂中还含有 $Al_2(SO_4)_3$、$FeCl_3$、$AlCl_3$、$Fe_2(SO_4)_3$、$FeSO_4$、H_2SiO_3 等成分，对悬浮颗粒能进行网捕，有利于混凝的吸附架桥。

1.3.7　黏结材料

利用废弃塑料和废弃橡胶可以制备黏结材料，一般先将废弃塑料分解得到多元醇，然后制备各种黏结剂；废弃橡胶则可以简单处理后直接利用。利用废弃尼龙、聚丙烯、聚氨酯和聚乙烯材料代替黏合剂制备的复合木板，其剪切强度在 $5.6 \sim 10MPa$，超过工业胶合板强度一倍以上。

1.3.8　还原材料

固体废弃物作为还原材料主要应用于金属冶炼和一些特定的材料合成。在炼铁工业中，高炉喷吹废塑料已经是一项比较成熟的技术，主要是将废塑料分选、破碎和去除聚氯乙烯后，喷入高炉下部，在高温和还原性气氛下废弃高分子被还原成 H_2 和 CO，这些气体在上升的过程中将铁矿石还原。焦炉处理废塑料技术也称为炼焦炉高温干馏技术，是利用焦炉以及化工产品回收系统，在 $1100℃$ 的高温还原性气氛及全封闭的条件下将废塑料和煤同时转化为焦炭（20%）、焦油（40%）和焦炉煤气（40%），实现废塑料的综合利用。研究表明，1%废塑料的加入量不会对焦炭的转鼓指数和焦炭反应强度造成明显影响，而2%以上废塑料的加入量即可造成焦炭强度下降。将1%的废塑料和2%的焦油沥青混合破碎后与炼焦配煤共焦化，可以得到反应强度显著升高的优质冶金焦炭。煤中添加1%的废橡胶颗粒同样可以提高冶金焦化产品的质量。日本新日铁公司已经成功将废塑料与煤炭的共炼焦技术投入生产，该公司利用该技术每年处理废塑料达数百万吨。另外，废弃高分子聚合物在高炉喷吹和焦炉处理的应用中均可以有效控制钢铁厂 CO_2 的排放。电弧炉炼钢时，通常使用无烟煤和焦炭作为炉渣发泡剂、炼钢还原剂和增碳剂。废塑料和废橡胶可以作为传统碳基材料的替代品，在炼钢的过程中发生液化、燃烧并参与还原氧化铁的反应。

思 考 题

1. 何谓结构材料？固体废弃物可以制备哪些类型的结构材料？
2. 何谓胶凝材料？分为几类？分别具有哪些特点？
3. 简述陶器和瓷器的主要区别。
4. 何谓生态水泥？利用粉煤灰制备生态水泥时，粉煤灰的主要作用表现在哪些方面？

5. 举例说明秸秆复合材料的特点。

6. 何谓功能材料？固体废弃物可以制备哪些类型的功能材料？

7. 根据国际纯粹与应用化学联合会制定的孔分类标准，多孔材料分为几类？孔径分别是多少？

第2章 废弃资源能源化基础

内容提要与主要知识点

　　本章重点介绍废弃资源能源化利用的基本概念、方法、关键技术和主要衍生产品。要求了解废弃资源能源化利用的主要途径与相应产品，生物质废弃物热解、气化、液化、生物转化处理的理论基础与相互区别。

2.1 概　　述

　　固体废弃物能源化是通过物理、化学、高温、生物等处理使废弃物转化成便于利用的能量形式或能源产品的过程，包括热解、气化、液化、碳化、衍生燃料化、焚烧、熔融、发酵、成型等多种方式。生活垃圾焚烧发电和发酵生产沼气是有机固体废弃物的主要能源化利用方式，来自农业、林业、畜牧业的固体废弃物都可以成为能源化利用的主流，部分工业固体废弃物和危险废物也可以实现能源化利用。

2.2 热　　解

　　热解是在无氧或缺氧条件下，利用有机固体废弃物的热不稳定性，在高温条件下使有机大分子的化合键断裂，转化成小分子量的可燃气体、液体燃料和焦炭等的过程。相比传统的焚烧技术，热解是在还原性气氛条件进行，烟气和飞灰产生量小，NO_x、SO_x 污染物的排放量低，可以有效控制二噁英生成。

　　热解的主要产物包括：①以 CO、H_2、CH_4 等低分子碳氢化合物为主的可燃气体；②以 CH_3COOH、CH_3COCH_3、CH_3OH、芳烃、木醋酸、焦油（苯、萘、蒽、酚、苯胺、喹啉、吡啶、芘和菲等）等为主的液态燃料；③以炭黑、炉渣为主的固态物质。例如，城市生活垃圾中，塑料类废弃物热解的主要气态产物是 H_2、CH_4、C_2H_6、C_4H_6、C_6H_6 和 C_7H_8，具有很高的热值；纸类废弃物热解的主要气态产物是非烃类化合物（H_2、CO、CO_2 和 H_2O）和碳氢化合物（$C_{1\sim5}$ 等）；木质类废弃物热解的主要气态产物是 H_2、CO、CO_2、CH_4、C_2H_4、C_2H_6 和 C_3H_8。

　　有机固体废弃物热解分为低温热解（<400℃），产物以木炭为主；中温热解

（400～700℃），产物以生物油为主；高温热解（700～1000℃），产物以可燃气体为主。最初生物质热解的主要目的是得到固体产物，热解得到的生物油中氧的含量较高，这些氧的存在使得油的活性高、不稳定，不适合用已经成熟的化工方法处理，给后处理带来不便，并且由于较高的操作条件，热解会使芳香化合物和碳链之间发生交联反应，生成较多的焦油，降低转化率。

　　高温热解可以分为慢速热解和快速热解，慢速热解操作方便，得到的产物主要为固态，随着升温速率的提高，固体产物减少而液体产物增加，所以在以生物油为目的的生物质高温热解过程中需要采用快速热解。快速热解的具体要求是：①原料颗粒足够细小以保证较快的热传输速率；②必须对反应温度进行严格控制以提高液体产物的产率和品质；③尽量减小产物在反应器中的停留时间，一般应控制小于 2s 以防止其发生二次交联反应而向固体产物转化；④需要对热解得到的气体及浮质进行快速冷凝，目的是防止二次反应的发生。典型的快速热解升温速率为 1000～10000℃/s，最终温度一般低于 650℃。

2.3　气　化

　　固体废弃物气化是在还原性气氛下，有机组分的热解产物（热解碳、挥发分、焦油等）与气化剂反应，发生进一步热解、氧化、重整等热转化，生成含 CO、H_2、CO_2、CH_4 等混合气的过程。气化剂一般为空气、氧气、水蒸气、二氧化碳等。气化的原理是在一定的热力学条件下，借助气化剂的作用，使有机物中的高分子聚合物发生热解、氧化、还原、重整反应，热解伴生的焦油进一步热裂化或催化裂化为小分子碳氢化合物，获得可燃气体。在实际过程中，热解和气化同时存在于反应过程中。

　　根据燃气生产机理不同可以将气化分为热解气化和反应性气化，传统提到的气化一般指反应性气化。反应性气化多种多样，根据反应气氛的不同，可以细分为空气气化、水蒸气气化、氧气气化、二氧化碳气化、氢气气化和混合气体气化；根据气化温度不同，可以细分为高温气化、中温气化和低温气化。通常采用的气化装置包括固定床、流化床、回转窑、多段炉、闪速裂解炉等。固体废弃物与煤相比具有更高的活性，因而更适合气化。

　　在气化工艺中，空气量通常是完全焚烧所需要的 1/5～1/3，这与传统的焚烧不同，因为焚烧是使用过量空气以确保废弃物完全燃烧。按照气化产品用途不同，废弃物的气化分两类：①高温气化，即反应温度控制在 1000～1300℃之间，使有机物分解成以 H_2、CO 为主的合成气，合成气经过进一步净化除去焦油、灰尘、SO_2 等污染物后，用于液化、合成化工产品、提取 H_2 或发电；②中温气化，反应温度控制在 600～900℃之间，气化产生的合成气不经过净化处理，直接送入下游的燃烧室进一步燃烧。

发达国家开发的气化技术一般针对各自国家废弃物的特点，由于分类好而且热值高，不需要添加辅助燃料，使用空气助燃即可实现持续燃烧。我国城市生活垃圾的热值普遍较低，一般在 4000kJ/kg 左右，要实现废弃物的持续燃烧，一般要求热值高于 6500kJ/kg，为了整个系统安全可靠地运行，要求热值大于 8500kJ/kg，否则需要使用氧气或者富氧空气助燃，所以国外研发的垃圾气化技术并不适合直接应用于我国的城市生活垃圾处理。

2.3.1 等离子体气化

等离子体是含有大量电子、离子、分子、原子以及自由基的电离气体。等离子体整体呈电中性，具有独特的物理和化学性质，其温度和能量密度相当高，可以导电和发光，强化化学反应，从而使常规热化学难以进行的化学反应得以实现。采用等离子体气化废弃物，反应炉内核心温度达到 7000℃左右，炉内温度平均为1000～1600℃，裂解反应彻底，可以将大分子有机物彻底转化成小分子合成气，而重金属等无机物则被固定在底渣的玻璃体中实现无害化处理。

等离子体热解/气化系统最基本的组成是等离子体发生器，也称等离子体炬。在固体废弃物处理方面，已经产业化应用的是等离子体熔融气化技术，主要用于处理高危废弃物和废弃物燃烧后的有害灰渣，其工作机制是：在外加电场作用下，介质会放电并产生大量携能电子，这些电子强烈轰击废弃物分子使其发生电离和激发，同时伴随着一系列物理和化学反应，使大分子废弃物分解为小分子，得到降解。从宏观角度看，电弧放电产生高达 7000℃的等离子体，可以将垃圾加热至很高温度，从而迅速有效地摧毁废弃物。

等离子体气化虽然有着高温和高密度，但其能耗巨大，限制了其发展和产业化应用。美国、日本、加拿大、德国、法国、瑞士、以色列等是等离子体技术应用较早的国家，美国西屋电气公司已经在美国、日本、印度、英国和中国建成了固废或危废项目工程。

利用等离子体热解/气化技术进行固体废弃物处理存在诸多问题，包括能耗高、热效率低、副产物利用价值低等。

2.3.2 气化焚烧

气化焚烧过程中，首先将有机废弃物在还原性气氛下进行气化生成可燃气，然后将可燃气通入燃烧炉进行燃烧实现热能利用。气化焚烧系统包括气化室和燃烧室，其中气化室内空气系数小，烟气总量相对较少，而燃烧室内空气系数大，以保证气化产物与空气充分反应燃烧。通过气化反应，可以有效降低气化产物中有害物质的生成，然后通过燃烧室内的高温燃烧可以有效分解二噁英等有害物质，降低排放。目前已经投入商业化运行的废弃物气化焚烧工艺主要有固定床式、流化床式和回转窑式等。

2.3.3　气化熔融

气化熔融是将低温气化和高温熔融有机结合的一种新型废弃物无害化处理方式。在还原性气氛下，固体废弃物中的有机组分被气化生成可燃气进行燃烧，剩余的含碳灰渣在 1100～1800℃ 的高温条件下熔融，熔融体经过水淬或风淬冷却处理后可以作为建筑材料使用。气化熔融技术具有优异的环保效益和更高的资源循环利用率，但是成本相对较高，对设备的要求也较高。

2.3.4　化学链气化

化学链气化是通过向废弃物中加入载氧体，利用载氧体向废弃物分子传递气化反应所需要的氧，从而获得以 CO 和 H_2 为主要组分的合成气制备过程。固体废弃物的化学链气化技术与传统的燃烧和热解技术有着本质的区别，不仅能避免传统技术污染的缺陷，同时可以实现 CO_2 的低能耗捕集与传统污染物的脱除，因此化学链技术本质上是一种将反应与分离进行耦合的过程强化技术。

固体废弃物实现化学链气化反应的基本条件是：①合理控制载氧体与燃料的比值，因为当载氧体供给过量时，反应生成的部分 CO 和 H_2 会与过量的氧反应转化为 CO_2 和 H_2O，因而不宜供应过多的载氧体，但是过低的载氧体会降低固体燃料转化为 CO 和 H_2 的转化率；②合理控制反应体系内的水蒸气含量，因为系统内的水分子能够参与焦炭的气化反应、重整反应和焦油的二次裂解反应，从而促进气化反应的进行；③合理控制反应体系的温度，通过操作温度的优化，可以使反应进行更加彻底。研究发现，在松木屑、稻壳等废弃物的气化反应中，选用天然铁矿石为载氧体，利用流化床反应器可以明显提高气化效率。

2.3.5　气化与热解、燃烧的区别

1. 气化与热解的区别

气化过程需要气化介质（如空气、水蒸气等）；热解过程通常不需要气化剂，

其产物是气、液、固三种产物；气化过程伴随有热解反应，热解是气化的第一步；生物质气化的目的一般是获得洁净的可燃气，因此需要使用催化剂抑制或消除热解反应中产生的焦油。

2. 气化与燃烧的区别

燃烧过程中发生的是氧化反应，是一种放热和发光的化学反应，游离基的连锁反应是燃烧反应的实质，光和热是燃烧过程中发生的物理现象；气化主要通过热解和气化两个连续反应过程将有机废弃物中碳的内在能量转化为可燃烧气体，生成高品位的燃料气。

2.4　液　　化

固体废弃物的液化是在一定温度（200～450℃）和压力（5～25MPa）条件下，通过液化溶剂和催化剂的作用将有机组分转化为液态生物油、气体和焦炭的过程。液化溶剂主要包括水、醇类、酮类、苯以及混合溶剂，不同的溶剂对液化反应过程的转化率、生物油产率、液化产品种类和特性方面都有差别。如果液化过程中使用水或水溶性溶剂，称为水热液化；如果以有机物或非水溶媒为溶剂，称为溶剂热液化。

2.4.1　液化的特点

液化过程中的溶剂在一定程度上降低了反应中间产物的浓度，从而有效减少了中间产物发生二次反应的概率。同时，溶剂裂解的温度比较低，可以降低炭化和焦化副反应的进行，提高生物油的产率。由于高温裂解中超过 30% 的能量用于原料的干燥过程，而溶剂液化不需要对生物质进行高温干燥处理，因而能耗较低。

以水为溶剂的生物质液化过程中，由于二氧化碳形式的脱氧反应优于水形式的脱氧反应，所以得到的生物油热值非常高，远远大于裂解得到的生物油热值。在废弃物液化转化生物油的过程中，水热转化占有重要地位。

2.4.2　液化过程的路径

生物质的液化过程主要反应路径包括：①生物质解聚为低聚体；②通过裂解、脱水、脱羧和脱氧作用分解低聚体，形成不稳定、具有活性的小分子片段；③小分子片段通过缩合、环化和聚合重排，形成如单糖、小分子酚类等组成的液化油，同时产生 CO_2 等气体分子和液化残渣。

2.4.3　液化过程中的催化剂

液化过程中使用催化剂，一方面可以降低液化温度和压力，加快反应速率；另一方面可以抑制缩聚、重聚等副反应，减少固态残留物的生成，提高液化转化率，增加生物油的产量，同时改善生物油的品质。

水热液化过程使用的催化剂包括均相催化剂和非均相催化剂。均相催化剂包括碱性催化剂和酸性催化剂，常用的碱性催化剂一般是碱金属盐，如 Na_2CO_3、K_2CO_3、NaOH、KOH、LiOH 等，常用的酸性催化剂有硫酸、甲酸、乙酸、盐酸等。非均相催化剂主要是以 SiO_2、Al_2O_3、沸石为载体，负载各种金属如 Pd、Pt、Ru、Co、Mo、Ni 等的复合体。一般情况下，碱性均相催化剂催化效果较好，并且这些无机碱相对于液体酸便于储存和运输，但是与酸性均相催化剂相比，其液化温度较高（＞250℃），能耗大，对实验设备要求高。液体酸催化剂酸性较强，对设备腐蚀性很大，另外液体酸催化剂液化过程中容易产生碳化现象，影响液化效率。

2.4.4　有机大分子的液化特点

多糖是典型的有机大分子，主要包括纤维素、半纤维素、淀粉等，液化过程中，多糖首先水解产生低聚糖，进一步产生单糖，单糖再通过一系列的脱水、断链、脱氢、脱氧、脱羧等反应形成含有 C—C 键与羰基的糠醛和分子量更小的化合物；形成的小分子又可以通过缩合、环化、聚合产生新的化合物。多糖的水热液化一般随着温度的升高而加快，但是，过高的温度会使单糖分解的速率超过多糖水解的速率，因此较低的温度有利于提高产物中单糖的含量。

木质素是由豆香醇、松柏醇、芥子醇聚合而成的高分子杂聚物，在水热液化过程中，木质素的芳醚键水解产生酚和甲氧基苯酚，其中苯环稳定不易分解，但甲氧基可以进一步分解。木质素分解产物的环化和重聚合会促进固体焦炭的形成，从而降低生物油的产率。

蛋白质由多肽链构成，多肽链由氨基酸组成，氨基酸种类繁多，但都具有氨基和羧基，液化过程中，主要发生脱氨基和脱羧反应，其反应产物是烃、胺类、醛和酸等，这些反应有利于去除液化油中的氧和氮原子。

油脂由甘油三酸酯组成，它在高温、高压的水中水解产生甘油和脂肪酸，其中的脂肪酸在碱催化的水热环境下能发生部分脱羧反应产生长链烃，甘油在水热条件下可以转化为甲醇、乙醛、丙醇、丙烯醛、烯丙醇、乙醇和甲醛，以及 H_2、CO_2、CH_4、CO 等气体产物。

2.4.5　生物油的特性

生物油具有特殊的气味，可以流动，是一种深棕色的液体，传统的液化技术产生的生物油产率一般为 20%～60%，热值为 30～37MJ/kg，但由于原料、工艺和液化参数不同，生产的生物油存在较大的差异。

生物油成分复杂，含有多种有机化合物，主要包括酸、醇、醛、酯、酚、酮和木质素分解的低聚物等。生物油中一般含有杂原子，使其具有一定的酸性、聚合性、高黏度和高沸点等特性。生物油中的酸使其具有一定的腐蚀性，生物油中的醛和酚不稳定，在酸性条件下容易聚合成大分子，导致生物油具有高黏度和低流动性；同时，由于生物油含有一定的水分，在酸、酚、水等之间会产生氢键，使生物油具有极性，进而溶解一些有害物质。所以生物油无法直接作为运输燃料，需要精炼提质以改善其品质。

生物柴油是利用动植物油脂为原料，加入催化剂，利用酯交换反应生成的以脂肪酸甲酯为主要成分的低碳酯类物质。生物柴油含氧量高，主要是一些大分子有机物，包括醚、酯、醛、酮、酚、有机酸、醇等多种成分的混合物。

餐厨垃圾中含有大量的废弃油脂，分离收集后得到垃圾油，用硫酸作催化剂，使其与甲醇发生酯化反应，静置沉淀后蒸发去除甲醇，干燥后即可制得生物柴油成品，工艺流程见图 2.1。

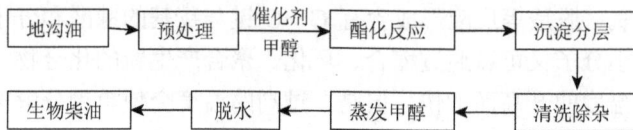

图 2.1　地沟油制备生物柴油工艺流程图

2.5　生　物　转　化

生物转化是利用微生物分解有机固体废弃物中的淀粉、蛋白质、脂肪、纤维素、半纤维素等有机大分子，生成燃料气和液态生物燃料或化工产品的过程。生物转化一般周期较长，制备生物乙醇或甲烷一般是废弃物生物转化的主要目标。

生物转化的优点是产物比较单一，当前研究的重点主要集中在利用基因学的方法拓宽生物转化酶的使用条件并提高生物质转化效率，从而提高生物转化技术的应用范围。生物转化的缺点是时间长，反应条件（温度等）要求非常严格，另外，生物转化法一般还包括将生物质原料中的木质素去除的前处理步骤，以及产物分离的后处理过程。

利用固体废弃物中含有的淀粉制备乙醇已经是一个非常成熟的技术，但生物质中的纤维素和半纤维素由于溶解性小和复杂的化学组成，在向乙醇转化的过程中存在很多问题，包括：①如何保持在水解条件下葡萄糖单体的稳定性和转化酶的高活性；②如何减少转化过程中难闻气体的产生；③生物质中含有的木质素会对微生物活性产生抑制作用，必须在转化之前经过预处理将其除去；④低的转化率和产物浓度也是制约生物质生物转化资源化的因素。利用固体废弃物中的纤维素制备生物乙醇的过程一般包括：①预处理去除废弃物表面的蜡纸等干扰物；②纤维素经酶水解转化为葡萄糖；③将葡萄糖发酵转化为乙醇；④经过分离和脱水得到乙醇产品。

利用餐厨垃圾为主要原料，不仅可以生产甲烷，而且还可以生产氢气和乙醇。

2.5.1　餐厨垃圾生产甲烷

餐厨垃圾与其他有机废弃物调制配伍后，通过厌氧发酵可以制备 CH_4、CO_2 等气体，发酵系统在密闭容器中进行，反应不受供氧限制，容易实现，但厌氧发酵是一个多菌群、多层次的过程，构成了一个复杂的体系，反应影响因素较多，主要从温度、C/N 比值、pH 值、盐度、物料配比、接种等因素对甲烷产量进行调控。在欧洲，德国是欧盟重要的沼气生产国，主要采用液态发酵的方式生产甲烷，用于热电联供；英国利用人和动物的排泄物，通过厌氧发酵生产甲烷，替代部分煤气，但这些工艺存在流程长、投资成本高、周边配套设施多等制约因素。

2.5.2　餐厨垃圾生产氢气

氢气属于清洁能源，能量密度高、无污染，但利用传统的化学法生产氢气，不仅能耗大，而且成本高。利用餐厨垃圾厌氧发酵生产氢气具有成本低的特点，同时可以实现餐厨垃圾高附加值资源化利用。发酵产氢的微生物主要包括肠杆菌属和梭菌属等，通过对有机物的脱氢实现代谢过程的顺利进行。

2.5.3　餐厨垃圾生产燃料乙醇

目前我国的燃料乙醇生产主要以玉米、稻谷、小麦等粮食作物为原料，成本高，存在与人争粮的问题。餐厨垃圾中含有丰富的淀粉、脂肪、纤维素、蛋白质等物质，可以用作制备乙醇的原料。

2.6 衍生燃料

固体废弃物衍生燃料是从废弃物中除去金属、玻璃、砂土等不燃物，将可燃物（塑料、纤维、橡胶、木头、食品残渣等）破碎、筛分、干燥后，加入添加剂，压缩成固定形状的固形燃料。一般包括垃圾衍生燃料、污泥衍生燃料、复合衍生燃料等。

垃圾衍生燃料（refuse derived fuel，RDF）是最常见的固体废弃物衍生燃料。生活垃圾经过有效的预处理和成型加工后，可以作为燃料进行热能利用。垃圾衍生燃料这一理念于 19 世纪末起源于英国，随后该理念迅速传到美国、德国及日本等国家。美国是世界上最早利用 RDF 发电的国家，1968 年美国威斯康星州的麦迪逊地区为了减少垃圾填埋以及延长填埋场使用寿命，开始研究 RDF 技术，并于二十世纪七十年代初期应用 RDF 进行焚烧发电，出售给弗吉尼亚电网。

城市生活垃圾经过分离处理后，得到的可燃部分一般为 55%～85%，燃烧产生的热值为 12～16MJ/kg。在 RDF 成型过程中，通过添加助剂可以实现炉内脱除 SO_2、HCl 和减少二噁英类物质排放的目的，得到的 RDF 具有热值高、燃烧稳定、易于运输、易于储存、二次污染低和二噁英类物质排放量低等特点。衍生燃料可以单独燃烧，也可以根据锅炉工艺要求，与煤、燃油混烧。

美国材料试验协会（American Society of Testing Materials，ASTM）按照城市生活垃圾衍生燃料的加工程度、性状、形态及用途等，将 RDF 分成七类：RDF-1、RDF-2、RDF-3、RDF-4、RDF-5、RDF-6、RDF-7（表 2.1）。其中 RDF-5 为圆柱状、球状或块状的可燃小颗粒成型燃料，其热值较高，粒度和热值均匀，品质较高，加入防腐剂后可以长期保存，是目前商业化燃料的主要品种，适合垃圾焚烧炉燃烧。

表 2.1　美国材料试验协会对 RDF 的分类方法

分类	内容	备注
RDF-1	去除大件垃圾后的散装垃圾	散状 RDF
RDF-2	经破碎、分选和筛分，95%的粒径小于 150mm 的散状垃圾	散状 RDF
RDF-3	经破碎、分选和筛分，95%的粒径小于 50mm 的散状垃圾	散状 RDF
RDF-4	经破碎、分选和筛分，95%的粒径小于 2mm 的散状垃圾	粉状 RDF
RDF-5	经破碎、分选和筛分，并再干燥和压缩制成圆柱状、球状或块状的固状垃圾	固状 RDF
RDF-6	液体 RDF	
RDF-7	气体 RDF	

垃圾衍生燃料的生产工艺主要包括：分选系统（传输机、磁选机、风选机、涡电流分选机等）、破碎系统（剪切破碎机、锤式破碎机、冲击破碎机等）、干燥系统（干燥机、热风机等）、成型系统（成型机、冷却机、振动筛等）、分装系统（称量器、运输机、封口机等）、除尘系统（旋风除尘器、引风机、过滤器等）。图 2.2 是在日本广泛使用的城市生活垃圾制备衍生燃料的工艺流程图。

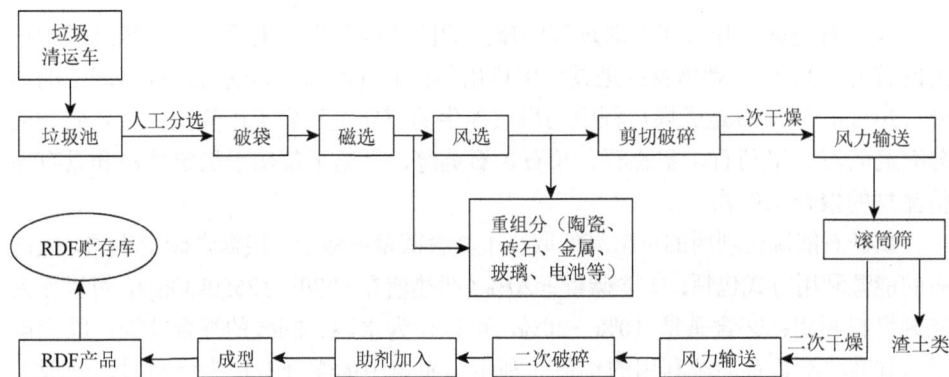

图 2.2　典型垃圾衍生燃料制备工艺流程图

2.7　成　型　燃　料

成型燃料一般指秸秆固化成型燃料（straw densification briquetting fuel，SDBF），是在一定温度与压力条件下，将松散、密度低的废弃秸秆压制成具有一定形状的、密度较大的成型燃料，也称秸秆致密成型燃料。固化成型后的产品储存和运输方便，而且清洁环保，燃烧效率高，可用于供暖或发电等。

秸秆在成型过程中一般要经历密实填充、表面变形与破坏、塑性变形和黏结成型等过程，主要受黏结力、外界压力、分子引力、镶嵌摩擦力的作用。木质素在成型过程中起重要的黏结作用，它是一类以苯丙烷单体为骨架，具有网状结构的无定形高分子化合物。当温度升至 70～110℃达到软点，160～300℃则达到熔融点，此时施加一定的压力，可以使木质素与纤维素紧密黏结，同时与邻近的秸秆颗粒互相交接，形成具有固定形状的压缩成型棒或颗粒燃料，果胶是成型最有利的成分。

影响秸秆成型的主要因素包括原料种类、含水率、成型压力、粒度、成型模具的形状尺寸及加热温度等。含水率是成型的关键因素，不论何种成型方法都必须把水分脱除到安全储存含量，合适的水分含量有利于成型时分子间滑动，水分过低会导致成型物破碎，过高会增大成型阻力，热成型还会产生爆炸。

秸秆成型燃料中硫的含量相当于烟煤的 1/3～1/5，容积含热量相当于普通烟煤，质量热值相当于普通烟煤的 3/4 左右，灰渣含碳量为 1%左右，而煤灰渣一般为 15%～20%，燃烧速度比煤快 10%以上。秸秆成型燃料的密度为 0.90～1.30t/m³，正常条件下至少可以保存半年，能够长距离运输，但其中的碱金属氧化物含量较高，燃烧过程中容易腐蚀设备，造成结渣。

2.8　煤矸石能源化

煤矸石是煤炭开采和洗选过程中排出的固体废弃物，主要包括采煤过程中选出的普矸（35%）、剥离及掘进过程中排出的白矸（45%）和选煤过程中产生的选矸（20%）。煤矸石是成煤过程中同煤层伴生的煤质沉积岩类矿物质，主要矿物成分有高岭石、伊利石、蒙脱石、长石、石英等，常温下都属于稳定性高和具有完整晶型的聚合态矿物。

煤矸石能源化利用的价值高低取决于其含碳量的多少，根据含碳量不同，煤矸石的能源利用方式包括：①含碳量≥20%（即热值在 6270～12550kJ/kg），可以作为能源燃料利用；②含碳量 10%～20%，可以作为水泥、制砖的混合能源；③含碳量＜10%，不具有能源利用的价值。利用劣质煤中的煤矸石作为燃料时，一般无法单独燃烧，需要与其他煤种掺烧，可以用于烧锅炉、烧石灰、发电等。对于含碳量较高的煤矸石，可以通过洗选工艺将其中的煤炭分离回收，常用的工艺主要有水力旋流器分选和重介质分选。

煤矸石能源化利用的方式多种多样，主要包括：①沸腾燃烧。对于含碳量高（≥20%）的煤矸石，可以直接用作流化床锅炉的燃料，但是，由于煤矸石颗粒硬度大，对循环流化床锅炉的磨损较严重，所以对锅炉材料的选择要求较高。②层燃燃烧。首先将煤矸石制成粉状，然后掺配适量原煤及助燃添加剂，加水调制，压制成型，可以实现煤矸石在层燃炉内的成型燃烧。这种燃烧技术具有型煤燃烧的特性，可以有效改善煤矸石的着火燃烧性能，同时也使煤矸石中的大量灰分固定在炉渣中。

思　考　题

1. 有机固体废弃物能源化利用的主要方式有哪些？

2. 何谓等离子体？利用等离子体主要处理哪些类型的废弃物？其机理是什么？

3. 简述有机废弃物液化的特点和路径。

4. 何谓固体废弃物衍生燃料？

5. 城市生活垃圾衍生燃料主要分为几类？各有哪些特点？简述垃圾衍生燃料的生产工艺。

第3章 废弃资源循环工程基础

内容提要与主要知识点

　　本章重点介绍废弃资源循环利用工程中前端处理、关键技术、配套设备、规划设计、工程预算和末端净化的相关知识。要求了解固体废弃物前端处理技术与相关设备，能够针对不同类型固体废弃物选择相适应的前处理方式。了解固体废弃物处理和循环利用过程中末端净化的方式和相关设备，分清不同类型净化设备除尘效率的差异及各自的优点和不足，能够结合实际工程选配前端处理和末端净化的设备，领悟其科学依据。同时，了解废弃资源循环利用工程规划设计的基本方法，掌握工程预算的基本要素，能够对具体工程做出简要投资预算，并对工程运行效益做出预测评估。

3.1 概　　述

　　固体废弃物工程是一项将废弃物处理处置与污染控制的理论、方法、技术、工艺、设备、智能控制等集为一体的实际应用。近年来，固体废弃物工程在环保界越来越深入人心，围绕人类的生存与发展，人们越来越关注自然界本身的往复回归，不仅仅要完成消费品的生产，还必须肩负起因消费而产生的废弃物的清洁处理和消纳利用。只有通过工程实施，才能真正化腐朽为神奇，体现固体废弃物产业的价值，有效消纳废弃物，实现废弃资源的良性循环，取得经济收益。提议、设计、实施、完成一个废弃物处理处置工程的程序相当复杂，需要准备工程项目建议书、项目申请报告、项目环评报告、项目节能评估报告、项目商业计划书、项目建设实施方案、项目可行性研究报告、项目市场调研及前景预测分析报告、项目实施方案、项目建设验收报告等诸多文书。为了撰写上述文书，需要开展项目投资环境分析、项目背景和发展前景分析、项目建设的必要性论证、行业竞争格局分析、行业财务指标分析、行业市场分析与建设规模分析、项目建设条件与选址方案调研、项目不确定性及风险分析、行业发展趋势分析、项目预算与收益分析等调研、分析和谋划活动。本章仅对固体废弃物工程的前端预处理技术、配套设备、规划设计、工程预算和末端净化技术与设备进行简要介绍。

　　固体废弃物种类繁多，形状千差万别，再生循环利用之前必须进行适当的前端预处理，实现减容减量和分门别类，为后续的循环利用奠定基础。末端净化是固体废弃物工程顺利实施的重要保障，主要包括粉尘捕集和尾气净化。前端预处理和末端净化的核心是设备的选型和相互之间的耦合匹配。

3.2 前处理技术与设备

3.2.1 通用技术与设备

1. 压实

压实是固体废弃物运输、处理和处置前常用的一种前端处理方法，可以达到减小体积，提高容重的目的。压实作业可以与废弃物的分类收集结合实施，也可以在收集运输车上配装压实设备，实现收集—压实—运输作业一体化，节省收运成本。废弃物压实采用的设备主要有水平式压实机、回转式压实机、三向联合压实机等。

2. 破碎

传统的破碎方法包括干式破碎、湿式破碎、低温破碎等。

（1）干式破碎

干式破碎分为冲击破碎、剪切破碎、挤压破碎、摩擦破碎等。常用的破碎设备包括颚式破碎机、锤式破碎机、冲击式破碎机、剪切式破碎机、辊式破碎机、粉磨机等。

1）颚式破碎机：颚式破碎机俗称老虎口，主要利用冲击和挤压作用对废弃物进行破碎，一般分为简单摆动型破碎机、复杂摆动型破碎机和综合摆动型破碎机三种，主要用于选矿、建材、化工等领域。

2）锤式破碎机：锤式破碎机主要利用冲击、摩擦和剪切作用对废弃物进行破碎，一般用于破碎质地较硬的废弃物。锤式破碎机按转子多少分为单转子锤式破碎机和双转子锤式破碎机，按转子的转动方向又可分为可逆式和不可逆式。单转子锤式破碎机的主体破碎部件是锤头和破碎板，锤头可以摆动；双转子锤式破碎机中装有两个转子，下方分别配置有研磨板。锤式破碎机适用于破碎质地坚硬且体积大的废弃物，对于报废的汽车、电视机、冰箱、洗衣机、家具等效果较好。锤式破碎机的缺点是振动强烈，噪声大，实际应用中需要采取防振和防噪等措施。

3）冲击式破碎机：冲击式破碎机适用于破碎软、脆、中硬、韧性、纤维性废弃物，具有构造简单、适应性广、外形尺寸小、破碎比大、安全方便、易于维护的特点。冲击式破碎机种类繁多，不同生产厂家的产品存在一定的差异。

4）剪切式破碎机：剪切式破碎机安装有固定刀和可动刀，通过刀片的剪切力实现固体废弃物的破碎，分为往复式和回转式，这种破碎机适合破碎低二氧化硅含量的松散废弃物。

5）辊式破碎机：辊式破碎机利用冲击剪切和挤压作用对废弃物进行破碎，这种破碎机装配有两个相对旋转的辊子，对于脆性材料具有较好的效果，而对延性材料只能起到压平作用，因此既可用于对废弃物的破碎，也可以对混有玻璃器皿、铝和铁皮罐的废弃物进行分选。根据辊子的不同，辊式破碎机可以分为光辊破碎机和齿辊破碎机。

6）粉磨机：主要有球磨机和自磨机。

球磨机广泛应用于矿山、水泥、地质、冶金、电子、建材、陶瓷、化工、制药、环保等领域，分为行星式球磨机和滚动轴承式球磨机。

行星式球磨机主要利用磨料与试料在研磨罐内高速翻滚，对物料产生强力的冲击、剪切和碾压，从而实现粉碎。这种球磨机一般在同一转盘上装有四个球磨罐，当转盘转动时，球磨罐在绕转盘轴公转的同时又围绕自身轴心自转，作行星式运动，罐中磨球在高速运动中相互碰撞研磨样品（图 3.1）。利用行星式球磨机可以进行干式球磨和湿式球磨。

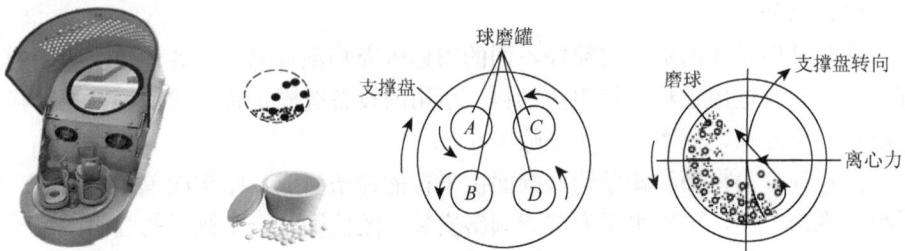

图 3.1　行星式球磨机及其工作原理示意图

滚动轴承式球磨机采用滚动轴承作主传动结构，主要由圆柱形筒体、轴承、轴颈和传动齿轮等组成，筒体内装有研磨球，根据研磨样品的不同可以选用钢球、氧化锆球、氧化钨球、陶瓷球等，装入量为筒体有效容积的 25%～50%，主要通过自由泻落和抛落，实现废弃物的粉碎。

自磨机分为干式自磨机和湿式自磨机两种。干式自磨机由给料斗、短筒体、传动部分和排料斗等组成，给料粒度一般为 300～400mm，一次磨细到 0.1mm 以下，粉碎比可达 3000～4000，比球磨机等有介质磨机大数十倍；湿式自磨是在液态介质中的粉磨。

（2）湿式破碎

湿式破碎是在水等液态介质中对废弃物进行破碎的一种方式。湿式破碎对于破碎和分离易浆化的废弃物效果明显，可以有效抑制粉尘，同时可以增大破碎机的处理量。

（3）低温破碎

有些固体废弃物具有较强的韧性，难以在常温下进行破碎，可以利用它们低温变脆的性能进行有效破碎，如汽车轮胎、电线、废弃家用电器外壳等均可实施低温破碎。采用只具有拉伸、弯曲、压缩作用力的破碎机进行低温破碎时，所需动力大于常温破碎；采用带冲击力的破碎机时，所需动力小于常温破碎。因此，若以冲击破碎为主，配合张力和剪切力破碎时，最适合于选择低温破碎机。利用不同物质脆化温度的差异进行选择性低温破碎，可以有效分离不同脆化点的废弃物。例如，聚氯乙烯的脆化点是 $-20 \sim -5$℃，聚乙烯的脆化点是 $-135 \sim -95$℃，聚丙烯的脆化点是 $0 \sim 20$℃，可以采用低温破碎的方式对这些废弃塑料的混合物进行选择性破碎分离。

3. 分选

固体废弃物的分选方法包括筛分、重力分选、磁力分选、电力分选、浮选、光电分选、涡电流分选、摩擦弹跳分选等。

（1）筛分

筛分是用带孔的筛面将粒径不同的固体废弃物混合物分成各种粒度级别的过程。筛分一般适用于粒径较粗的物料，所用的设备有固定筛、滚筒筛、振动筛、等厚筛、琴弦筛、概率筛、弛张筛等。

固定筛分为格筛和棒条筛，筛面由平行的筛条组成，结构简单、费用低、能耗小、维修方便，可以水平安装或倾斜安装。滚筒筛是一个倾斜的圆筒，置于若干滚子上，圆筒的侧壁上均匀分布着许多筛孔，运行时，较小的废弃物颗粒经过筛孔筛出，较大的颗粒在滚筒筛尾部排出。振动筛的振动方向与筛面垂直，安装倾角一般为 $8° \sim 40°$，运行时，密度大而粒度小的颗粒钻过密度小而颗粒大的颗粒空隙，发生离析现象，实现分离。

（2）重力分选

重力分选是根据固体废弃物颗粒在运动介质中所受的重力、流体动力和其他机械力不同而实现按密度分选的过程，包括气流分选、重介质分选、摇床分选、跳汰分选、离心分选等。

适合进行重力分选的固体废弃物颗粒应当符合以下条件：①颗粒间存在密度差异；②分选过程中颗粒在介质中进行运动；③混合颗粒受到重力、流体动力和相互摩擦力的综合作用。

1）气流分选。

气流分选是以空气为分选介质，在气流作用下使固体废弃物颗粒按密度和粒度差异进行分选的一种方法。按气流送入的方向不同，风选设备可分为立式风力分选机和卧式风力分选机。卧式风力分选机构造简单，维修方便，但分选精度不高；立式风力分选机精度较高。

2）重介质分选。

重介质分选是使固体废弃物颗粒群在重介质中按密度差异分开的一种方法。重介质是密度大于水的介质，包括重液和重悬浮液。重液种类繁多，例如四溴乙烷和丙酮的混合物，密度为 2.4kg/L，可以将煤从煤矸石中分选出来。重悬浮液中加的介质有硅铁、磁铁矿、黄铁矿和方铅矿等，使用时一般破碎到粒径为 200 目左右，加入量为 60%～80%。硅铁含硅量为 13%～18%，其密度为 6.8kg/L，可配制成密度为 3.2～3.5kg/L 的重介质；磁铁矿密度为 5.0kg/L，使用含铁 60%以上的精矿粉可以配制密度为 2.5kg/L 的重介质。

3）摇床分选。

摇床分选是在一个倾斜的床面上，借助床面的不对称往复运动和薄层斜面水流的综合作用，使微小固体废弃物颗粒按密度差异在床面上呈扇形分布而进行分选的一种方法。摇床分选中最常用的是平面摇床，主要由床头、床面和传动机构组成。床面上有很多沟槽，分选时，随着床面的往复运动，大密度颗粒移向重产物端；小密度颗粒移向轻产物端，实现分离。析离分层是摇床分选的重要特点，其结果是粗而轻的颗粒在上层，细而重的颗粒在下层。从煤矸石中分选硫铁矿是一种精度要求很高的技术，利用摇床分选法可以很容易地将硫铁矿从煤矸石中分离回收。

4）跳汰分选。

跳汰分选是在垂直变速介质流中按密度分选固体废弃物的一种方法。要实施跳汰分选，必须把废弃物料磨细，一般不大于 50mm。跳汰分选进行时，随着变速介质流上下往复运动，磨细的混合废弃物中的不同粒子群在垂直上升的变速介质流中按密度分层，小密度的颗粒群位于上层，大密度的颗粒群位于下层，从而实现物料的分离。

跳汰分选的介质可以是水，也可以是空气。在操作过程中，原料被不断地送进跳汰设备中，轻重物质不断分离并被淘汰掉，这样就可以形成连续不断的跳汰过程。跳汰分选的过程中水使用较多。

5）离心分选。

离心分选是根据固体废弃物颗粒在离心力场中按密度差异实现分选的一种方法。离心分选常用的离心机分为立式和卧式两种。

卧式离心选矿机主要包括逆流离心选矿机、云锡式离心选矿机、射流离心选矿机等。卧式离心选矿机操作方便、运行平稳，曾经得到广泛的应用，但其耗水量大、富集比低、不能连续作业、自动化程度低，限制了其发展。

立式离心选矿机常用的有尼尔森（Knelson）离心选矿机和法尔肯（Falcon）离心选矿机。尼尔森离心选矿机是二十世纪八十年代年首次在加拿大得到产业化应用，其分选原理是在离心力和反冲水冲击力的共同作用下，使矿物颗粒根据不同密度差而使其受力不同实现分离。尼尔森离心选矿机的优点是选矿回收率高、处理量大、自动化程度高等。法尔肯离心选矿机是美国、加拿大、澳大利亚等国用于选矿行业的一种设备，可以回收微细泥中的有价矿物，主要用于金、银、锡、锰、钨、铁、铀、稀土等多种元素的分选，具有自动化程度高、处理量大、富集比高、成本低、精度高、操作调整方便、设备占地面积小等优势。

（3）浮选

浮选是根据固体废弃物颗粒表面湿润性差异进行分选的一种方法。浮选时首先需要调制浮选药剂料浆然后通入空气在料浆中形成无数细小气泡，使欲选废弃物颗粒黏附在气泡上，随气泡上浮于料浆表面成为泡沫层，然后刮出回收，实现分选。

1）浮选原理。

固体废弃物颗粒的表面润湿性差异是进行浮选的理论基础。润湿性是物质颗粒被水润湿的程度，许多无机废弃物极易被水润湿，而有机废弃物则不易被水润湿。易被水润湿的物质，称为亲水性物质，不易被水润湿的物质，称为疏水性物质。

废弃物颗粒的表面湿润性差异使其对气泡黏附的选择性不同，颗粒能否黏附于气泡上与颗粒和液体的表面性质有关，亲水性颗粒容易被水润湿，水对它有较大的附着力，这种颗粒不易黏附在气泡上，而疏水性颗粒则容易附着在气泡上随气泡上浮于料浆表面，实现分离。

2）浮选药剂。

浮选药剂主要用来强化废弃物颗粒表面的亲水、疏水性能，根据在浮选过程中所起的作用不同，浮选药剂主要分为起泡剂、调整剂、捕收剂、活化剂。

a. 起泡剂：主要作用是降低浮选系统中水-气界面的张力，促进料浆中空气的弥散，增加气泡量并防止气泡兼并，同时提高气泡与颗粒的黏附和上浮过程中的稳定性。常用的起泡剂有松油、松醇油、脂肪醇等，松醇油的主要成分为 α-萜烯醇（$C_{10}H_{17}OH$），结构式见图 3.2。

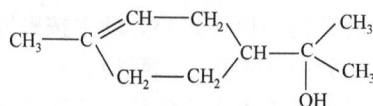

图 3.2　α-萜烯醇的结构式

　　b. 调整剂：主要作用是调整捕收剂的作用及介质条件。常用的调整剂包括活化剂、抑制剂、介质调整剂、分散剂、混凝剂等。

　　c. 捕收剂：主要作用是使欲浮的废弃物颗粒表面疏水，增加可浮性，使其易于向气泡附着。典型的异极性捕收剂有黄药类、脂肪酸类和油酸等，非极性油类捕收剂主要有脂肪烷烃和环烷烃等，最常用的是煤油和柴油。

　　d. 活化剂：一般是无机盐类，其作用是使原来不易被捕收剂吸附的颗粒表面活化，变得易被捕收剂吸附，从而加强捕收剂的作用效果。

　　3）浮选工艺。

　　浮选的工艺流程包括磨细、调浆、调药、调泡、浮选、回收等工序。在矿物学中，浮选又分为粗选、精选、扫选作业：浮选产出粗精矿的作业称为粗选，粗精矿再选作业称为精选，尾矿再选作业称为扫选。

　　a. 调浆：主要调节料浆的浓度，对于粒度和密度较大的废弃物颗粒，要选用较浓的料浆，而粒度和密度较小的颗粒，要选用较稀的料浆。

　　b. 调药：通过混合用药，合理调节料浆中药剂浓度等方式，可以有效提高药剂的浮选效果。

　　c. 调泡：通过调节浮选料浆中气泡的大小和多少，提高浮选效果。对于机械搅拌式浮选机，大多数气泡直径介于 0.4～0.8mm 之间，最小 0.05mm，最大 1.5mm。

　　4）浮选设备。

　　浮选设备多种多样，一般情况下，大型浮选机每两个槽为一组，第一个槽为吸入槽，第二个槽为直流槽；小型浮选机多以 4～6 个槽为一组，每排可以配置 2～20 个槽，每组有一个中间室和料浆面调节装置。

　　（4）磁力分选

　　磁力分选简称磁选，是根据固体废弃物颗粒的磁性差异在不均匀磁场中进行分选的一种方法，分为磁性分选和磁流体分选。

　　1）磁性分选。

　　固体废弃物颗粒在磁选机的磁场中同时受到磁力和机械力的作用，其中的机械力主要包括重力、离心力、介质阻力、摩擦力，此时，磁性颗粒受到的磁力大于其所受的机械力，而非磁性颗粒则以机械力为主，因此它们的运动轨迹发生变化，从而实现分离。常用的磁选机有吸持型磁选机、悬吸型磁选机、磁力滚筒、永磁圆筒式磁选机等。

　　2）磁流体分选。

　　磁流体是能够在磁场或者磁场与电场的联合作用下被磁化，磁化后呈现似加重现象，因而对固体颗粒产生磁浮力作用的稳定流体。磁流体由纳米磁性颗粒、基液和表面活性剂组成。常用的磁流体一般以 Fe_3O_4、Fe_2O_3、Ni、Co 等作为磁性颗粒，以有机溶剂、油、水等作为基液，以油酸等作为活性剂制备的流体，油酸的作用是防止团聚。磁流体具有液体的流动性和固体的磁性，因而呈现许多特殊的磁、光、电现象，如法拉第效应、双折射效应和线二向色性等。这些性质在光调节、光开关、光隔离器和传感器等领域有着重要的应用前景。

对固体废弃物进行磁流体分选时，需要将废弃物颗粒均匀地加入磁流体中，然后把磁流体置于磁场或者磁场与电场的联合场中，利用磁流体的似加重特性实现不同颗粒的分离。磁流体分选法又可分为磁流体静力分选法和磁流体动力分选法。在固体废弃物的处理和利用中，磁流体分选法占有特殊的地位，当废弃物各组分间的磁性差异小而密度或导电性差异较大时，采用磁流体分选效果较好。磁流体通常采用强电解质溶液、顺磁性溶液、铁磁性胶体悬浮液。磁流体分选法对于从混合废弃物颗粒中分选有色金属、稀贵金属、黑色金属、石墨、煤炭等有价资源具有良好的效果。目前，磁流体分选法在美国、日本、德国、俄罗斯等国家已得到了广泛应用，不仅可以分选各种工业废渣，还可以从城市垃圾中分离出铝、铜、锌、铅等金属。

磁流体分选与重选和磁选的差异如下。

a. 基于密度差异使物料分离，从这一意义上来说，磁流体分选与重选相似，但磁流体分选不仅基于密度差异，而且还基于物料磁性和电性的差异，因而又不同于普通的重选。

b. 磁流体分选基于物料的磁性差异，静力分选又要求一个不均匀磁场，这与磁选相似，但是磁流体分选要求有特定的分选介质，动力分选的磁场也可以是均匀磁场，磁流体分选不仅可以将磁性物料与非（弱）磁性物料分开，也可以将各种非（弱）磁性物料按密度差异分离开，这又使磁流体分选不同于普通的磁选。

（5）电力分选

电力分选简称电选，是利用固体废弃物中不同组分在高压电场中电性差异实现分选的一种方法。常用的电选机按电场特征不同可分为静电分选机和复合电场分选机。

根据不同废弃物的电性差异，可以将废弃物料分为导体、半导体和非导体，不同电性废弃物料在电场中的运行轨迹各不相同。以电晕-静电复合电场电选机为例，分选时由于空气电离使电场区空间内充满大量负电荷，当废弃物料进入电晕电场区后，导体和非导体颗粒都获得负电荷，根据其导电特性，导体颗粒可以迅速把自身的负电荷传给滚筒电极，迅速放电，而非导体颗粒虽然带有大量的负电荷，很难放电。当物料颗粒移动到静电场区域后，导体颗粒放电后进一步从滚筒上获得正电荷，被滚筒排斥，其运动轨迹偏离滚筒落下。此时，非导体颗粒由于仍然带有大量负电荷，被带正电的滚筒吸附，带到滚筒后方，被毛刷强制刷下。半导体颗粒的运动轨迹介于导体与非导体颗粒之间，下落至导体与非导体之间的区域实现回收。

（6）涡电流分选

涡电流分选是利用固体废弃物不同组分的电导率不同而进行分选的一种方法。实现涡电流分选，必须满足两个条件，一是随时间而变的交变磁场总是伴生一个交变的电场，二是载流导体产生磁场。当对固体废弃物进行涡电流分选时，废弃物流首先以一定的速度通过交变磁场，此时有色金属内部会产生感应涡流，由于废弃物流与磁场有一个相对运动的速度，从而对产生涡流的有色金属具有排斥力，使一些有色金属从混合物料流中选择分离出来。作用于金属上的推力取决于金属片块的尺寸、形状和不规整的程度，分离推力的方向与磁场方向及物料流的方向均呈直角。

涡电流分选设备包括直线电动机式涡电流分选机、永磁铁式涡电流分选机、圆筒式涡电流分选机。

（7）光电分选

光电分选是利用固体废弃物不同组分表面对光照反射率的不同而进行分选的一种方法。光电分选的原理是利用废弃物料表面反射光的强弱不同，通过光电元件转变成不同的电压，电压传感器根据电压大小驱动继电器，由继电器操作机械执行机构使不同废弃物分离。进行光电分选时，固体废弃物呈一列进入光检区，通过光照在背景板上显示颗粒的颜色或色调，如果颗粒颜色与背景颜色不同，反射光经光电倍增管转换为电信号，驱动高频气阀打开，喷射出压缩空气将其吹离原来的下落轨道进行收集，而颜色符合要求的颗粒仍按原来的轨道自由下落进行收集，从而实现分离。

（8）摩擦弹跳分选

摩擦弹跳分选是根据固体废弃物不同组分在斜面上的摩擦系数和碰撞系数不同，进而形成不同的运动速度和运动轨迹，从而实现分离的一种方法。摩擦弹跳分选机包括带式筛分选机、斜板运输分选机和反弹滚筒分选机。

3.2.2 生活垃圾机械生物前处理

分类不规范和混合收集是限制我国生活垃圾资源化利用的主要问题，混合收集的生活垃圾主要包括废塑料、废纸、废橡胶、旧织物、废木材、废砖陶、植物残渣、灰土、厨余垃圾、废旧金属、废玻璃等，沿海地区还包括贝壳类海鲜废弃物，清运不规范地区还混有建筑垃圾和危险废物等。机械生物预处理对于混合收集的垃圾具有良好的减容减量效果。

固体废弃物的机械生物预处理（mechanical-biological pretreatment，MBP）是将机械处理（破碎、分选）和生物处理（好氧堆肥、厌氧消化）相结合的固体废弃物前端处理技术。首先利用机械的破碎、分选设备，把垃圾中的难降解高分子类、金属和玻璃等物质分离出来加以利用，垃圾中的可降解有机组分经过生物的好氧或厌氧预处理后再进入常规处理工序。该技术可以作为单独的垃圾处理技术，也可以作为焚烧、填埋等工艺的前端处理技术。

3.2.3　餐厨垃圾前端改性处理

我国城市餐饮行业的餐厨垃圾以前往往运往农村，以牲畜家禽饲料的形式被消纳掉，表面上看进行了资源化利用，实际上造成严重的病原体污染隐患，易引发动物瘟疫和人畜共患病，同时存在污染物富集的问题，严重威胁公众健康。为了消除这一现象，近年来一些大中城市实施餐厨垃圾单独分类收集，单独处理，对于这类废弃物的有效资源利用和污染控制起到了积极的推动作用，前端改性处理是实现厨余垃圾进一步资源高效利用的有效方法，主要包括物理前处理、化学前处理和生物前处理。

3.2.4　焚烧飞灰的湿法前处理

焚烧飞灰的湿法前处理主要包括化学法、物理法和生物法。化学法可以分为中和沉淀法、硫化物沉淀法、铁氧体共沉淀法、氧化还原法等，其主要原理是通过化学反应使有毒有害物质转变为低溶解性、低迁移性及低毒性的物质。物理法主要是利用溶剂将焚烧飞灰中的重金属溶出转移到液相，然后再去除液相中的重金属，常用物理法包括萃取法、吸附法、离子交换法和反渗透法。生物法主要利用某些植物、菌类、藻类和微生物的产酸、絮凝、吸附、分解等作用，实现飞灰中有害物质的去除，一般周期较长，对飞灰的要求也比较严格。

3.3　除尘技术与设备

废弃资源循环利用工艺中的末端处理主要是粉尘的捕集与尾气的净化。常规的除尘技术包括机械式除尘、电除尘、湿式除尘和过滤式除尘等，主要采用的净化技术包括酸碱中和、吸附净化和催化净化等。

3.3.1　机械式除尘

机械式除尘是利用重力、惯性力、离心力等质量力的作用使粉尘颗粒从气体中分离的方法，包括重力沉降、惯性除尘、旋风除尘等。

1. 重力沉降

重力沉降是利用重力的作用使尘粒从气流中沉降分离的过程。重力沉降在重力除尘器中进行，当气流进入除尘器的沉降室后，截面积突然扩大，气体流速下降，较重颗粒在重力作用下缓慢沉降分离。重力除尘器只能作为气体的初级净化，除去大而重的颗粒，包括层流式除尘器和湍流式除尘器。这种装置沉降室的除尘效率一般为 40%～70%，仅用于分离直径大于 50μm 的尘粒，后续还需要使用其他除尘装置继续捕集穿过沉降室的细小颗粒物。

优点：结构简单、投资少、压损小（50～130Pa）、维护费用低、经久耐用。

缺点：除尘效率低、占地面积大，一般仅用来除去较大和较重的粒子，作为高效除尘系统的前端除尘装置。

2. 惯性除尘

惯性除尘器的沉降室内设置有各种各样的挡板，当含尘气流冲击在挡板上时，气流方向发生急剧转变，此时在惯性力、离心力、重力等的综合作用下，粉尘颗粒从气流中分离。惯性除尘器包括冲击式和反转式。

惯性除尘器一般用于净化密度和粒径较大的金属或矿物性粉尘（黏结性和纤维性粉尘不宜），净化效率不高，一般只用于多级除尘中的一级除尘，捕集 10 μm 以上的粗颗粒，压力损失 100～1000Pa。

常用的惯性除尘器是百叶式除尘器，包括百叶沉降式除尘器、百叶窗式除尘器、钟罩式除尘器和蜗壳浓缩分离器四种。

3. 旋风除尘

旋风除尘是利用旋转气流产生的离心力使尘粒从气流中分离的过程。旋风除尘器工作时，含尘气流沿外壁由上向下旋转运动，形成外涡旋，气流在锥体底部转而向上沿轴心旋转，形成内涡旋。气流运动包括切向、轴向和径向，用切向速度、轴向速度和径向速度表征。旋风分离器如图 3.3 所示。常用的旋风分离器分为切流式和轴流式两种。

优点：结构简单、投资少、操作维修方便、能耗低、占地面积小、耐高温、处理量大、对粉尘负荷适应性强、分离效率高、压力损失中等。

缺点：除尘效率不高（80%左右），磨损严重，旋风子易堵，捕集小于 5μm 颗粒的效率不高，一般用作多级除尘的预除尘。

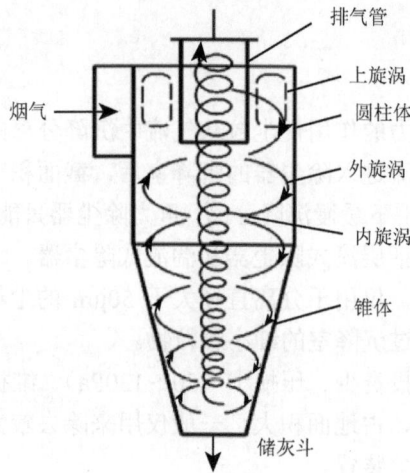

图 3.3　旋风分离器示意图

3.3.2　电除尘

电除尘是利用高压电场使含尘气体发生电离，让其中的粉尘荷电，在电场力的作用下，使气体中的悬浮粒子分离除去的过程。整个除尘过程可划分为四个阶段：荷电、定向移动、黏附和分离。

电除尘器包括电袋复合除尘器、透镜式电除尘器、旋风电除尘器、屋顶电除尘器、带辅助电极电除尘器、双区电除尘器、宽间距电除尘器、圆筒形电除尘器等。

电气除尘器由两部分构成：一部分是电气除尘器本体，主要由放电极（电晕极、负极或阴极）、集尘极（正极或阳极）、槽板、进出口烟箱、清灰设备、贮灰系统、外壳等部件组成，主要完成对含尘气体的净化；另一部分是高压变电装置和低压控制装置，功能是将 380V、50Hz 的交流电转换成 60kV 的直流电供除尘器使用，包括高压变压器、绝缘子和绝缘子室、整流装置、控制装置等。

优点：①除尘效率高，一般在 95.0%～99.5%；②处理气量大，可达 10^5～$10^6 m^3/h$，能处理大流量、高温、高压或有腐蚀性的气体；③气流阻力小、电耗小、运行费用低；④维修简便。

缺点：①占地面积大，一次性投资大；②对各类不同性质的粉尘，收尘效果差别较大；③对操作人员的业务水平要求较高；④钢材的消耗量，尤其是薄钢板的消耗量很大，生产一台四电场 $240m^2$ 的卧式电除尘器，其钢材耗量高达 1000t 以上。

3.3.3　湿式除尘

湿法除尘是使水或其他液体与含尘烟气直接接触，利用液网、液膜或液滴的捕集作用使烟气净化的过程。湿式除尘的原理是，通过含尘气流与液体介质发生惯性碰撞、拦截和扩散等作用，将尘粒捕集在液相中，而干净的气体则穿过液体排出。湿式除尘器主要包括重力喷雾洗涤器、旋风洗涤器、文丘里洗涤器、板式洗涤器、自激喷雾洗涤器、填料洗涤器、机械诱导喷雾洗涤器等。

优点：①不仅可以除去粉尘，同时可以净化气体；②除尘效率高；③结构简单、体积小、占地面积小；④能处理高温、高湿、易燃、易爆的含尘气体。

缺点：①会产生废水，需要配备污水处理设施；②需要对设备做防腐处理，同时需要保温；③不宜净化纤维性粉尘和憎水性粉尘；④动力消耗大。

3.3.4　过滤式除尘

过滤式除尘是利用多孔过滤介质分离捕集气体中固体或液体粒子的净化过程。过滤式除尘器主要包括袋式除尘器和颗粒层过滤除尘器，除尘效率一般高达99.0%以上。

1. 袋式除尘器

袋式除尘器的工作原理是让尾气进入布袋的内侧或外侧，布袋以其微细的织孔对烟气进行过滤，烟气中的尘粒附着在织孔和布袋上，并逐渐形成灰膜，当烟气通过布袋和灰膜时，得到净化。采用耐高温纤维织物作滤料的袋式除尘器，在尾气的除尘方面应用较广。

优点：除尘效率高，捕集粒径范围最大，能适应高温、高湿、高浓度、微细粉尘、吸湿性粉尘、易燃易爆粉尘等不利工况条件。

缺点：使用大量布袋，承受温度的能力有限（棉织和毛织滤料耐 80～95℃，合成纤维滤料耐 200～260℃，玻璃纤维滤料耐 280℃），湿度较大的烟气容易堵塞滤料，布袋更换工序烦琐。

2. 颗粒层过滤除尘器

颗粒层过滤除尘器是利用物理和化学性质稳定的固体颗粒组成过滤层，通过惯性碰撞、扩散沉积、重力沉积、直接拦截、静电吸引的过滤方式实现对含尘气体的净化。

优点：除尘效率高，处理量大，持久性好，耐高温，结构简单，造价及运行费用低，可以提高干法脱硫率。

缺点：体积大，占地面积大，对细微尘粒的捕集效率低，处理高温、高湿、腐蚀性气体应慎选滤料，阻力损失大。

3.3.5　移动床除尘

移动床除尘在移动床过滤系统中进行，系统中过滤介质流向下经栅格通道和流体矫正部件通过床体，这些矫正部件用来减少沿栅格通道的过滤介质难变形区域。移动床除尘技术可以同时处理高温烟气中的烟尘和二氧化硫。这种除尘技术一般使用低成本的过滤媒介，具有较高的过滤效率，能够长时间运行，因此比传统过滤技术更具有竞争力。

3.4　工程规划设计基础

固体废弃物相关的工程在规划和设计时，应当遵循的原则和要求包括：①工程选址应符合当地的城市总体规划布局；②在进行厂区规划时，应当同时规划交通运输、动力设施、防洪排涝、卫生填埋场等；③如果分期建设，应当做到近期集中布置，远期规划预留；④结合工程的工艺流程配置生产条件，包括厂房高度、车间大小、道路宽度等；⑤事先查明区域的风向特点，尽可能降低环境风险；⑥充分利用地形、地貌和地质条件进行厂区布局。

3.4.1　垃圾综合处理厂

垃圾综合处理厂不同于一般的厂矿企业，全厂的总体规划及总平面布局既要考虑物料走向、工程内部各区域之间的工艺衔接，还要考虑各区域之间的交通运输以及是否会相互造成二次污染等情况。垃圾综合处理厂在进行总体规划时，应当统筹考虑下列因素：

1）根据地形地貌、征地因素、运行成本、建设费用、环境影响及周边群众关系等多个方面进行详细的研究和讨论，确定厂址选择方案。

2）根据厂区内的地形特点，在满足相关规范规定的前提下，从便于运行和管理出发进行因地就势的总体规划和规范的设计。

3）根据当地现有的垃圾组分调查结果、经济发展水平和城市规划确定合理的垃圾处理工艺，进而确定合理的总体规划布局。

4）根据进厂垃圾类型，统筹规划各项目间工艺协同设置，实现能源、余热、污水、废渣、废气等处理工艺的良性循环与协同，达到节能减排的目的。

5）尽可能将配套填埋场与综合处理厂相邻而设，这样可以有效节约运输费用，同时便于管理。

6）根据当地常年主导风或夏季主导风进行合理布局，当小区域气候与当地的大气候不一致时应以小区域气候为主。

3.4.2　垃圾焚烧发电厂

城市生活垃圾焚烧发电工程，属于城市基础设施建设，需要从自然环境、社会效益、投资经济效益、外部条件、环境影响等多重因素综合考虑。

1. 选址原则

1）厂址选择要符合当地城市的总体规划要求，要有发展余地。
2）靠近城市边缘和城市垃圾易于集中的地点。
3）交通条件及其他水、电、排污等公用工程条件容易满足。

2. 规划设计原则

1）整体布局。应当根据场地形状、现有设施、工艺流程、发展规划统筹布局，主要建设内容应当包括垃圾焚烧、烟气处理、热能发电及其配套设施，按功能不同分成主厂房区、水处理区、油库区及渣库区、办公区和生活区等。
2）建筑设计。垃圾焚烧工程项目一般是在较为开阔的空间上布置建筑，建设效果会形成空间对各建筑组群的包围，同时建筑物又会融入自然环境之中。
3）交通运输。道路包括车行道及人行道。
4）绿化景观。厂区绿地应该包括道路绿地、围绕在各车间周围的宅旁绿地、办公区的中心景区公共绿地、渣库区绿地等。

3.5　工程预算与效益分析基础

工程项目的预算种类繁多，根据具体工程项目的不同差别较大。废弃资源循环利用项目的工程预算是对计划建设的工程项目在建设期间收支情况所做的计划，一般通过货币形式对工程项目的投入进行评价并反映工程的经济效益。工程预算是工程招投标报价和确定工程造价的主要依据，同时也是加强企业管理、实行经济核算、考核工程成本、编制施工计划的基础。预算需要综合考虑选址、用地、工艺、物料、人工、机械、能耗、环保、智能、税金、效益等多种因素。编制预算的关键是计算工程量、准确套用预算定额和取费标准。下面以建筑垃圾生产轻质陶粒项目为例，简要介绍建设工程项目的预算方法。

建筑垃圾生产陶粒技术是以建筑垃圾为主要原材料，适当添加造孔剂、调质剂等助剂，经过分选、破碎、筛分、粉磨、计量、混合、成球、干燥、烧结、冷却、分级等工艺,生产高强度多孔陶粒的过程。项目经过优化组合后,生产能力可以达到年产建筑垃圾陶粒 2 万 m^3、5 万 m^3、10 万 m^3、15 万 m^3、20 万 m^3、25 万 m^3、30 万 m^3 等不同生产规模。下面以年产 10 万 m^3 建筑垃圾陶粒项目为例,简要说明项目的预算要素。

3.5.1　建厂条件

1) 交通便利。一般要求厂址选在城市郊区或产业园区内,道路通畅,最好建在建筑垃圾堆放场地附近,可以有效降低运输成本。

2) 厂区占地面积不低于 10 亩(1 亩≈666.7m^2),主要用于生产布局、成品存放和厂区绿化。

3) 厂区具有良好的排水条件,供电要求使用工业用电 150kVA 变压器。

4) 厂房面积需要 1500m^2,包括:烧结车间 500m^2,原料库 200m^2,办公用房 150m^2,库房、机房等其他用房根据实际情况酌情分配。

3.5.2　主要设备配置

年产 10 万 m^3 建筑垃圾陶粒项目需要设备如表 3.1 所示。

表 3.1　陶粒生产线设备清单

序号	设备名称	设备规格	数量
1	破碎机	25kW	2
2	筛选设备	15kW	2
3	烘干机	10kW	1
4	球磨机	25kW	2
5	搅拌机	电机功率 5.5kW/h	2
6	成球盘机	球盘直径 3200mm	2
7	输送机	宽 550mm	2
8	烧结窑体	直径 1.5m	2
9	两级鼓风机	5.5kW/h	2
10	排风除尘设备	7.5kW	2
11	陶粒粉碎筛选机	5.5kW	2
12	雷蒙磨	25kW	1
13	粉煤燃烧器	3kW	2

3.5.3 项目预算与效益分析

1. 生产规模

每年生产建筑垃圾陶粒 10 万 m^3。

2. 实施进度

项目建设期半年,建成后立即投产,当年负荷 40%,第二年达到 100%,生产期 10 年,计算期 10 年(满负荷生产)。

(1)成本核算

固定资产投资估算见表 3.2。

表 3.2 项目投资估算

项目	费用	备注
生产设备投资	850 万元	包括设备、安装、调试等费用
生产厂房	150 万元	建设厂房 $1500m^2$,造价约 1000 元/m^2
不可预见费	80 万元	
合计	1080 万元	

年生产成本估算见表 3.3。

表 3.3 年生产成本估算

项目	费用	说明
主要原材料	150 万元	建筑垃圾无偿使用,添加助剂等按每立方米陶粒 15 元计算
工资及福利	192 万元	工厂定员 20 人,人均年工资及福利 9.60 万元
水电燃料费	100 万元	每立方米陶粒按 10 元计算
固定资产折旧	180 万元	折旧年限 10 年全部摊销
土地使用费	30 万元	厂区土地按租赁形式计,每年租金 30 万元
其他费用	100 万元	包括营销费用、管理费用、修理费用、运输费用等
合计	752 万元	

注:将固定资产折旧计入运行成本。

流动资金:100 万元/年。

(2)效益分析

根据上述基本数据,可以计算出项目每年的营收情况。

1）销售收入：每年生产 10 万 m^3 陶粒，假设全部售出，销售价按 200 元/m^3 计算，则年销售收入 2000 万元。

2）上缴税金：根据国家有关政策规定，企业利用本企业外的大宗工业固废作为主要原料，生产建材产品的所得，免征所得税 5 年，减免增值税和产品税。因此，企业运营前 5 年可以免税，若销售税金折中按每年 10%计算，则年销售税金约 200 万元。

3）年销售利润：2000 万元–752 万元–100 万元 = 1148 万元。

4）年税后利润：1148 万元–200 万元 = 948 万元。

5）投资利润率（return on investment，ROI） = 年息税前利润/项目总投资 = 1148 万元÷（1080 + 352 + 100）万元×100% = 74.9%。

其中，年息税前利润是在扣除年利息以及所得税之前的利润。息税前利润与净利润的主要区别是息税前利润剔除了资本结构和所得税政策的影响，在这种情况下，投资者评价项目时不必考虑项目适用的所得税率和融资成本，有助于投资者将项目放在不同的资本结构中进行分析评估。

思 考 题

1. 何谓跳汰分选？主要的跳汰介质有哪些？

2. 何谓重介质分选？简述重介质分选的基本原理。

3. 浮选的原理是什么？浮选时需要使用哪些药剂？举例说明浮选的实施方式。

4. 何谓磁流体？磁流体分选分为几类？分别有哪些特点？

5. 画图简述旋风分离的原理。

6. 列举五种固体废弃物破碎的机械设备，并分别举例说明适合破碎哪类废弃物。

7. 举例说明低温破碎适合破碎哪些废弃物，简述实施方式。

8. 光电分选适合分离哪些废弃资源？举例说明。

9. 列举五种固体废弃物分选的方法，阐述各种方法实施的原理，举例说明各自的实施方式。

10. 废弃资源循环利用末端净化的除尘技术主要有哪些？以表格的形式比较它们各自的优势和不足。

11. 垃圾综合处理厂工程规划需要重点考虑哪些因素？

12. 以建筑垃圾为例，简述废弃资源循环利用工程项目效益分析的基本方法。

第4章 焚烧处理与资源循环

内容提要与主要知识点

　　本章主要介绍固体废弃物焚烧处理中的热能资源和灰渣资源的循环利用方式，讲述主要焚烧炉型的特点、热能转换特征与回用方式、污染控制策略和焚烧灰渣循环利用的主要途径。要求掌握固体废弃物热值的计算方法和高位热值与低位热值的区别，认识典型焚烧设施中各单元系统的组成和特点。了解不同类型焚烧炉的结构、运行特点、优势和缺陷，能够针对不同类型废弃物选择适宜的焚烧炉型。掌握焚烧过程中余热的利用方式，认识余热锅炉的种类、特点和防腐措施。了解焚烧过程中污染物的产生、种类和控制方法，认识焚烧过程中二噁英的主要产生途径、合成路径和有效控制方法。认识焚烧飞灰与底渣的化学组成差异，熟悉焚烧底渣的材料化利用方法。

4.1 概　述

　　固体废弃物焚烧是一种技术水平高、设备复杂、污染控制要求严格、成本相对昂贵的处理方式。焚烧过程中，炉膛温度一般控制在 850℃以上，此时废弃物中的可燃组分充分燃烧转化为高温烟气并在二燃室内进一步高温无害化处理，无机组分转化成灰渣排出，达到减容减量的目的。城市生活垃圾是否采用焚烧的方式处理取决于一个国家或一个城市的经济发展水平。

　　规模化焚烧工程起源于十九世纪末的西欧和美国，最早应用于城市生活垃圾的处理。世界上第一个城市垃圾焚烧炉于 1876 年在英国的曼彻斯特市建成，随后美国于 1885 年在纽约的总督岛建成了一座垃圾焚烧炉，德国于 1892 年在汉堡市建成了一座垃圾焚烧炉。十九世纪所用的垃圾焚烧炉多为固定床式，机械化水平比较低，进出料主要依靠人工完成。目前，瑞士大约 80%的垃圾、日本 78%的垃圾、丹麦 50%的垃圾、美国 40%左右的垃圾采用焚烧方式处理，花园式国家新加坡的垃圾焚烧率接近 100%；比利时、法国、瑞典等国家焚烧处理的比例已经超过了填埋。垃圾焚烧处理技术的发展已经有一百多年的历史，但是，将污染控制和余热利用技术应用于焚烧处理的工艺设计只有几十年的历史，例如，美国第一个在商业上取得成功的垃圾焚烧厂于 1975 年由威拉波特（Wheelabrator）公司在马萨诸塞州的索格斯建成，工厂至今仍在运行。

废弃物焚烧处理的减量化效果明显,减重一般达 50%~80%,减容一般达 90% 左右。尽管垃圾焚烧所产生的烟气中可能含有难以处理的二噁英等剧毒有机污染物,但其减容减量的效果和无害化处理的特性仍具有明显的优势,因而备受诸多国家的青睐。此外,焚烧与填埋相比,还具有占地小、场地选择容易和处理时间短等优点。同时,焚烧处理可以利用烟气余热获取蒸气和电能,其经济效益明显优于其他处理方法。

我国对废弃物焚烧技术的研究始于二十世纪八十年代中期,并将其作为"八五"期间国家科技攻关项目进行重点研发,该技术因此得到了快速发展。随后,国家在《"十二五"全国城镇生活垃圾无害化处理设施建设规划》中对生活垃圾焚烧率制定了具体目标:到 2015 年,全国城镇生活垃圾焚烧处理设施能力达到无害化处理总能力的 35%以上,这是我国第一次在五年规划中提到垃圾焚烧的目标。但是,公众对自己周边要建的垃圾焚烧厂,大多持反对态度,主要是由于管理不善,废弃物焚烧处理存在安全隐患。在全国城镇化发展的大背景下,废弃物焚烧已经成为城市垃圾处理的必由之路,而焚烧处理在迅速发展过程中所面临的管理、标准、民意沟通等方面的缺失是限制该技术发展的主要因素。

据统计,日本生活垃圾的热值为 11723~12560kJ/kg,西方发达国家如英国、美国、德国、法国等国家的垃圾热值都在 8000~10000kJ/kg 之间,而我国如深圳、北京、上海等大城市生活垃圾的热值一般只有 4000~5000kJ/kg,其他城市更低,因此,不能够照搬欧洲、美国、日本等发达国家和地区的焚烧处理技术。如果原封不动地引进,很容易造成焚烧炉内水分大量蒸发而吸收大量热能,使炉温产生较大幅度的波动、燃烧不均匀、烧成团块、污染物排放不达标等问题。鉴于此,我国在引进国外先进技术时,需要对原有工艺进行改进,然后根据中国垃圾的具体情况进行炉体燃烧控制程序设定、各工序运行参数调整、污染控制设施重新配置等多方面的改进,以便更好地适应中国的实际国情。

关于废弃物焚烧,瑞典耶夫勒大学和皇家理工学院的专家研究发现,焚烧所产生的温室气体和有害气体比填埋同样数量的废弃物要少,因此他们认为焚烧法处理废弃物对环境更加有利。废弃物焚烧处理减少温室气体排放主要源于两个方面:①焚烧处理可以避免产生填埋气体,因为甲烷等填埋气的全球增温潜势比二氧化碳高得多,因而可以有效减少排放气体的增温效果;②通过焚烧过程中的余热利用,可以替代化石燃料,从而减少温室气体的排放。

4.2 焚烧处理的理论基础

固体废弃物焚烧处理的顺利实施与其自身的热值和燃烧特性有着密切的关系。

4.2.1 高位热值与低位热值

热值和燃烧时的发热量，是决定固体废弃物是否适合焚烧处理的关键指标之一。单位质量的废弃物完全燃烧时所释放出来的热量称为该废弃物的热值，单位是千焦/千克（kJ/kg）。废弃物的发热量可以通过氧弹量热仪测量或者通过元素组成近似计算。

废弃物的热值分为高位热值和低位热值。

高位热值（higher heat value，HHV）：指废弃物在完全燃烧时释放出来的全部热量，即包含燃烧生成物中的水蒸气凝结成水时的放热量，也称毛热。

低位热值（net heat value，NHV）：指废弃物完全燃烧时释放出来的净热量，不包含燃烧生成物中的水蒸气凝结成水时的放热量，即燃烧产物中的水以蒸气形态存在，也称净热。

高位热值与低位热值的区别在于，燃烧产物中的水呈液态还是气态，水呈液态是高位热值，水呈气态是低位热值。低位热值等于从高位热值中扣除水蒸气的凝结热。

固体废弃物的低位热值可以通过以下公式计算：

1）通过元素组成近似计算低位热值：

$$NHV = HHV - 2420\left[H_2O + 9\left(H - \frac{Cl}{35.5} - \frac{F}{19} \right) \right] \qquad (4-1)$$

其中：HHV 可以利用氧弹量热仪测定；H_2O 是焚烧产物含水量（%）；H、Cl、F 是废弃物中各元素含量（%）。

2）若废弃物的元素组成已知，可以利用 Dulong 方程式近似计算：

$$NHV = 2.32\left[14000m_C + 45000\left(m_H - \frac{1}{3}m_O \right) - 760m_{Cl} + 4500m_S \right] \qquad (4-2)$$

其中：m_C、m_H、m_O、m_{Cl}、m_S 分别是碳、氢、氧、氯和硫的摩尔质量。

对于多种物质的混合废弃物，常用的热值计算方法是：将混合废弃物分类，求出各组分的百分比含量，然后测定各组成物质单一质地的热值，最后采用比例求和的方法得到混合废弃物的热值。热值是判断废弃物是否适宜进行焚烧处理最重要的指标之一，根据热值基本可以判断废弃物的燃烧性能。由于水蒸气的这部分气化潜热在实际中不能加以利用，所以在计算和选择焚烧工艺及设备时，需要获得被焚烧废弃物低位热值的数据。

当废弃物的低位热值大于 3350kJ/kg 时，燃烧过程中无需辅助燃料，可以实现自持燃烧。废弃物的热值越高，焚烧获得的经济效益越大。在实际焚烧工程中，一般认为，废弃物的低位发热值要大于 5000kJ/kg，才可以进行焚烧处理。

4.2.2 废弃物的燃烧

废弃物的燃烧是一个相当复杂的综合过程，包括吸热、干燥、干馏、挥发分解、挥发物着火燃烧放热、焦炭着火燃烧放热、燃成灰烬等阶段。燃烧过程中有强烈的放热效应，有基态和电子激发态的自由基出现，并伴随着化学反应、传热、流动、传质等化学及物理过程，这些过程彼此之间既相互关联，又相互制约。

固体废弃物燃烧方式有多种：表面燃烧是废弃物受热后在固体表面与空气反应进行燃烧，其燃烧速度由燃料表面的扩散速度和燃料表面的化学反应速率所决定；分解燃烧是废弃物受热后发生分解，挥发物扩散后与空气混合发生燃烧，从燃烧区向燃料的传热速度是决定这种方式燃烧速度的主要因素；蒸发燃烧是废弃物受热熔化转化为液体，进一步气化后与空气混合发生燃烧，废弃物的蒸发速度以及空气中的氧和燃料蒸气之间的扩散速度是决定这种燃烧速度的主要因素。

固体废弃物燃烧过程中发生两种类型的化学反应：①废弃物与氧发生氧化反应，物料燃烧过程中，伴随出现的火焰实质上是高温下富含原子基团的气流造成的，原子基团电子能量的跃迁、分子的旋转和振动等产生量子辐射，进而产生红外热辐射、可见光和紫外线等，从而导致火焰的出现；②不能够与氧充分接触的废弃物料在缺氧条件下，其中的含碳高分子化合物被高温热能破坏，化学键断裂或者进行化学重组，发生热解反应。

4.3 焚烧热能循环利用

4.3.1 焚烧工艺系统与设备

1. 焚烧系统

（1）焚烧系统的组成

固体废弃物焚烧系统的工艺单元主要包括：废弃物接收称重单元、贮存单元、进料单元、燃烧单元、助燃空气供给单元、余热利用单元、烟气净化排放单元、烟气在线监测单元、污水处理单元、灰渣处理单元、智能控制单元等。

在焚烧系统的燃烧单元，需要向焚烧炉提供一次、二次助燃空气，保证过剩空气系数达到 1.5～2.0，要求炉膛的焚烧温度不低于 850℃，二燃室的温度达到

1000～1200℃。过剩空气系数是废弃物燃烧时实际供应空气量与理论所需空气量的比值。

在余热利用单元，余热锅炉的工质（水）吸收焚烧烟气的热量，进一步利用过热器产生高温高压过热蒸汽，通常压力可以达到 2.45～3.82MPa，温度达到 400℃左右，随后蒸汽经管道进入汽轮机岛带动汽轮发电机组发电。国内外大型废弃物焚烧厂一般都配置有余热锅炉和汽轮发电机设备。

在烟气净化排放单元，焚烧烟气中的污染物被吸附、中和或袋式除尘器捕集，主要污染物包括粉尘状颗粒物、酸性气体（HCl、SO_x、NO_x 等）、重金属（Hg、Pb、Cr 等）和持久性有机污染物（二噁英等）。烟气净化设备包括湿式除尘器、半干式除尘器和干式除尘器，其中半干法除尘系统利用较为普遍。

焚烧系统有部分废水产生，主要包括废弃物自身的渗滤液、锅炉排放污水、烟气净化废水、灰渣处理废水、车间及设备清洗废水等，这些废水可以采用混凝-脱水的物化工艺或者生化工艺进行处理。灰渣冷却水和烟气净化后的废水中含有较高重金属，可以采用沉淀法、吸附法、离子交换法进行处理。

焚烧后排出的炉渣通常采用水冷的方法进行冷却，经输送装置或抓斗运出。焚烧底渣属于一般废弃物，而由烟道、余热锅炉和除尘器等捕集到的飞灰属于危险废物，需要委托有资质的企业进行专门处置。根据危险废物豁免管理清单的要求，这部分飞灰经预处理符合要求后，可以进入生活垃圾指定区域填埋，也可以进行水泥窑协同处置。

大型废弃物焚烧厂一般都装备有集散型控制单元，主要由中控室主机进行系统集中监视和控制管理，并通过专用计算机对各系统进行分散监控。主要子单元包括称重监管、输送控制、燃烧控制、启炉停炉控制、烟气检测与净化控制、余热锅炉蒸汽量及给水控制、汽轮发电机运行控制、电能输出控制等。

（2）焚烧系统的影响因素

固体废弃物焚烧处理过程受多种因素影响，废弃物在炉膛内的停留时间、焚烧温度、炉膛内气体湍流度、过量空气系数等是体现焚烧炉运行性能的主要指标。

这里以大型炉排炉为例进行说明。废弃物进入焚烧炉后，首先在第一级炉排上利用炉膛热量对物料进行干燥，然后在第二和第三级炉排上焚烧，最后在四级炉排上燃尽。可以通过调节炉排的运行速率调节废弃物在各级炉排上的停留时间，如果停留时间太长会使处理能力降低，太短会使废弃物难以燃尽。一般情况下，在第一级炉排上的停留时间应控制在 100～110s 之间，第二和第三级炉排停留时间应为 80～100s，第四级炉排的停留时间应在 180～200s 之间。焚烧过程中，加大空气供给量可提高炉内的湍流度，改善传质与传热效果，从而提高焚烧效率。过量空气系数需要控制在一定范围之内，一般取 1.5～2.0 为宜，增大过量空气系数，不但可以提供过量的氧气，而且可以增加炉内的湍流度，有利于燃烧，但是，过大的过量空气系数可能使炉内的温度降低，影响燃烧效率。

不管哪种类型的焚烧炉，都需要配置一次风和二次风，一次风通向焚烧炉膛，二次风通向二燃室，一般一次风和二次风的比例应控制在 6∶4 比较合适，另外，还可以根据锅炉水平烟道烟气含氧量进行合理配风，一般水平烟道中烟气含氧量应控制在 10%～12%之间，合理配风是保证废弃物稳定燃烧的关键因素。

2. 典型工艺流程

我国第一座现代化城市垃圾焚烧厂于 1985 年在深圳建成（图 4.1），当时从日本三菱重工成套引进两台日处理能力为 150t/d 的废弃物焚烧炉。1985 年 11 月破土动工，1988 年 6 月试生产成功，同年 11 月 1 日正式投产。焚烧炉为马丁式炉排炉，简称马丁炉，炉排为反推式往复炉排。欧洲马丁冷壁式焚烧系统是在燃烧室的四周围上水管，形成四壁水墙，水受热后产生蒸汽，进行热能回收利用。这类焚烧系统的特点是热载体受热面积大，炉内废弃物燃烧充分，热转化率高，热量回收充分，烟气净化处理便利。

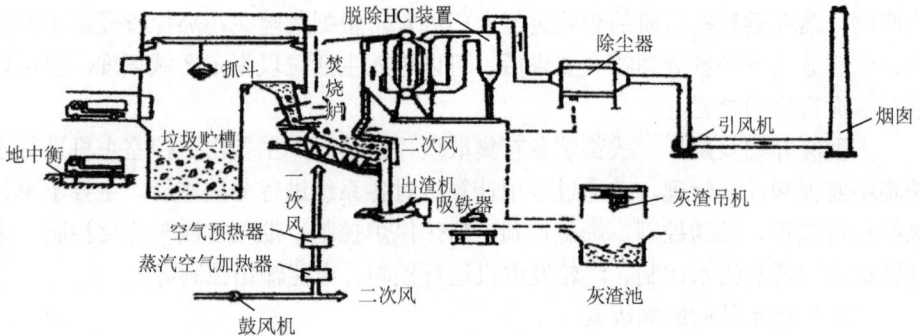

图 4.1 我国第一座现代化城市垃圾焚烧厂工艺流程图

图 4.2 是美国佛罗里达州棕榈滩城市垃圾焚烧厂工艺流程图。这座焚烧厂占地 700 英亩（1 英亩 = 0.404856 公顷），该焚烧厂由私人公司与当地政府共同兴建，每天可处理约 3000t 生活垃圾，服务周围 6 万个家庭，焚烧时产生的热量用于发电，可供当地 4 万人使用。佛罗里达和东北部四个州的废弃物焚烧发电能力占美国全部废弃物焚烧发电厂发电量的 60%以上。

坐落在新加坡西海岸线工业区内的 Tuas，是新加坡第二座大型城市垃圾焚烧厂（图 4.3），由日本三菱重工承包建设，德国设计。焚烧厂设计能力为 2000t/d（400t/d×5 台），耗资折合人民币将近 12 亿元。

生活垃圾 → 破碎 → 磁选 → 铁系金属回收

重质残留物 ← 气流密度分选 ← 小粒径 ← 筛选 → 风选

大物件 → 二次破碎　人工分选

轻质物　　　　　　　　　　　　　　　　　　轻质物

分级精筛选

燃料贮槽

烟囱排放

汽涡轮发电 ← 废热锅炉 ← 焚烧炉 ← 干式洗烟塔 ← 静电除尘器

冷却塔 → 锅炉水处理　　底灰　　　　　稳定化处理　飞灰

填埋

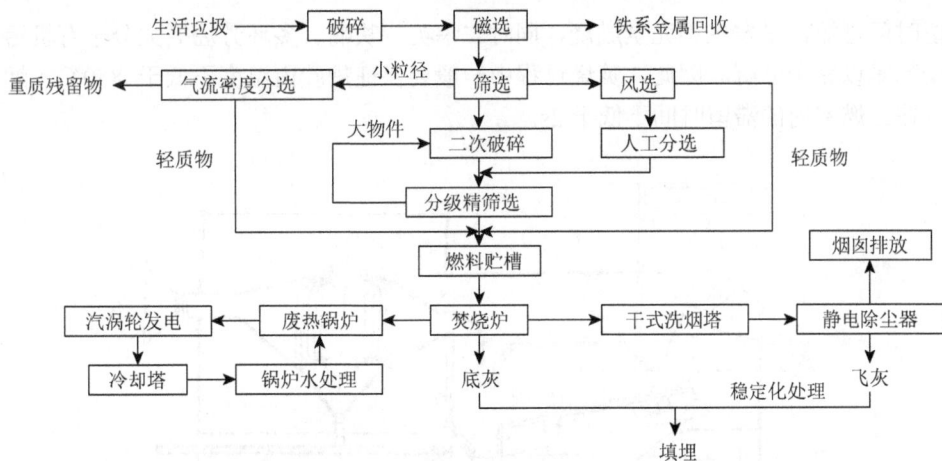

图 4.2　美国佛罗里达州棕榈滩垃圾焚烧厂工艺流程图

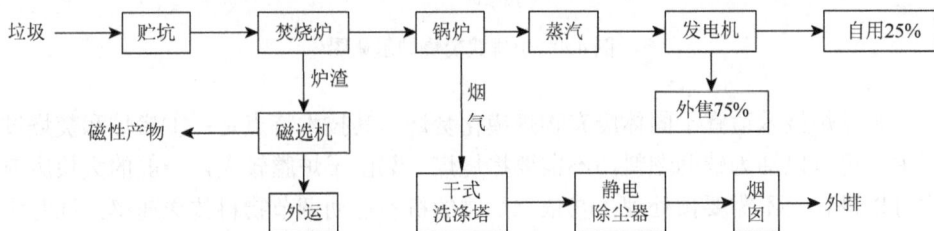

垃圾 → 贮坑 → 焚烧炉 → 锅炉 → 蒸汽 → 发电机 → 自用25%

炉渣　　　　　烟气　　　　　外售75%

磁性产物 ← 磁选机

外运　　　干式洗涤塔 → 静电除尘器 → 烟囱 → 外排

图 4.3　新加坡 Tuas 垃圾焚烧厂工艺流程图

3. 焚烧设备

固体废弃物焚烧设备主要包括炉排式焚烧炉、流化床焚烧炉、回转窑焚烧炉、热解气化炉、熔融炉等。

（1）炉排式焚烧炉

炉排式焚烧炉主要包括采用固定炉排、滚动炉排、水平往复炉排、逆推炉排、链条炉排、履带炉排、倾斜顺推往复炉排和倾斜逆推往复炉排等的焚烧炉。这类焚烧炉的主要特点是，对进炉物料的适应性广，不需要对废弃物进行严格的事先处理；在炉排上可以同时完成废弃物的干燥、着火、燃烧以及燃尽等一系列过程；处理效率高，燃烧稳定，炉温及余热锅炉蒸发量变动小。这种焚烧炉适合用于城市生活垃圾的规模化处理（图 4.4）。

炉排式焚烧炉中，固体废弃物在炉排上主要经过三个区段：预热干燥段、燃烧段和燃尽段。燃烧时必须对废弃物滞留时间、焚烧温度和气体湍流度进行精细调节。由于废弃物成分复杂，炉温太高会产生过多的氧化氮，炉温太低时烟气滞留时间过短，易发生不完全燃烧，同时二噁英、呋喃、多环芳烃等大分子有机污染物难以完全分解。因此，焚烧过程中一般要保证炉膛内温度不低于 850℃，烟气在二燃室内的滞留时间不低于 2s。

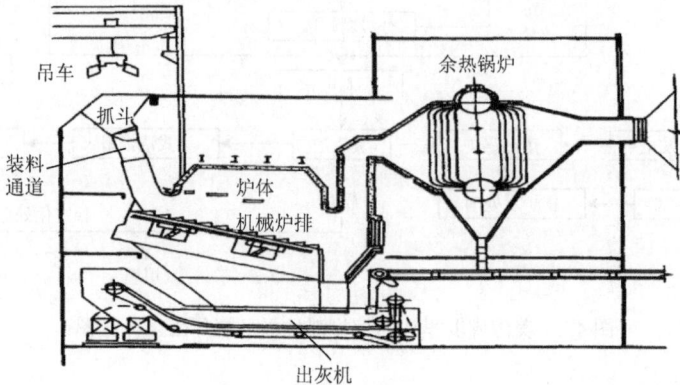

图 4.4　炉排式焚烧炉示意图

炉排炉技术适宜于固体废弃物规模化焚烧，其技术特点是：①启炉和焚烧过程中，可以以油为辅助燃料，不需要掺烧煤；②由于炉膛较大，一般的大块废弃物可以进料，不需要预处理；③依靠炉排的机械运动调节物料传送速率，同时实现废弃物的搅动与混合，促进完全燃烧；④废弃物在炉膛内稳定燃烧，燃烧充分，飞灰量少，炉渣热酌减率低；⑤技术成熟，运行稳定，设备年运行时间可达 8000h 以上；⑥焚烧炉 24h 运行，连续焚烧废弃物，不宜经常起炉或停炉，因而可以有效控制炉膛内二噁英等污染物的二次合成。

（2）流化床焚烧炉

流化床焚烧是二十世纪八十年代发展起来的一种焚烧技术。流化床焚烧炉的特点是在炉底铺设一层石英砂作为流化传热介质，通过底部布风板吹入具有一定压力的空气，将砂粒吹起，炉内气固混合强烈，传热传质速率高，单位面积处理能力大，具有良好的着火条件。流化床焚烧炉运行过程中，固体废弃物从流化床上部或侧部输入炉内，与灼热的石英砂混合，发生激烈的翻腾，混为一体，处于悬浮状态燃烧，由于空气充足，废弃物燃烧充分。炉体内燃烧温度一般控制在 850～950℃之间，二燃室温度一般保持在 1000～1200℃之间。图 4.5 是循环流化床焚烧炉示意图。

为了使进入炉内的废弃物形成流态化，要求废弃物的粒度和密度差异要小，而对于高黏度的半流体状污泥以及厨余垃圾等废弃物，供料不容易均匀，难以实现流态化燃烧，因而需要对原料进行前处理。

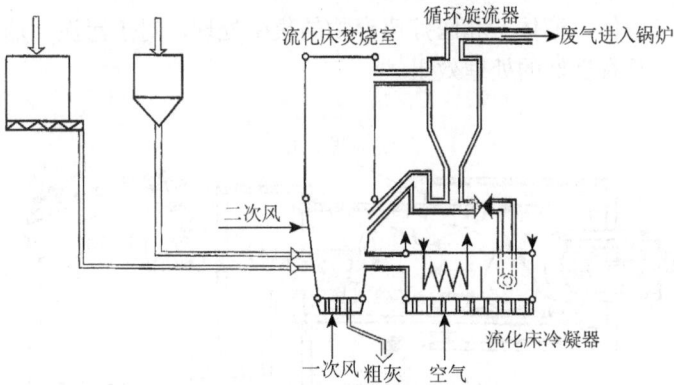

图 4.5　循环流化床焚烧炉示意图

流化床焚烧炉主要包括循环流化床、沸腾流化床、固定层流化床。这类焚烧炉在运营时可以添加煤助燃，对废弃物的适应性较广，具有较好的经济效益。

流化床焚烧炉的技术特点：①需要添加石英砂等流化介质，同时需要掺煤补充热量；②可以同时混烧多种废弃物，但尺寸不宜太大；③焚烧炉内废弃物处于悬浮流化状态，为瞬时燃烧，容易造成燃烧不充分，飞灰量大，二噁英等有机污染物产生量大，但是由于飞灰量是炉排炉的 3～4 倍，所以实测的飞灰中二噁英的浓度反而较低，底渣产生量小，一般为 1%～2%；④焚烧烟气流速高，对焚烧炉壁的冲刷磨损严重，设备使用寿命较短；⑤检修频繁，年运行时间较短，通常只有 6000h 左右；⑥流化床焚烧炉的起炉和停炉较为方便。

循环流化床焚烧炉的技术优势：①适合焚烧低热值废弃物；②焚烧条件容易控制；③废弃物减量化程度高；④经济效益好，投资回报率高。

在日本，流化床焚烧技术曾经一度发展十分迅速，主要因为这类焚烧炉不要求连续运转，适应于日本中小城市的需求。但是后来日本业界发现这种焚烧炉中二噁英等有机污染物大量产生，环境潜在污染严重，因而在日本国内达成共识，陆续停止了流化床焚烧炉的使用。随后，日本开发了流化床气化熔融炉，即将流化床炉温降到 500～650℃，使废弃物热解气化形成可燃气和残碳，然后将气化产物输送到后续的焚烧熔融炉进行焚烧熔融处理，实现热能和建材化利用。

（3）回转窑焚烧炉

回转窑焚烧炉是用于处理不同类型可燃废弃物的一种主要炉型，主要部件是一个可以转动的内衬有耐火材料的圆柱状钢筒，筒体的长度一般是其直径的 3～4 倍，其旋转轴一般向下倾斜 1°～5°。废弃物从高的一端（窑尾）进入缓慢旋转的窑体，在逐渐向下移动的过程中被从燃烧区过来的热气流加热，逐渐干燥、着火、燃烧，最后成为灰渣从底端（窑头）排出（图 4.6）。回转窑焚烧炉适合用于各种工业废弃物（固体、液体）和医疗废弃物的集中处理，对于污泥、油泥等饼状及膏状废弃物也具有良好的处理效果。

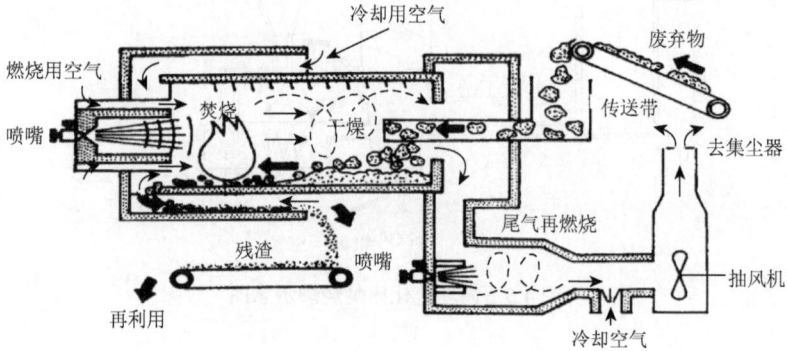

图 4.6　回转窑焚烧炉示意图

回转窑焚烧设备的主要特点是：①适用性广，可处理各种不同形状固液体废弃物；②可以处理低热值的废弃物，一边干燥一边燃烧，节省能源；③焚烧时，炉体采用旋转式，搅拌充分，气体和固体充分接触，燃烧效率高；④可以长时间连续运行；⑤固体在炉内停留时间可以控制；⑥连续自动进料，自动出灰，焚烧彻底，灰渣量小；⑦适用性广，可以处理各种不同形状的固液体废弃物。

回转窑焚烧炉的缺点是对于发热量低、含水率高的废弃物处理效果不佳，这种炉型的处理能力并不是很大，对设备的封闭性要求高，成本高，价格昂贵。上述各类废弃物焚烧炉的性能特点见表 4.1。

表 4.1　不同类型焚烧炉的特点与性能比较

项目	机械炉排式焚烧炉	流化床焚烧炉	回转窑焚烧炉
炉排型式	机械炉排	无炉排	无炉排
燃烧空气压力	低	高	低
废弃物与空气接触	较好	好	较好
点火升温	较快	快	慢
二次燃烧室	不需要	不需要	需要
烟气中含尘量	低	高	较高
占地面积	大	小	中
废弃物破碎情况	不需要	需要	不需要
燃烧介质	不需要热载体	需用石英砂作热载体	不需要热载体
焚烧炉体积	较大	小	大

项目	机械炉排式焚烧炉	流化床焚烧炉	回转窑焚烧炉
加料斗高度	高	较高	低
焚烧炉状态	静止	静止	旋转
残渣中未燃分	<3%	<1%	<5%
操作运行	方便	不太方便	方便
适应废弃物热值	低	低	高
运行方式	连续	可间断	连续
耐火材料磨损性	小	大	大
废弃物处理量	大	小	中
废弃物焚烧历史	长	短	较长
废弃物焚烧市场比例	高	低	低
主要传动机构	炉排	砂循环	炉体
运行费用	低	较高	低
检修工作量	较少	较少	少

4.3.2　焚烧热能回收利用

　　固体废弃物焚烧后会产生大量高温烟气，富含能量，其热能需要回收利用。另外，为了保护后续的除尘设备，对除尘器入口处的气体温度有一定的限制，如袋式除尘器入口温度一般不超过 160℃，因此必须对烟气采取降温措施。根据焚烧设施的规模大小和烟气量的多少，可以设置余热锅炉或热交换器回收余热，也可以直接冷却后排入下游除尘设备。废弃物焚烧炉尾气的冷却方式分为直接冷却式和间接冷却式，直接冷却式又分为风冷式和水冷式。

　　对于大型废弃物焚烧厂，废弃物热值高，处理量大，又能连续稳定运行，宜采用余热锅炉的冷却方式。一般情况下，如果焚烧炉的废弃物处理量达到每天 150t 以上，而且废弃物热值达 1800kcal/kg（1cal = 4.184J）以上时，宜采用余热锅炉的形式回收热量，产生的热蒸汽用于发电或热电联用。热回收方式的选择取决于余热利用的途径和特点、工艺设备的需要以及经济因素。焚烧系统通常连续运行，但热量需要具有峰值和谷值，在热能回收利用中需要考虑时间的安排。而对于中小型焚烧厂，由于采用批次方式或准连续方式焚烧废弃物，产生的热量较小，热量回收利用的经济效益较差，大多采取对烟气直接冷却的方式回收热能，一般采用直接喷水降温的方式。

1. 余热锅炉的种类

余热锅炉是利用废弃物燃烧尾气的余热产生热蒸汽的设备,常用的有烟管式、水管式和炉锅一体式。烟管式锅炉的传热管内通过的是烟气,水管式锅炉的传热管内通过的是水。

2. 焚烧锅炉余热的利用方式

（1）蒸汽发电

焚烧设施中余热锅炉产生的高温高压热蒸汽可以驱动发电机组产生电力。一般情况下,焚烧炉和余热锅炉是一个组合体,废弃物焚烧炉的炉膛就是余热锅炉的能量提供通道,主要燃料是废弃物而不是煤,转换能量的工质是水,焚烧产生的热量被工质吸收后转化为具有一定压力和温度的过热蒸汽,驱动汽轮机组发电,实现热能电能的转换。产生的电能可以输入各地的公共电力供应系统,不仅能远距离传输,而且提供量基本不受用户需求量的限制。通常余热锅炉所产生的电力有 10%～20%可以作为厂内自用,其余可以出售给电力公司。

余热锅炉产生的高温高压热蒸汽还可以直接供应附近发电厂当作辅助蒸汽,配合发电,但焚烧厂产生的蒸汽特性必须与发电厂对蒸汽的要求一致,这种利用方式在美国和欧盟国家应用较多。

（2）热能利用

余热锅炉产生的热水或蒸汽可以直接用于焚烧厂内部的生产和生活需要。如果焚烧厂所处理的废弃物含水率较高、热值较低,可以利用蒸汽预热助燃空气,使其温度提升至 150～200℃,促进燃烧效果或供二燃室使用,也可以将欲排放的废气加热至 130℃,有效避免湿式洗烟装置产生白烟现象。

如果焚烧厂与用户相距不远,一般用管路将蒸汽送至厂区附近的小型企业、养殖场、农户、医院、温水浴场、蔬菜大棚、花房等,供其生产、生活、取暖或消毒设施使用,冷凝水则返回焚烧厂循环使用。这种方式受供热距离的影响,需要在建厂时提前做好综合规划,才能构建良好的供需关系,避免造成热能的浪费。

（3）热电联供

在热能转变为电能的过程中,热能损失一般比较大,这取决于废弃物的热值、余热锅炉的热效率以及汽轮发电机组的热效率等。一般废弃物焚烧厂的热效率仅有 10%～25%,如果有条件采用热电联供,将发电、区域性供热等结合起来,合理调节供电和供热比例,焚烧厂的热利用效率可以提高到 50%左右,甚至可达 70%以上。在进行热电联供供热设施和系统设计时,应注意尽可能考虑让高温蒸汽的热通过热交换设备,将热量传递给供热用水或其他介质,蒸汽凝结为水之后可以重新作为锅炉用水，经除氧后送入锅炉，这样可以降低发电系统补给水用量以及水处理系统的设备投资。

3. 余热锅炉的腐蚀与防止

焚烧处理的废弃物成分十分复杂，一般含有氯、硫和碱金属，同时还含有与腐蚀相关的重金属和低熔点化合物，而且废弃物焚烧烟气中的水分含量较大，因此，腐蚀现象比燃煤锅炉更容易产生，并且更为严重。焚烧锅炉的腐蚀分为低温腐蚀和高温腐蚀。低温腐蚀是指燃烧烟气中的硫氧化物（SO_x）和卤化物（HCl、HBr）等在低温时凝结，产生硫酸、盐酸等强酸后与传热材料发生化学反应的现象；高温腐蚀是由于废弃物中含有塑料、橡胶、纺织品等高分子有机物，这些高分子在燃烧过程中分解出氯化物、碱金属化合物、沸点低的重金属化合物、SO_x、HCl、Cl_2 等，当焚烧锅炉温度和压力等工质参数提高到一定值以上时，这些成分会对焚烧锅炉的高温金属受热面特别是高温过热器受热面产生腐蚀。

4.4　焚烧灰渣循环利用与安全处置

根据收集源不同，固体废弃物焚烧灰渣一般分为底渣和飞灰。底渣是由炉床底部排出的焚烧残余物和炉排间掉落灰组成，有时也包括锅炉灰，主要由熔渣、陶瓷碎片、玻璃、黑色金属、有色金属、渣土和未燃尽的有机物组成。飞灰主要是烟道除尘灰，由袋式除尘器收集。炉排炉中飞灰量占废弃物焚烧量的 3%～5%，而循环流化床焚烧炉产生的飞灰占焚烧废弃物量的 10%～15%。根据焚烧温度的不同，又可将焚烧底渣分为普通焚烧残渣和熔融烧结残渣两种。普通焚烧残渣是在 1000℃ 以下焚烧炉排出的残渣，可以从中回收铁、玻璃等有价资源，剩余的残余物制作建筑材料；熔融烧结残渣是在 1200～1800℃ 的高温熔融炉中排出的流体冷却后形成的残渣，其特点是密度高、强度大，由于玻璃化作用，重金属一般被固定难以浸出，可以直接用作建筑材料、混凝土骨料和筑路基材等。

焚烧底渣是一种非均质混合物，主要物相为玻璃相，占 40%左右，主要晶相为硅酸盐（如钙黄长石、透辉石和石英）、氧化物（磁铁矿、尖晶石和赤铁矿）、碳酸盐（碳酸钙、金属碳酸盐）和其他盐类（氯化物、硫酸盐）。由于焚烧底渣中含有大量碱性金属氧化物、氢氧化物、氯化物及硫化物等物质，一般呈强碱性，pH 值在 11.0～12.5 之间。

焚烧底渣的主要成分是 SiO_2、CaO、Al_2O_3、Fe_2O_3，其次还有 Na_2O、K_2O、MgO、P、S 和未燃尽的炭等，有害元素 Pb、Hg、Cd、Cr 等均未超过作为建材用的国家标准，可以直接填埋或作建材等循环利用。城市生活垃圾焚烧底渣基本化学成分见表 4.2。

表 4.2　城市生活垃圾焚烧底渣基本化学成分（%）

项目	SiO_2	Al_2O_3	CaO	Fe_2O_3	MgO	SO_3
范围	13.7~29.1	16.4~24.9	24.3~39.8	4~6.8	1.2~12.1	1.4~2.4
平均值	22.9	19.7	30.4	5.6	4.8	2.1
项目	Na_2O	Cr_2O_3	P_2O_5	K_2O	TiO_2	烧失量
范围	2.40~3.90	5.00~10.6	0.90~2.30	2.00~2.90	0.80~1.00	4.00~15.0
平均值	3.30	8.50	1.80	2.60	0.90	11.0

由于焚烧过程中的挥发作用，飞灰中重金属的含量要比底渣中高很多，尤其是毒性较大的 Pb、Cd、Hg、Zn、Cu 等元素，比底渣中的总金属要高出几倍甚至几百倍，浸出浓度也高出很多，若未经处理直接填埋，会对附近的土壤、地表水和地下水造成污染，因而其对环境的危害比底渣大得多。不同类型灰渣中有害重金属元素的总含量和最大可浸出量见表 4.3。同时，焚烧飞灰中还含有大量的二噁英等持久性有机污染物，因而被列为危险废物专门收集管理。

表 4.3　不同焚烧灰渣中重金属的总量和最大可浸出量

元素	总量（mg/kg）			最大可浸出量（mg/L）		
	底渣	飞灰	混合灰渣	底渣	飞灰	混合灰渣
As	50~40	90	17	0.3~0.5	14	6
Cd	2~25	140	31	0.5~5.0	130	27
Cr	200~1000	190	400	2~10	6	3
Cu	1200~2500	500	1700	50~200	200	380
Hg	0.5~1.0	9.0	3.0	0.01~0.1	17.0	0.6
Pb	1500~3000	3100	1000	50~300	1000	—
Sb	30~200	1100	250	30	110	<8
Zn	2000~4000	17000	6100	50~500	7900	2900

英国、法国、德国、丹麦、荷兰、加拿大以及日本等国家的大部分生活废弃物焚烧厂，其底渣和飞灰都分开收集，根据特性分别处置或利用，而美国一般将底渣和飞灰混合收集与处置。我国在《生活垃圾焚烧污染控制标准》中规定，生活垃圾焚烧飞灰与焚烧炉渣应分别收集、贮存、运输和处置。

焚烧底渣按一般固体废弃物管理和处置，飞灰属于危险废物，必须进行固定稳定化处理，然后进入危废填埋场进行安全处置。焚烧底渣是一种资源，可以进行循环利用，主要利用途径可以归纳为以下几个方面：

（1）回收有价金属

焚烧底渣中含有黑色金属和有色金属，黑色金属大约占 15%，可以利用筛分和磁选技术分离出来，目前大多数欧美国家的焚烧厂都采用这种技术回收铁磁性金属，有些焚烧厂还利用涡电流技术分离回收有色金属。例如，美国矿山安全与健康管理局采用磁选技术可以将焚烧炉渣中 90%以上的铁分选出来，并且在马里兰州建立了回收工厂。

（2）替代建筑骨料

焚烧底渣的物理和工程性质与轻质的天然骨料相似，并且容易进行粒径分配，易制成商业化应用的产品，因此可以作为建筑填料使用。底渣经过破碎、筛分等方式处理，获得适宜的粒径后，可代替部分骨料，用作石油沥青铺面材料、水泥混凝土骨料、路基填充材料等。成功的工程案例主要是用于陆地水泥基及沥青基工程（如道路、停车场等）和海洋建筑工程（如人工暗礁、护岸等）。

（3）填埋场覆盖材料

固体废弃物填埋场为了降低污染物的扩散，一般采用分层覆土填埋的方式对废弃物进行处理，堆积一层废弃物后再覆盖一层土。近年来，由于可利用土地资源的日益紧缺，寻求替代物品已经成为填埋场可持续运营的当务之急，废弃物焚烧底渣是具有良好前景的替代材料。在美国，将混合焚烧灰渣用作填埋场覆盖材料是目前利用最多的资源化方式。需要注意的是，灰渣填埋场渗滤液中的溶解盐浓度较高，因此在将焚烧灰渣用作填埋场覆盖材料时，必须持续监测其渗滤液中溶解盐的变化情况，及时采取控制措施。

（4）制备建筑砖

利用焚烧底渣和废弃物中分选出的废玻璃、废陶瓷等，可以制备免烧砖、透水砖、烧结砖、加气混凝土砌块等产品。研究发现，利用免烧工艺制备的免烧砖产品，经检测其抗压、抗折强度等质量指标以及产品的放射性和有害物质含量均符合国家建筑材料的相关标准，是一种符合质量和环保要求的建筑材料。在日本，东京工业试验所利用焚烧炉渣烧制的墙体砖和铺路砖，性能均达到日本国家标准的要求。

（5）制备功能材料

焚烧灰渣经过高温烧结具有较大的比表面积，并且含有多种矿物质，可以用作制备环境功能材料，如沸石等。沸石又称分子筛，是一种呈结晶阴离子型架状结构的多孔硅铝酸盐矿物质，孔径介于 0.3～3.0nm 之间。迄今沸石分子筛已广泛应用于催化、吸附和离子交换等领域。沸石可以用作催化剂或催化剂载体，主要和沸石结构中的酸性位置、孔穴大小以及阳离子交换性能有关。沸石中硅被铝置换后，也就是$[SiO_4]$四面体被负一价的$[AlO_4]$四面体取代后，格架中的部分氧出现负电荷，为了中和这些负电荷，就有阳离子加入，这样便产生了局部的高电场和格架上酸性位置，许多具有催化活性的金属离子可以通过离子交换进入沸石孔穴中，随后还原为元素状态或转变成具有催化活性的化合物。沸石分子筛具有很大的吸附表面，所以可以容纳相当多数量的吸附物质。沸石已经被工业应用作为吸附剂，吸附溶液中的各种离子和分子。在工业废水处理中，沸石被用于去除水中的重金属，同时沸石还可以用于面源污染控制，去除水中的 NO_3^-、NH_4^+、PO_4^{3-} 等离子。

利用掺煤发电的城市垃圾焚烧灰渣，采用熔融-水热工艺，可以合成以 X 型、P 型、HS 型沸石为主要结晶相的功能材料。其中含 X 型、P 型的材料具有良好的吸附性能，对水溶液中的 Cd^{2+}、Cu^{2+}、Pb^{2+}、As^{5+} 等离子具有良好的吸附性能，而含 HS 型沸石的功能材料具有良好的热稳定性和催化性能，对于废弃生物质裂解制氢具有优异的催化效果，适合在 700～900℃的温度范围内使用。

4.5　焚烧过程污染控制

固体废弃物具有复杂性、多样性和不均匀性，焚烧过程中会发生多种复杂的化学反应，在尾气中产生多种污染物，归纳起来主要有：①有机污染物，包括二噁英、多环芳烃等；②酸性气态污染物，包括硫氧化物（SO_x）、氯化氢、氟化氢、溴化氢、氮氧化物（NO_x）等；③重金属污染物，包括铅、镉、铬、汞、砷、镍的元素态、氧化态、氯化物等；④颗粒污染物（粉尘），包含惰性金属盐类、金属氧化物、不完全燃烧物质等。

4.5.1　有机污染物控制

焚烧尾气中含有多种污染物，包括高分子有机污染物、小分子污染物、有害重金属等，其中最受关注的是二噁英类物质。二噁英是指含有两个氧键连接两个苯环的有机氯化合物，包括 210 种化合物，包含两大类有机化合物，全称分别是多氯二苯并二噁英（polychlorinated dibenzo-p-dioxins，PCDDs）和多氯二苯并呋喃（polychlorinated dibenzofurans，PCDFs），其中 PCDDs 有 75 种，PCDFs 有 135 种。二噁英是目前发现的无意识合成的副产品中毒性最强的化合物，2, 3, 7, 8-四氯二苯并二噁英（TCDD）的毒性相当于氰化钾的 1000 倍以上，因此被称为"地球上毒性最强的毒物"。

废弃物焚烧是环境中二噁英的一个重要来源。日本环境省对环境中二噁英排放源的调查发现，多年来废弃物焚烧炉一直都是日本环境中二噁英的主要排放源。美国国家环境保护局的调查也表明，废弃物焚烧排放是二噁英最大的排放源之一。英国在二十世纪九十年代废弃物焚烧炉排放的二噁英占排放总量的 58%，但后来下降到了 5%以下。

废弃物焚烧过程中二噁英产生的主要途径包括：①焚烧处理的废弃物本身含有二噁英；②焚烧温度达不到要求，导致焚烧炉膛中产生二噁英；③焚烧烟气在焚烧系统传输过程中二次合成二噁英。

二噁英合成的主要路径包括以下几种。

1）前驱物合成。由苯环、氯源化合物通过氯化、缩合、氧化等有机化合反应生成，即焚烧烟气中含有与二噁英结构类似的物质（前驱物），在废弃物焚烧过程中这些前驱物分子发生分子解构、重排、自由基缩合、脱氯或其他分子反应等过程而生成二噁英。前驱物反应生成二噁英的温度范围一般是 $500\sim800℃$。

2）从头合成。碳、氢、氧和氮等元素通过基元反应生成，即焚烧烟气在冷却过程中，固体飞灰颗粒中的残碳发生气化、解构或重组，并经过金属离子的催化作用，与氢、氧、氯等其他原子结合逐步生成二噁英，这种合成方式也称从头（de novo）合成。另外，在废气冷却过程中，前述的前驱体合成途径也会发生，特别是在 $250\sim450℃$ 更容易合成。

3）高温合成。通过热分解反应合成，即含有苯环结构的高分子化合物经加热分解生成二噁英。

废弃物焚烧过程中，只有满足以下四个基本条件，才可以生成二噁英：①有含苯环结构的化合物（二噁英母体）存在；②有卤素源；③温度适宜（$250\sim450℃$ 最易生成）；④有催化剂（如 Cu^{2+} 或 Fe^{3+} 等）存在。

焚烧过程中控制二噁英形成的技术包括：①源头控制。通过废弃物分类回收、加工前处理，尽可能减少含 PCDDs/PCDFs、含氯（聚氯乙烯等）和重金属高的物质进入焚烧炉，还可以将原生废弃物做成废弃物衍生燃料成品，再送到焚烧厂处理。②控制炉内生成。采用合适的炉膛、炉排结构，保持焚烧炉内温度在 850℃以上，保证烟气在二燃室 1000℃以上温度停留 2s 以上，控制二燃室内气体流速在 $3.0\sim7.0m/s$，保持较大的湍流程度。上述处理方法被称作 3T 控制技术，即温度（temperature）、时间（time）和湍流（turbulence）。同时，还应通过控制二次空气的喷入方法，保证烟气中的氧含量在 6.0%～8.0%之内。衡量废弃物是否充分燃烧的重要指标之一是烟气中 CO 的浓度，一般 CO 浓度低于 $60mg/m^3$ 为宜。③避免炉外低温再合成。一般采用急冷技术使从余热锅炉中排出的烟气急速冷却到 200℃以下，从而跃过二噁英易形成的温度区。④添加二噁英生成抑制剂。常用的有机添加剂有尿素、乙二醇、氰胺等，无机添加剂有碱性吸附剂、硫氧化物、氨、过氧化氢、臭氧等。例如，在燃烧物料中加入适当的硫使 S/Cl = 0.64 时，二噁英的生成量明显降低。⑤选用新型袋式除尘器，控制除尘器入口的烟气温度低于 200℃。采用半干式/干式喷淋塔结合布袋除尘器、活性炭吸附是控制烟气中二噁英排放最有效的技术。

4.5.2　酸性气体控制

焚烧烟气中含有 HCl、HF、NO_x、SO_x 等酸性气体，其净化技术主要包括干式吸收法、湿式洗涤法和半干式洗涤法：①干式吸收法向烟道内喷入大量的干式吸收剂，主要有氢氧化钙、碳酸钠、碳酸钙粉末等，吸收剂与酸性气体反应后，残余的粉末用后端设置的除尘器收集。干式吸收塔设备简单，成本低，操作方便，但去除效率低。②湿式洗涤法一般使用氢氧化钠等碱性溶液对污染气体进行逆向喷淋，洗涤装置一般设置在除尘器后面，由于湿式法需用臭氧或次氯酸钠作氧化剂，成本较高，而且吸收排出废水处理较困难，一般使用较少。③半干式洗涤法是将吸收剂加水调制成浆液，以喷雾形式在反应塔内与烟气中的酸性气体发生化学反应，反应生成物随烟气进入后端设置的袋式除尘器被捕集，经净化后的烟气则通过烟囱排放。半干式洗涤法使酸性气体形成固体状物质后被去除，一般设置在除尘器之前。半干式洗涤塔如果和布袋除尘器一起使用，则处理效果较理想，费用低，无污水排出，但会带有氯化钙等残渣，需要进行安全填埋或固化处理。目前，半干法净化工艺应用较多（图 4.7）。焚烧烟气半干式洗涤塔工艺流程图见图 4.7。

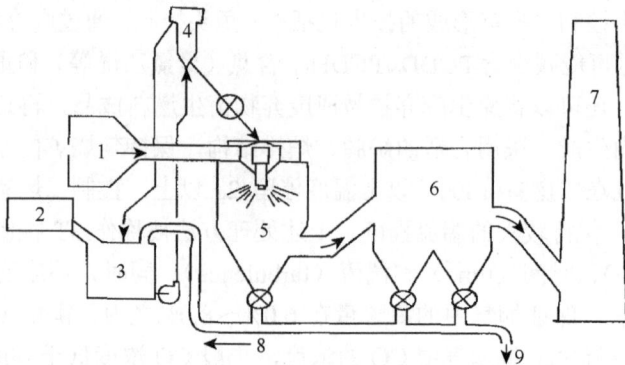

图 4.7　焚烧烟气半干式洗涤塔工艺流程图

1-烟气；2-石灰熟化仓；3-石灰浆液准备箱；4-给料箱；5-喷雾干燥吸收塔；6-除尘器；7-烟囱；
8-吸收剂循环使用；9-固态灰渣

焚烧过程中产生的氮氧化物净化方法还有选择性催化还原（selective catalytic reduction，SCR）法和选择性非催化还原（selective non-catalytic reduction，SNCR）法，SCR 法是在催化剂存在时，NO_x 被还原剂（如氨）还原为氮气的方法，SNCR 法不需要催化剂。SNCR 法的还原反应一般在废弃物焚烧炉膛内完成，而 SCR 法的还原反应则是在废弃物焚烧炉的后端加装专用设备完成，所以 SNCR 法比 SCR 法的设备投资低，占地面积小，应用较为广泛。

4.5.3　重金属控制

废弃物焚烧过程中，沸点较低的重金属及其化合物会挥发到焚烧烟气中，这些重金属（如 Cd、Pb、Sb、Zn、Se、Sn 等）主要被烟尘微粒吸附以悬浮颗粒状态存在，特别是挥发性高、毒性强的汞，大部分是以卤化物或氧化态存在。控制焚烧过程中重金属污染主要包括燃烧前控制、燃烧中控制和燃烧后控制三个环节。燃烧前控制主要是通过分类与分选，将废弃物中重金属含量较高的电池、电器、矿物质等分选出来；燃烧中控制主要是通过添加固定剂或者优化焚烧参数使重金属尽可能留在底渣中，然后将其固化或回收；燃烧后处理即采用尾气除尘、收集、固化等方法使各种重金属稳定化。烟气中的重金属脱除方法一般有活性炭喷射法、湿式洗涤法和喷雾干燥法；废弃物焚烧底渣中重金属的处理方法有磁选、重液萃选、陶瓷或水泥固定以及添加稳定剂（如磷酸盐、络合剂、螯合剂）等。

为了确保汞等沸点较低的重金属及其化合物和二噁英等有机剧毒物得到进一步去除，一般在袋式除尘器前的烟道中设置活性炭喷射吸附装置，活性炭吸附污染物后与烟气一起进入袋式除尘器收集。

4.5.4　颗粒物控制

焚烧过程中产生的颗粒污染物净化技术可分为过滤、离心沉降、静电分离、湿法洗涤等，常用的净化设备有旋风除尘器、袋式除尘器、惯性除尘器、重力沉降器、静电除尘器、文丘里洗涤器等，其中布袋除尘器和静电除尘器是废弃物焚烧系统中使用较多的除尘设备。

思　考　题

1. 简述高位热值与低位热值的区别。
2. 如何计算固体废弃物的低位热值？
3. 简述炉排炉和流化床的特点，比较说明二者的区别。
4. 以炉排炉为例，设计一套垃圾发电工艺流程，画出流程图。
5. 固体废弃物焚烧设施中，主要包括哪些系统单元？分别阐述各单元的功能和特点。

6. 固体废弃物焚烧热能的利用方式有哪些？

7. 何谓余热锅炉的低温腐蚀？如何防止这类腐蚀？

8. 分析焚烧飞灰和底渣的化学组成，阐述将焚烧飞灰列为危险废物而将底渣列为一般废弃物的科学依据。

9. 固体废弃物在焚烧过程中主要产生哪些污染物？

10. 简述固体废弃物焚烧过程中二噁英的主要产生途径。

11. 二噁英的主要合成路径有哪些？简述生成二噁英的基本条件。

12. 固体废弃物焚烧过程中，如何有效控制二噁英的生成？

13. 简述半干式除尘工艺的特点。

14. 填埋和焚烧是城市生活垃圾处理的两种主要方式，试从温室气体排放的角度，剖析焚烧与填埋各自的温室气体产生与排放特点，阐述促进减排的优选处理方法和依据。

15. 比较分析炉排炉和回转窑的优势和缺点，以制药行业废弃物为例说明适合选用哪种炉型。

第5章　生物处理与资源循环

内容提要与主要知识点

　　本章主要介绍有机固体废弃物生物法处理过程中燃气和堆肥资源产生的理论基础和操作工艺，讲述厌氧发酵和好氧堆肥的工艺阶段、影响因素、微生物活动特点和具体操作方法。要求了解厌氧发酵理论的发展与完善过程，掌握好氧堆肥理论和氮素循环理论。认识三段式厌氧发酵的工艺过程和各阶段的主要生成物，能够区分各阶段的优势微生物菌群。掌握干式厌氧发酵的特点、影响因素和缺陷，学会区分厌氧干发酵与厌氧湿发酵。了解厌氧发酵制氢的理论基础、主要活动菌群、产氢工艺过程和化学反应式。认识好氧堆肥的主要阶段、各阶段的优势微生物菌群和各阶段的适宜环境条件，熟悉好氧堆肥的主要影响因素和调控方法。学会堆肥微生物的研究方法和堆肥产品的无害化评价方法，认识生物炭堆肥的主要特点。

5.1　概　　述

　　固体废弃物生物处理技术主要包括发酵和堆肥，其中堆肥技术起源较早。早在公元前 1500 年，我国商代已经开始使用有机肥料。有文字记载的史料可以追溯到春秋时期，据《孟子·万章下》记载，"耕者之所获，一夫百亩，百亩之粪，上农夫食九人，上次食八人，中食七人，中次食六人，下食五人。庶人在官者，其禄以是为差"，说明当时已经开始使用畜粪和农业废弃物作肥料。中国在南宋时期就已建立起科学的堆肥方法，早于西方 850 多年，但是，在我国真正利用科学的方法对堆肥技术进行研究始于二十世纪上半叶。在意大利，贝卡利封闭系统堆肥法于 1922 年取得专利，该技术的核心是首先使固体有机物在厌氧条件下进行发酵，然后通入空气进行好氧发酵，加快堆肥的腐熟进度。后来，在此基础上又派生出了对垃圾渗滤液进行处理的维尔德利尔法和插管通风的博达斯法，可以使发酵周期缩短 20d 左右。在美国，厄普托马斯堆肥法于 1939 年取得专利，该技术的核心是利用多段竖炉发酵仓进行堆肥，并接种特种细菌，这样可以使堆肥时间缩短为 2～3 个月，这种方法的出现促进了高温堆肥的迅速发展。后来，美国人又发明了弗兰泽堆肥法，他们将腐熟的堆肥产品掺入发酵原料中，重复使用，这样可省去接种堆肥所需要的特种细菌。在印度，Howard 于 1925 年发明了印多尔堆肥法，将废弃物堆积成高 1.5m 的堆体，堆制期间翻堆 1～2 次，进行六个月左右的厌氧发酵可以使堆肥腐熟。

二十世纪八十年代，在欧美发达国家相继出现了针对城市生活垃圾、市政污泥、农林牧废弃物和人畜粪便处理的机械化堆肥工厂，根据实际需要，有些国家还制定了堆肥产品的技术标准，依据标准生产出多种用途的商业化堆肥产品。由于垃圾分类、收集、成本、效益等多种原因，在过去的几十年间，利用城市垃圾生产堆肥的大型机械化装置多数处于停滞状态，而利用庭院垃圾、农林废弃物和动物粪便进行堆肥的设施则具有良好的发展态势。

二十世纪八十年代，欧美发达国家的学者提出干法厌氧发酵的工艺，主要针对市政污泥，随后主要集中于城市垃圾的处理。在欧洲，每年用于处理城市垃圾的干法厌氧发酵装置总处理能力已经超过了湿法工艺装置总处理能力。在我国，已经开展了大量针对干法厌氧发酵技术的研究，主要集中于城市污泥、生活垃圾、牲畜粪便、填埋场开采等方面。

近年来，随着科研投入的逐年加大，在废弃物堆肥化方面取得的成果也越来越多，堆肥形式从传统的堆垛式向反应器式转变，实现了堆肥反应器从静态向动态的飞速发展，实现了物料的连续实时输入。针对餐厨垃圾，欧美和日本等研发了小型家庭堆肥机，在一定程度上实现了家庭有机固废源头堆肥化处理。目前，好氧堆肥法已经广泛应用于农业固体有机废弃物、养殖畜禽粪便、动物尸体、城市生活垃圾、城市污泥等的处理。

有机废弃物能源化利用方面，厌氧发酵生物制氢的概念最早由 Lewis 在 1966 年提出，该技术具有清洁、节能和不消耗矿物资源等优点，与其他常规制氢法相比，生物制氢是一种环境友好、可持续性良好的氢能生产技术。

5.2 生物处理的理论基础

5.2.1 厌氧发酵理论

厌氧发酵的理论经历了漫长的发展过程，归纳起来可以分为四种（表 5.1），目前比较权威的是两阶段厌氧发酵理论和三阶段厌氧发酵理论，四阶段厌氧发酵理论也在一定程度上被学者们接受。

表 5.1 厌氧发酵理论的发展过程

时间	学者	学说	内容
1930 年	Buswell 和 Neave	两阶段理论	酸性发酵和碱性发酵两个阶段
1979 年	Bryant	三阶段理论	水解发酵阶段、产氢产乙酸阶段及产甲烷阶段

续表

时间	学者	学说	内容
1979 年	Zeikus 等	四阶段理论	水解发酵菌、产氢产乙酸菌、同型产乙酸菌及产甲烷菌
1999 年	Batstone	五阶段理论	胞外分解、胞内分解、产酸、同型产乙酸及产甲烷等阶段

1. 两阶段理论

两阶段理论由 Buswell 和 Neave 于 1930 年提出，该理论根据厌氧发酵系统内部 pH 值的变化特征，将发酵过程分为酸性发酵和碱性发酵两个阶段。根据发酵系统中是否有甲烷产生，进一步又分为产酸阶段和产甲烷阶段。在第一阶段，产酸菌活性很强，主要将大分子的有机物分解成乙酸、丙酸等酸性中间产物以及氢气、二氧化碳等；在第二阶段，产甲烷菌活性很强，将产酸阶段生产的中间产物进一步分解为甲烷、二氧化碳、氨等。两阶段理论主要针对的是可溶性的高分子有机物，该理论曾经在数十年里占据统治地位。

2. 三阶段理论

随着厌氧微生物学研究的不断发展，有关学者逐渐认识到两阶段理论的不足，三阶段理论由此产生。三阶段理论由 Bryant 于 1979 年提出，该理论认为产甲烷菌不能有效利用除乙酸、H_2、CO_2 和甲醇以外的有机酸和醇类，长链脂肪酸和醇类必须经过产氢产乙酸过程转化为乙酸、H_2 和 CO_2 等产物后，才能被产甲烷菌利用，据此在两阶段的基础上增加了产氢产乙酸阶段。

3. 四阶段理论

四阶段理论几乎与三阶段理论在同一时期被提出来，主要由 Zeikus 等提出，其核心是将厌氧消化过程划分为水解、产酸、产乙酸和产甲烷四个阶段。在水解阶段，大分子的有机物在厌氧菌胞外酶的作用下被分解成简单的有机物，此时碳水化合物主要转化为糖，蛋白质转化为氨基酸，脂肪转化为脂肪酸等。在产酸阶段，上述小分子化合物在产酸菌作用下转化为乙酸、丙酸、丁酸和甲醇等。在产乙酸阶段，产氢产乙酸菌将产酸阶段产生的除乙酸、甲酸、甲醇以外的脂肪酸和醇等转化为 H_2、CO_2 和乙酸。在产甲烷阶段，产甲烷菌把前几个阶段产生的乙酸、H_2 和 CO_2 等转化为甲烷。四阶段理论明确了每个阶段分别对应着独立的微生物菌群，各类菌群密切关联，在系统内处于平衡状态，不能单独分开，相互制约，相互促进。所有的产甲烷菌都是专性严格厌氧菌，对氧非常敏感，遇氧后会立即受到抑制，不能生长繁殖，有的还会死亡。

厌氧发酵分解固体有机质的机理见图 5.1。

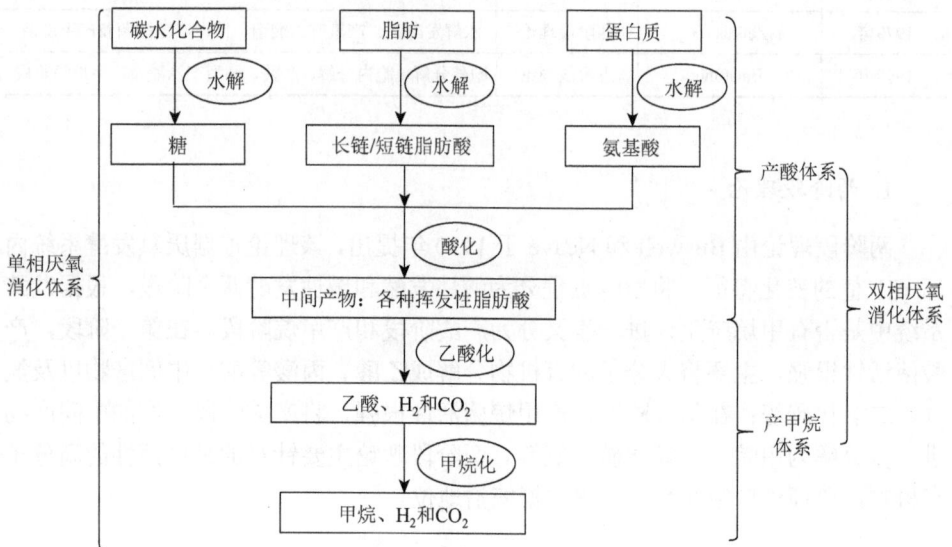

图 5.1　厌氧发酵分解固体有机质的机理

5.2.2　好氧堆肥理论

好氧堆肥是在好氧微生物的作用下，将废弃物中的有机物质分解并转化、合成腐殖质的过程。在好氧堆肥过程中，大分子有机质被分解为小分子有机化合物，例如羧酸、多酚、多糖、氨基酸和还原糖，这些小分子物质可以在微生物作用下形成腐殖质。在好氧堆肥过程中，好氧微生物首先产生各种胞内酶和胞外酶将易降解的有机物如糖类、蛋白质、脂肪等快速分解，此时堆体的温度迅速升高，而可溶性小分子有机物则透过微生物细胞膜直接被微生物吸收利用，随后，附着在微生物表面的不溶性难降解有机大分子也逐渐被降解。另外，微生物通过代谢活动，把部分有机物转化为自身可以吸收利用的小分子物质，合成腐殖质，释放出 CO_2、H_2O 和微生物生长活动所需的能量，同时将另外一部分有机物转变合成新的细胞物质，保障微生物进行正常的生长与繁殖。好氧堆肥过程主要分为两个阶段：第一阶段是在微生物作用下，蛋白质、有机酸和可溶糖等结构较为简单的有机质（10%左右）被分解，释放出 CO_2、H_2O、NH_4^+，该阶段是一个放热过程；第二阶段是将纤维素、淀粉、脂肪、木质素等难分解的有机质（90%左右）分解并聚合为腐殖质类物质。由此可见，堆肥的腐熟是一个芳烃含量和聚合程度增加，脂肪族基团、碳水化合物、肽含量减少，腐殖质大量生成的过程。

5.2.3　厌氧堆肥理论

厌氧堆肥指在无氧或缺氧条件下，利用厌氧微生物将废弃物中的有机质发酵腐解的方式，其产物除 CO_2、H_2O、甲烷和腐殖质外，还有 H_2S、NH_3、CH_4 和有机酸等还原性副产物。厌氧堆肥由于消耗有机质速度慢，所需的时间比好氧堆肥长，一般几个月时间，而且产生的 H_2S、CH_4 等气体还会发出恶臭，不适合产业化推广。

5.2.4　氮素循环理论

氮循环主要包括固氮作用、硝化作用、反硝化作用和氨化作用四个过程。固氮作用（nitrogen fixation）是分子态氮被还原成氨和其他含氮化合物的过程。硝化作用（nitrification）是指氨在硝化细菌的作用下氧化为硝酸的过程。堆肥过程中含氮有机物易于被微生物分解转化为铵态氮（NH_4^+），铵态氮被氧化为亚硝态氮（NO_2^-），再进一步氧化为硝态氮（NO_3^-），完成硝化作用。反硝化作用（denitrification）是反硝化细菌在缺氧条件下，还原硝酸盐，释放出分子态氮（N_2）或一氧化二氮（N_2O）的过程，它是一个脱氮过程。一般情况下，在 pH 为中性至弱碱性的厌氧环境中，N_2 是主要产物，在 pH 为酸性以及氧浓度高的环境中，N_2O 是主要产物。氨化作用（ammonification）是微生物分解有机氮化物产生氨的过程。氨化作用的产物一部分供微生物或植物利用，一部分被转变成硝酸盐。

5.3　燃　气　资　源

生物燃气资源主要包括沼气和氢气等，一般通过厌氧发酵的方式获得。厌氧发酵实际上是微生物的物质代谢和能量转换过程，在分解代谢过程中微生物获得能量和营养，以满足自身生长繁殖，同时大部分物质转化为甲烷和二氧化碳等。

厌氧发酵技术一般有以下分类方式：①按照工艺连续性可分为连续型、半连续型和序批式；②按照发酵温度，可分为常温发酵、中温发酵和高温发酵；③按照物料总固体含量可分为干式发酵、半干式发酵和湿式发酵。

三段式厌氧发酵是比较公认的厌氧发酵方式，它与传统的厌氧生化过程相似，其生化过程可分为水解、酸化、甲烷化三个阶段（图 5.2），影响因素主要包括温度、C/N 比、pH 值、有机物负荷和矿物组成等。

纤维素、　发酵细菌　单糖或二糖、肽和氨基　醋酸分解菌　CO_2、H_2、甲　甲烷细菌　　CH_4、CO_2、
淀粉、脂 ————→ 酸、脂肪酸和甘油、低 ————→ 醇、乙　——→ CO等
肪和蛋白　　　　　级挥发性脂肪醇类中性　　　　　酸、CH_4
质等　　　　　　化合物、H_2、CO_2

（水解阶段）　　　　　　　　（酸化阶段）　　　　　　（甲烷化阶段）

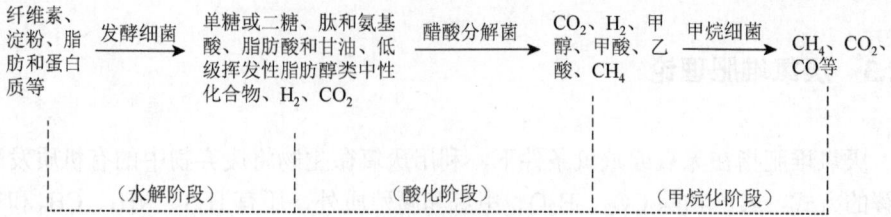

图 5.2　厌氧发酵的三个阶段

在三段式发酵过程中，水解阶段利用水解和发酵性细菌将复杂的有机物分解为脂肪酸、醇类、CO_2 和 H_2 等。这个阶段主要由厌氧有机物分解菌分泌的胞外酶水解有机物，这类细菌主要包括纤维素分解菌、蛋白质分解菌和脂肪分解菌等。酸化阶段利用产氢和产乙酸细菌群将第一阶段的脂肪酸等产物进一步转化为乙酸、H_2 和 CO_2，最终发酵产物主要是水溶性的有机酸、H_2 和少量的醇等。甲烷化阶段的主要菌种是产甲烷菌，产甲烷菌利用二氧化碳和氢或一氧化碳和氢合成甲烷；乙酸产甲烷菌利用乙酸裂解生成甲烷，该阶段是彻底的有机物降解过程，最终产物主要是气态的 CH_4 和 CO_2，包括如下两个途径。

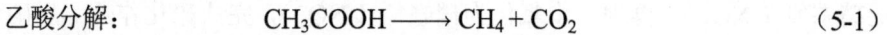

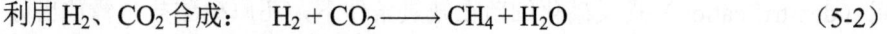

乙酸分解：　　　　　　$CH_3COOH \longrightarrow CH_4 + CO_2$　　　　　　　（5-1）

利用 H_2、CO_2 合成：　　$H_2 + CO_2 \longrightarrow CH_4 + H_2O$　　　　　　（5-2）

厌氧发酵产甲烷的路径见图 5.3。

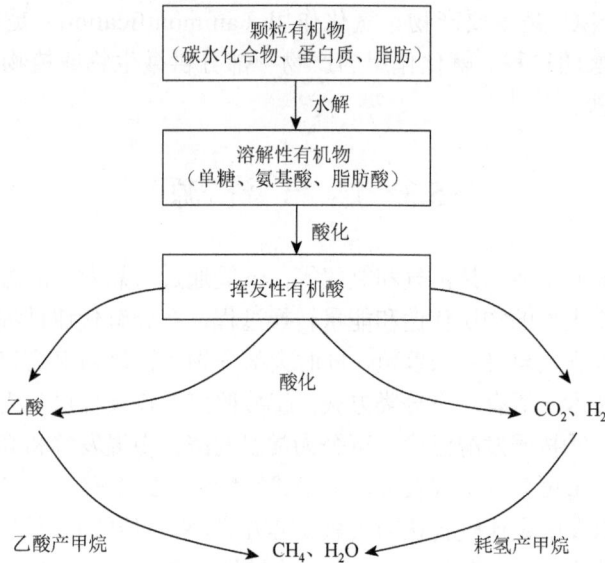

图 5.3　厌氧发酵产甲烷路径图

甲烷发酵过程中的理论产气量可以用以下公式估算：

理论产甲烷量：　　　$T_{methane}(L/g) = 0.37A + 0.49B + 1.04C$　　　　　　(5-3)

理论产二氧化碳量：$T_{carbon\ dioxide}(L/g) = 0.37A + 0.49B + 0.364C$　　　　(5-4)

其中，A 是每克发酵废弃物中碳水化合物的质量（g）；B 是每克发酵废弃物中蛋白质的质量（g）；C 是每克发酵废弃物中脂类化合物的质量（g）。

根据评估，有机固体废弃物中可降解部分碳水化合物和蛋白质的含量大约分别为60%和40%，因此可降解单体的化学分子式可表示为 $C_{5.2}H_{7.6}O_3N_{0.4}$。酸化过程主要中间产物是 $C_2{\sim}C_5$ 的挥发性有机酸，各组分的比例为乙酸：丙酸：丁酸：异丁酸 = 0.51：0.21：0.22：0.06。

根据发酵底物固体含量高低，厌氧发酵可以分为湿法（固含率＜10%）、半干法（10%＜固含率＜20%）和干法（20%＜固含率＜50%）三种。厌氧湿发酵是比较常用的技术，体系中的发酵物料呈液体状，整个生化过程中用水量较大，发酵后的产物呈浆状，沼液和沼渣分离困难，散发出恶臭气体，容易造成二次污染。

5.3.1　厌氧干发酵

厌氧干发酵是以固体有机废弃物为原料，在无流动水的状态下，微生物将有机物分解产生甲烷和二氧化碳的过程，分为水解、酸化、甲烷化三阶段。通过厌氧干发酵，高分子有机物中的能量大部分转化储存到甲烷中，有机质转化为较为稳定的腐殖质。厌氧干发酵底物的固体含量一般为 20%～50%，原料在反应器内一般停留30d 左右。

迄今厌氧干发酵已在世界多个国家垃圾处理中广泛应用，欧洲正运行着的厌氧发酵工程中，厌氧干发酵工艺已经超过 50%，并呈增加趋势。厌氧干发酵的工艺主要有连续式和间歇式两种。我国从二十世纪末开始厌氧干发酵技术研究，目前这种发酵方式在国内备受关注。

1. 厌氧干发酵的影响因素

影响厌氧干发酵的主要因素包括：含水率、预处理、温度、pH 值、碳氮比、搅拌状况、绝氧状况、接种物等。

在厌氧干发酵中，发酵物料的含水率一般为 50%～70%，呈固态黏稠状。微生物的生长和酶活性的维持都需要在一定温度下才能有效地进行，温度对于发酵体系的氢分压有重要的影响，进而影响细菌的代谢途径。因此温度是影响厌氧发酵效率的重要的因素。一般情况下，发酵系统可以分为高温发酵、中温发酵和常温发酵。高温发酵（45～55℃）和中温发酵（30～35℃）是厌氧发酵的两个适宜温度段。温度过低，微生物生长代谢缓慢，产气效率较低；温度过高，微生物细胞内的蛋白酶类将会失活，导致产气效率下降。根据实践经验，中温厌氧发酵工艺所需热量少、产气稳定、产气率高、运行稳定、条件相对容易实现、便于管理、投入产出比较高，应用相对比较广泛。

微生物的生长对发酵体系的 pH 值有较高的要求，一般情况下，产酸菌可以在 pH 值 5.5～8.5 范围内保持良好的活性，而产甲烷菌只能在 pH 值 6.5～7.5 范围内保持较好的活性，如果 pH 值小于 5.5，产甲烷菌完全被抑制。发酵进行过程中，如果水解发酵速度与产酸速度超过了产甲烷速度，就会发生酸积累现象，严重时会使发酵过程中断。

在厌氧干发酵过程中，厌氧细菌需要的营养成分主要是碳、氮、磷以及其他微量元素，同时还需要保持各营养成分之间适当的比例，适宜的 C/N 比有利于微生物的生长，C/N 比过低或过高都会对厌氧发酵产生不利影响。一般认为，厌氧发酵时较适宜的 C/N 比在 20～30 之间。然而，近年来的研究发现，厌氧发酵的最佳 C/N 比应该在 15～20 之间，研究人员利用响应面法确定的餐厨类废弃物厌氧发酵的最佳 C/N 比为 19.6。

沼气发酵微生物包括产酸菌和产甲烷菌两大类，它们都是厌氧性细菌，尤其是产甲烷菌对厌氧环境要求十分严格，微量的氧就会使这类细菌的生命活动受到抑制，甚至死亡，因此发酵系统必须严格密闭。

2. 厌氧干发酵的特点

相比传统的湿发酵工艺，厌氧干发酵具有诸多优势，包括：①发酵系统内需水量少，可以节约水资源，减少废水的产生；②单位容积内处理量大，产能高，运行成本低；③废渣含水量小，产生的沼液少，节约后续处理成本；④系统运行过程容易调控，稳定性好，解决了湿法工艺中的浮渣和沉淀等问题；⑤环保性好，可以有效减少臭气排放；⑥适用性广，可以有效处理城市生活垃圾、市政污泥、畜禽粪便、农作物秸秆等废弃物。

厌氧干发酵需要多个环节配合完成，同时需要多种微生物参与反应，且反应底物复杂，传热传质不均匀，这些因素使得厌氧干发酵在实际的应用中遇到许多困难，主要表现在：①反应系统不易启动，要求条件苛刻，菌种驯化要高，时间长；②发酵底物的含水量低，均匀搅拌困难；③由于搅拌不均匀，系统内的微生物细胞和反应中间产物的迁移扩散受到限制，导致反应中产生的酸局部积累，抑制产甲烷菌的活性，造成发酵过程的不稳定性和不均匀性；④发酵系统中挥发性有机酸、重金属、硫酸盐、氨等抑制物的含量较高，对细菌活性产生不良影响；⑤发酵设备容易磨损，操作技术条件要求高。

5.3.2　厌氧发酵生物制燃气

厌氧发酵生物制燃气包括厌氧发酵生物制氢和厌氧发酵生物制甲烷。

厌氧发酵生物制氢由许多不同微生物菌群协同作用完成,属于生物化学过程,主要分为两个步骤:①在厌氧菌胞外酶的作用下,大分子的蛋白质转化为氨基酸,脂类转化为脂肪酸和甘油,多糖类的淀粉、纤维素、半纤维素和木质素转化为单糖,单糖进一步分解生成乙酸、丙酸、丁酸、H_2、CO_2 等;②在氢化酶的作用下,上述挥发性脂肪酸进一步转化为 H_2、CO_2 和乙醇等醇类。

当发酵系统的条件不同时,优势菌和产氢途径均存在差异。

当乙酸作为末端产物时,葡萄糖作为底物进行厌氧发酵的反应如下:

$$C_6H_{12}O_6 + 2H_2O \longrightarrow 2CH_3COOH + 4H_2\uparrow + 2CO_2\uparrow \tag{5-5}$$

当丁酸作为末端产物时,葡萄糖作为底物进行厌氧发酵的反应为:

$$C_6H_{12}O_6 \longrightarrow CH_3CH_2CH_2COOH + 2H_2\uparrow + 2CO_2\uparrow \tag{5-6}$$

厌氧发酵生物制甲烷属于传统的工艺,产生的沼气经过提纯浓缩后,可以用于发电、供热,也可以送往加气站作为车辆的燃料使用,图 5.4 是有机废弃物大型工业化厌氧发酵制沼气的工艺流程图。

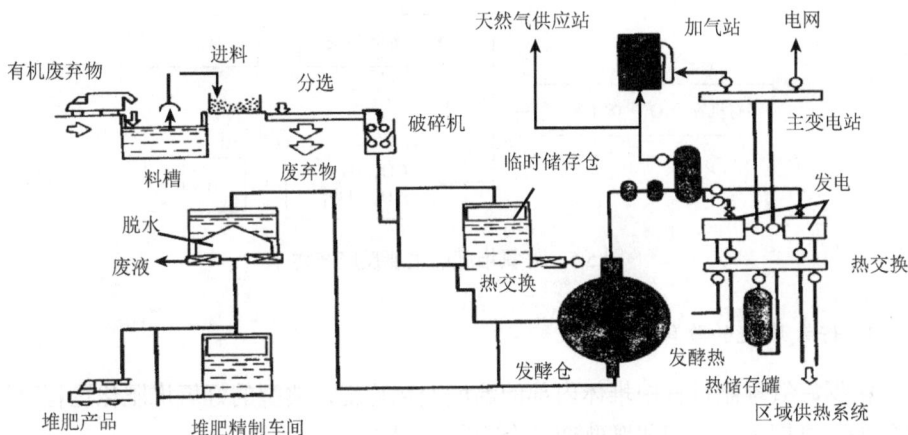

图 5.4　有机废弃物大型工业化厌氧发酵制沼气工艺流程图

5.4　堆　肥　资　源

有机废弃物堆肥的方式多种多样,按照堆制过程中是否需要氧可以分为好氧堆肥和厌氧堆肥，其中好氧堆肥是经常应用的堆肥方式，大型的堆肥化工厂均采用好氧堆肥的工艺。

5.4.1 好氧堆肥

好氧堆肥是在有氧条件下利用好氧微生物或人工添加的外源微生物复合菌剂将有机废弃物分解成小分子物质或转化成腐殖质的过程。

好氧堆肥化过程实际上是有机废弃物在细菌、真菌、放线菌等微生物作用下的发酵过程，只进行到腐熟阶段，并不需要有机物的彻底氧化。好氧堆肥的堆体温度高达 50～80℃，可以有效杀灭大部分病原菌。目前，许多国家产业化处理生活垃圾、餐饮废弃物、有机废料、污泥、人畜粪尿等的堆肥工厂，大都选用好氧堆肥的工艺，因为好氧堆肥化具有无害化水平高、发酵周期短、卫生条件容易控制、易于机械化操纵等优势。

固体废弃物好氧堆肥的主要缺陷是会造成不同程度的氮素损失，损失途径主要包括氨气挥发、氧化亚氮和氮气排放、淋溶等，损失量一般为 15%～75%，其中以氨气挥发形式损失的氮素可达氮素总损失量的 40%～99%。氮素损失不仅降低了堆肥的农用价值，而且会对环境产生二次污染，产生臭气、温室气体、酸雨和土壤富营养化等环境问题。好氧堆肥的主要反应产物见图 5.5。

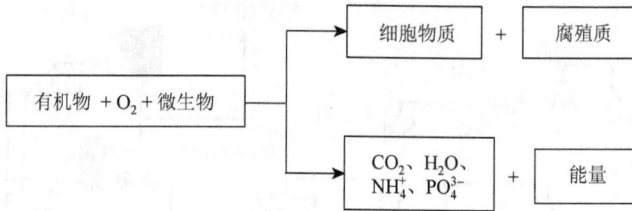

有机物 + O_2 + 微生物 → 细胞物质 + 腐殖质

有机物 + O_2 + 微生物 → CO_2、H_2O、NH_4^+、PO_4^{3-} + 能量

图 5.5 好氧堆肥的主要反应产物

1. 好氧堆肥的阶段

根据好氧堆肥过程中堆体内部的温度变化特征，典型的好氧堆肥化过程可以划分为升温期、高温期和腐熟期三个阶段（图 5.6）。

（1）升温期（中温期）

堆肥开始后，第 1～2 天，堆体内的温度从开始时的环境气温快速升高至 40～45℃，此时堆体内的中温性和嗜温性需氧微生物最为活跃，这些微生物快速地利用堆肥体中各种可溶性有机物进行新陈代谢，释放热能，导致堆体温度快速上升。

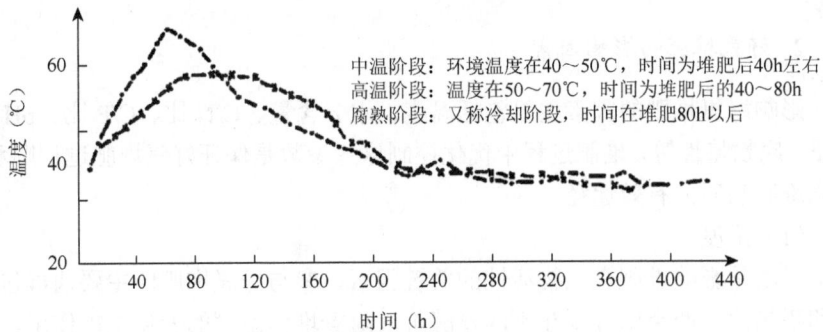

图 5.6　好氧堆肥三个阶段的温度变化示意图

（2）高温期

当堆体的温度达到 50℃以上时，堆肥过程进入高温期，此时中温和嗜温性微生物在高温的影响下活性受到抑制，嗜热性细菌、真菌和放线菌等微生物开始大批滋生与繁殖，堆体中的水溶性有机质在嗜热菌的代谢下不断地被分解、转化，同时一部分复杂的有机化合物如木质素和纤维素等开始逐步分解，产生腐殖质。

（3）腐熟期

进入腐熟期，堆体中易降解的有机质已经基本分解完全，而难降解有机质又不易被嗜热微生物分解利用，从而使得嗜热微生物数量和活性降低，堆体温度下降；另外，堆体中的嗜温微生物又恢复活性，继续分解残余的各种有机质将其转化为腐殖质，当温度降到一个比较平衡的水平时，堆肥基本进入腐熟阶段。堆肥过程中常见的微生物见表 5.2。

表 5.2　堆肥过程中常见的微生物

堆肥阶段	优势微生物	种类
升温期	假单胞菌	细菌
	芽孢杆菌	
	酵母菌	真菌
	丝状真菌	
高温期	芽孢杆菌	细菌
	诺卡菌	放线菌
	链霉菌	
	单孢子菌	
腐熟期	担子菌	真菌
	子囊菌	
	芽孢杆菌	细菌
	假单胞菌	

2. 好氧堆肥的影响因素

影响好氧堆肥的因素主要包括温度、水分含量、C/N 比、C/P 比、pH 值、氧含量、底物特性等，堆肥过程中优化控制这些参数是保证好氧堆肥过程顺利进行、提高堆肥品质的有效途径。

（1）温度

温度是影响堆肥微生物活性的关键因素，参与好氧堆肥的主要菌群包括嗜温菌和嗜热菌，两类菌分别在不同发酵阶段随着堆体温度的变化发挥作用，最适温度分别为 30～40℃和 50～60℃。升温和降温阶段的堆肥体系温度一般低于 45℃，该阶段以嗜温菌为主；高温阶段的堆体温度一般为 45～60℃，该阶段嗜温菌受到抑制，嗜热菌发挥主导作用。嗜热菌对有机废弃物的降解能力明显高于嗜温菌，因此可以通过外加热源的方式使堆体维持一定的高温，充分发挥嗜热菌对有机物的降解能力，提高堆肥效率。两类不同好氧微生物生活与繁殖的温度范围见表 5.3。

表 5.3　适宜好氧微生物生活与繁殖的温度范围

微生物	最低温度（℃）	最适宜温度（℃）	最高温度（℃）
嗜温性微生物	15～25	25～45	60
嗜热性微生物	25～45	40～60	85

（2）水分含量

好氧堆肥进行过程中，大部分降解反应都发生在有机颗粒表面稀薄的水层，因此，适当的水分含量可以为堆肥微生物提供良好的代谢环境，直接影响好氧堆肥的进程和产品质量。随着好氧堆肥的进行，堆体中的水分含量不断降低，通过水分蒸发，堆体中产生的多余热量可以与环境进行热量交换，起到调节堆体温度的作用。在好氧堆肥的起始阶段，原料的含水量可以控制在 60%～70%，降解阶段保持在 50%～60%。水分含量的调控需要综合考虑微生物活性和氧气供应之间的平衡，过低（<30%）或过高（>75%）的含水量都会抑制微生物的活性。

（3）C/N 比

碳是微生物的主要能量来源，氮是微生物细胞蛋白质的主要组成元素，一般用 C/N 比表征这两种主要营养元素在堆肥中的平衡关系。当堆肥系统中碳含量高时，微生物种群会长时间保持在较少的状态，当氮素过量时，多余的氮会以氨的形式从系统中挥发而流失。因此，需要综合考虑堆体中微生物的降解和氮的固定，一般认为初始阶段物料合适的 C/N 比为（25～35）∶1。

（4）C/P 比

碳磷比是微生物活动的重要营养条件，磷是磷酸和细胞核的重要组成元素，也是生物能腺苷三磷酸（adenosine triphosphate，ATP）的重要组成部分，一般要求堆肥系统的 C/P 比在 75～150 为宜。

（5）pH 值

pH 值是显著影响有机固体废弃物好氧堆肥进程的另一个重要参数。好氧堆肥最适宜的 pH 值是中性或弱碱性（6.0～9.0），例如，适宜细菌生长的 pH 值范围为 6.0～7.5，适宜放线菌生长的 pH 值范围为 5.5～8.0。

（6）氧含量

氧气是有机废弃物好氧堆肥的生命来源，当堆体中的氧气含量低于微生物所需阈值时，局部出现厌氧环境，好氧微生物的活性受到抑制，物料的降解率下降。一般情况下，自然曝气的作用比较微弱，需要采用强制通风、机械搅拌、人工翻堆等方式提高堆体中的氧气含量（图 5.7）。

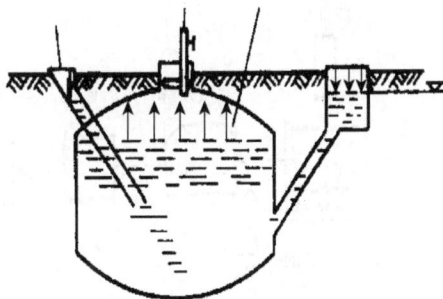

图 5.7　曝气搅拌示意图

（7）有机质含量

堆肥原料中的有机质主要包括淀粉、木质素、半纤维素、纤维素、蛋白质和水溶性酚等物质，堆肥进行过程中堆体内部有机质组分变化可以间接反映堆肥中微生物的活动状况。堆肥过程中适宜的有机质含量为 40%～60%。有机质的含量多少在一定程度上影响堆体温度与通风供氧条件，含量高时需要更多的氧气以维持微生物新陈代谢的过程，否则会出现一定程度的厌氧状态，抑制好氧微生物的活性；有机质含量太低时，堆体内产生的热量不能满足堆肥所需要的温度，造成微生物繁殖速率下降，影响堆肥的腐熟效率，降低堆肥的品质。

（8）添加剂

添加剂主要用来调节堆肥内部的环境，从而加快堆肥的进程。常用的添加剂包括调节剂、调理剂和外源菌剂。调节剂分为 pH 值调节剂、氮素抑制剂和重金属钝化剂。调理剂主要用于平衡堆体的 C/N 比和水分含量，如锯末、秸秆等。外源菌剂的添加可以有效增加堆体内优势微生物种群的数量，促进降解，加快腐熟。

3. 好氧堆肥工艺

有机固体废弃物好氧堆肥的实施方式包括人工堆肥和机械化工厂堆肥。好氧堆肥操作简单，费用低廉，许多国家都有应用，尤其是东南亚和非洲经济欠发达国家使用较为普遍，这种堆肥方式主要是在传统的农家堆肥基础上发展起来的。这种堆肥方式主要是将生活垃圾、污泥、粪便、餐厨垃圾等有机废弃物按比例调配后，堆成平行条堆，定期人工翻动，凭经验判断堆肥是否成熟。机械化工厂堆肥具有机械化程度高、省工省力、操作简便、腐熟快、效率高、产品质量好的特点，在经济较为发达的国家使用较为普遍。尽管这种堆肥系统形式多种多样，但基本工序都是由前处理、主发酵（一次发酵）、后发酵（二次发酵）、后处理及贮藏五个工序组成（图 5.8）。

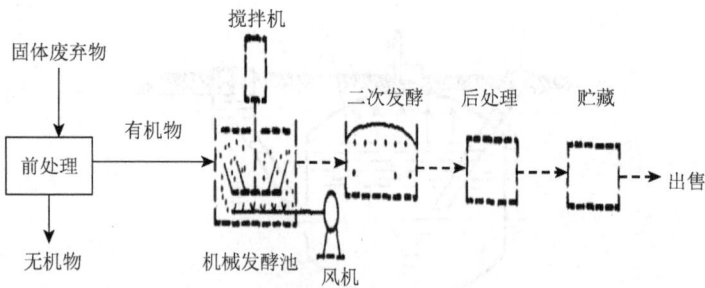

图 5.8　机械化工厂堆肥工艺流程

（1）前处理

除去堆肥原料中大块和非腐解物质，一般采用破碎和分选的方法。如果废弃物原料结构紧密，不易挤压，粒径应小；对于松散的物料，粒径应大。决定废弃物堆料粒径大小时，还应考虑它的经济性，因为粒度越小，动力消耗越大，处理费用越高。污泥、家畜粪便、生活垃圾、餐厨垃圾等有机废弃物的适宜粒径范围一般在 12～60mm 之间。

（2）主发酵

主发酵是堆肥生物化学反应的基本阶段，在发酵池内进行，该阶段通常指的是堆体温度升高到开始降低为止的阶段。在主发酵阶段，堆体内废弃物料的 C/N 比控制在（25～35）：1 为宜，物料的含水率控制在物料质量的 50%～60%，此时微生物分解速度最快，堆体内部的供氧量应为理论需氧量的 2～10 倍，但过量供氧容易造成堆体内部温度下降，不利于发酵的进行。

（3）后发酵

将主发酵的半成品转移到后发酵池，配合翻堆和通风，使难分解的有机物进一步分解成腐殖酸、氨基酸等比较稳定的有机物，从而得到完全成熟的堆肥成品。

（4）后处理

后处理主要除去前处理工序中没有完全去除的塑料、玻璃、陶瓷、金属、石块等杂物，一般使用振动筛、磁选机、风选机、惯性分离机、硬度差分离机等设备分离去除这些杂质，并根据需要进行再破碎，以便提高堆肥产品的质量。

图 5.9 和图 5.10 是我国北方和南方具有代表性的城市生活垃圾等有机固体废弃物堆肥处理的工艺流程图。可以看出，二次发酵是堆肥工艺的核心环节，由于生活垃圾分类程度较差，均设置发酵处理前的分选工序。由于处理过程中会产生渗滤液等废水，必须设置污水处理设施。由于南方温度较高，垃圾气味较大，在二次发酵堆肥成熟后再进行磁选、筛分等分选是比较好的选择。

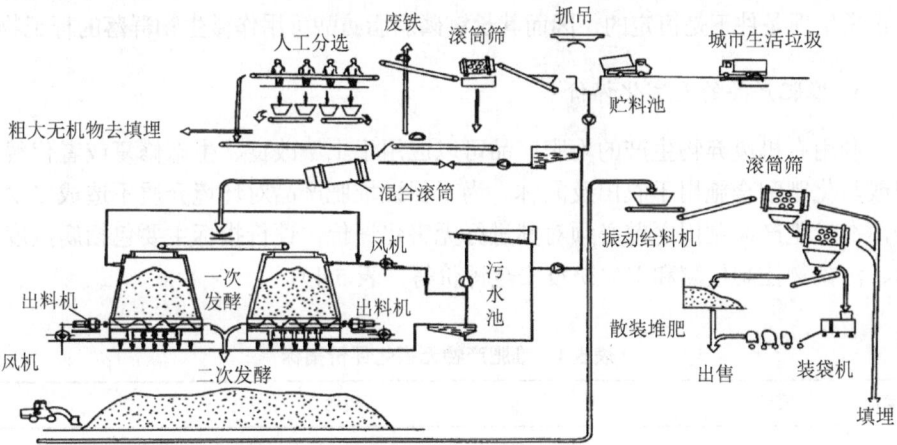

图 5.9　我国北方城市生活垃圾工厂化堆肥工艺流程图

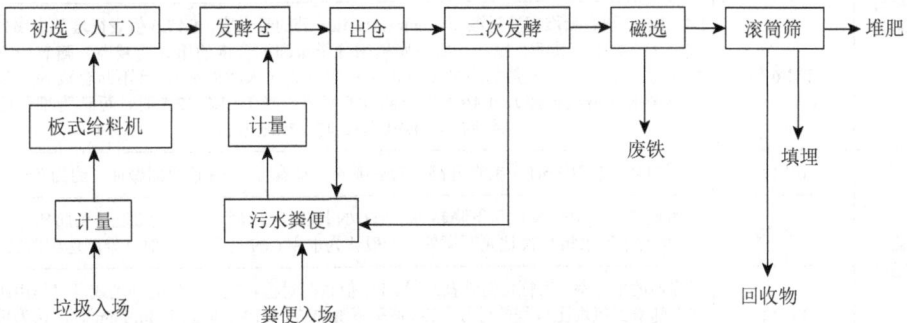

图 5.10　我国南方城市生活垃圾堆肥发酵系统

4. 堆肥微生物的研究方法

（1）传统计数方法

平板计数法：根据观察到的菌落数和稀释倍数，换算出样品中的微生物量。这种方法产生的误差较大，数据不够准确，主要原因是微生物菌落不易观察，分散不均匀。

显微计数法：将稀释的菌液放到血球计数板上，在显微镜下直接观察、计数。这种方法操作误差大，获得的数据偏差较大。

（2）现代生物化学方法

醌类分析法：细胞膜中醌的含量与微生物量之间具有线性关系，每一种微生物都含有一种优势醌，因此微生物的多样性、群落结构的变化可以通过醌谱图的变化进行描述。

磷脂脂肪酸分析法：磷脂是组成微生物细胞膜的主要成分，细胞中磷脂的含量在正常生理条件下是恒定的，因而其长链磷脂脂肪酸可用作微生物群落的标记物。

5. 堆肥产品的无害化评价

利用有机废弃物生产的堆肥产品可以应用于土壤改良、生态修复或者代替化肥或与化肥配合施用于农田及园林。为了保证堆肥产品对环境介质不造成二次污染，在堆肥产品利用之前必须对其进行无害化评价，评价指标主要包括腐熟度评价、污染物控制检测和卫生防疫安全评价等（表 5.4）。

表 5.4　堆肥产物无害化评价指标

类别	项目	说明
物理指标	温度	堆体温度不断下降最终趋于室温，可认为达到腐熟
	表观性状	呈褐色或黑褐色，臭味消失且散发出具有森林腐殖土或潮湿泥土的味道，不再滋生蚊蝇，堆体变为疏松的团粒结构
	E4/E6 值	E4、E6 分别表示堆肥浸提液在 465nm、665nm 处的吸光度，E4/E6 值表征堆肥中腐殖酸分子量大小及其缩合度，一般随腐殖酸分子量和缩合度的增大而减小。随着好氧堆肥过程的进行，大量的小分子有机酸不断生成（水浸提态），且不断合成为大分子腐殖酸（碱浸提态），E4/E6 值呈降低的趋势。当 E4/E6<2.5 时，可认为堆肥达到腐熟；E4/E6>3 时，堆肥未腐熟
化学指标	pH 值	好氧堆肥过程中 pH 值前期升高，随后降低，腐熟后的 pH 值呈弱碱性，约为 7~8
	C/N 比	好氧堆肥过程中 C/N 比呈下降趋势，当 C/N 比低于 20 时，可认为堆肥达到腐熟。国外也有采用水相 C/N 比判断腐熟，一般认为水相 C/N 比在 5~6 时，堆肥达到腐熟
	EC 值	浸提液的电导率，表征可溶性盐总量。EC 值越高对植物生长产生的抑制或毒害作用越强。随着好氧堆肥过程的进行，EC 值呈下降趋势。当 EC 值低于 4mS/cm 时，认为堆肥达到腐熟

续表

类别	项目	说明
化学指标	CEC 值	阳离子交换量。随堆肥的腐熟 CEC 值不断升高。当 CEC 值高于 0.6mol/kg 有机质时,堆肥达到腐熟。但 Bernai 等认为 CEC 值受堆肥原料影响较大。建议采用 CEC/WSC(水溶性有机碳)判断腐熟。当 CEC/WSC 大于 1.7 时,认为堆肥达到腐熟
	重金属及毒性有机物	重金属包括镉、汞、铅、铬、砷、镍、锌、铜等。毒性有机物包括矿物油、苯并芘、可吸附有机卤素(AOX)等。详见《城镇污水处理厂污泥处置 园林绿化用泥质》(GB/T 23486—2009)
生物指标	GI 值	种子发芽指数。用于植物毒性测试。当 GI>50%时,堆肥基本腐熟或者有害物质含量已降至植物可以承受的程度;当 GI>85%时,可认为堆肥已经完全腐熟
	蛔虫卵死亡率	≥95%,检疫合格
	粪便大肠菌值	≥10^{-2},检疫合格

6. 生物炭堆肥

生物炭具有发达的孔隙结构和大的比表面积,同时表面富含多种官能团,使其具有较强的化学吸附能力,因而生物炭具有良好的热稳定性和抗生物化学分解特性,在环境治理、土壤改良、温室气体减排及肥料创新等领域具有较广泛的应用价值。

生物炭作为可生物降解废弃物好氧堆肥化的调理剂,对好氧堆肥系统具有积极的影响,主要表现在:①增强有益微生物的活性;②加快堆肥腐熟,提高堆肥品质;③减少氨气的释放和总氮的损失;④吸附固定有机污染物和重金属污染物;⑤减少温室气体的释放。

(1)改善堆体微生物活性并提高堆肥品质

将生物炭作为调理剂用于有机废弃物好氧堆肥,可以为堆肥微生物营造良好的栖息环境,提供矿物营养物质,从而提高微生物的活性,改善微生物的群落结构。同时,生物炭的加入,可以增加有机质的芳香化程度及胡敏酸含量,促进腐殖质的腐熟,提高堆肥品质。

(2)减少堆肥过程中有害气体的排放

有机废弃物堆肥过程中会产生氨气、硫化氢等气体,挥发后不仅造成堆肥中氮素的损失,还会导致恶臭污染等环境问题。生物炭具有较大的比表面积和丰富的孔隙结构,因此可以有效吸附堆肥中产生的有害气体。同时,生物炭表面含有丰富的酸性官能团,能通过离子键对铵态氮进行化学吸附,抑制铵态氮高温期向氨气的转变,从而减少堆肥中氮素的损失。

(3)有效固定重金属

生物炭具有丰富的孔隙结构,表面含有羧基、羟基等官能团,因而对重金属元素具有较强的吸附能力。研究发现，加入生物炭的堆肥产品中，Cu、Zn、Pb、Cr、Mn 等重金属的有效态含量明显降低，并且随着生物炭添加量的增加而呈现降低的趋势。

（4）有效固定有机污染物

生物炭具有大的比表面积、丰富的孔隙结构、丰富的表面含氮官能团和含氧官能团（羧基、酚羟基、内酯基等）以及较强的吸附能力，因此对有机污染物具有较好的吸附固定效果。

对于堆体中的农药、多氯联苯、多环芳香烃等有机污染物，向堆肥中添加生物炭可以降低污染物的迁移性和生物可利用性。生物炭稳定有机污染物的机制包括静电作用、疏水作用、氢键作用、吸附作用和分配作用。另外，堆体中的腐殖质对有机污染物也具有稳定化作用，其机理包括氢键作用、吸附作用和疏水作用。堆体中的微生物不仅可以降解部分有机污染物，而且可以通过胞内积累和胞外配位络合作用等机理降低有机污染物的迁移和毒理性。

（5）有效减少温室气体的排放

餐厨垃圾、畜牧养殖废弃物、污泥等有机废弃物在堆肥过程中会产生大量的 CO_2、CH_4 和 N_2O 等温室气体，同时由于堆肥颗粒内的局部厌氧条件，通常也会产生 CH_4。添加竹炭能够减少鸡粪堆肥中 NH_3 和 N_2O、CH_4、CO_2 等气体的排放，当竹炭添加量为 20% 时，堆肥体系中 CH_4 的排放量减少 55%。进一步的研究发现，添加 3% 的生物炭没有显著减少鸡粪堆肥中的 CH_4 排放量，说明生物炭的添加量必须超过一定量时才会产生效果。

7. 好氧堆肥设施

好氧堆肥按反应器形式可以分为条垛式、仓槽式、塔式；按供氧方式可分为强制通风（鼓风或抽风）和自然通风；按物料运行方式可分为静态、动态和间歇式等。常用的堆肥系统有条剁式堆肥系统和发酵仓式堆肥系统等。

（1）条剁式堆肥系统

条垛式堆肥包括搅拌式堆肥和固定堆式堆肥。搅拌式堆肥的特点是定期翻堆，使堆体内部具有充足的氧气，有时还要考虑强制通风，这种堆肥方式的一个发酵周期一般为 1~3 个月。固定堆式堆肥方式不进行翻堆，其供氧方式主要包括自然通风方式和强制通风供氧方式。自然通风堆肥腐熟时间较长，强制通风堆肥方式一般发酵周期为 3~5 周。

（2）槽式堆肥系统

槽式堆肥是机械通风与定期翻堆相结合的一种堆肥技术，在槽底部设置曝气管对堆体进行通风供氧，堆体深度一般为 1.2~1.5m，发酵时间为 3~5 周。

（3）发酵仓式堆肥系统

发酵仓式堆肥是将有机废弃物堆放在密闭或半密闭的发酵装置内，通过调控温度、水分、氧气、酸碱度、微生物群落等条件，使物料快速降解制备高品质的堆肥。根据发酵装置的器型不同可以分为立式发酵塔和卧式发酵滚筒。立式堆肥发酵塔一般由 5~8 层组成，发酵过程中，废弃物料逐层由塔顶向塔底移动，完成一个发酵周期通常需要 5~8d。卧式堆肥发酵滚筒近似水平放置，呈一定的倾角，筒体内部完全密封，采用风机强制鼓风，一般经过 1~5d 发酵后排出，再进行条垛放置熟化。

5.4.2　厌氧堆肥

厌氧堆肥主要是二十世纪八十年代前我国广大农村普遍采用的堆肥方式，在城市生活垃圾、污泥等固体废弃物处理中的使用较少。这种堆肥方式主要是在厌氧微生物的主导下实施。

5.4.3　厌氧堆肥与好氧堆肥异同

（1）厌氧堆肥与好氧堆肥差异

微生物和实施条件不同：厌氧堆肥的优势菌群是厌氧菌，要求在缺氧条件下实施；好氧堆肥的优势菌群是好氧菌，要求有充足的氧气供给。

步骤与产物不同：厌氧堆肥分两步，酸化阶段和甲烷化阶段，主要产物是有机酸、醇、甲烷、水和腐殖质等，容易造成二次污染；好氧堆肥分为主发酵阶段和二次发酵阶段，主要产物是 CO_2、H_2O 和腐殖质等。

降解能力不同：好氧条件下对有机废弃物的降解能力有限，厌氧条件下可以对好氧条件难降解的有机物进行有效降解。在智能化堆肥工厂，一般先进行厌氧堆肥至第一步水解过程结束，再对水解产物进行好氧发酵，此时废弃物料降解彻底、环境污染负荷小、堆肥品质高。

（2）厌氧堆肥与好氧堆肥相同点

两种方式都是在微生物作用下的有机物降解过程，需要满足微生物培养的条件，包括营养元素合理分配、温度、pH 等；杀灭病原体，提高 N、P 的比例，使生肥变成植物更易于吸收的熟肥。

思　考　题

1. 简述厌氧发酵的三个阶段，并列出主要产物。

2. 何谓厌氧干发酵？简述厌氧干发酵与厌氧湿发酵的区别。

3. 简述厌氧干发酵的影响因素和优缺点。

4. 好氧堆肥分为几个阶段？简述各阶段对温度管理的要求。

5. 好氧堆肥的影响因素有哪些？好氧堆肥工艺中为什么要进行二次发酵？

6. 简述生物炭堆肥的主要特点。

第6章 填埋处置与CDM项目

内容提要与主要知识点

　　本章主要介绍固体废弃物填埋场选址的依据、填埋场的结构以及填埋场内作业的规程，讲述渗滤液和填埋气产生的生物和化学过程以及处理方法，填埋场内实施清洁发展机制（clean development mechanism, CDM）项目的理论基础和实施方式，填埋场封场后的后续管理事宜和填埋场矿产的开采技术工艺，以及填埋场开采的环境分析和经济效益评估方法。要求了解填埋场内微生物的活动规律、微生物对有机废弃物的降解机制、生物脱臭理论和CDM项目实施理论。学会新建填埋场的选址和结构设计方法，能够指导一般填埋场的日常作业规范。认识渗滤液和填埋气的产生特性、危害方式和处理技术，理解垃圾填埋场内实施CDM项目的理论依据，掌握实施方法，能够解释发达国家积极主动参与CDM项目的主要原因。了解填埋场封场的注意事项和封场后的土地利用方式，认识填埋场矿产的价值，掌握填埋场矿产的开采工艺和综合利用方法，能够从环境和经济两个方面对填埋场矿产的开采进行综合评价。

6.1 概　　述

　　在二十世纪八十年代前，我国的固体废弃物填埋场主要是自然衰减型填埋场，建设地点一般远离城市居住区，以填埋城市生活垃圾为主。这些填埋场一般未设置防渗、气体导排及渗滤液处理系统，产生的填埋气、渗滤液等污染物得不到妥善治理，导致周边渗滤液溢流、臭气弥漫，有些填埋场内由于甲烷聚集，发生自燃甚至爆炸事故，对填埋场周边环境造成了严重影响。

　　从二十世纪八十年代开始，我国进行生活垃圾无害化处理，当时由于缺乏技术和资金，所建填埋场主要集中于一些大中城市，基本都是非卫生填埋的堆场。从1990年起的10年间，随着我国第一个垂直防渗的杭州天子岭垃圾填埋场建设，卫生填埋场数量迅速增加，生活垃圾的填埋量持续增加，部分大中型卫生填埋场投入运行。2000年之后，生活垃圾卫生填埋处置的能力持续加大，但通过填埋方式处理垃圾的比例持续下降，主要是由于2002年之后大中型城市逐步建成了许多垃圾焚烧设施。随后，卫生填埋处置设施数量基本稳定，占无害化设施数量比例一直维持在 70%～90%之间，此时的垃圾填埋场建设以大中型高标准填埋场为主。

填埋场的选址一般结合地形地貌，因地制宜，包括山谷填埋、平原填埋、海岸及滨海滩涂填埋等。山谷型填埋场在我国南方地区较为常见，大多建在三面环山的盆地或山谷中，如杭州天子岭垃圾填埋场、苏州七子山垃圾填埋场和深圳下坪垃圾填埋场。在平原地区，通常以天然坑地为基础挖掘建设，如北京阿苏卫垃圾填埋场和六里屯垃圾填埋场。在一些沿海城市，则利用海边滩涂建设填埋垃圾设施，如上海老港垃圾填埋场。有些城市利用采矿遗留的场地填埋垃圾，如湖州垃圾填埋场；有些则利用高原的天然沟壑或山谷中的废水库填埋垃圾，如西安江村沟填埋场。

卫生填埋场垃圾处理操作设备简单、适应性和灵活性强，与其他方法相比具有建设投资少，运行费用低的特点，而且可以回收沼气并实施 CDM 项目，综合效益较好。但是与焚烧法相比，卫生填埋场主要存在占地面积大、减量耗时长、气候变化敏感性强、垃圾渗滤液量大且处理难度高等问题。固体废弃物填埋场是被严重污染的场地，填埋后的废弃物在地下不断地发酵、降解，在漫长的稳定化过程中会产生大量的填埋气体和渗滤液，会污染大气、水体、土壤，尤其是地下水一旦被污染很难治理。

6.2　填埋处置的理论基础

6.2.1　微生物降解理论

在填埋场内部，废弃物在填埋层内的生物化学变化过程大致分为三大阶段：①好氧阶段。在填埋初期（填埋后几十天内），好氧型微生物利用填埋层中的氧气将废弃物中的一部分有机物质分解成水、二氧化碳和稳定的细胞质，同时发生氨化作用，使有机氮转变成氨态氮。②厌氧阶段。在缺氧条件下，废弃物中的厌氧微生物群落，包括纤维素分解菌、蛋白质水解菌、脂肪分解菌、醋酸分解菌、产氢菌、产甲烷菌等，将有机废弃物液化，使固体物质转化成可溶性有机物，然后经过酸性发酵和碱性发酵两个阶段，把有机物质转变成甲烷、二氧化碳、水和稳定的细胞质，同时将一部分含氮有机物中的氮转变成氨态氮。大多数填埋场以厌氧发酵为主要降解过程。③稳定阶段。在整个填埋场中，废弃物中较易分解的有机物经历 500d 左右后，基本被分解而接近稳定状态。正常情况下，在最初的两年内产气量达到最大，气体中甲烷含量可以达到 40%～50%，随后逐步进入填埋稳定阶段，但其持续产气期可以达到 50 年。

6.2.2 生物除臭理论

生物除臭是利用经过驯化的微生物将恶臭物质氧化分解成无臭的 CO_2、H_2O 或其他无机盐的过程。微生物在氧化分解恶臭物质的过程中，还同时将恶臭物质转变为自身的营养成分，为繁殖壮大提供营养。生物除臭过程中，溶于水的恶臭气体首先溶解，由气相转移至液相，随后，通过细胞膜被微生物吸收；不溶于水的恶臭气体先附着在微生物体外，由微生物分泌的胞外酶分解为可溶性物质，再渗入细胞，然后被氧化分解，其中部分物质转换为微生物的营养物质，变成细胞质。恶臭气体成分不同，其分解产物也不同，不含氮的有机物质如苯酚、羧酸、甲醛等被分解为 CO_2 和 H_2O，含氮的有机物质如胺类经氨化作用释放出 NH_3，然后 NH_3 被亚硝化细菌氧化为 NO_2^-，再进一步被硝化细菌氧化为 NO_3^-，含硫的恶臭物质经微生物分解释放出 H_2S 后，被硫氧化细菌氧化为 SO_4^-，这些代谢物最终转移到液相中，经过净化后以气体的形式排入大气。

6.2.3 CDM 项目实施理论

在垃圾填埋场中实施 CDM 项目，主要是将厌氧发酵过程中产生的 CH_4 燃烧，使其生成 CO_2 的过程。温室气体减排量以当量二氧化碳计，由于甲烷的全球增暖潜势（global warming potential，GWP）通常被认为是 CO_2 的 21 倍（随时间尺度不同而变化，如 100 年尺度计算时是 25 倍），1t 甲烷折合 21t 当量二氧化碳，因此燃烧 1t CH_4 相当于减排了 20t CO_2。发达国家之所以积极参与实施 CDM 项目，是因为在发达国家减排温室气体的成本远高于发展中国家，这些国家通过在发展中国家实施温室气体减排的项目，把产生的温室气体减排量作为履行《京都议定书》的一部分义务，可以大大节约履约成本。

6.3 填埋场选址的依据

《城市生活垃圾卫生填埋技术标准》（CJJ 17—1988）是国内最早关于生活垃圾填埋场的技术标准，该标准对于填埋场的选址、运行及管理等方面都做出明文规定。通常情况下，废弃物填埋场的选址应当遵循如下原则：①填埋场应选在具有充足可使用面积的地方，土地要易于征得，而且要尽量减少征地费用，要足以容纳使用年限内可预测的废弃物的产生量；②所选场地要远离机场、铁路、高速公路等主要交通设施，不要位于发展规划区、风景名胜区、文物古迹自然保护区；③场地要位于附近居民的下风向，与居民区距离要大于 500m，同时要避免填埋场作业期间噪声扰民现象；④场地要远离飞机场，避免鸟类带来的危险；⑤场地的运输距离要适宜，要避免运输过程中的交通堵塞现象；⑥场地的地形地貌条件适宜，场地自然坡度应有利于填埋场施工和配套建筑设施的布置，便于监测系统的布置；⑦场址与可航行水道没有直接水力联系，同时远离公共水源地，避开湖、溪、泉，避开滨海带，应有利于地表排水；⑧场址应尽可能选在工程地质条件有利的坚硬密实岩石之上，基岩完整，抗溶蚀能力强，附近不应有活动断裂；⑨填埋场底部至少高于地下水位 1.5m，避开地下水补给区和地下蓄水层及可开发的含水层；⑩场址符合国家和地方政府的法律法规，必须得到公众的同意。

6.4 填埋场的基本结构

正规的废弃物填埋场一般需要规划填埋区、管理区、污水处理区、填埋气处理区和生活区等区域（图 6.1）。

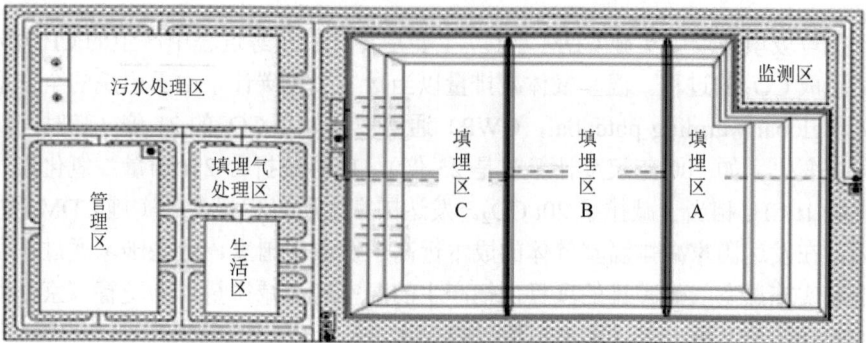

图 6.1 一般废弃物填埋场的构成

根据国家颁布的《生活垃圾填埋场无害化评价标准》、《生活垃圾填埋场污染控制标准》、《生活垃圾填埋场渗滤液处理工程技术规范》和《生活垃圾卫生填埋场封场技术规程》等法规，可以将填埋场划分为 Ⅰ、Ⅱ、Ⅲ、Ⅳ四个等级。Ⅰ、Ⅱ级填埋场为封闭型或生态型填埋场，是按正规标准建设的填埋场。

一般情况下，正规的废弃物填埋场应当包括：衬层系统、填埋单元、雨水排放系统、渗滤液收集系统、排气与沼气收集系统、封盖系统。图 6.2 显示了未封场正在使用的废弃物填埋场基本结构。

XXXXXXXXXXXXXXXXXXXX 垃圾填埋层
++++++++++++++++++++++++

垃圾渗滤液收集导排系统

土工布
高密度聚乙烯膜

压实黏土层

地基层

地下水层

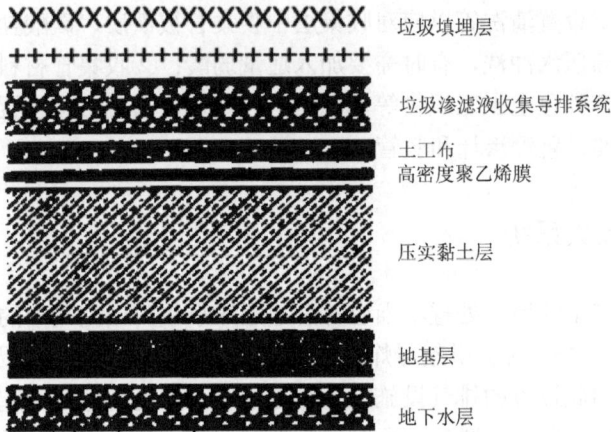

图 6.2 未封场正在使用的废弃物填埋场基本结构

6.4.1 衬层系统

衬层是设在填埋场底部和周边的隔渗层。典型的衬层结构包括沙砾层、土工布层、高密度聚乙烯（HDPE）层、压实黏土层。在城市垃圾填埋场，衬层通常是用一种经久耐用的、不易穿透的合成塑料（聚乙烯、高密度聚乙烯和聚氯乙烯）制成，通常的厚度为 0.7～2.5mm，在其下部再加一层压实黏土，上部铺一层沙砾，便于渗滤液的收集。塑料衬层的上面或下面还可以铺一层无纺土工布（土工织物垫层），有助于保护塑料衬层，以免被坚硬的碎石和沙砾层刺破。根据不同种类废弃物的危害程度，一般有单层衬垫与双层衬垫之分，后者常用于危害性大的填埋场。

天然衬里系统（即自然防渗）的填埋场必须具有下列条件：土衬里的渗透率小于 10cm/s，场底及四壁黏土衬里厚度大于 2m。人工衬里必须符合下列条件：衬料应有耐候性，能适应剧冷剧热变化，渗透率小于 10cm/s；衬里应能抵御垃圾中坚硬物体的刺和划，抗压强度必须大于 0.6MPa，不因填埋碾压而断裂，且应具有可焊性或黏结性以保证接缝处不渗漏。

6.4.2 填埋单元

在废弃物填埋场中，最宝贵的资源就是填埋空间，空间大小直接影响到填埋场的容量和使用寿命，填埋单元一般有新单元和旧单元之分。

6.4.3 渗滤液排出与检测系统

汇集于收集层的渗滤液需要定期清理排出，同时需要定期检查检漏层的状况，具体要求是：①设置清洗管以应对收集层中收集管被铁质、碳酸盐或结垢物质堵塞，一般采用高压水冲洗，有时需要加入适量弱酸；②收集管材料要耐化学腐蚀和生物破坏，管外包上土工织物等反滤材料；③检测系统必须设置在堆体的最低收集层处，还要设置测渗计和竖管。

6.4.4　沼气收集系统

填埋场内产生的甲烷处置不当容易引起爆炸事故，当空气中的甲烷含量（按体积计）在 5%～15%时会引起爆炸，甲烷含量在 15%以上时，不易引起爆炸，但会引起火灾，因此设置的排气设施应能测定甲烷含量是否超过了起爆下限。排出的甲烷经过收集、脱水、脱硫、压缩等处理后，可以用于炊事、供暖、发电、照明等。

6.4.5　排气系统

排气系统分为被动排气和主动排气，被动排气主要利用沟槽、排气井或带孔管，周围填以粗粒料，其原理是利用填埋坑中气体的浓度和梯度差异驱动气体流动，这种排气系统比较常见。主动排气装置主要利用真空泵或鼓风机连接于排气管的出口端，使堆体内产生负压或正压，迫使内部气体流动排出，一般作为被动装置效果不佳或出现故障的应急使用。

6.4.6　封盖系统

从地面向下各分层的材料与功能如下：①植被土层，一般厚度 60cm，坡度 3%～5%，主要作用是防止积水；②滤层，一般使用无纺土工布，用于防止土壤颗粒侵入下部的排水层；③排水层，一般为碎石、砂粒等，渗透系数不小于 0.01cm/s；④防渗层，一般使用土工膜，主要防止水分入渗；⑤压实黏土层，一般厚度为 60cm，渗透系数不大于 $1×10^{-7}$cm/s；⑥填埋垃圾层。

6.5　填埋场内的作业与使用设备

填埋场的填埋作业按单元实施，一般以每天的作业量为一单元，当天覆盖；昼夜连续作业者以交接班为界。单元内作业应层层压实，压实密度应大于 0.6t/m³，每层垃圾厚度应为 2～4m；对于一次性填埋处置，垃圾层最大厚度一般不超过 6m。单元的宽度一般为 3～9m，应根据填埋场的设计与容量规划。在每一个作业期结

束时，所有单元暴露面都要用 15～30cm 厚的天然土壤或其他材料覆盖，通常在
每日操作后，将其铺设在填埋场工作面上，称为日覆盖层，主要用于防止风吹、
避免臭气外溢、控制老鼠苍蝇和疾病传播等。一般情况下，几个填埋单元层完工
之后，要在完工工作面上挖水平气体收集沟渠，沟渠内放砾石，中间铺设打了孔
的塑料管，用于抽排填埋气。填埋场内运行的设备一般是大型设备，包括推土机、
挖掘机、压实机、铲运机、拖拉机和除臭制剂喷洒车等。

6.6 渗滤液的产生与处理

6.6.1 渗滤液的产生与危害

渗滤液是固体废弃物在堆放或填埋过程中产生的高浓度污染废水，主要包括废
弃物自身含有的游离水、微生物对有机物降解产生的水分、雨水以及入渗的地下水，
通过淋溶作用的方式形成。垃圾渗滤液中的主要污染物是有机污染物、氨态氮、磷、
重金属、病毒、细菌、寄生虫等，渗滤液中有机物的含量相当高，化学需氧量（chemical
oxygen demand，COD）、生化需氧量（biochemical oxygen demand，BOD）最高可
达到每升几万毫克，相当于普通城市污水浓度的几百倍。在渗滤液中的有机污染物
多以烷烃、芳香烃为主，此外还含有一些酸类、酯类、醇类、酚类、酮类、醛类、
酰胺类等有机污染物，部分化合物有致癌作用。通过对广州大田山垃圾填埋场渗滤
液检测，发现有 87 种有机污染物可以检出，其中烷烃、烯烃 17 种，芳香烃类 28 种，
酸类 6 种，酯类 4 种，醇、酚类 17 种，酰胺类 4 种，其他类 11 种。在检测出的 87 种
有机污染物中有 16 种被列入优先污染物控制的黑名单。

6.6.2 渗滤液的处理方法

渗滤液不同于一般的生活污水，处理难度较大，主要包括物理方法、化学方
法、物化方法、生物方法和土地处理法。

1. 物理方法

物理方法主要包括吸附法、吹脱法、膜分离法等，一般用于前处理，降低后
续处理的负荷。吸附法是利用吸附材料将渗滤液中的污染物吸附去除，常用的吸
附材料包括活性炭、生物炭、沸石等。这种方法对于去除渗滤液中的有机物和色
度效果较好。吹脱法用于去除渗滤液中的氨态氮等水溶性污染物，其操作方式为
调节渗滤液的 pH 值至碱性，然后在汽提塔中通入空气或水蒸气，使渗滤液中溶
解的氨等污染物转入气相，得以脱除。膜分离法是以外界能量或化学位差作为推

动力，利用天然或人工合成的膜对渗滤液中的污染物进行分离、富集的方法，目前利用渗析、反渗透、纳滤等膜分离技术处理渗滤液已经在国内外得到广泛应用。

2. 化学方法

化学方法主要包括絮凝沉淀法和化学氧化法。絮凝沉淀主要利用絮凝剂对渗滤液中的胶体和悬浮颗粒进行电中和，同时压缩胶体颗粒的双电层，在胶体或悬浮颗粒之间形成桥连作用，从而使胶体和悬浮颗粒凝聚成大的絮体沉淀去除，常用的絮凝剂主要包括无机絮凝剂、有机高分子絮凝剂和生物絮凝剂。无机絮凝剂主要包括铁系和铝系，如氯化铝、硫酸铝、明矾、氯化铁、硫酸铁等；有机高分子絮凝剂是含有大量活性基团的高分子有机物，如壳聚糖、聚丙烯酰胺、木质磺酸盐、丙烯酸、甲基丙烯酸等；生物絮凝剂主要是利用微生物的提取物或代谢物制备的高分子有机物，如糖蛋白、黏多糖、纤维素和核酸等。化学氧化法是采用化学试剂对垃圾渗滤液中的有机物进行氧化，使渗滤液中 COD 的含量降低。一般用于渗滤液的预处理或深度处理。常用的氧化剂有氯气（液氯）、过氧化氢、臭氧等。

3. 物化方法

物化方法主要通过物理和化学反应去除渗滤液中的污染物，主要包括：湿式氧化、化学氧化、化学中和、电化学去除、絮凝沉淀、蒸发、汽提、活性炭吸附、膜分离、光催化氧化等。物化技术对于填埋年限较长的垃圾填埋场排出的渗滤液尤其适合，同时对于水质和水量变化的适应性较强。

4. 生物方法

生物方法主要包括好氧处理、厌氧处理和好氧-厌氧联合处理。好氧生物处理法使用较为广泛，主要包括活性污泥法、生物膜法、好氧氧化塘等。厌氧生物处理法最早使用的是化粪池法，近几年陆续开发了上流式厌氧污泥反应器法、厌氧生物滤池法、厌氧接触法和两相厌氧法。好氧-厌氧联合处理法对渗滤液中污染物的处理效果较好，但由于好氧法处理的有机负荷较低，而厌氧法需要较长的水力停留时间，因此难以高效处理渗滤液中的高浓度有机物。

5. 土地处理法

土地处理法是利用土壤-微生物-植物系统的联合作用对渗滤液中的污染物进行净化，这种方法主要发挥了陆地生态系统的自我调控机制，包括湿地系统、地表漫流、慢速渗滤系统、快速渗滤系统、地下渗滤等，目前得到应用的是人工湿地和回灌法。

6.7 填埋气的产生与循环利用

填埋气体是废弃物中的有机物在填埋场内被微生物厌氧消化分解后产生的气体。随着填埋场开始运行，填埋气很快就会产生，一般在填埋场运行 10 年后，随着填埋废弃物量的逐渐增加，产气量处于较高水平，且有效产气可持续 40 年甚至更久。对于生活垃圾填埋场，填埋气中甲烷的含量一般为 45%～60%、二氧化碳为 40%～60%、氢气为 0%～0.2%、氮气为 2.0%～5.0%、硫化氢为 0%～1.0%、一氧化碳为 0%～0.2%。填埋气的热值一般为 19MJ/m³ 左右，接近城市煤气的热值，是纯天然气热值 37.2MJ/m³ 的 50%。经测算，每立方米填埋沼气中所含的能量大约相当于 0.45L 柴油或 0.6L 汽油的能量，因此大型废弃物填埋场产生的填埋气是一种有良好利用价值的再生能源。

填埋气体中的主要成分除了 CH_4、CO_2、H_2、N_2 等气体外，还含有恶臭气体。恶臭气体是填埋气中具有强烈刺激性气味的一类气体的总称，按其组成可分为五类：一是含硫化合物，如硫化氢、硫醇类、硫醚类等；二是含氮的化合物，如氨、胺类、酰胺、吲哚类等；三是卤素及其衍生物，如氯气、卤代烃等；四是烃类，如烷烃、烯烃、炔烃、芳香烃等；五是含氧有机物，如酚、醇、醛、酮、有机酸等。从以上分类中可以看出，这些恶臭物质，除硫化氢和氨外大都是有机物，这些有机物沸点低、挥发性强，容易散发到大气中，影响居住生活环境，危害人体健康，必须进行有效治理。

6.8 填埋场内实施 CDM 项目

6.8.1 CDM 项目的由来

CDM 的产生可以追溯到 1992 年在联合国环境与发展会议上签署的《联合国气候变化框架公约》，其目标是稳定大气中温室气体的浓度，尽量避免大气系统受到人为干扰，防止地球进一步温暖化。随后，各国在该公约下又签订了《京都议定书》，并于 2005 年 2 月 16 日正式生效。CDM 规定减排的温室气体包括：CO_2、CH_4、N_2O、HFCs（氢氟碳化物）、PFCs（全氟化碳）、SF_6（六氟化硫）。《京都议定书》中规定，在 2008 年至 2012 年间，所有发达国家排放的六种温室气体的数量要比 1990 年减少 5.2%，其中，欧盟为 8%，美国为 7%，日本为 6%，而对发展中国家则没有要求。如果不能完成减排承诺，这些发达国家将会受到惩罚。可见，CDM 就是发展中国家协助发达国家实现减排承诺的一种机制，为了实现本国的减排目标，发达国家可以通过向发展中国家提供资金、技术等方式实施减排，将发展中国家的这些减排量算作自己国家的减排，从而实现本国的减排承诺。

CDM、联合履约（joint implementation，JI）机制和排放贸易（emission trading，ET）机制是《京都议定书》制定的三种机制，其目的是实现长期可测量并且符合成本效益原则的减排。CDM 是《京都议定书》中引入的三个灵活履约机制之一，其核心是发达国家与发展中国家进行温室气体减排合作，由发达国家提供资金和技术，在发展中国家发展温室气体减排项目。

6.8.2　发达国家参与 CDM 项目的原因

根据发达国家的承诺，履行《京都议定书》是强制性要求，但是由于发达国家环境保护措施实施起步较早，对温室气体排放的限制较严，在本国实施温室气体减排的成本较高，因此对于承担温室气体减排任务的发达国家企业，迫切希望向具有低成本降低温室气体排放的国家投资 CDM 项目，把项目所产生的温室气体减排量核算在自己名下，作为履行《京都议定书》义务的一部分。

CDM 项目的实施是一个"双赢"的机制，发达国家的政府和企业通过向发展中国家提供先进的减排技术和配套的资金进行温室气体减排项目合作，以较低的成本实现发达国家在《京都议定书》中承诺的减排量，实现经济的可持续发展。

6.8.3　CDM 项目的实施方式

垃圾填埋场内实施 CDM 项目的核心是填埋气的科学收集与合理利用。在垃圾堆体上收集填埋气体通常采用的方法有竖井收集法和水平收集法，这个环节需要布置管道，安装仪表，配置净化等附属设施（图 6.3）。

填埋气的利用方式主要有点燃火炬、热能供暖、蒸发垃圾渗滤液、燃烧发电等。火炬是垃圾填埋场一种安全设施，同时也是减少温室气体排放、降低恶臭和异味、改善周边环境的一种重要手段。火炬一般安装在填埋气收集管道的末端，主要部分组成包括：燃烧器本体、焚烧塔、点火系统和安全保障及控制系统。利用填埋气体发电是国际上应用最广泛的技术之一（图 6.4），这种利用方式成本较低，不受当地用户条件的限制，技术成熟，见效快，具有较好的经济效益和社会效益。

6.8.4　CDM 项目的监管

在我国，CDM 项目涉及的领域很多，主要包括开发利用新能源和可再生能源、提高能源效率、甲烷和煤层气回收利用等，迄今经国家发展和改革委员会批准的 CDM 项目总数已经超过 5000 个，其中新能源和可再生能源、节能和提高效能以及甲烷回收利用类项目分别占总项目数的 75%、12%和 8%左右，甲烷回收利用类别的 CDM 项目数位列第三位，达到 400 多个。这些项目中，我国批准的垃圾填埋气回收利用 CDM 项目累计超过 50 个，但仅占历年所批准 CDM 项目总数的 1%左右。

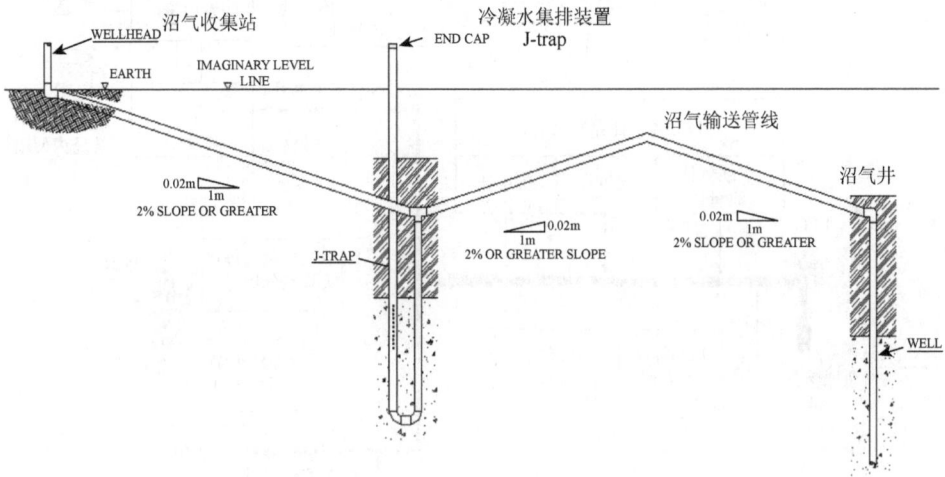

图 6.3　项目中的填埋气收集系统

随着 CDM 项目的实施和推广，申请 CDM 项目的业主逐渐意识到，获得减排收益并非最初想象的那么容易实现，因为 CDM 的监测相当严格，要求对项目的运行状态、监测系统、监测精度、监测设备校准，以及监测数据的收集、分析、保存等各方面都有严格的管理和技术要求，特别是对技术条件相对复杂的填埋气回收利用项目要求更高。此外，填埋气发电项目的设计和运行管理监测需要根据 CDM 的要求进行匹配，发电厂的设计要求充分保证系统的稳定性和监测的稳定性，流量计的选型和安装位置要科学合理，不能受到风机或管路弯头的干扰，同时，填埋气发电项目需要监测流量、温度、压力和甲烷浓度等诸多参数，对于数据收集软件也有一定要求。

6.8.5　CDM 项目面临的挑战

随着 CDM 项目在全球的实施，其辉煌的成功背后暴露出诸多问题，突出表现在：①全球各国的减排立场受到各自的经济实力和国际形势的影响而不明朗，特别是在金融危机时刻，各发达国家的积极性明显减弱；②CDM 项目的区域分布不平衡问题受到普遍质疑，同时其开发思路具有一定局限性；③随着 CDM 项目的不断发展和规则的完善，对监测的要求越来越严格，限制了部分申请 CDM 项目业主的积极性。上述一系列问题造成了 CDM 项目发展趋势的不确定性，阻碍了其发展进程。

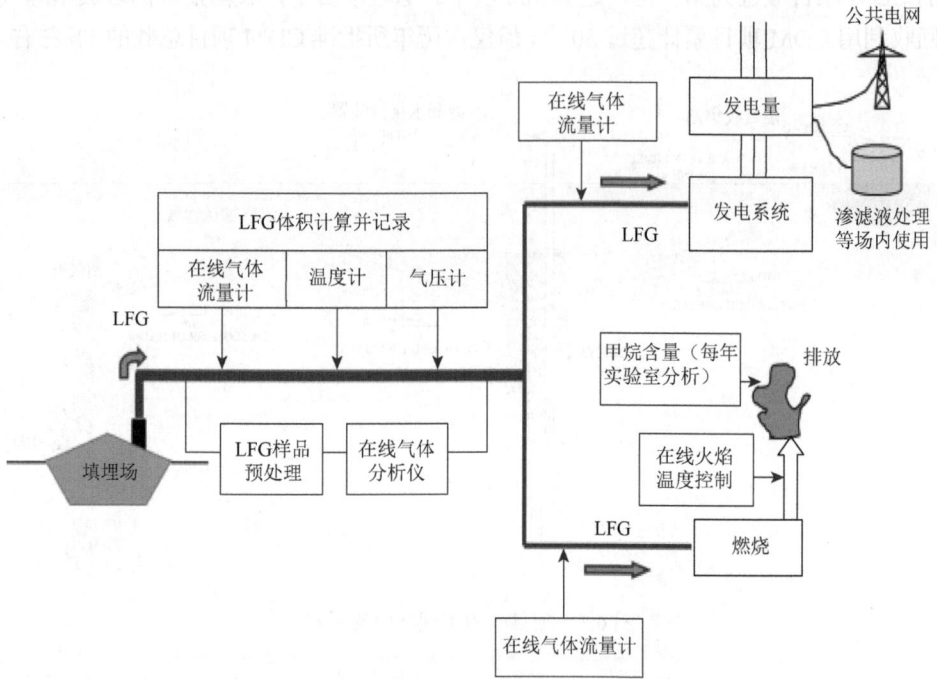

图 6.4　CDM 项目中的填埋气发电系统

6.8.6　CDM 项目在我国的实施案例

我国政府批准的第一个 CDM 项目是北京安定填埋场填埋气收集利用项目，该项目由北京市二清环卫工程集团有限公司、济丰兴业投资管理公司和国际能源系统集团（ESI）合作开发，根据《京都议定书》的相关规定，减排的填埋气指标出售给国际能源系统（荷兰）公司。减排气体的计量按照 CO_2 的当量"吨"进行计算和交易，按照每吨 1 美元的价格计算，10 年减排量最高可换回 800 万美元。

邯郸垃圾填埋厂在 2006 年 5 月与意大利阿兹亚环境股份公司签订正式合作协议，由意方提供人民币 8200 万元，用于垃圾填埋气发电项目的建设与运营。该填埋厂预测的总产气期为 25 年，总产气量为 2.5 亿 m^3，总发电量可以达到 4 亿度（1 度为 1kW·h），相当于 320000t 标准煤的发电量，售电产生的总收入可以达到 2.32 亿元人民币。同时，25 年可以减少温室气体的排放量相当于 332 万 t CO_2，通过减排额的国际转让交易，还可获得近 4 亿元人民币的收益。

6.9　填埋场的封场作业与土地利用

废弃物填埋场达到设计填埋高度后必须进行封场覆盖，其目的是控制填埋场恶臭气体和可燃气体散发、抑制病原菌及其传播媒体蚊蝇的繁殖和扩散、保证堆体的稳定性和安全性，保护区域生态环境。1983 年，深圳玉龙坑垃圾填埋场成为国内第一个封场示范工程，起到了一定的示范作用。但是，由于技术、经济和管理等原因，国内仍然有一些填埋场并未按照规范进行封场作业，导致封场后出现诸多环境问题。固体废弃物填埋场封场后，虽然不再有新鲜废弃物进入场内，但是堆体内部的原有废弃物在相当长一段时间内仍然进行着各种生化反应，一般需要 30～50 年才能完全稳定，达到无害化。

填埋场的封场应注意地貌的美观整洁，并按下列规定实施：①填埋物之上应覆盖一层厚度为 20～30cm、渗透率小于 10cm/s 的黏土，上边再覆盖 45～50cm 厚的自然土，并均匀压实，在黏土贫乏的地区，应当覆盖一层高强度防渗透土工布替代黏土；②封场后如果计划种植浅根植物，应当在最终覆土之上再加上厚度为 15cm 的营养土，如果计划种植深根植物，应当加厚营养土，使总覆土厚度达到 1m 以上；③封场顶面坡度整体不应大于 33%，对于顶面坡度超过 10% 的地方应建造水平台阶，坡度小于 20% 时，坡高每升高 2m 建一个台阶，坡度大于 20% 而小于 33% 时，应按实际情况适当增加台阶；④必须对填埋气进行控制，防止甲烷气体爆炸，小型填埋场可以采取自然排气法，大型填埋场需要设置导气管道；填埋场区空气中的甲烷气体含量不得超过 5%，对不能收集利用的甲烷气应引出地面用火炬烧掉。

填埋场封场后，需要连续封场监测三年，不允许使用，要特别注意防火、防爆。三年后经鉴定确实已达安全期后，可以用作人造景观、造地种田、堆肥场、废弃物无害化处理场等。封场后的填埋场地，未经长期观测和环境专业技术鉴定之前，严禁作为工厂、学校、机关、商店、住宅等公共场所的建筑用地使用。

为了保证封场后填埋场的安全运行，必须采取多种维护措施，包括：①建立检查维护制度，定期检查维护设施；②定期对渗滤液、填埋气体、地下水、大气、垃圾堆体沉降及噪声进行跟踪监测；③做好绿化带和堆体植被养护管理。

6.10　填埋场矿产开采与循环利用

6.10.1　填埋场开采的缘由

随着城市规模的逐渐扩大，一些处于偏僻地区的垃圾填埋场渐渐接近主城区，形成了垃圾包围城市的格局，同时，填埋场释放的各类污染物对城市居民的日常生活和身心健康构成了较大的威胁。另外，由于土地资源紧张、价格上涨，新建填埋场选址难、占地大、征地费用高等原因，对已封场或废弃不用的老旧垃圾填埋场或堆场进行复垦、开采和资源化利用，已经成为城市健康发展的必然需求，它是破解存量垃圾围城和新建填埋场选址困难问题的有效途径。据估算，建一个完全符合目前国家标准的卫生填埋场的费用一般在4000万元以上，但使用寿命只有10~20年。

城市生活垃圾填埋场的开采可以追溯到二十世纪五十年代。1953年，由以色列政府资助，在特拉维夫城外的黑瑞亚垃圾填埋场首次实施开采作业，目标是回收富含矿物质的垃圾碎屑以改善当地柑橘园的土壤质量，填埋场开采的概念由此而产生。进入二十世纪六十年代后，许多国家关注城市垃圾填埋场挖掘开采的相关问题，主要集中在挖掘的开采技术方面。美国、法国、德国等欧美发达国家在该领域均有所建树，比较成功的案例包括美国新罕布什尔州的Bethlehem填埋场、佛罗里达州的Naples填埋场、纽约州的Edinburgh填埋场、马萨诸塞州的Barre填埋场、德国的斯图加特Burghof填埋场等。到了二十世纪八十年代，美国国家环境保护局编撰了关于城市生活垃圾填埋场挖掘开采的技术性报告，用于指导填埋场的开采。近年来，随着城市的不断发展和扩大，城市人口急剧增加，房地产产业迅速发展，城市周边的土地资源越来越珍贵，垃圾填埋场开采利用显得越来越重要。

6.10.2　填埋场开采的目的

1. 获得宝贵的土地资源

由于城市化的发展需求，土地资源弥足珍贵，有些填埋场所在的地段，已经被城市包围，或者与城市相邻连接，因此，有些重点工程项目的建设需要占用已封场的垃圾填埋场，改变其用地性质和功能，这些填埋场中的垃圾需要开采搬迁。

2. 获得可回收利用的有价资源

通过对开采出来的垃圾进行筛分，可以回收：①金属，包括钢铁和有色金属；②可燃物，包括塑料、橡胶、纤维、木材等；③建筑材料，包括砖头、石砾、玻璃、陶瓷等；④类营养土，垃圾筛分细料可用作园林绿化营养土、垃圾填埋场覆盖土等。

3. 获得更多的填埋空间

填埋场经开采后，一般可以挖掘出75%~80%的填埋空间，其中有20%~25%

的粗料需要返填到填埋场中，其余的空间可以接收更多新的废弃物，延长填埋场使用年限。

4. 提升填埋场的品质

主要针对污染控制不达标的填埋场，开采后可进行改造，增加防渗层，增添填埋气收集设施，从而解决渗滤液和填埋气对地下水、大气的污染。

在已有的填埋场开采案例中，不同国家和地区的目的各不相同。美国佛罗里达州 Naples 填埋场开采的目的主要是获得覆盖土材料，用于其他填埋场的作业，同时降低填埋场的封场费用；美国纽约州 Edinburgh 填埋场开采的主要目的是减少填埋场的"生态足迹"，避免封场的责任，同时回收可再生利用物质，用于加工建筑材料。德国斯图加特 Burghof 填埋场开采的主要目的是验证填埋场开采在经济和技术上的可行性，同时评估开采工程对操作人员及周边环境的影响程度。

6.10.3　填埋场开采的工艺与配套设施

根据填埋场开采目的和场地特征不同，开采方式多种多样，归纳起来主要包括以下几个步骤。

1. 挖掘

用挖掘机将垃圾挖出，分离出大块物品然后堆成一定形状，其目的是使垃圾进行二次发酵，便于后续的运输和处理。

2. 筛分

二次发酵完成后，将物料用传送带送入滚筒筛，进行一次筛分，筛上物进一步风选，筛下物则进入振动筛，进行二次筛分，可以分选出细料和碎塑料等。

3. 利用

上述一次筛分后，筛上物借助风选进一步分为可燃物和不燃物，可以循环利用或填埋，筛下物经二次筛分，分离出来的类土壤物质，可以用作填埋场的日覆盖土、城市绿化营养土等，塑料等可燃物可以进行热能利用。最终不可循环利用的物质，需要进行妥善的处置，避免造成二次污染。图 6.5 是德国斯图加特 Burghof 填埋场的开采流程图。

填埋场的开采一般需要配套如下设施：①基础建设，包括开采、运输设备的进出道路、电力、给水、排水、通信等；②开采、运输、分选设备等，根据具体情况可以采用购买或租用方式；③实施开采作业的分选场，开采产品的堆放场等；

④开采工程中所需要的安全装备，包括安全帽、防护眼镜、防护鞋、防护手套、化学防护服、燃气检测仪等。

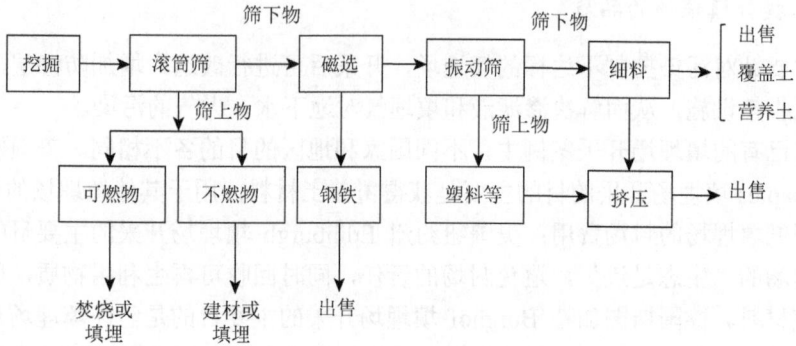

图 6.5　德国斯图加特 Burghof 填埋场的开采流程图

6.10.4　填埋场矿产的综合利用

填埋场达到开采条件时，其内部已经经过了多年的厌氧发酵过程，大部分有机物得到了充分的降解，成为一种含有丰富有机质和多种营养元素的类似腐殖土的颗粒状物质。此外，其中还含有难降解的金属、玻璃、砖头、石块等无机物和纤维素等有机物。

填埋场经过开采，回收的金属可以直接出售，难降解的惰性无机物可以用作建筑材料的原材料。同时，还可以得到数量不菲的类似腐殖土的筛下细料，将筛下细料用作填埋场的覆盖土和最终覆土，既能实现资源的有效利用，又大大降低了填埋场的运行成本。另外，筛下物具有疏松的多孔结构，具有良好的吸附和生物脱臭作用，将细料用作覆盖土材料能有效地去除新鲜垃圾产生的臭气，研究发现，除臭速率随垃圾堆积密度的提高而增加，在堆积密度为 $740kg/m^3$ 时，恶臭的去除率达到了 97%。此外，经过筛分后细料可以作为有机肥料使用，用作城市绿化的营养用土，种植花草树木，在一定程度上可缓解城市土壤缺乏的压力。

6.10.5　填埋场开采的环境分析与经济效益评估

评价填埋场开采过程对环境影响的指示因子包括总悬浮颗粒物、噪声、滑坡、塌陷、病原体引起的流行疾病及有毒有害气体对大气、地下水和饮用水的污染等。由于填埋场多年处于封闭的厌氧环境，沼气和硫化氢等气体积累较多，在开采的过程中，这些气体会被释放出来，对环境和作业人员造成危害，因此，在开采的过程中要随时对这些气体进行监测，对于开采出来的有毒有害物质要避免操作人员直接接触，应采用机械设备将其运往特定场所处置。另外，某个单元的填埋场开采活动可能会破坏周边填埋单元的结构完整性，从而引起不均匀的沉降或塌方。

填埋场开采工程的支出费用包括：①前期调研、规划、取样、分析、测试等费用；②资产成本，包括开采设备的购置、堆放场地的平整或租赁等；③作业费用，包括人工费用、运输费用、设备的燃油、设备的维护修理费用、开采出的难以回收利用废弃物质的最终处置填埋费用等；④工作人员安全培训费用；⑤其他不可预见费用，如事故风险、灾害费、赔偿费等。填埋场开采的收益包括：①开采所得土地资源收益，根据所得土地的用途而定，可以作为工业用地、住宅开发用地或城市建设公共用地等，不同用途的土地价格差别较大；②出售可回收利用资源的收入；③填埋场腾出空间重复使用的收入。

思　考　题

1. 填埋场内部有机废弃物的降解过程可以分为几个阶段？简述各个阶段的特点。

2. 何谓生物除臭？简述生物除臭各阶段微生物的活动特征。

3. 简述垃圾填埋场内部实施 CDM 项目理论基础。

4. 填埋场选址需要遵循哪些原则？

5. 正规的废弃物填埋场内部主要分为哪些层？简述各层的主要功能。

6. 填埋场内填埋垃圾时为什么要覆土？覆土的基本原则是什么？

7. 填埋场内垃圾渗滤液产生的主要途径有哪些？渗滤液中主要含有哪些污染物？

8. 简述垃圾渗滤液的主要处理方法。

9. 垃圾填埋场内产生填埋气的机制是什么？填埋气的主要成分有哪些？

10. 分析发达国家主动参与 CDM 项目的原因。

11. 简述填埋场封场的主要原则。

12. 为什么要进行填埋场的开采？

第7章 石油行业废弃资源循环

内容提要与主要知识点

本章主要介绍油泥的产生、种类、特性、处理方法和回收利用方式。要求了解油泥热解与固化处理的理论基础，认识油泥的絮凝处理方法与反应机制。掌握石油开采、输送、贮藏、炼制和废水处理过程中不同环节产生油泥的组成和特性，认识油泥中的主要污染物和油泥对环境的危害，明确将油泥列为危险废物的科学依据。理解对油泥进行焚烧、热解、溶剂萃取、化学破乳、热解吸、离心分离、固化、生物处理、超声波辐照等处理的理论基础，了解各种处理过程中发生的主要化学和物理过程，认识各种处理工艺的优势和不足。能够依据不同处理方法的适用范围和特点进行优势组合，应用于实际油泥的处理工程。

7.1 概　述

石油行业的主要固体废弃物是含油污泥。含油污泥是在石油开采、输送、贮存、运输、炼制以及和含油污水分离处理过程中产生的含油固体废弃物，是水、石油烃类和固体泥沙等混合而成的乳化物，包括落地油泥、罐底油泥及联合站浮渣底泥等。根据全球原油年生产量估计，每年大约有 2000 万 t 油泥产生，并且全球已有超过 10 亿 t 的油泥累积。目前，我国很多油田处于开发中后期，油泥产生量大，仅石油开采行业每年产生的含油污泥已经超过百万吨，另外还有罐底油泥和石油化工行业产生的"三泥"，合计每年的含油污泥产量大约为 300 万 t。

随着原油开采量及常规原油储量的不断减少，迫切需要寻找常规原油的替代品，即非常规原油（如稠油、超稠油、油砂和页岩油等），这类油的储量占世界原油总储量的三分之二，广泛分布在加拿大、委内瑞拉、墨西哥、美国、俄罗斯、科威特和中国等国家。非常规原油一般具有高黏度、高酸度和高沥青质含量的特点，大量开采将产生大量难处理的固体废弃物。

7.2　理 论 基 础

7.2.1　油泥热解反应机理

在无氧或缺氧的条件下，利用热能使含油污泥中的高分子有机化合物的化学键断裂，形成小分子化合物。反应过程中包含复杂的有机物断键、异构化等化学反应，中间产物有两种变化趋向，一种由大分子变成小分子，进行裂解反应；另一种是由小分子聚合成较大分子，进行聚合反应。分解从脱水开始，其次是脱甲基，随着反应温度的升高，芳烃化合物再进行裂解、脱氢、缩合、氢化，许多反应交叉进行，这与煤的热解有许多相似之处。

7.2.2　油泥固化反应机理

固化是含油污泥稳定化处理的一种方式，一般使用水泥、沥青等水硬性材料作为固化剂。水泥固化过程中，其中的硅酸三钙（$3CaO·SiO_2$，C3S）、硅酸二钙（$2CaO·SiO_2$，C2S）等矿物首先发生水化作用形成水化硅酸钙，然后是油泥中的碳酸钙与水泥中的铝酸三钙（$3CaO·Al_2O_3$，C3A）反应生成针状的水化碳铝酸钙 $C3A·3CaCO_3·32H_2O$ 和 $C3A·CaCO_3·11H_2O$，随后，反应体系中铝离子、硫酸根离子、钙离子共同作用形成钙矾石（$3CaO·Al_2O_3·3CaSO_4·32H_2O$），这些离子来源于固化剂、水泥和油田污泥。

7.2.3　油泥絮凝机理

1. 微生物絮凝

微生物分泌聚合物，主要包括多糖、蛋白质、核酸等，这些聚合物拥有许多支链，具有网状结构，可以通过吸附油泥颗粒，再通过架桥作用，使油泥颗粒凝聚变大，形成沉淀物，该过程称为胞外聚合物架桥机理。图 7.1 是微生物絮凝剂的吸附架桥示意图。首先利用钙离子进行电中和，然后进行吸附架桥，形成絮凝体。

2. 有机高分子絮凝

对油泥具有良好絮凝作用的有机高分子类絮凝剂主要是阳离子型，这类絮凝剂一般为链状和环状，支链上有—NH—、—SO_3H、—OH、—NO_2 等亲电子基，这些结构有利于悬浮状态的油泥颗粒进入絮体内，通过架桥作用凝聚油泥颗粒，形成沉淀，实现油泥颗粒的分离。一般情况下，有机高分子絮凝剂带有正电荷，可以与带负电的油泥颗粒发生电中和作用，使其凝聚沉降。

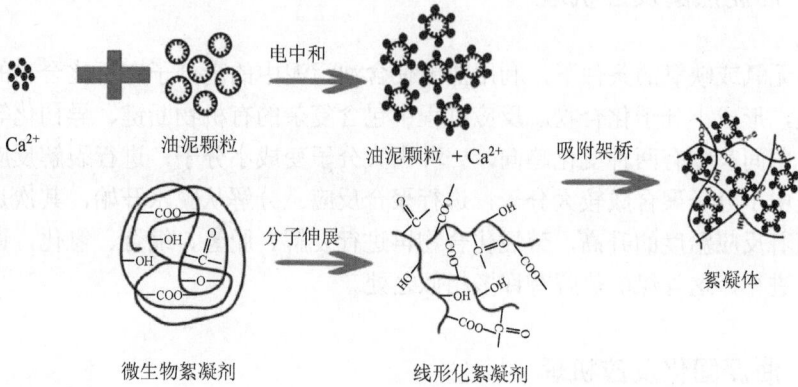

图 7.1　微生物絮凝剂的吸附架桥示意图

3. 无机高分子絮凝

对油泥具有良好絮凝作用的无机高分子絮凝剂主要是阳离子型无机高分子絮凝剂，主要包括聚铝类、聚铁类、铁铝共聚类、聚硅酸金属盐类等，这类絮凝剂在油泥中可以提供与油泥颗粒电荷相反的络合离子，从而发生吸附电中和作用；此外，无机高分子絮凝剂一般为层状、网状结构，可以通过吸附油泥颗粒，再通过架桥作用，将油泥颗粒凝聚成沉淀物，这称为吸附架桥机理。

4. 无机低分子絮凝

对油泥具有良好絮凝作用的无机低分子絮凝剂主要包括铝基和铁基，如 $AlCl_3$、$FeCl_3$、$FeSO_4$ 等，它们在水中电离出 Al^{3+}、Fe^{3+}、Fe^{2+}等金属离子，可以中和油泥颗粒上带的负电荷，从而降低油泥颗粒间的静电斥力，使范德华力大于静电斥力，促使油泥颗粒发生碰撞凝聚沉淀，这就是电中和机理。

7.3　油泥的性质与危害

7.3.1　油泥的来源

油泥按来源可分为落地油泥、罐底油泥、炼油厂含油污泥三种不同类型。图 7.2 列出了含油污泥的主要来源。

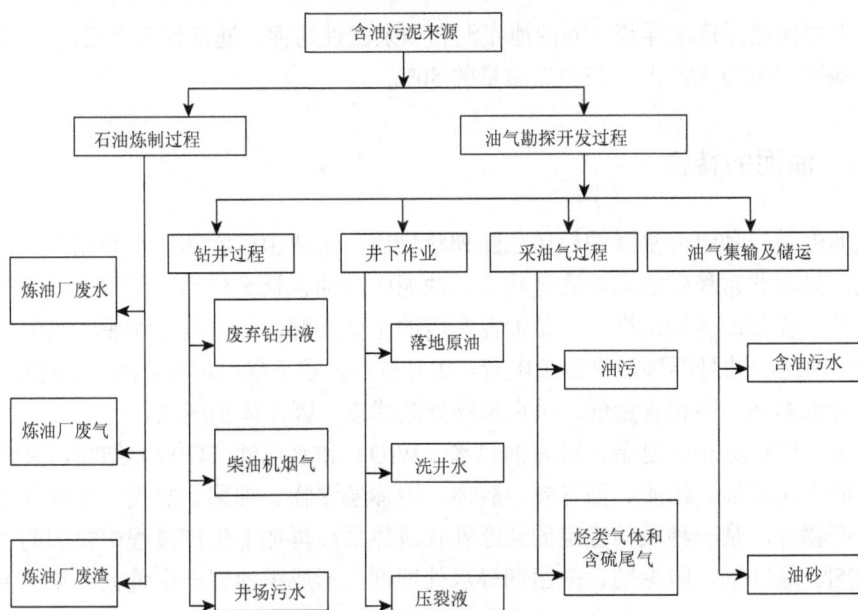

图 7.2　含油污泥的主要来源

1. 落地油泥

在钻井、洗井、采油、修井和井下作业等施工过程中，部分原油放喷或被油管、抽油杆、泵及其他井下工具携带至地表，渗入地面与土壤、砂石、水等形成的油泥称为落地油泥。石油开采过程中含油污泥的产量是原油产量的 0.5%～1.0%。

2. 罐底油泥

原油储存和运输过程中，各种储油罐、储油池输送管道等底部自然沉降产生的油泥，以及处理原油中的水和泥沙时使用的脱水罐、沉砂罐、污油罐等底部产生的含油污泥统称罐底油泥。根据要求，储油罐每隔五年左右需要清罐一次，清罐过程中会产生大量罐底油泥，经过蒸罐拔油处理后，底层油泥含量仍占其储存油品容量的 1%左右。储运油泥含油量较高，油泥中因混入清罐洗涤剂等表面活性剂而导致水含量高且乳化现象严重，加大了后续的处理难度。

3. 炼油厂含油污泥

石油冶炼过程中产生的含油污泥主要包括：蒸馏装置底部的沉积物，炼化过程中废弃的催化剂，换热器管道清洗油泥，油罐和油罐车清洗油泥等。此外，炼化过程还会产生大量含油污水，这些污水在处理过程的多个环节都会产生含油污泥，主要包括浮选池浮渣、隔油池底泥和剩余活性污泥，通常称为"三泥"，其中浮选池浮渣量最大，占"三泥"总量的80%。

7.3.2　油泥的特性

油泥是一种组分复杂的棕黑色黏稠状物质，主要由矿物油、水和泥沙三部分组成，呈现非常稳定的悬浮乳化状态。油泥中的油包括乳化油、可浮油、溶解油等，其中乳化油含量最高，它是油泥黏度的主要来源，是造成油泥脱水难的主要原因。油泥中的悬浮颗粒物带负电荷，相互排斥，难于凝聚沉降，因而去除困难。油泥含水率高，固相含量低，呈现悬浮分散状态，因而体积庞大。

油泥的组成相当复杂，既有油包水（W/O）和水包油（O/W）结构，又含有大量的老化原油、蜡质、沥青质、胶体、固体悬浮物、细菌、盐类、酸性气体、腐蚀产物等，是一种极其稳定的悬浮乳状液体系，再加上生产过程中投加的大量絮凝剂、缓蚀剂、阻垢剂、杀菌剂等水处理剂，形成了油泥产生量大、重质油组分高、黏度大、处理难度大、综合利用方式匮乏的特点。

油泥的 pH 值通常在 6.5～7.5 之间，总碳氢化合物的质量分数为 5%～86% 之间，多数在 15%～50% 之间。油泥中水的含量在 10%～50% 之间，水含量大于 50% 的油泥可能存在一定比例的游离水，或转相形成水包油型乳化液，油泥中固体颗粒的质量分数一般为 5%～46%。油泥中的油相主要包括饱和烃、芳香烃、胶质、沥青质，其中饱和烃和芳香烃的含量占油泥中碳氢化合物总量的 75% 以上，化学成分主要是烷烃、环烷烃、苯、甲苯、二甲苯类以及多种多环芳烃（polycyclic aromatic hydrocarbons，PAHs）。油泥中泥的主要成分是固体颗粒、金属氧化物、二氧化硅、硅酸盐，还有铜、锌、铅、铬、镍、镉、汞等有害重金属。

不同来源的油泥，其特性差别较大，表 7.1 列出了各类油泥的组成特性。

表 7.1　含油污泥的组成

工艺名称	种类	含水（%）	含油（%）	含固（%）
油气田现场油泥	作业油泥	40～50	10～20	30～40
	落地油泥	5～10	5～10	80～90
	清罐油泥	65～75	15～25	5～10
	其他油泥	60～70	10～15	25～35
炼化"三泥"	隔油地底泥	60～70	10～20	10～20
	浮选地浮泥			
	剩余活性污泥	75～85	<5	10～20
储运过程中油泥	罐底泥	60～70	20～30	5～10

1. 落地油泥

根据落地原油的性质，可以将油泥分为稠油泥和稀油泥，根据油泥堆放时间的长短，可以将油泥分为新鲜油泥和积存油泥。落地油泥含水率低，原油、泥沙含量比例变化大，且含有大颗粒砂石及其他杂质，黏度大、密度大、流动性差，密度一般为 1.5～1.8t/m³。

2. 罐底油泥

由于油罐储运的特殊要求，罐底油泥具有其自身的特殊性，这类油泥区别于其他油泥的最大特征是碳氢化合物（油）含量很高，一般含有大约 25% 的水、5.0% 的无机沉淀物（泥沙等）和 70% 的碳氢化合物；碳氢化合物中重质沥青约占 8.0%，石蜡约占 6.0%，油泥灰约占 5.0%。

3. 炼油厂"三泥"

石油炼制时产生的污水在处理过程中，需要投加大量的絮凝剂、杀菌剂、缓蚀剂、阻垢剂等水处理药剂，这些药剂与原油及其他物质相互作用，形成了十分复杂的"三泥"体系。从微观上看，炼油厂的油泥是一种老化原油、石油烃、烃类衍生物、沥青质、胶质、蜡质、水、无机盐、高分子聚合物组成的复杂混合体系，其中的固体物质主要来源于原油中的天然物、油田和炼油厂的人工添加物及炼制过程的反应生成物等。从热动力学表面性质看，炼油厂的油泥是一种 W/O 和 O/W 的交叉乳化体系，形成了各组分间相互溶解、相互吸附、相互交联的稳定体系。"三泥"具有产量大、含油量高、重质油含量大、分离处理难、危害大的特点。

7.3.3　油泥的危害

含油污泥的主要污染物是内部残留的石油，一般包括 200～300 种不同的烃类，如烷烃、环烷烃和芳香烃，非烃类组分包括环烷酸、酚、杂环氮和硫化物等。同时，油泥中还含有大量的病原菌、寄生虫、虫卵等生物体，铅、铬、汞等重金属，多氯联苯、二噁英、放射性核素等难降解的有毒有害物质以及多种盐类。许多国家将其列为危险废物进行管理，在我国，油泥因毒性及易燃性被列入《国家危险废物名录》HW08。多年来，含油污泥一直是困扰油田生产和发展的一大难题。

1. 油泥的污染途径

含油污泥主要产生在油田和炼油厂，一般通过以下五个环节造成污染：①油田生产过程中的污染。在石油开采过程中，常常产生落地油和含油泥浆的污染，这些污染物进入环境后，有相当一部分因为结构稳定、复杂而积累下来，还有一部分通过挥发进入大气，或者通过微生物的作用进行生物降解，其特点是污染强度大、污染点分散、面积小。②储存和运输过程中的污染。多数发生在储油罐周边和运输路线附近，其特点是污染强度不大，而且比较分散。③石油加工过程中的污染。包括生产过程中原料和产品跑、冒、滴、漏所造成的污染，以及废弃物处置不当造成的污染，其特点是污染物残油中难挥发、难降解成分含量高。④污灌区域的石油污染。主要由含油废水的灌溉造成，导致污染物在土壤中常年积累，其特点是污染物浓度低，但蔓延区域大，造成的污染波及面广。⑤事故性污染。运输、储存、加工过程中操作失误等原因造成的突发性事故导致石油污染，其特点是污染浓度较大，污染物质中挥发性成分多，但污染面积小。

2. 油泥对环境的危害

含油污泥进入环境后，对土壤、植物和水体的污染特性有一定的差异。

（1）土壤污染

石油类物质的水溶性一般很小，而积聚在土壤中的石油烃绝大部分是高分子组分，它们几乎不溶于水，当土壤颗粒受石油污染后，被油包裹，土壤发生如下变化：①土壤结构遭到破坏，理化性质发生变化，微生物的生存环境受到干扰；②石油污染后的土壤颗粒很难被水浸润，不能形成有效的土壤导水通路，导致土壤渗水量下降，透水性降低；③油泥中含有大量的活性反应基团，可以与无机氮、磷结合，限制硝化作用和脱磷酸作用，减少土壤中有效氮、磷的含量，降低土壤肥力。

（2）植物污染

油泥对植物的危害主要表现在：①当植物吸收油泥中的有机物后，低分子烃能穿透进入植物组织内部，破坏细胞的正常生理机制，因此比高分子烃对植物的危害更为严重；②油泥中的高分子烃类能够在植物表面形成一层黏膜，阻塞植物的气孔，影响植物的呼吸和光合作用，破坏蒸腾和水分吸收机能，严重时会造成植物根系腐烂，因此高分子烃虽然难以穿透到植物内部组织，但对植物的危害也是致命的；③油泥中的石油烃进入水体后，可以使水体中植物内的叶绿素及其脂溶性色素在植物体内或细胞外溶解析出，使之无法进行光合作用而大量死亡；石油烃对陆生植物也会造成危害，主要引起根系腐烂，导致植物死亡；④油泥还可能通过影响土壤酶的活性，间接影响作物生长。

（3）水体污染

油泥对水体的危害主要表现在：①当油泥中的有机物进入水体后，会在水体表面形成厚度不一的油膜，减少水中溶解氧含量，影响水生生物的生长，同时，石油本身被微生物降解时，需要消耗大量氧气，使水体严重缺氧，水生生态系统遭受破坏，从而影响水质和水中动、植物的生存；②油泥进入水体后，会直接对水生生物造成危害，油粘到鱼鳃上或附在鱼卵上，很快就会使鱼类死亡或使孵化受到影响，研究表明，海水中含油量为 0.01mg/L 时，24h 就能使鱼产生油臭味，大量死亡。

7.4 油泥的处理与回收利用

含油污泥成分复杂，不同来源的油泥理化性质差异很大，处理技术多种多样。迄今，处理油泥的方法主要有焚烧、热解、溶剂萃取、化学破乳、离心分离、固化、生物处理等。

7.4.1 油泥的焚烧处理

1. 焚烧工艺的特点

焚烧法是在过量空气和辅助燃料存在的条件下，对油泥进行完全燃烧的过程，对于含油量在 5%～10% 的油泥，可以采用焚烧的处理方式。从二十世纪中叶开始，美、法、德、日等发达国家就开始利用焚烧的方式处理油泥，我国绝大多数炼油厂都建有油泥焚烧装置。焚烧处理的油泥，首先需要进行脱水，一般将含油污泥放入浓缩罐，投加絮凝剂，加温至 60℃ 左右，搅拌，重力沉降后进行分层，除去水分，再经过设备脱水、干燥等工艺得到泥饼，然后将泥饼送至焚烧炉进行焚烧，温度控制在 850～900℃。焚烧灰渣一般用于铺路材料、生产建材、填埋等，焚烧产生的热能用于供热或发电。

2. 焚烧工艺的优缺点

优点：对不同类型油泥的适应能力强，减容减量效果明显，焚烧后油泥中多种有害物可以比较彻底地除去，可以有效减少对环境的危害。同时，焚烧处理可以使油泥直接作为燃料产生能源，用于驱动蒸汽轮机发电或者供热，实现油泥的减量和再利用。

缺点：能耗高，设备投资大，工艺操作技术要求高。同时，为了实现稳定燃烧，对于高含水率的油泥，需要通过脱水提高油泥燃料品质，有时还需要添加辅助燃料。焚烧排放的多环芳烃等污染物处理不当会造成大气污染；焚烧过程产生的洗涤水、洗涤器油渣以及不完全燃烧产生的灰渣等容易造成二次污染。

3. 焚烧工艺设备

焚烧油泥通常采用回转窑或流化床作为焚烧炉。在回转窑焚烧炉中，燃烧温度通常为 850～1000℃，在流化床焚烧炉中，燃烧温度为 850～950℃。回转窑焚烧炉的优点是处理能力强、燃烧充分、热功效高、污染物排放低等；流化床焚烧炉具有燃料适应性强、燃料混合效率高、燃烧效率高等，可以处理含油量较低的低品质油泥。焚烧炉的燃烧效率受多种因素影响，包括燃烧工况、停留时间、温度、原料品质、辅助燃料添加、油泥给料速率等。

4. 焚烧灰渣的利用

油泥焚烧灰渣中的主要无机成分为 SiO_2、Al_2O_3、Fe_2O_3 等，与自然界的黏土、亚黏土类似，可以作为陶粒的骨架，因此利用油泥焚烧灰渣可以生产陶粒；另外，经过原料的合理调配，可以生产陶粒砂、生物膜载体、特种建筑陶粒等。

油泥焚烧灰渣的利用途径主要包括：①高端利用。制作油田压井用的陶粒砂，优点是产品可以在油田直接利用，缺点是对原材料要求高，添加灰渣量少。②中端利用。制作水处理用陶粒，原料要添加黏土、粉煤灰，按一定比例成型后烧结成产品，这种利用方式存在的主要问题是产品受市场制约较大。③低端利用。生产建筑用陶粒，对原材料要求不严格，添加灰渣量大，产品销路广，前景广阔。

7.4.2　油泥的热解处理

1. 热解处理的特点

油泥热解是在惰性气氛中对油泥进行加热（500～1000℃），使油泥中有机组分热分解生成液态、气态碳氢化合物和焦炭的过程。热解可以很好地回收油泥中的油品资源，并且由于热解过程处于还原氛围，可以有效控制二噁英等有害物质生成，有利于回收油品质量的提高，同时有利于重金属的稳定化。该工艺对含油污泥处理比较彻底，处理后的高温灰渣含油低，可以直接填埋或利用。热解的优点是：对油泥中油的回收率较高、处理彻底、可回收燃油和燃气资源，是能量净输出过程；缺点是投资较高、热消耗大。

2. 热解常用设备

传统的单筒回转窑反应器是现有热解设备的典型代表，有间歇式和半连续热解式。这类设备填充处理量小，间歇操作，劳动强度大，安全和操控性不稳定，其反应的动态内筒和具有隔热保温功能的静态外筒、辅助设备之间因生产工况下热膨胀导致轴、径、角向位移变化或加料/出料引发泄漏，造成二次污染。此外，产能、传热、密封、反应室防结焦及工业化连续生产等关键技术问题均不能有效解决。

3. 油泥的热解吸处理

热解吸是在绝氧条件下将油泥加热到一定温度使烃类及其他有机物解吸的方法，它是一种改性的油泥热解处理方法。该技术在二十世纪九十年代初在欧美国家迅速发展并得到应用，主要包括 Hauler 等开发的逐级加热、蒸发、冷凝步骤的含油污泥处理工艺，Geary 等提出的锅炉排放尾气余热干燥含油泥饼的工艺和 TermTech 公司的热解吸工艺。这些工艺中，Hauler 等提出的热解吸工艺在美国已经实现了产业化应用，热解吸设施建在路易斯安那炼油厂，可以处理含水 50%的油泥，设施内部的温度分布为 121~954℃，装置处于封闭状态，年处理泥饼 1400t，可以回收 300t 粗油和 12t 可燃气。该装置的最大缺点是处理成本较高，收益欠佳。

4. 油泥的焦化处理

焦化法实质上就是对重质油的深度热解处理，其核心是重质油中烃类物质的高温裂解和缩合过程。裂解过程生成气体烃等小分子化合物，缩合过程生成胶质、沥青质等大分子化合物。重质油中各组成的裂解和缩合能力依次为：正构烷烃＞异构烷烃＞环烷烃＞芳香烃＞环芳烃＞多环芳烃。焦化工艺适应性广，对含油污泥本身要求不高，但对设备和输送管线要求较高，并且为防止输送过程中的冷凝，需要保持管线内油泥的温度不低于 700℃，因此整个工艺过程比较复杂，前期投资较大。

一般情况下，从油泥中回收的油品需要重新输送到炼油厂进行炼化升级，作为原油炼化产物的替代品，因此回收油品的质量也备受关注。与原油相比，回收油品中可能含有更多的盐类，尤其是金属杂质。这些杂质会导致炼化过程中的设备腐蚀和催化剂失活问题。因此，最大限度地去除金属杂质以保证高品质的回收油品至关重要。现有的方法中，超声波辐照和离心分离可以去除水溶性的金属，溶剂萃取法可以去除油溶性的金属。此外，超临界水和超临界甲醇技术可以从石油乳液中分离出 Ni、V、Fe 和 Ca 等杂质，然而这些方法需要消耗大量的溶剂或者需要复杂的工艺设备。

7.4.3　油泥的溶剂萃取处理

萃取法是利用有机溶剂将油泥中的原油萃取出来的方法，是回收油泥中油品的主要方法之一。当油泥中含油量大于 6%时即有回收价值，一般油田联合站产生的含油污泥含油量达 10%以上。溶剂萃取法是分离回收油泥中油品和其他有机物的有效方法，常用的萃取剂包括丙烷三乙胺、重整油和超临界 CO_2

等。油品从油泥中被溶剂抽提出来后，通过蒸馏把溶剂从混合物中分离出来回收利用。

油泥的萃取工艺可以与化学清洗或浮选工艺联合使用（图 7.3）。经过浮选处理后，含油污泥转化为回收水、尾泥和浮渣三部分，其中回收水中的有机物含量很低，可循环到污水处理系统重复利用，尾泥可以压滤成饼后做衍生燃料，浮渣中集聚了绝大部分的原油、有机物、轻质悬浮物和水，转移到萃取装置中可以回收原油和有机物，剩余的泥水则返回到浮选装置中继续循环处理。

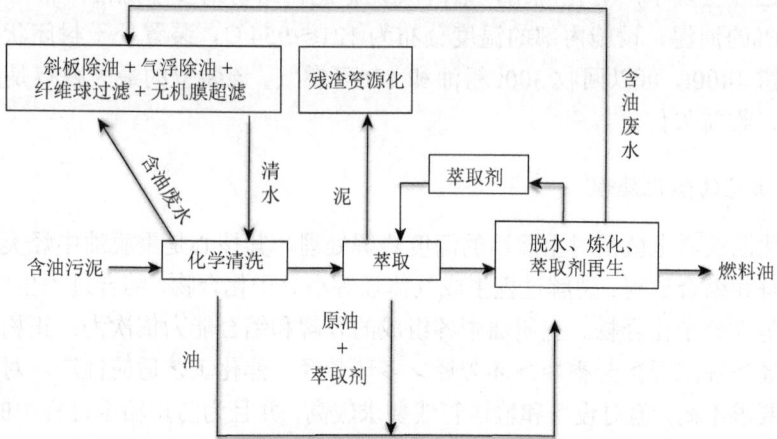

图 7.3　化学清洗联合萃取技术处理油泥的工艺流程图

萃取法具有流程长、工艺复杂、萃取剂消耗量大、后处理费用高等不足，一般仅用于含有大量难降解有机物的含油污泥中油品的回收。

7.4.4　油泥的热水洗涤法处理

热水洗涤法主要通过热碱水溶液反复洗涤含油污泥，再通过气浮实施固液分离。热水洗涤法是美国国家环境保护局推荐优先采用的处理含油污泥的方法，对落地油泥的处理效果较好，可以将含油量为 30% 的落地油泥洗至残油率 1% 以下。混合碱可由廉价的无机碱和无机盐组成，也可选用廉价的洗衣粉等，该方法能耗低，费用低，具有一定的应用前景。

热水洗涤法处理油泥技术通常和其他技术联合使用，化学破乳-热水洗涤-离心分离是常用的组合工艺(图 7.4)，经该工艺处理后，原油的回收率可以达到 98%，回收的油品送回炼油厂，分离出的水经处理后作为循环水返回再利用，残渣达标后可以资源化利用或者填埋。

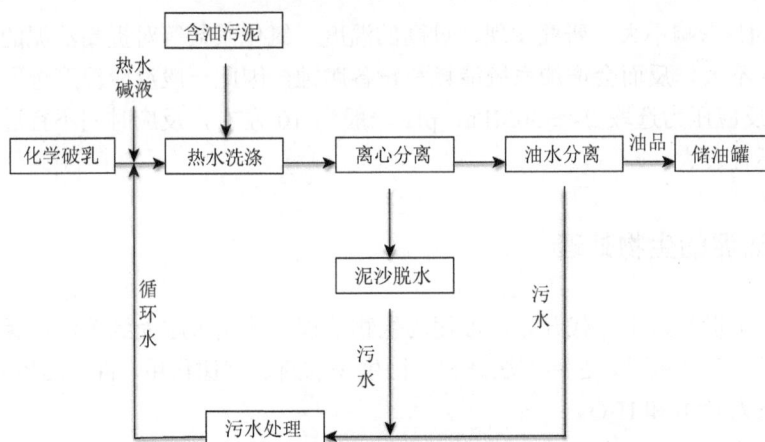

图 7.4　含油污泥化学破乳-热水洗涤-离心分离处理工艺流程图

7.4.5　油泥的蒸汽喷射处理

储泥池中的含油污泥具有分层现象，表、底层油泥的组成和理化性质差异很大，表层油泥含油量大于 90%，而底层油泥含有更多的水和固体杂质，这类油泥适合采用蒸汽喷射方式处理。

蒸汽喷射能够很好地实现分层油泥中油品的同步回收和净化。高温高压的蒸汽射流能改善油泥的流动性，加速油的自发浮选，同时对油层有强烈的分散作用，有利于油品中的杂质向周围水介质的扩散，从而实现油品回收和净化的双重效果。同时，蒸汽的潜热能够对油泥起到快速降黏的作用，而蒸汽的高动态压强能够对油泥表面产生强烈的扰动，二者共同促进了表层油泥的自发上浮过程。

蒸汽温度和油泥比的提高可增加油品回收的效果。在综合考虑到油品回收效果和经济成本情况下，优化的操作条件是温度 300℃、蒸汽油泥比 6∶1，此时油泥中超过 90%的油品可以在 5min 内得到回收，同时蒸汽喷射的中温条件能够防止回收油品有价轻质组分的逸散，该技术能够快速有效地分离表层油泥，回收有价值的稠油资源。

7.4.6　油泥的超临界水处理

含油污泥在超临界水系统中会发生一系列的降解反应，主要反应路径是，有机大分子首先分解成带有共轭双键的不饱和醛、酮和羧酸，然后经过系列反应生成中间产物 CH_3COOH 和 CO，最终产物为 CO_2 和 H_2O。

反应温度、反应时间和氧化系数是影响 COD、石油类等去除率的主要因素，压力和 pH 影响不大。研究发现，过高的温度、氧化系数等对提高油泥的降解效率作用并不大，反而会增加系统能耗和设备腐蚀，因此一般反应温度选取 400～600℃，反应压力选取 24～30MPa，pH 一般为 10 左右，反应时间不宜过长，氧化系数不宜过大。

7.4.7　油泥的生物处理

从二十世纪八十年代开始，油泥的生物处理方法越来越受到关注，相继开发了许多新的高效菌种，这种方法是利用微生物的新陈代谢作用，将石油烃类降解，最终转化为 CO_2 和 H_2O。

1. 生物处理的种类与工艺特点

生物处理主要包括地耕法、堆肥处理法和生物反应器法。

（1）地耕法

地耕法是将含油污泥分散后混入土壤，利用土壤中微生物的活动分解油泥中的有机组分，其处理效率主要取决于土壤微生物的密度和活力，同时受油泥掺混比例、曝气量、水分含量和 pH 值等的影响。

（2）堆肥处理法

堆肥处理法是利用微生物的代谢作用降解油泥中有机物的过程，主要是将油泥转移到堆肥池中，加入营养物质，堆成料堆，在堆体底部设置强制通风设施，定期通入空气，保持一定温度和湿度，从而实现油泥中有机物的降解。堆肥设施可以分为设置有曝气管道的静态堆肥设施和在翻转、搅拌装置中设置的动态堆肥设施。堆肥处理油泥的效率受水分含量、鼓气量、营养元素添加量、碳：氮：磷的比例和有机物质添加量等因素的影响，其中的有机物质包括秸秆、木屑、树皮等，主要作用是提高油泥堆体的孔隙率，调整堆体内部的水分和空气空间分布，同时提供一部分营养物质。

（3）生物反应器法

生物反应器法是利用微生物的降解作用实现油泥破乳、絮凝、油水分离和有机物降解的方法。利用生物反应器可以人为控制温度、湿度、氧气含量、营养物质等条件，因而烃类物质在生物反应器中的降解速度比其他生物处理过程更快，如果加入已驯化的高效烃类氧化菌，可以进一步加快烃类的生物降解速度。

生物反应器处理油泥分为厌氧阶段和好氧阶段，厌氧阶段主要通过厌氧菌降解有机大分子，同时通过生物的破乳作用将含油污泥中的乳化油破乳，再利用厌氧罐上部的收油装置将油品回收；好氧阶段利用好氧菌的活动将厌氧部分没有降解的有机物进一步降解。好氧阶段之后是沉淀罐，油泥中没有完全降解的有机物、悬浮杂物将在罐中沉淀,再回流到厌氧罐,进一步循环降解。油泥中烃类物质的生物降解速度受多重因素的影响,一般情况下,生物反应器法>堆肥法>地耕法。不同处理方法的成本存在一定的差别,据美国工厂保险协会分析,地耕法的处理费用为 20~45 美元/m³,堆肥处理法为 40~70 美元/m³,生物反应器法约为 500 美元/m³。优化设计,并控制好操作条件,充分利用当地资源,可以有效降低含油污泥的处理费用。

2. 生物处理的优缺点

生物处理工艺的优点:①不需要加入化学药剂,绿色环保;②就地处理,不需要长距离运输,操作简便;③处理费用低,一般为传统化学、物理修复费用的30%~50%。缺点:①处理周期长;②微生物不能降解油泥中的所有污染物,特定的微生物只能够降解特定的化合物;③地耕法、堆肥处理法需要大面积土地,生物反应器法有废渣排出;④不能处理含油量高的油泥,同时对处理条件要求较高,如氧气含量、营养物含量及比例、pH 值、温度、湿度等;⑤原油资源没有得到回收利用。

7.4.8 油泥的固化处理

固化是将油泥中的污染物转化为不可溶物或低毒害的形态,使污染物呈化学惰性,减少在填埋、储存处置过程中的环境污染风险,一般包括水泥固化、沥青固化、化学药剂固化等。近年来的研究发现,经过固化处理的油泥,经雨水浸淋后,污染物仍有淋出的风险,对于固化于硅酸盐水泥的油泥,当水泥的结构被破坏后,污染物会逐渐浸出,其中多环芳烃、甲醇、邻氯苯胺的浸出浓度较高。为了提高稳定固化效果,向固化体中添加吸附黏合剂是一种有效可行的方法;向水泥固化体中添加一定量的活性炭,也可以明显提高稳定效果。

含油污泥的处理处置方法多种多样,各具有优势和不足之处,表 7.2 汇总了各种处理方法的优缺点,在实际应用中可以根据具体油泥的特性,针对性地选择不同的方法。

表 7.2 含油污泥主要处理方法比较

序号	处理方法	适用范围	优点	缺点
1	填埋处理	各类含油污泥	简单直接	占地大、环境污染严重
2	固化处理	含油量在 5%以上的污油泥	设备简单,处理费用低	需要添加材料量大,原油全部损失
3	溶剂萃取	含油量在 5%~10%中间污油泥	部分原油、溶剂回收	溶剂昂贵、能耗大

续表

序号	处理方法	适用范围	优点	缺点
4	生物处理	含油量较低的污油泥	无需化学试剂，能耗低，处理成本低	处理周期长，不能回收原油
5	焚烧处理	含油量在 5%以下的污油泥	能彻底消除有害有机物	不能回收原油，成本高，能耗大
6	热解处理	含水量不高、有机物质含量不高的污油泥	完全无机化，处理速度快，油泥处理彻底	原油部分损失，成本高，能耗大，易造成二次污染
7	热水洗涤	多种油泥	适应性强，可回收部分原油	处理后能达到含油量≤1%，但达不到≤0.3%的农用土壤指标
8	电化学处理	含油量低的污油泥，潮湿、不冻的土壤	能耗高，投资费用低	处理周期长，原油全部损失
9	调质-离心处理	多种油泥	适应性强，可回收绝大部分油	投资较大，处理后含油量达到≤5%，处理量难以达到设计要求
10	调质-焚烧处理	多种油泥	适应性强，可回收绝大部分油	处理后含油量能达到≤0.3%农用土壤排放要求指标

思 考 题

1. 简述油泥固化的机制。

2. 油泥絮凝的方法有哪些？彼此之间的絮凝机制有何区别？

3. 油泥的来源主要有哪些？简述不同来源油泥的特性差异。

4. 油泥对环境主要造成哪些危害？

5. 列表比较油泥焚烧处理与热解处理的优势与不足。

6. 油泥的蒸汽喷射处理与超临界水处理有何区别？

7. 简述油泥生物处理的工艺特点，分析其优势与不足。

8. 列举五种油泥处理的方法，指出其适用范围，比较相互之间的优势与不足，提出优势互补的组合方案。

第 8 章　能源行业废弃资源循环

内容提要与主要知识点

　　本章主要介绍新型能源和传统煤电行业固体废弃物的产生特点、污染特征和处理技术。要求了解光伏发电行业废弃物的种类、组成、污染特性和主要处理方法。认识风力发电行业废弃物的特殊性，了解报废叶片中复合材料的种类和组成特点，以及针对这些特点采取的处理方法，尤其应当关注热处理技术（包括焚烧、热解）和水泥窑协同处置技术。对于火力发电厂产生的粉煤灰，要求了解其组成和材料化利用的科学依据，理解粉煤灰制备碱激发材料和絮凝材料的理论基础，认识粉煤灰合成胶凝材料过程中的水化反应机理，掌握粉煤灰制备地聚合物、沸石分子筛、絮凝材料、功能涂料、功能陶瓷、白炭黑的方法，明晰不同材料合成过程中发生的主要化学反应和工艺过程，同时了解高铝粉煤灰提铝的主要方法和化学反应过程。了解燃煤电厂的主要脱硫方式，理解脱硫石膏改良盐碱地过程中土壤胶体的变化特征和土壤-根系界面的离子传输过程，掌握脱硫石膏在不同行业的材料化利用方法。

8.1　概　　述

　　能源行业的主要固体废弃物是燃煤电厂排放的粉煤灰、脱硫石膏、燃煤锅炉产生的锅炉渣以及太阳能、风能等新型能源行业产生的固体废弃物。

　　随着世界经济的快速发展，人们对能源的需求日益增加，促使世界各国积极开发太阳能、风能、氢能、核能、生物质能、海洋能等新型清洁能源，改变了长期依赖煤、石油、天然气等原生能源的格局。风能是人类认识并最先加以利用的新能源之一。风车技术在十六世纪从欧洲传入我国，推动了我国人民对风能的深层次认知并加以利用。风力发电技术在我国于 20 世纪 50 年代开始研究，并于 70 年代将风力发电商业化，随后引进丹麦、英国、德国、荷兰、美国、西班牙等欧美国家的大中型风力发电设备，大幅度推动了我国的风机制造技术，并于 90 年代实现了风力发电的大规模产业化应用。风力发电具有绿色、安全、无污染、可再生、技术难度中等、成本相对较低等优良特性，已经成为世界许多国家解决能源紧张、减少环境污染的首选，在荷兰等西方原生资源匮乏的国家已经成为电力供应的重要组成部分。

　　随着材料科学的发展和技术的进步，风力叶片的材质得到了大幅度提升，由早期发电量几千瓦时的木质、塑料、金属逐步过渡到具有轻质、高强、抗疲劳、耐磨损、耐腐蚀、减震性好、耐紫外线照射等优良性能的复合材料，推动了风力发电领域的跳跃式发展。目前，除部分小型叶片外，中大型风力叶片主流结构为"壳体-主梁-腹板型式"。我国从二十世纪九十年代起商业化应用的中大型复合材料叶片及其配套机舱罩、整流罩等，寿命一般为 20 多年，陆续将退役成废弃物，其材质一般为不能重复利用且有耐腐蚀性的热固性复合材料。

　　太阳能利用方面，1839 年法国科学家 Becqurel 发现光照能使半导体材料的不同部位之间产生电位差，这种现象后来被称为"光生伏打效应"。直到 1954 年，美国科学家首次制成了实用的单晶硅太阳能电池，预示着实用光伏发电技术的诞生。近年来，随着光致电材料和电路并网技术的快速发展，太阳能光伏发电技术在越来越多的领域得到了应用。光伏发电技术是利用硅光电池板的光生电子原理，直接将光子转换成电子的技术，具有资源丰富、绿色环保、分布广泛、容易获取等优势，是可再生能源发电领域的热点。

　　无论是风能发电还是太阳能发电，均会产生固体废弃物。风力发电机组设计使用寿命一般为 20～25 年，我国早期的装机机组已经进入报废年限，各类金属的回收利用很容易实现，但热固性复合材料的回收利用一直是困扰这类废弃物资源循环的难题。欧美国家均对复合材料废弃物的回收利用制定了相应的环保要求和标准，日本制定了多部有关玻璃钢回收利用的法令和政策。处理技术方面，美国和德国的物理粉碎法、日本的焚烧热能利用法较为成熟，瑞士在处理技术研究方面走在世界前列，究其原因主要是这些国家严厉的环保法规、配套的回收和税收政策，极大地促进了回收再利用技术的提高和商业化应用的推进。光伏发电系统的组件废弃后，处理不当会造成环境污染。并网逆变器整机的有效使用时间一般为 25 年左右，内部电容元件的使用寿命一般为 15 年左右，报废后污染物如果泄漏外溢，会造成环境污染；报废的铅酸蓄电池中含有铅、锑、镉、硫酸等有毒有害物质，对环境具有很大的危害性。我国的光伏发电系统多布置在边远地区，不便于大规模回收报废的光伏废弃部件，导致废弃物随意丢弃现象严重。2012 年 1 月，欧盟将光伏组件列为废弃电子设备，归属于废弃电气和电子设备四个类别之下。本书将光伏产业的储能设备放在电子废弃物中介绍，其他组件放在本章介绍。

　　火力发电厂产生的粉煤灰是我国主要的工业固体废弃物，粉煤灰是由晶体、玻璃体、少量未燃尽炭组成的复合结构混合体，大部分是非晶态玻璃体，约占粉煤灰总量的 50%～80%。粉煤灰的性质取决于煤种组成、颗粒度、燃烧方式、冷却过程等因素。目前国内外已经把粉煤灰广泛应用于建材、筑路、建工、回填、环保、化工、陶瓷、农业等诸多领域。资料显示，法国粉煤灰利用率为 75%，德国为 65%，英国为 46%，美国把粉煤灰列入矿物资源的第七位，排在矿渣、石灰与石膏之前。在我国，粉煤灰的研究和应用技术可以追溯到二十世纪五十年代，当时国家开展大规模经济建设，水泥供应十分紧张，被列入国拨物资严格管理，这种形势推动了粉煤灰在砌筑砂浆和抹灰砂浆中的规模化应用，后来又相继生产出了蒸养粉煤灰硅酸盐砌块。目前，我国粉煤灰的综合利用技术有二百余项，其中得到实施应用的有七十余项。

脱硫石膏在欧美等发达国家率先受到重视，得到了广泛的研发和应用，水平比较高的国家有德国、法国、瑞士、比利时、美国和日本。德国作为最早将脱硫石膏应用于石膏板生产的国家，其石膏基新型建筑材料的生产技术发展很快，脱硫石膏已经全部得到材料化利用。在德国，50%左右的脱硫石膏应用于建筑行业，产品主要包括胶凝性石膏墙板、水泥、地板衬里等，另有一部分用作替代高岭土和方解石生产纸的填料和涂胶料。美国的脱硫石膏主要用于生产石膏板，另有一部分用于水泥行业；在农业领域，美国将脱硫石膏作为土壤改良剂和硫肥使用。日本是世界上最早大规模应用脱硫装置的国家，每年排放接近 200 万 t 脱硫石膏，由于自然资源匮乏，日本对脱硫石膏的研究和应用非常重视，90%的脱硫石膏用作墙板原料和水泥添加剂，其余的用于石膏天花板、黏结剂及建筑熟石膏等制品；另外，日本将脱硫石膏与粉煤灰混合，添加少量石灰后形成烟灰材料，这种材料在凝结反应过程中会产生一定的强度，产品可以作为路基平整的砂土使用。

我国对脱硫石膏综合利用的研究始于二十世纪七十年代末，目前脱硫石膏主要用作水泥缓凝剂、建筑石膏、石膏砌块、纸面板石膏、粉刷石膏、硫酸钙晶须、硫酸铵肥料、改造盐碱地、辅助水泥加固软土地基用于道路建设等方面。另外，脱硫石膏经过改性后，可以用作脱硫吸附剂和重金属吸附剂，也可以用作重金属污染土壤修复的稳定剂，同时可以作为农业土壤的改良剂使用。

8.2　理　论　基　础

8.2.1　粉煤灰地聚合物反应机理

粉煤灰地聚合物的反应机理比较复杂，主要包括溶解、扩散、胶体生成与沉积四个过程：①粉煤灰中的铝硅酸盐矿物在强碱作用下溶解，主要是活性铝氧四面体和硅氧四面体溶解；②溶解的铝硅配合物由固体颗粒表面扩散到颗粒间隙中；③在碱硅酸盐溶液和铝硅配合物之间发生缩聚反应，体系开始凝胶化；④反应后期多余的水分逐渐被排除，凝胶相固结硬化形成地聚合物块体。在反应的初始阶段，溶液性质决定了反应的进行，而反应的中后期，碱溶液进入粉煤灰颗粒内部，反应的进行受到离子扩散迁移的控制。

8.2.2 粉煤灰絮凝剂絮凝沉降机理

利用粉煤灰制备的无机高分子絮凝剂，主要含有 Fe^{3+} 和 Al^{3+}，此外还含有少量的 Fe^{2+}、Ca^{2+}、Mg^{2+} 等成分，主要以 $Al_2(SO_4)_3$、$AlCl_3$、$Fe_2(SO_4)_3$、$FeCl_3$ 和 H_2SiO_3 等多种形式存在。①粉煤灰絮凝剂的投加，可以有效降低或消除水中悬浮胶粒的 ζ 电位，使颗粒凝聚沉降；②粉煤灰絮凝剂产生的水解物质中含有许多复杂的多核羟基配合物，可以吸附废水中悬浮的胶体杂质；③粉煤灰絮凝剂中的金属离子可以与水发生水解反应生成氢氧化物沉淀，网捕水体中胶体颗粒，从而发生共沉降；④粉煤灰絮凝剂中存在硅酸凝胶，能够对胶体颗粒起到吸附架桥的作用，促进凝聚沉淀。此外，经过一定工艺处理后的粉煤灰颗粒表面带有凹槽和孔洞，能够吸附水体中的脱稳胶粒，促进絮凝。粉煤灰絮凝剂混凝过程的作用机制如图 8.1 所示。

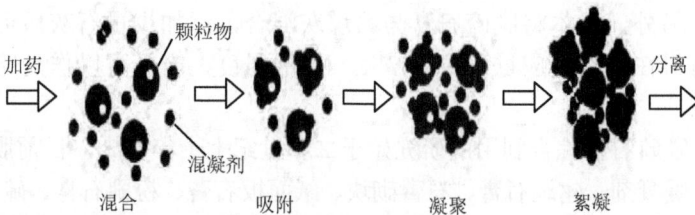

图 8.1 絮凝剂混凝过程的作用机理

8.2.3 粉煤灰的水化机理

粉煤灰不具备水凝性，但在 $Ca(OH)_2$、$CaSO_4 \cdot 2H_2O$ 等的激发下，可以显示出其潜在的胶凝性。经过激发，粉煤灰的早期化学活性主要来源于可溶出的 SiO_2 和 Al_2O_3，最终的潜在活性主要来源于玻璃体的解聚。粉煤灰具有致密的玻璃态结构和坚固的保护膜，因而具有低的火山灰活性，正因为如此，水泥厂用粉煤灰作混合材时掺量不宜太多。粉煤灰活性的石灰激发机理可用如下化学式表示：

$$mCaO + nH_2O + SiO_2 \longrightarrow mCaO \cdot SiO_2 \cdot nH_2O \tag{8-1}$$

$$mCaO + nH_2O + Al_2O_3 \longrightarrow mCaO \cdot Al_2O_3 \cdot nH_2O \tag{8-2}$$

粉煤灰中玻璃体的水化分为诱导期和反应期，在诱导期，玻璃体对碱离子进行物理吸附，在水化反应期，吸附在粉煤灰玻璃体表面的 Ca^{2+}、OH^- 侵蚀玻璃体的表面，同时由于表层玻璃体与水的作用也会有碱性离子析出，此时粉煤灰颗粒的包裹层与颗粒之间含有液相，其中的铝酸根离子、硅酸根离子、K^+、Na^+ 的浓度比包裹层外边的高，由此产生的渗透压使包裹层因膨胀而破裂，碱性溶液到达玻璃体表面，溶解硅酸铝成分，生成水化硅酸钙和水化铝酸钙，从而完成水化反应。

8.2.4　脱硫石膏改良盐碱地的机理

盐碱地的改良方法主要有物理法、化学法、水利法和生物法，实际操作方式是灌水洗盐、深耕晒垡、垄作、改土、使用土壤调理剂、种植抗盐耐盐植物等。在盐碱土壤中，黏粒会与腐殖质形成土壤胶体，这些胶体接触到 Na_2CO_3、$NaHCO_3$、$NaCl$ 时，会形成 Na^+ 基土壤胶体，这种胶体在土壤溶液中很容易分散在土壤孔隙中，形成不透水的结土层，大大影响盐碱土壤的通透性，影响植物生长。脱硫石膏改良盐碱地的机理主要发挥的是化学作用，石膏在土壤中遇水溶解会游离出 Ca^{2+}，替换土壤胶体上的 Na^+，替换后的胶体不易吸附水分子，可使胶体微粒间形成微粒团，此时，当水分子渗入微粒之间时会使微粒团膨胀，失水时微粒团则龟裂，这一过程的反复进行会使土壤疏松，透水性增强，有利于植物根系的伸长扩展，增强其吸水吸肥能力，从而达到盐碱土改良的目的。另外，脱硫石膏中还含有大量的微量元素和常量营养元素，可以改善土壤的肥力状况。

8.3　光伏产业废弃物循环利用

8.3.1　光伏废弃物的污染特性

光伏发电系统主要由光伏组件、蓄电池、控制器、阻塞二极管和辅助装置组成，其中光伏组件是光伏发电系统核心部分，由一定数量的太阳能电池组合而成，用于把太阳能直接转化成电能。按照材料，光伏电池可以分为硅基光伏电池、化合物光伏电池、聚合物光伏电池和纳米晶光伏电池。

光伏发电技术具有绿色环保和节约能源的特点，光伏组件主要由光伏电池阵列、蓄电池、逆变器和负载等几部分组成。光伏电站运行过程中对环境的污染具有自身的特点，主要包括太阳能电池板产生的视觉污染和光污染，同时还有逆变器运行产生的电磁噪声污染和电磁辐射污染，此外，电池板在生产、维修环节以及报废后也会产生高分子和重金属等污染物。

　　光伏系统废弃后对环境造成的污染主要来源于废弃铅酸蓄电池和荧光灯。目前光伏系统使用的铅酸蓄电池一般为非光伏系统专用设备，使用寿命较短。据调查，家用光伏蓄电池使用时间最长 12 个月，最短 3 个月，一般为 5～6 个月。报废后的铅酸蓄电池内含有铅、镉、硫酸，属于危险废弃物，其污染的严重性、长期性、隐蔽性往往被忽视。光伏系统使用的灯管寿命一般较短，此类灯管多采用稀土三基色荧光粉和液体汞，破碎后对环境污染严重。

8.3.2　光伏废弃物的处理

1. 废弃材料组件的处理

　　国外对材料组件的处理主要注重材料的分离回收，提出的方法包括热解法、有机溶剂溶解法、无机酸溶解法和化学蚀刻等。近年来，采用两种或多种方法联合处理以实现不同组分完整分离和回收的工艺备受关注，其中热处理与化学蚀刻相结合的方法应用较多。

　　国内对废弃光伏板的处理方法主要集中在两个方面，一是通过对电池板故障进行检修，将损坏的组件进行修复后再投入使用；二是对于难以修复的光伏板，采用机械分离的方式对电池板进行破碎，回收高分子等材料。

　　德国 Solarworld 公司对废弃光伏组件回收的工序是：首先使用半导体保护工艺在 600℃下对光伏废弃物中的塑料进行焚烧，残余的光伏电池、玻璃和金属用手工分离的方法进行分类回收，回收的硅被重新加工成晶片。该工艺可回收 90% 以上的玻璃，根据热解之前的破碎程度可回收 0%～98%完整程度的晶体硅，废弃物中厚度超过 200μm 晶片的回收率达到 97%以上。

2. 废弃石英坩埚资源的循环利用

　　废弃石英坩埚是太阳能光伏产业硅片生产过程中产生的副产品，是光伏产业中排放量最多的废弃物，其中石英的含量达到 99.5%以上。此外，在多晶硅片的生产过程中，用喷砂机对多晶铸锭环节生产的晶锭进行喷砂处理时，会产生超细磨料微粉，经过空气过滤器捕获收集，成为废弃物。

　　以废弃石英坩埚与废弃超细氧化铝磨料为原料，加入硫酸钠、硫酸钾后形成熔盐体系，在 1100℃条件下熔融后喷吹，可以制备莫来石晶须。制备的莫来石晶须具有耐高温、耐磨损、抗氧化等优良性能，同时还具有高温强度大、蠕变小、热膨胀较小和抗热震性好、力学性能优异的特点，是一种优异的复合材料增强体，可以大幅度提高金属、聚合物以及陶瓷基复合材料的综合性能。

8.4　风力发电废弃物循环利用

8.4.1　风力发电废弃物的产生

　　风力发电系统的主要废弃物是废弃叶片、储能电池、金属连接件、避雷系统等，其中叶片是主要的难处理废弃物，由热固性复合材料组成。废弃的复合材料叶片主要有两个来源：①生产环节产生的废弃物，主要包括预浸料剪裁边角料、成型树脂、增强材料、胶黏剂混合物余料、复合材料成型余料、切割飞边、成型用辅助材料、表面打磨粉尘等，同时还包括因质量问题、试验需要等而报废的部件、叶片；②使用环节产生的废弃物，主要包括使用过程中受损报废的叶片，以及使用寿命结束后报废的叶片和其他组件。

　　废弃叶片占风力发电废弃物的绝大部分，主要材质是玻璃纤维、聚酯、聚氨酯、环氧树脂、胶黏剂、表面涂料、PVC、PET、软木、竹质等夹芯材料、连接系统等。这些材料中，除金属件外，其余材质主要含有 Si、O、C、H、S、N、B、Al、Mg、Ca、Na 等元素。

8.4.2　风力发电废弃物的处理

　　风力发电机组中各类废弃金属的回收再利用已经比较成熟，但报废热固性复合材料叶片、机舱罩等的规模化处理，尚未得到很好解决。

1. 填埋处理

　　填埋处理简便易行且成本低廉，但环境效益堪忧，并且造成资源的浪费。如果将使用寿命结束的 100MW 风力发电机组的废弃叶片紧密堆放，约占地 2600m^2，这些废弃的高分子不能生物降解，堆放过程中会缓慢溶出有害污染物，对土壤和地下水造成污染。近年来的研究发现，风力发电废弃树脂原料中的苯乙烯溶出后，可以吸附在颗粒物表面，借助水生、陆生食物链形成环境激素类似物，人类食用后可能引起男子生殖能力下降，并加剧其女性化进程，还可能造成女性生殖系统癌变等严重后果。

2. 粉碎制备填料

　　风力发电叶片废弃物因产品重、体积大、强度高，不论采用何种方法处理，均应采用机械切割和冲击、剪切、挤压、摩擦、低温或湿式破碎等措施。首先去除叶片金属连接件、避雷系统、表面油漆等非复合材料类物质，然后切割成块状或长条状，根据是否含夹芯材料等进行废弃物分类，减容化压缩以便运输，随后进行粉碎和分离，作为填料使用。可以将直径≤2mm、纤维长度≤6mm 的粉料用于替代 $CaCO_3$ 制造平板、波型板及其他板材等；将尺寸≥2.5mm×2.5mm 的颗粒物替代石子用于水泥混凝土。但是，如果通过多次处理将其粉碎成超细颗粒粉料，用于替代超细 $CaCO_3$ 粉料，则其经济效益为负，而且会增加环境负荷，因此需要从能耗、效益等多方面综合评估。废弃风力发电叶片在进行粉碎处理前，应尽可能拆除金属部件，以防止细小粉碎操作时因金属部件碰撞产生火花，引起有机粉尘燃烧或爆炸，造成生产事故。

3. 热化学处理

热化学处理包括焚烧处理利用热能和热解处理制备生物质燃料。

（1）焚烧处理

将叶片废弃物按焚烧技术要求切割并破碎，经适当压缩后焚烧。焚烧时产生的 700～1300℃高温燃气可以加热锅炉水管形成蒸汽，然后进行发电或供热，焚烧产生的废烟气通过除尘系统净化后排放，焚烧残余物可以填埋或资源化利用。

（2）热解处理

在无氧或缺氧的环境中，将切割后的叶片废弃物在 400～1000℃的高温条件下进行处理，使有机高分子树脂分解成由烷烃、烯烃、合成气等组成的混合热解气和热解油，难分解的纤维、填料、金属件、焦炭等形成固体残渣，回收后进一步处理。热解处理时，产物的组成与热解温度密切相关，一般情况下，400～500℃条件下回收的热解产物以燃料油为主，600～1000℃条件下回收的热解产物以燃气为主。

4. 水泥窑协同处理

处理前需要将金属组件分离出来，然后将切割成一定大小的废弃叶片按一定比例与水泥生料混合后，送入窑炉煅烧。在窑炉内，叶片废弃物中的有机高分子树脂燃烧释放出热能，可以为烧结原料提供内热，其中的无机组分转化成水泥熟料的组成部分。处理过程中，叶片废弃物在窑炉内停留 1h 左右，可以实现完全燃烧，燃烧过程中叶片废弃物释放的气体与煤燃烧时基本相同，主要是 CO_2、NO_x、SO_x 等。

8.5　火力发电废弃物循环利用

8.5.1　粉煤灰的循环利用

1. 粉煤灰的分类

粉煤灰是煤粉经高温燃烧后形成的一种类似火山灰的混合材料，主要从烟气中捕集，一般产生于燃煤发电厂、金属冶炼厂、化工厂等。图 8.2 是从煤到粉煤灰的工艺过程。根据粉煤灰中 Si、Al、Ca 元素含量的不同，可将粉煤灰分为高钙粉煤灰、高铝粉煤灰和高硅粉煤灰等。根据锅炉炉型不同又可分为煤粉炉粉煤灰（简称 PC 灰）和循环流化床粉煤灰（简称 CFB 灰）。PC 灰是指粉煤在煤粉炉内 1200~1600℃高温下燃烧排出的灰，颗粒较小、多呈较规则的致密球状，活性较差；CFB 灰是指粉煤在循环流化床锅炉内 800~950℃温度下燃烧排出的灰，颗粒大且不规则，表面结构疏松，活性较好。根据含水率不同，可以分为湿灰、干灰和调湿灰。湿灰是经文丘里等湿式除尘器收集的粉煤灰，水分大于 30%；干灰是经旋风、多管、布袋、电除尘器等收集，水分小于 1%；调湿灰是干灰经喷水调整湿度形成，水分介于 10%~20% 之间。

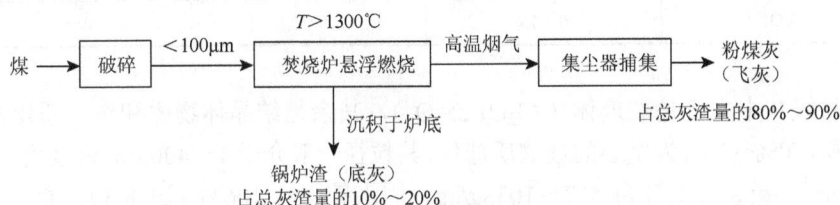

图 8.2　粉煤灰的产生过程

2. 粉煤灰的性质和成分

一般情况下，每消耗 4t 煤就会产生 1t 左右的粉煤灰。粉煤灰的组成与原料煤成分、粒度、锅炉工艺和生产条件有关，成分十分复杂，含有 Si、Al、Ca、Fe、Mg、Na、K、Ti、Mn、Cu、Zn、Pb、Cd、Hg、As、O、S、C、P、稀土元素等。这些成分主要以氧化物、硅酸盐、硫酸盐等各种化合物的形式存在，其中硅含量最高，其次是铝，以复杂的复盐形式存在，酸溶性较差。粉煤灰的矿物组成主要有钙长石、石英、莫来石、磁铁矿和黄铁矿及活性 SiO_2、Al_2O_3、f-CaO 以及少量的未燃煤等，这些碱性物质的存在使得灰渣具有较高的 pH 值。粉煤灰的组成主要为 SiO_2、Al_2O_3、Fe_2O_3、CaO，占比约 90%，同时还有少量的 MgO、MnO_2 和 SO_3 等。粉煤灰的主要化学成分见表 8.1，不同来源煤的粉煤灰组成见表 8.2。

表 8.1　粉煤灰的主要化学成分

主要成分	范围值（%）	主要成分	范围值（%）
SiO_2	20~60	MgO	0.3~4
Al_2O_3	10~35	TiO_2	0.5~2.6
Fe_2O_3	5~35	K_2O（Na_2O）	1~4
CaO	1~20	SO_3	0.1~1.2

表 8.2　不同煤源粉煤灰的化学组成（%）

组分	烟煤	次烟煤	褐煤
SiO_2	20～60	40～60	15～45
Al_2O_3	5～40	20～30	10～25
Fe_2O_3	10～40	4～10	4～15
CaO	1～12	5～30	15～40
MgO	0～5	1～6	3～10
SO_3	0～4	0～2	0～10
Na_2O	0～4	0～2	0～6
K_2O	0～3	0～4	0～4
LOI	0～15	0～3	0～5

粉煤灰中大多是玻璃体（$Al_2O_3 \cdot 2SiO_2$），其余是结晶体物质和炭。粉煤灰组织疏松，50%～70%为空心的玻璃质球体，其粒径一般介于 1～400μm，密度为 1.9～2.9g/cm³，最大吸水量为 417～1038g/kg，需水量比为 106%（表 8.3）。通常情况下，含碳量低时粉煤灰为灰色，含碳量高时粉煤灰呈黑色。

表 8.3　粉煤灰的物理性质

项目	范围	均值
密度（g/cm³）	1.9～2.9	2.1
堆积密度（g/cm³）	0.531～1.261	0.780
比表面积（cm²/g）（氧吸附法）	800～195000	34000
比表面积（cm²/g）（透气法）	1180～6530	3300
原灰标准稠度/%	27.3～66.7	48.0
需水量比/%	89～130	106
28d 抗压强度比/%	37～85	66

粉煤灰的化学组成与物相形态与原煤产地、煤种、燃烧方式等因素关系密切，我国不同地区产生的粉煤灰性质存在较大的差别，有些很具地方和区域特色。内蒙古准格尔粉煤灰中 Al_2O_3 含量达到 45%以上，内蒙古通辽粉煤灰中 SiO_2 含量高达 60%，辽宁辽阳粉煤灰中 CaO 的含量超过 35%。高铝粉煤灰是我国中西部发现的一种特殊类型的粉煤灰，相当于中等品位铝土矿中 Al_2O_3 的含量，具有重要的回收利用价值。

3. 粉煤灰的材料化利用

我国对粉煤灰综合利用的途径十分广泛，并发展了一批专业的粉煤灰综合利用企业，粉煤灰综合利用率已超过了美国等部分发达国家。目前，粉煤灰的应用主要包括建筑材料（水泥、混凝土、免烧砖、加气砌块等）、路面材料、工程应用、农业生产、化工和环境领域、矿井回填以及高附加值产品再生等，我国粉煤灰在建筑和建材方面的应用占全部利用的 70%～90%。

（1）粉煤灰制备碱激发胶凝材料

碱激发胶凝材料是指具有潜在活性的原料在碱性激发剂作用下产生的具有水硬活性的一类胶凝材料。1940 年，比利时的科学家以矿渣为原料，以氢氧化钠或碱金属盐为激发剂首次制备了无熟料水泥。

碱激发胶凝材料的原料按含钙量的不同，可分为高钙硅铝酸盐材料（矿渣等）和低钙硅铝酸盐材料（粉煤灰、高岭土等）。研究表明，水玻璃与碱的复合激发剂对粉煤灰激发效果最好。另外，磨细后粉煤灰活性会大幅度提高，利用磨细粉煤灰制备的碱激发混凝土强度相当于未磨粉煤灰两倍左右。碱激发粉煤灰混凝土的强度与 SiO_2、Al_2O_3 的含量呈正相关，另外，添加的 CaO 有助于提高碱激发粉煤灰混凝土的力学强度，但是 CaO 会缩短浆体凝结时间，甚至会出现瞬凝，对混凝土的后期强度发展造成不利影响。迄今低钙粉煤灰已经广泛应用于粉煤灰混凝土的生产，但是由于高钙粉煤灰含有较多的游离氧化钙（f-CaO），作为掺合料会影响混凝土的稳定性，作为碱激发材料，浆体容易闪凝，不易成型。

（2）粉煤灰制备地质聚合物材料

地质聚合物（geopolymer）又称地聚合物，由法国科学家 Davidovits 于 1978 年首次利用活性低钙 Si-Al 质材料与高碱溶液反应制备出来。地聚合物是硅铝质无机原料通过激发和矿物聚缩而形成，它是一种以硅铝四面体为单元的无定形三维网络无机凝胶体，主体框架由硅氧四面体和铝氧四面体构成，碱金属离子填充于空隙中，其连接结构以离子键和共价键为主，范德华力和氢键为辅。地聚合物兼有陶瓷、水泥、高分子材料的特点，其力学性能、耐久性、耐化学腐蚀、耐高温和环境友好性均比较优异，同时又具备高强度、高韧性、防火、固封重金属等优异性能，在耐火隔热材料和建筑材料制备、重金属固化和核废料固封、废弃物处理和航空航天材料制备等诸多领域均具有较广阔的应用前景。

偏高岭土、钢渣、粉煤灰、硅灰、沸石等天然硅铝酸盐矿物或工业固体废弃物都可作为合成地聚合物的原材料。根据地聚合反应中所使用激发剂种类的不同，可以分为碱激发型、酸激发型和盐激发型地聚合物。常用的碱激发剂有氢氧化钠、氢氧化钾、氢氧化锂、水玻璃，酸激发剂一般使用磷酸，盐激发剂有硅酸盐、铝酸盐、硫酸盐、氟化物等。研究表明,单一激发剂活性按以下顺序逐渐增大:K_2CO_3,Na_2CO_3,LiOH,KOH,NaOH,Na_2SiO_3。

粉煤灰自身的组成和结构与天然铝硅原材料相似,因而可以作为制备地聚合物的原材料。粉煤灰通常可分为高钙灰(C级)和低钙灰(F级),我国所产大部分为低钙粉煤灰,其中的玻璃体网络结构较完整,适合作为地聚合物的原料。粉煤灰中的活性硅含量、玻璃体含量和粒径分布是影响其活性的关键参数。利用粉煤灰制备的地聚合物在微结构上与煅烧高岭土相似,其中的重金属等有害组分在地聚合物的制备过程中会得到一定程度的固定,提高了其环境安全性。

粉煤灰基地聚合物材料具有原材料来源丰富并且价格低廉、界面结合力强、产品强度高的特点。但是,这类地聚物混凝土的黏聚性较强,会给施工带来一定难度。

(3)粉煤灰合成沸石分子筛

沸石分子筛是一类具有晶体结构的硅铝酸盐,主要由硅氧四面体[SiO_4]和铝氧四面体[AlO_4]构成分子筛的结构单元,通过中间氧原子形成的氧桥以共顶角方式连接形成各种骨架结构,并在骨架中形成许多规则的孔道和晶穴。沸石分子筛具有独特的孔道结构和较高的阳离子交换能力,在吸附、催化、分离、污水处理、气体净化等多个领域有着广泛的应用。分子筛根据孔径大小可分为微孔分子筛(孔径<2nm)、介孔分子筛(孔径为2~50nm)和大孔分子筛(孔径>50nm),根据其结构以及成分比例不同可分为A型、X型、Y型和丝光沸石等。

粉煤灰的主要成分是氧化硅、氧化铝,因此可以用来合成分子筛。粉煤灰制备沸石的方法主要是水热合成法,包括常规水热法、两步水热法、碱熔融水热法、微波水热法、渗析水热法等。

(4)粉煤灰制备功能涂料

粉煤灰可以用于制备陶瓷涂料,主要利用其中的硅铝酸盐成分,制备的产品包括陶瓷涂层、地聚物涂层、泡沫陶瓷等,可以应用于各类基材从而提高涂层的耐磨性、耐腐蚀性。另外,充当填料时可经过简单的改性直接添加,也可以通过表面处理后得到功能化粉煤灰再添加,制备功能涂料。

(5)粉煤灰絮凝剂的制备方法

利用粉煤灰制备的高分子絮凝剂主要有:聚合氯化铝、聚合氯化铁、聚合硫酸铝、聚合硫酸铁、聚硅酸铝铁等,其中聚合氯化铝应用最广泛。以粉煤灰为主要原材料制备聚合氯化铝时,首先需要利用F^-或Cl^-打开Al—Si键,破坏粉煤灰的矿物玻璃体结构,从而提高氧化铝的溶出率,然后将得到的含铝溶液进行固液分离,再利用碱中和生成氢氧化铝,最后再与氯化铝发生聚合反应,得到聚合氯化铝溶液。

(6)粉煤灰制备功能陶瓷

粉煤灰中含有石英、钙长石、硅灰石、方解石、赤铁矿、磁铁矿、铝硅酸盐、莫来石等矿物多相集合体，并且其主要化学成分 SiO_2、Al_2O_3、Fe_2O_3 等与制备陶瓷的原材料黏土、石英砂、偏高岭土等接近，因此，可以根据不同主晶相的氧化物比例系数而添加或除去粉煤灰中的氧化物，制备粉煤灰无机陶瓷材料。粉煤灰中的有些金属氧化物是良好的烧结助剂，能够与其他成分形成固溶体或在高温下产生液相，从而降低烧结温度。

利用粉煤灰为主要原料合成无机陶瓷材料是一个较为复杂的理化反应过程，整个工艺过程能耗大、成本高、技术路线复杂、产品质量不稳定，导致粉煤灰基陶瓷材料的工业化应用水平不高。另外，不同地区煤种成分存在一定的差异，且所含杂质差别较大，使得粉煤灰制备出单一晶相无机陶瓷材料的工艺难度加大，同时，粉煤灰的运输以及加工成本较高，导致粉煤灰陶瓷材料的价格居高不下，这些因素均在较大程度上限制了粉煤灰基陶瓷产品的推广与使用。粉煤灰陶瓷与前面提到的地聚合物的主要区别见表 8.4。

表 8.4　地聚合物与粉煤灰陶瓷的差异

	粉煤灰陶瓷	地聚合物
添加原料	原料粉体多为晶态	原料为亚稳的无定形态与玻璃态
形成过程	高温激发的物理、化学过程	较低温度下的化学反应
产物相组织	较为纯净的晶相	复杂的多晶、多相聚集体，包含晶态、玻璃态、胶凝态、气孔等

（7）粉煤灰制备白炭黑

白炭黑俗称水合二氧化硅，是一种无毒、无定形的白色粉状硅酸产品，表面含有较多羟基，易与有机物键合，主要用于塑料、橡胶、乳胶、纺织、造纸、皮革、农药、医药、涂料、合成树脂、食品、饲料、牙膏、化妆品、日用化工等行业。在塑料工业中，白炭黑能赋予制品以低的吸水性和良好的介电性能。

粉煤灰中的 SiO_2 含量大都在 40%以上，利用粉煤灰可以制备活性白炭黑和沉淀白炭黑。反应式如下：

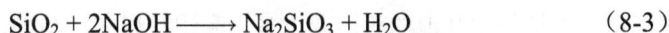

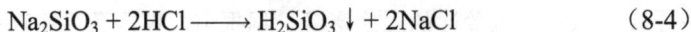

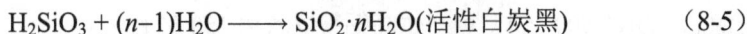

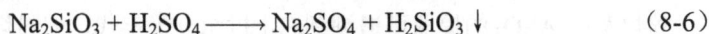

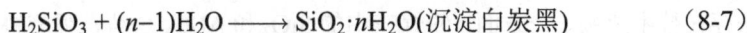

$$SiO_2 + 2NaOH \longrightarrow Na_2SiO_3 + H_2O \tag{8-3}$$

$$Na_2SiO_3 + 2HCl \longrightarrow H_2SiO_3 \downarrow + 2NaCl \tag{8-4}$$

$$H_2SiO_3 + (n-1)H_2O \longrightarrow SiO_2 \cdot nH_2O(活性白炭黑) \tag{8-5}$$

$$Na_2SiO_3 + H_2SO_4 \longrightarrow Na_2SO_4 + H_2SiO_3 \downarrow \tag{8-6}$$

$$H_2SiO_3 + (n-1)H_2O \longrightarrow SiO_2 \cdot nH_2O(沉淀白炭黑) \tag{8-7}$$

活性白炭黑与沉淀白炭黑在化学组成上一样，但是，活性白炭黑的性能更为优越，它是一种超细、具有高度表面活性的 SiO_2 微粉，比表面积为沉淀白炭黑的 4～5 倍，粒径一般不超过 0.05μm，是透明和彩色胶制品中不可缺少的材料。沉淀白炭黑外观呈白色，相对密度为 2.0～2.6，熔点 1750℃，折光率 1.46，粒径 10～25μm，含水率小于 2%，是一种较理想的补强填充剂。

利用粉煤灰作硅源制备白炭黑的方法主要有沉淀法、碳分法和气相法，其核心是将二氧化硅与其他组分分离和纯化。图 8.3 是粉煤灰合成不同种类白炭黑的工艺流程图。

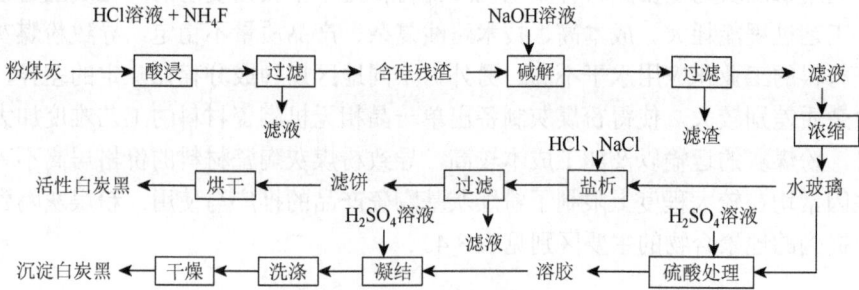

图 8.3　粉煤灰合成不同种类白炭黑的工艺流程图

（8）粉煤灰用作水泥掺料

煤粉经高温燃烧后，粉煤灰中硅、铝、钙等氧化物具有反应活性，其性质与黏土类似，因此常被用作水泥配料以减少水泥的使用量。各国均制定了粉煤灰掺入水泥的标准，一般为 20%～40%，过量掺入会降低水泥的强度。粉煤灰掺入水泥的主要方式有两种：一是预先将粗粉煤灰磨细后掺入水泥熟料，二是粗粉煤灰直接掺入水泥熟料后共磨，这样可以更好地保证水泥的质量。粉煤灰水泥的优点主要包括早期强度低、后期强度增长快、缓凝性能好、耐硫酸盐腐蚀等，尤其适用于大体积混凝土、水工建筑、海港工程等。

4. 粉煤灰中有价资源的提取回收

高铝粉煤灰占我国粉煤灰排放总量的 30%左右，Al_2O_3 在粉煤灰中的含量一般为 15%～50%，有些达到 50%以上。我国内蒙古鄂尔多斯地区、山西北部、宁夏东部等大型能源基地的粉煤灰大多为高铝粉煤灰，Al_2O_3 含量高达 40%～58%，是提取 Al_2O_3 重点关注的二次资源。据报道，仅内蒙古中西部地区煤铝共生矿产资源总量超过 500 亿 t，可产生高铝粉煤灰达 150 亿 t。

粉煤灰中 Al_2O_3 的提取可追溯到二十世纪五十年代，但粉煤灰提取 Al_2O_3 的方法存在技术瓶颈。一方面，粉煤灰中的 SiO_2 和 Al_2O_3 是结合强度较高的玻璃体，部分 Al_2O_3 以莫来石、刚玉等形式存在，Al—Si 键结合牢固，性质稳定，活性很低，常规条件下不与酸碱反应，难以提取其中的铝资源，成为提取铝资源的一个技术难点。另外，粉煤灰中含有大量的 SiO_2，Si/Al 高，一般在 1.0～1.5 之间，无法采用

目前 Al_2O_3 行业主流的拜耳法或烧结法生产技术，同时，提取 Al_2O_3 过程中需加入大量脱硅剂，存在工艺能耗高、反应条件较为苛刻、脱硅渣产生量大等问题。

　　从粉煤灰中提取氧化铝的工艺主要有碱溶法、酸浸法、碱烧结-酸浸出联合法、水热活化法等。碱溶法包括碱式焙烧法和浓碱溶出法，碱式焙烧法包括烧结、浸出、脱硅和碳化几个步骤，浓碱溶出法是用高浓度的 NaOH 溶液在高压釜中高温下与粉煤灰直接反应。酸浸法主要利用强酸浸取粉煤灰，提取玻璃相中的铝，再经过滤、分离、浓缩、结晶、煅烧等工艺即得到 Al_2O_3 产品，该过程中硅不与酸反应，以渣的形式去除。碱煅烧-酸浸出联合法是将粉煤灰用 Na_2CO_3 高温焙烧熔融，使粉煤灰中的 Si-Al 物相发生转化，形成酸溶性霞石相，再用强酸溶解。水热活化法是将粉煤灰和 Na_2CO_3 混合煅烧活化后，加入适量的氧化钙及氢氧化钠溶液进行高压水热反应，然后经过蒸发结晶、再溶解、煅烧等步骤得到 Al_2O_3。图 8.4 是一步酸溶法提取氧化铝的工艺流程图。

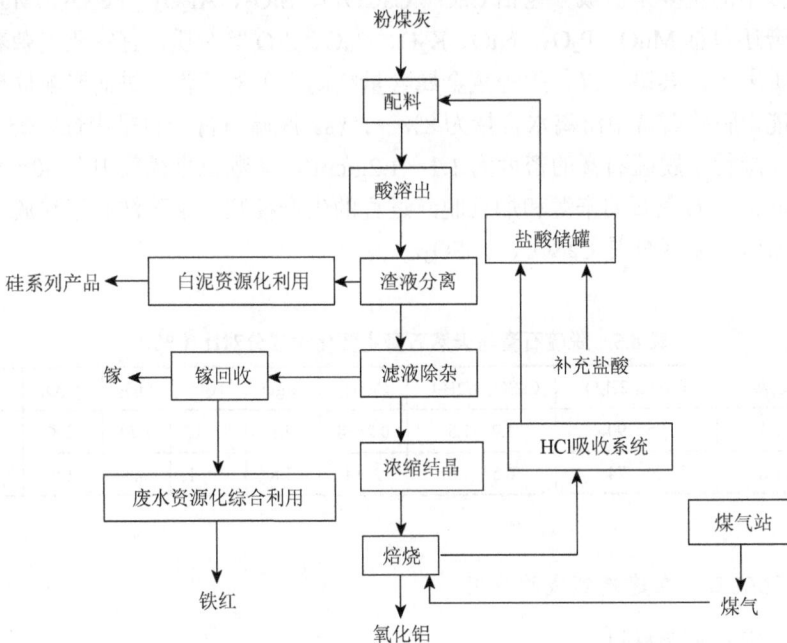

图 8.4　一步酸溶法提取氧化铝的工艺流程图

8.5.2　脱硫石膏的循环利用

1. 脱硫石膏的产生与性质

脱硫是燃煤电厂烟气净化的重要组成部分，一般分为湿法、干法和半干法。

石灰石湿法脱硫工艺技术成熟、成本低、脱硫效率高、运行稳定，是我国各大电厂普遍采用的工艺。脱硫石膏是脱硫过程中产生的副产物，在脱硫浆液对烧结烟气进行洗涤的过程中，其中的钙可以与烟气中的 SO_2 反应生成亚硫酸钙，然后通过强制氧化将亚硫酸钙氧化成 $CaSO_4 \cdot 2H_2O$。

其反应式如下：

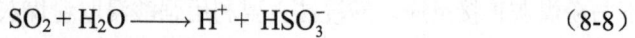

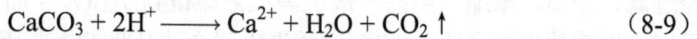

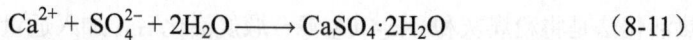

$$SO_2 + H_2O \longrightarrow H^+ + HSO_3^- \tag{8-8}$$

$$CaCO_3 + 2H^+ \longrightarrow Ca^{2+} + H_2O + CO_2 \uparrow \tag{8-9}$$

$$2HSO_3^- + O_2 \longrightarrow 2H^+ + 2SO_4^{2-} \tag{8-10}$$

$$Ca^{2+} + SO_4^{2-} + 2H_2O \longrightarrow CaSO_4 \cdot 2H_2O \tag{8-11}$$

湿法脱硫得到的脱硫石膏主要成分与天然石膏相同（表 8.5），均为 $CaSO_4 \cdot 2H_2O$，天然石膏中含量一般为 70%～74%，而脱硫石膏中的含量接近 90%。脱硫石膏中的主要杂质成分包括 CaO（$CaCO_3$）、SiO_2、Al_2O_3、Fe_2O_3、MgO 等，部分石膏还包括 MnO、P_2O_5、NiO、K_2O、CuO、SrO 等杂质，有些还夹杂着 Cl^-、F^- 等杂质离子，其铅、锌、汞等重金属含量略高于天然石膏，进而影响脱硫石膏制品性能。脱硫石膏中游离水含量为 8%～15%。脱硫石膏一般呈中性，是一种粉状材料，湿粉状脱硫石膏的密度为 $1.1～1.2g/cm^3$，其颗粒直径集中在 $30～60\mu m$，其品质取决于石灰石的来源和烟气脱硫过程的生产控制。半干法和干法脱硫得到的脱硫石膏主要成分是 $CaSO_4$、$CaSO_3$。

表 8.5　脱硫石膏与天然石膏主要化学成分对比（%）

化学组成	$CaSO_4 \cdot 2H_2O$	$CaSO_4 \cdot 1/2H_2O$	$CaSO_3$	MgO	H_2O	SiO_2	Al_2O_3	Fe_2O_3
脱硫石膏	85～90	1.2～1.5	0.2～8	0.8	8～15	1.20	2.8	0.6
天然石膏	70～74	0.5～1.0	2～4	3.8	3～4	3.5	1.0	0.3

2. 脱硫石膏在建筑领域的应用

（1）用作水泥材料

脱硫石膏与天然石膏的成分接近，降低其含水率后就可以作为水泥缓凝剂使用，其缓凝机制主要是通过 $CaSO_4$ 与水泥中的 C3A 反应形成缓凝效果。

（2）用作建筑石膏

脱硫石膏应用于建筑行业时，首先需要进行煅烧处理，通过煅烧使二水硫酸钙脱去结晶水生成半水石膏或无水石膏，其中的半水石膏具有水化活性，利用这种特性可以制备各种石膏制品，包括石膏砌块、纸面石膏板、模具石膏等，其中生产纸面石膏板具有较大的优势。半水石膏分为 α 型和 β 型两种，用蒸压釜在饱和蒸汽介质中蒸炼而成的是 α 型半水石膏，也称高强石膏；用回转窑、沸腾炉或炒锅敞开装置在 150～200℃煅炼而成的是 β 型半水石膏，即建筑石膏。

（3）制备硫酸钙晶须

硫酸钙晶须（calcium sulfate whisker，CSW）是一种以石膏为主要原料，通过控制条件使其以单晶形式生长的具有外形完整、横截面均匀、内部结构完善、尺寸稳定等特征的细小纤维状单晶体。硫酸钙晶须原子高度有序，不含有一般晶体材料中存在的晶界、位错和空穴等缺陷，其断裂强度、抗张强度和弹性模量高，纤维坚韧，具有优异的力学性能。以硫酸钙晶须为原料生产的制品成型收缩率小、尺寸稳定性高、耐高温、耐酸碱、耐磨耗、抗化学腐蚀、抗红外线、重复使用性好。硫酸钙晶须的性能指标如表 8.6 所示。

表 8.6　硫酸钙晶须性能指标

项目	指标	项目	指标
平均直径	1～8μm	平均长度	30～200μm
平均长径比	100～200	$CaSO_4$ 含量	≥98%
白度	≥98%	熔点	1450℃
折光指数	1.585	水溶性（22℃）	<1200ppm[①]
密度	2.69g/cm³	松散密度	0.1～0.4g/cm³
抗张强度	20.5 GPa	拉伸模量	178 GPa
莫氏硬度	3～4	pH 值	6～8

注：①ppm 为 10^{-6}。

然而，由于硫酸钙晶须的高能亲水表面与聚合物的低能量疏水表面不相容，所以对脱硫石膏基硫酸钙晶须的表面改性是提高其在有机材料中的分散性的必要步骤。研究发现，表面活性剂对硫酸钙晶须的疏水性具有良好的改性作用，其中硬脂酸钠的改性效果较好，在改性过程中会产生物理和化学吸收，其中化学吸收会优先发生在硫酸钙晶须表面。

水热法是制备硫酸钙晶须的主要方法，首先将质量分数小于 2%的二水硫酸钙悬浮液加入反应釜，通入饱和蒸汽，然后通过调控温度和压力，使二水硫酸钙转变为细小针状的半水硫酸钙晶须。此外，以脱硫石膏为原料、十二烷基磺酸钠为转晶剂，在水热条件下可以制备性能优异的微米级 α-半水硫酸钙晶须。

脱硫石膏在建材领域的应用中存在的问题包括：①由于脱硫石膏含水率比较高，容易黏附在生产设备上造成堵塞；②脱硫石膏在生产中会带入飞灰、亚硫酸钙、碳酸钙等可溶性盐，影响其缓凝效果。

3. 脱硫石膏在农业领域的应用

脱硫石膏在农业上的应用主要是作为化学改良剂，对酸性土壤和碱性土壤都具有一定的改良效果。脱硫石膏改良土壤的机制主要是其中的硫酸钙、亚硫酸钙发挥作用，降低土壤的碱化度、总碱度和 pH 值，另外其中含有的锶、钙、硅等可以作为植物的营养元素，从而提高农作物的出苗率和产量。

思　考　题

1. 能源行业的固体废弃物主要有哪些种类？举例说明各自的来源。
2. 利用粉煤灰可以制备哪些碱激发胶凝材料？简要阐述各自的反应机理。
3. 脱硫石膏改良盐碱地的机理是什么？
4. 光伏废弃物主要由哪些部件组成？主要处理方式是什么？
5. 光伏发电系统的电池主要有哪些？废弃后会对环境造成哪些危害？
6. 风力发电废弃物主要由哪些部件组成？主要处理方式是什么？
7. 何谓地聚合物？主要分为哪些类型？
8. 何谓沸石分子筛？利用粉煤灰可以合成哪些类型的沸石分子筛？
9. 何谓白炭黑？粉煤灰合成白炭黑过程中主要利用了其中的哪些成分？写出白炭黑制备工艺的化学反应式。
10. 简述活性白炭黑与沉淀白炭黑的区别，它们分别适合应用于哪些领域？
11. 从粉煤灰中提取氧化铝的方法有哪些？简述各自的理论基础。
12. 简述脱硫石膏在建筑行业的应用方式。

第9章 矿产行业废弃资源循环

内容提要与主要知识点

本章主要介绍矿业固体废弃物产生、性质、分类、组成和危害，分析矿业固体废弃物循环利用的基础科学理论，介绍煤矸石与尾矿循环利用的基本工艺与最新进展。要求了解矿业固体废弃物用于固碳、回填利用、再选、制备建筑材料、修复土壤重金属污染等的原理，认识不同种类矿业固体废弃物的来源、分类与特性，了解矿业固体废弃物对周边生态环境的危害，能够在区分不同种类矿业固体废弃物物理化学组成与特性差异的基础上，选择合适的矿业固体废弃物处理与循环利用方法。

9.1 概　　述

矿业固体废弃物是指在矿山开采活动中产生的废石以及在选矿加工过程中排放的尾矿或废渣。矿产资源不仅为人类生产活动提供能源保障，也为各类工业活动提供矿石原料，是人类赖以生存和发展的基本条件。矿产资源大量开采导致我国矿业固体废弃物排放量逐年激增。根据历年中国环境统计年报统计，我国每年工业固体废弃物的产生量超过 30 亿 t，其中尾矿接近 10 亿 t，煤矸石、粉煤灰、冶炼废渣、炉渣均超过 3 亿 t。矿业固体废弃物在总工业固体废弃物中占据较大比重，但矿业固体废弃物的综合利用率较低。

产量巨大的矿业固体废弃物不仅占用大量宝贵土地资源，而且其中含有多种重金属元素或放射性物质，会对堆场周边生态环境产生严重威胁。随着选矿技术的不断进步以及国家对固体废弃物循环利用政策的有力支持，矿业固体废弃物再利用价值日益凸显。对矿业固体废弃物进行资源化利用对于缓解我国矿产资源供需紧张，改善人类生态环境，促进经济增长方式转变均具有重要意义。

不断改进提升采选矿技术，从源头上大幅降低矿业固体废弃物的产生量，是解决矿业固体废弃物最为有效的方法。但是在采选矿过程中难以避免产生大量矿业固体废弃物，将矿业固体废弃物转化为具有较高利用价值的产品，则是矿业固体废弃物最佳消纳途径。过去矿业固体废弃物多作为矿井填充材料或者建筑材料简单利用。但历经多年发展，人们不断挖掘提升矿业固体废弃物的回收利用价值，根据矿业固体废弃物的矿物种类与化学组成差异，通过尾矿再选、稀有元素提取、精细加工、生态修复等方式充分开发矿业固体废弃物利用价值。尤其在国家政策的大力扶持下，我国矿业固体废弃物已然由"废"变宝，逐渐成为宝贵的二次资源。

9.2　理论基础

9.2.1　尾矿固碳原理

尾矿中的一些矿物可通过碳化作用吸收空气中的二氧化碳，并转化成菱镁矿、方解石等碳酸盐矿物，从而实现尾矿固碳的目的。二氧化碳的封存原理是二氧化碳与硅酸盐反应，生成热力学稳定的固体碳酸盐，其反应如下：

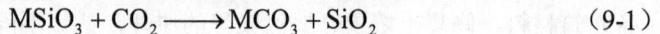

$$MSiO_3 + CO_2 \longrightarrow MCO_3 + SiO_2 \tag{9-1}$$

其中：M^{2+}是硅酸盐矿物中的二价阳离子，如 Fe^{2+}、Mg^{2+}和 Ca^{2+}；MCO_3是 M 元素的碳酸盐。二氧化碳在反应式（9-1）中转化为碳酸盐，它不会随地质时间尺度释放到大气中。镁铁质矿物（如橄榄石、蛇纹石和辉石）的结构中含有二价钙、镁或铁，其中橄榄石$[(Mg, Fe)_2SiO_4]$被认为是理想的碳酸化矿物。橄榄石在自然界中含量丰富，广泛分布在镁铁质和超镁铁质环境（如玄武岩、橄榄岩）中，而且橄榄石也是溶解速度最快的硅酸盐之一。在碳化过程中，含有铁和镁的橄榄石可以形成含铁菱镁矿，反应式如下：

$$(Mg, Fe)_2SiO_4(s) + CO_2(aq) \longrightarrow (Mg, Fe)CO_3(s) + SiO_2(aq) \tag{9-2}$$

9.2.2　回填利用原理

利用矿业固体废弃物对矿山采空区进行填充，使填充物与采空区矿物发生作用，改变采空区应力分布，预防和减轻地表沉降和塌陷。回填材料一般由破碎的煤矸石、尾矿、粉煤灰、水泥等构成泥浆，然后输送到采空区进行回填。回填泥浆的高含水量，有利于泥浆的输送，但是会影响到回填材料的机械强度和耐久性。因此可以通过添加增塑剂（木质素磺酸盐、萘磺酸盐、聚羧酸基增塑剂等）降低泥浆中水的添加量；也可以通过热活化的方法提高煤矸石的凝硬性与流动性，进而提高煤矸石回填材料的强度。煤矸石自身也有一定吸附性能，能够吸附矿井废水中的重金属离子。除此之外矿业固体废弃物也可以用于路基、低洼地的充填以及煤矿塌陷区复垦等方面。

9.2.3　尾矿再选原理

尾矿中有价矿物回收需要根据不同元素的回收特性进行有针对性的分选。要先查明再选尾矿中各种元素组成、矿物组成以及尾矿粒级组成等特征，之后根据尾矿实际特征确定最佳分选回收工艺流程和设备。尾矿再选可采用重力分选、磁力分选、浮力分选、螺旋分选、生物氧化、溶剂萃取-电积法、浸提技术、化学试剂或生物浸出法、磁化焙烧等方法或结合化学试剂（包括捕收剂、抑制剂、活化剂、改性剂和起泡剂）进行再选回收。

9.2.4　矿业固体废弃物制备建筑材料原理

矿业固体废弃物大多属于铝硅酸盐类材料，其成分与普通黏土矿物接近，因此矿业固体废弃物可以替代黏土制备烧结砖、微晶玻璃、水泥、陶粒、地聚合物等建筑材料。矿业固体废弃物中含有多种黏土矿物，经过一定活化处理后，其中所含矿物质会发生重组和活化，可以作为水泥和混凝土的活性掺料。有些矿业固体废弃物（如煤矸石）自身也含有一定热值，在烧制建筑材料过程中可以节约一部分燃料。

9.2.5　矿业固体废弃物修复土壤重金属污染原理

一些以磷酸盐和碳酸盐为主的矿业固体废弃物可用于修复土壤重金属污染。这些矿业固体废弃物作为修复添加剂治理重金属污染时，其中的磷酸盐和碳酸盐可通过吸附作用、离子交换作用或者与重金属离子的沉淀作用来改变重金属在土壤-植物系统中的形态，以此降低重金属的生物有效性或毒性。

9.3　矿业固体废弃物的性质与危害

9.3.1　矿业固体废弃物的来源与分类

采矿是将可利用的矿物从地壳中开采出来并运输到矿物加工地点的行为、过程或者工作。在矿产资源开采、运输或加工等过程中均会产生大量矿业固体废弃物。根据矿业固体废弃物来源、产因和主要成分的不同可将矿业固体废弃物划分为废石、煤矸石和尾矿三大类。

1. 废石

废石为矿山开采过程中剥离出的无工业价值的岩土物料。在露天采矿中主要为剥离矿床表面的围岩和夹石；在坑采矿中主要包括坑道掘进和采场爆破开采时分离出来不能作为矿石的岩石。不同矿山开采活动产生的废石量也存在较大差异。我国露天矿山中冶金矿山的采剥比为 1∶2～1∶4；有色矿山采剥比为 1∶2～1∶8，最高达 1∶14；黄金矿山的采剥比高达 1∶10～1∶14。

2. 煤矸石

煤矸石是煤炭开采、洗选加工过程中产生和分离出来的固体废弃物。煤矸石产量一般占原煤产量的 15%～20%，已成为我国产量最大、占用堆积场地最多的矿业固体废弃物。鉴于煤矸石在成分、环境毒害性和利用途径等方面与普通废石存在明显差异，故本章专门将煤矸石单独列为一类矿业固体废弃物。

3. 尾矿

尾矿指在选矿加工过程中排放的固体废弃物。一般情况下从地下开采出的矿石同时含有有用矿物和无用矿物，通常需要通过一定选矿工艺将有用矿物和无用矿物（通常称为脉石）或有害矿物分开，从而提高矿物原料的品位，降低运输和后续处理费用。我国尾矿年排放量达 15 亿 t 以上，尾矿堆存总量约为 146 亿 t。

另外，按照开采矿产种类的不同还可以将矿业固体废弃物分为：能源矿业固体废弃物（包括固态的煤、油页岩、铀、钍、天然沥青；液态的石油；气态的天然气、煤层气、页岩气等开采过程中产生的固废）、金属矿产矿业固体废弃物（铜、铁、金、铅、锌等）和非金属矿产矿业固体废弃物（金刚石、水晶、冰洲石、硼、电气石、云母、黄玉、刚玉等）。

2000 年欧盟委员会颁布了欧盟废弃物名录，其中有关矿业固体废弃物的分类采用一大类、四中类的分类模式（表 9.1），将矿业固体废弃物分为矿石采选产生的废弃物、金属矿石物理化学加工产生的废弃物、非金属矿石物理化学加工产生的废弃物、钻探泥浆及其他钻探废弃物。因为我国矿山环境保护工作起步较晚，目前还没有对矿业固体废弃物进行系统的分类分级研究。

表 9.1　欧盟有关矿业固体废弃物分类方法

序号	分类
01	勘探、采矿、采石和矿物物理化学加工产生的废弃物
0101	矿石采选产生的废弃物
010101	金属矿石采选产生的废弃物
010102	非金属矿石采选产生的废弃物
0103	金属矿石物理化学加工产生的废弃物
010304*	硫化物矿石加工产生的酸尾矿

序号	分类
010305*	含有危险成分的其他尾矿
010306	除 010304 和 010305 外的尾矿
010307*	金属矿物物化加工产生的含有危险成分的其他废弃物
0104	非金属矿石物理化学加工产生的废弃物
010407	矾土生产产生的除 010307 外的赤泥
……	……
0105	钻探泥浆及其他钻探废弃物
010505*	含油的钻探泥浆和废弃物
……	……
010599	无特殊说明废弃物

*为危险废弃物。

9.3.2　矿业固体废弃物引发的环境与生态问题

1. 占用大量土地，破坏矿区生态平衡

矿业固体废弃物占用大面积农业耕地和林地，不仅会加剧水土流失，而且会破坏动物的生存环境，使这些动物在区域自然界中的数量大幅降低，甚至消失。另外在矿井疏干排水过程中，会导致大面积的区域性地下水位下降，造成地表水入渗、河水断流、泉水干枯甚至水资源逐步枯竭等严重后果。

2. 造成矿区环境污染

矿业固体废弃物不仅产量大，而且成分复杂，有些还含有多种有害成分甚至是放射性物质，在其采挖、运输、堆存、处理处置等过程中会对矿区及周边地区的水体、大气以及土壤环境造成严重污染。

（1）水环境污染

选矿废水和废石场淋滤水是矿业固体废弃物引发水环境污染的两个主要原因。选矿废水具有水量大、悬浮物含量高以及有害成分种类多等特点。例如，洗煤废水中含有大量煤粉、煤泥，焦煤的浮选洗煤废水中含有大量油、酚、杂醇等有害物质。这些选矿废水会造成河道淤塞，而且选矿废水中有毒的浮选药剂也会伴随重金属一并排入到水体环境中。大部分有色金属矿山都含硫或共生硫化物（如黄铜矿、黄铁矿等），这些含有大量硫化矿物的尾矿在堆存过程中经氧化、风化、

淋滤等作用逐渐形成酸性废水。这些酸性废水排入到河流、湖泊后会造成水质及附近的土壤酸化，影响农作物的生长，破坏生态环境；而且酸性废水会促进矿业固体废弃物中重金属的溶解作用，通过渗透、渗流和径流等途径进入水体环境，进一步加剧水体污染。

（2）大气环境污染

我国北方干旱少雨，季风的启动速度大，尾矿库内大量细粒度的尾矿易随风扬尘，因此尾矿库周围数平方千米是尾矿砂污染严重的区域。金矿选矿药剂分解产生的有害气体和氰化尾矿释放的氰化物在尾矿库区空气中的含量也较高。

在煤矸石堆置及处理过程中，其中所含的硫化铁等物质会发生氧化反应，不断释放热量，造成矸石山温度不断升高，当温度达到煤的燃点（360℃左右）时，煤矸石中的残留煤以及其他可燃物便会发生自燃，此时矸石山内部温度能够增大到 800~1000℃，在此条件下矸石山中 C、N、S、P 等元素会发生氧化反应，生成 CO、CO_2、NO_x、SO_2、H_2S、P_2O_5 等有害气体。煤矸石粉尘中也含有多种对人体有害的化学元素，如汞、铬、砷、铜、镉、铅，以及少量天然放射性元素铀-238、钍-232、镭-226 等。这些粉尘一旦被人体吸入，会导致如气管炎、肺气肿、尘肺病甚至肺癌等疾病。

（3）土壤环境污染

矿业固体废弃物中的有害物质在堆存过程中也会通过渗滤、大气飘尘等途径进入到土壤环境中，导致尾矿库周围土壤中 Cu、Pb、Zn、Cd 等重金属元素含量显著升高。

3. 引发地质与工程灾害

在矿床开采活动中，因大量采掘井巷破坏和岩土体变形以及矿区地质、水文地质条件与自然环境发生严重变化，在矿区及其相邻地带容易发生山体崩塌、地面沉降、滑坡、泥石流、地震、尾矿库溃坝等地质灾害。到2024年4月我国尾矿库减少至 4919 座。

4. 造成资源浪费与经济损失

金属矿山固体废弃物中含有大量有用的黑色、有色、稀土、稀贵和非金属矿物，是非常宝贵的二次矿产资源。因为我国矿产资源共伴生矿种较多，矿石组成成分复杂，难选冶矿种类较多，加上我国矿产资源开发工艺落后，造成大量有价矿产资源没有得到合理利用，利用率不到 20%，其余部分则被直接抛弃而混入了尾矿中。在全球矿产资源不断枯竭的情况下，尾矿作为二次资源回收利用对于人类经济发展和生态保护意义重大。

9.4　煤矸石的处理与资源化

9.4.1　煤矸石的来源

煤炭在我国的一次能源生产和消费中所占比重一直保持在 70%以上。虽然国家正在大力发展新型能源产业，但在短时期内煤炭在我国能源结构中的主体地位难以改变，煤矸石堆积量也逐年上升。我国煤矸石堆存量超过 50 亿 t，2023 年我国煤矸石产量为 8.29 亿 t，综合利用率已超过 70%，但与欧美发达国家超过 90%的总体利用率还有较大差距。

9.4.2　煤矸石的化学组成

煤矸石主要由无机物组成，包含 O、Si、Al、Fe、Ca、Na、Ka、Mg、Ni 和微量稀有的 Ga、Ti、V、Co 等元素，另外还包含少量的有机物（含量一般不超过煤矸石总量的 1%），主要元素成分为 C、H、N、S 与 O。煤矸石的化学成分根据成煤地质年代、环境、地壳运动状况、岩石种类以及开采加工方式不同存在差异，也决定着煤矸石分类、性质与利用方法。我国煤矸石中 SiO_2 含量一般为 40%～60%，Al_2O_3 含量一般为 15%～30%，我国部分矿区煤矸石化学成分见表 9.2。

表 9.2　我国部分矿区煤矸石化学组成（%）

产地	SiO_2	Al_2O_3	Fe_2O_3	CaO	MgO	K_2O	Na_2O	烧失量
辽宁抚顺	43.11	17.40	10.39	0.96	0.89	0.65	0.18	23.02
黑龙江鸡西	54.09	21.62	2.28	0.23	0.44	1.75	0.13	18.42
新疆石河子	17.70	5.72	1.77	15.10	4.54	0.82	0.17	51.90
江西萍乡	52.56	16.57	3.35	1.24	2.01	2.39	0.21	20.71
四川攀枝花	46.32	19.24	5.63	0.96	2.76	3.57	0.18	19.17
贵州六枝	38.55	13.48	11.41	8.79	2.94	1.51	1.22	17.60
重庆綦江	19.18	12.77	23.75	2.13	0.49	0.45	0.44	38.26
河北邢台	26.94	17.77	2.96	0.36	0.19	0.44	0.08	48.20
山东肥城	46.20	16.82	7.38	4.24	1.88	1.60	0.87	16.75
安徽淮南	53.64	23.94	1.17	0.20	0.31	0.83	0.07	15.12
山西大同	48.33	19.87	9.85	1.85	0.73	1.65	0.10	16.52
山西阳泉	48.57	23.29	5.66	1.81	0.98	1.33	0.12	16.54

9.4.3　煤矸石的岩石类型和矿物组成

煤矸石属沉积岩，岩石类型组成复杂，主要岩石种类有三种：碎屑岩类、黏土岩类和化学岩类。

碎屑岩类煤矸石中的砂岩类矸石（SiO_2 含量＞70%）多为石英、长石、云母、植物化石和菱铁矿结核等，主要是生产碎石、混凝土骨料和硅砂的原料。

黏土岩类煤矸石（SiO_2 含量 40%～70%，Al_2O_3 含量 15%～30%），主要由黏土矿物组成，同时也包含一些石英、长石、云母、碳酸盐等矿物。此类煤矸石是生产建筑陶瓷、多孔烧结材料、含铝精矿、水泥等的原料。

化学岩类中的碳酸盐类矸石主要由方解石和白云石，以及少量黏土矿物、有机物等构成；铝质岩矸石（Al_2O_3 含量＞40%）主要由黏土矿物和富铝矿物（如一水软/硬铝石）组成，可用作生产碎石、水泥、改良土壤用石灰及烧石灰原料。

9.4.4　煤矸石的分类

由于我国各地煤矸石组成复杂，不同种类煤矸石理化性质差异明显。需要根据不同种类煤矸石物理化学特征选择适宜的回收利用方法。因此基于利用途径对煤矸石进行归类堆放，对推动煤矸石资源化利用具有重要的理论和实际意义。

煤矸石可根据矸石来源、岩石类型、元素和化学成分等进行分类。

1. 按来源分类

根据煤矸石的产出方式即来源可以将煤矸石分为洗矸、煤巷矸、岩巷矸、手选矸、剥离矸和自燃矸。

2. 按热值分类

我国煤炭工业和建材部门按照热值划分了煤矸石的用途：

1）热值范围 0～500kJ/kg，适宜于井下回填、修路、造地和制备骨料（以砂岩类未燃矸石为宜）；

2）热值范围 500～1000kJ/kg，适宜于烧制内燃砖（氧化钙含量低于 5%）；

3）热值范围 1000～1500kJ/kg，适宜于烧石灰（渣可作混合材料、骨料）；

4）热值范围 1500～2000kJ/kg，适宜于烧混合材料、制骨料、代土节煤烧水泥（用小型沸腾炉供热、产气）；

5）热值范围 2000～2500kJ/kg，适宜于烧混合材料、制骨料、代土节煤烧水泥（用大型沸腾炉供热发电）。

3. 按铝硅比（Al_2O_3/SiO_2）分类

煤矸石中铝硅比也是影响煤矸石资源化利用途径选择的重要因素。

1）铝硅比大于 0.5，此类煤矸石中含有大量氧化铝，而氧化硅含量相对较少，适宜制备铝硅复合材料、多孔陶瓷或分子筛等；

2）铝硅比在 0.5～0.3 之间，此类煤矸石的氧化铝与氧化硅含量适中，可用于生产聚合氯化铝；

3）铝硅比小于 0.3，此类煤矸石主要由石英、方解石和少量黏土矿物组成，适宜制备建筑材料。

9.4.5　煤矸石的综合利用

对煤矸石进行资源化利用，一方面可以缓解我国资源短缺的困境，另一方面也可以有效解决因煤矸石堆积带来的生态环境问题，因此我国不断提高煤矸石资源化利用水平。煤矸石过去多用于矿井回填、顶板支柱、铺路筑坝等方面，历经多年发展，我国已经形成了煤矸石发电、生产建筑材料、提取化工产品等高附加值回收利用途径。2022 年我国煤矸石产生量 8.08 亿 t，综合利用量 5.96 亿 t，综合利用率为 73.8%。

煤矸石主要化学成分为 SiO_2 和 Al_2O_3，另外还包含一定的 C 和微量稀有元素（Ga、Ti、V、Co 等），这些元素赋予了煤矸石较高回收利用价值：含碳量高的煤矸石适宜用于发电；含 SiO_2 高的煤矸石适宜制备建筑材料或者提取其中的硅制备硅系产品（如白炭黑、碳化硅、水玻璃等）；含 Al_2O_3 高的煤矸石适宜用来制备铝盐产品（如氢氧化铝、氧化铝、聚合氯化铝等）；回收煤矸石中的微量稀有元素等。煤矸石的主要利用途径见图 9.1，大致分为：①回填利用；②煤矸石发电；③制备建筑材料；④制备硅、铝化工产品；⑤微量元素回收；⑥农业利用等。

1. 回填利用

煤矸石回填利用技术主要包括采空区回填、路基和地基充填、低洼地充填、煤矿塌陷区复垦等方面。

（1）采空区回填

我国因煤矿开采导致土地沉陷的面积高达 $700000km^2$，位列世界第一。同时土地沉陷面积仍以每年 $130km^2$ 的速度不断增长。利用煤矸石回填采空区可以大量消耗煤矸石，减少煤矸石占用土地以及煤矸石带来的环境污染问题。例如，利用煤矸石、砂土和黏土（质量比 45：4：1）作为煤矿采空区充填材料，能有效地去除采煤排水中的铁、锰离子。

```
                                        ┌─ 采空区回填
                          ┌─ 回填利用 ───┤   路基、地基充填
                          │             │   低洼地充填
                          │             └─ 煤矿塌陷区复垦
                          │
                          │  煤矸石发电
                          │                ┌─ 砖瓦
                          │                │   水泥
                          │  制备建筑材料 ──┤   混合材料
   煤矸石综合 ───────────┤                │   陶粒
   利用途径                │                └─ 其他
                          │                ┌─ 氢氧化铝
                          │                │   氧化铝
                          │  制备硅、铝化工产品 ─┤ 聚合氯化铝
                          │                │   白炭黑
                          │                └─ 4A分子筛
                          │
                          │  微量元素回收
                          └─ 农业利用
```

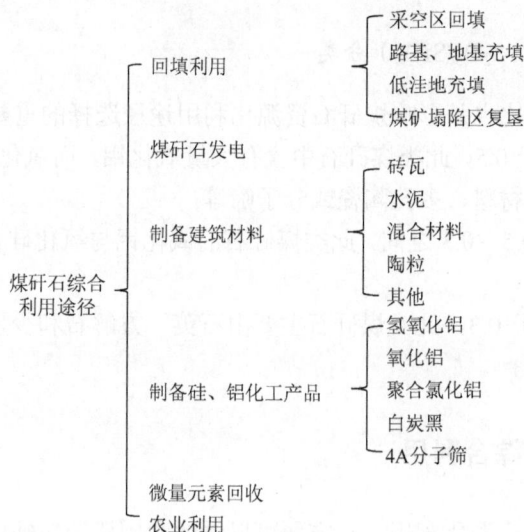

图 9.1　我国煤矸石综合利用途径

（2）路基、地基充填

近年来我国高速公路建设的迅速发展以及城市建筑规模的快速增长需要大量路基、地基回填材料。黄土和砾石曾是过去常用的回填材料，但是伴随我国自然资源紧缺以及国家对耕地资源的保护，煤矸石逐渐成为理想的替代材料。利用煤矸石修筑高速公路也可以大量消耗煤矸石资源，同时利用煤矸石回填路基能够很好地满足公路工程要求，节约大量土壤资源，具有良好的工程效益。

2. 煤矸石发电

选煤厂洗选排出的洗矸、煤泥、半煤岩掘进煤矸石等发热量在 1000～3500kcal/kg 之间，可作为循环流化床锅炉燃料。利用煤矸石发电或取暖不仅可以解决煤矸石占地和环境污染问题，也能带来显著的经济效益和环境效益。

3. 制备建筑材料

煤矸石是一种铝硅酸盐类材料，其中含有大量 SiO_2、Al_2O_3，成分与普通黏土矿物十分接近，因此煤矸石可以替代黏土制备烧结砖、水泥、陶粒、防火材料、地聚合物等；同时煤矸石通过煅烧活化，可以作为水泥和混凝土的活性掺料；另外煤矸石自身也含有一定热值，在烧制过程中可以节约一部分燃料，因此制备建筑材料是目前煤矸石综合利用的重要途径，该种利用方式对煤矸石消耗量大，而且经济效益明显，日益受到人们的青睐。

（1）煤矸石制砖

黏土曾经是制备烧结砖的主要原料，但对黏土资源的过度开采，导致我国耕地资源不断减少，同时制备黏土砖也会消耗大量能源，因此在 2010 年底全国所有城市禁止使用实心黏土砖。煤矸石的成分与黏土矿物相似，利用煤矸石代替黏土制砖不仅可以保护耕地资源，而且煤矸石自身含有一定热值，可节约煤炭资源，是制备烧结砖的理想原料。

煤矸石烧结砖按照砖体内部结构不同可分为实心砖、多孔砖与空心砖。由于砖体多孔结构可以显著提高保温效果，达到建筑节能的目的，因此煤矸石烧结砖不断朝着多孔、节能、高强的方向发展。煤矸石烧结砖制备工艺过程与烧制黏土砖类似，制备工艺包括：原料选择、原料处理、破碎、搅拌、陈化、成型、干燥和焙烧等步骤。

（2）煤矸石制水泥

水泥作为一种重要的胶凝材料，广泛应用于土木建筑、水利、国防等工程。2013 年中国的水泥产量达 20.23 亿 t。但是水泥生产需要消耗大量矿石原料与能源，每生产 1t 水泥大约需要使用 0.21t 黏土、1.4t 石灰石、0.23t 标准煤。随着黏土资源紧缺，在水泥生产过程中，寻找合适的替代原料显得十分重要。煤矸石的化学成分和矿物组成与黏土相似，可以提供水泥生料成分中的硅、铝成分，故可以替代黏土，与石灰石、铁粉以及硅质原料一起生产所需标号水泥。而且煤矸石自身含有一定热值，因此可以节约大量宝贵土地资源和能源。

煤矸石制备普通硅酸盐水泥的制备过程如下：①生料制备，将煤矸石、石灰质、黏土等原料按一定比例破碎、混合；②熟料煅烧，将水泥生料在水泥窑内煅烧得到以硅酸钙（硅酸三钙、硅酸二钙）为主要成分的硅酸盐水泥熟料；③水泥制成（包括水泥的粉磨与装运），将水泥熟料加适量石膏、混合材料或外加剂共同磨细制成水泥。

另外煤矸石也可以用来制备无熟料水泥。无熟料水泥指的是不用或使用少量硅酸盐水泥熟料作为碱性激发剂而制成的水泥。该方法向煤矸石中掺入适量的石灰、石膏等物料，再经破碎、研磨制成的水硬性胶凝材料，制备水泥标号可达 200～300。

煤矸石化学成分和热值波动性较大，是影响水泥质量的主要限制性因素。因此需要对煤矸石进行分类堆存，同时对煤矸石做均化处理，从而保证煤矸石成分与热值稳定。

（3）煤矸石制混合材料

煤矸石中所含多种黏土矿物可在一定条件下发生变化、重组，使煤矸石反应活性显著增强，可作为活性火山灰混合材料添加到水泥中。如何激发煤矸石的活性，使其产生更多的无定形高能量的水泥性凝胶物质是该方法的关键。常见煤矸石活化工艺主要包括如下 3 种。

1）煅烧活化。

通过煅烧未自燃的煤矸石，去除煤矸石中的碳，同时使煤矸石中的黏土矿物受热分解为具有活性的物质。煤矸石中含有一定量的碳，碳会对水泥强度、需水量以及耐久性产生影响，因此必须将碳去除。另外，通过煅烧，煤矸石中高岭土会转变为具有较高活性的偏高岭土、无定形 SiO_2 和 Al_2O_3。通常情况下煤矸石中的 SiO_2 和 Al_2O_3 含量越高，经过煅烧处理后的活性越强。

2）化学活化。

向煤矸石中添加少量化学激发剂，用于提升煤矸石的潜在活性，加速水泥反应，提高水化产物产量，增强水泥混合材料的强度。将化学活化煤矸石、水泥与水搅拌均匀，水泥熟料先与水反应生成氢氧化钙，之后在激发剂的作用下氢氧化钙与煤矸石中活性 SiO_2 和 Al_2O_3 发生反应生成化学性质稳定、不溶于水的水化硅酸钙和水化铝酸钙凝胶。

3）物理活化。

利用机械研磨方法将煤矸石破碎成超细粉末，显著减小煤矸石颗粒尺寸。这些煤矸石超细粉末不仅可以填充水泥颗粒间的空隙，还可以提高水泥混合材料的比表面积，提高混合材料与水泥水化产物间的反应活性。

（4）煤矸石制陶粒

煤矸石的化学成分与陶粒相近（SiO_2 含量 53%～79%，Al_2O_3 含量 12%～16%，助熔氧化物含量 8%～24%），是烧制陶粒的理想原料。煤矸石制备陶粒的生产工序一般包括配料、破碎、粉磨、造粒、预热、焙烧（1100～1200℃）、冷却等。回转窑法是制备陶粒的主要方法，具体烧制工艺如下：选用化学成分较合适的煤矸石，经均化、破碎、粉磨后导入中间储仓；在配料时根据成分可外加少量添加剂，经预湿、搅拌后送入造粒机造粒（圆盘成球机或挤出制粒机等）；制备好的球形生料球直接送入回转窑干燥、预热、焙烧，在回转窑另一头卸出表面具有玻璃光泽的球形陶粒。

（5）煤矸石制地聚合物

地聚合物中环状分子之间紧密结合形成密闭的空腔。这些空腔可以把重金属离子和其他有毒物质封存；同时地聚合物骨架中铝氧四面体显电负性，可以吸收体系中的阳离子平衡电荷。因此地聚合物可以通过物理固定与化学固定两种方式固定矿渣中的多种重金属元素（Hg、As、Fe、Mn、Co、Pb 等），有效防止金属尾矿引发的重金属污染。煤矸石地聚合物制备工艺简单，与水泥砌块制备工艺相仿。主要工艺过程包括破碎、混料、养护、脱模等步骤。地聚合过程发生在室温或稍高温度的自然条件下，与普通硅酸盐水泥生产过程相比，耗能低且二氧化碳排放量减少约 80%。煅烧的煤矸石可以与高炉渣、氢氧化钙等制备出地聚合物。煤矸石也可以与赤泥按照质量比 2∶8 混合制备高抗压强度地聚合物。

4. 制备硅、铝化工产品

一些矿业固体废弃物中 Al_2O_3 和 SiO_2 含量较高，可以将这些矿业固体废弃物经过一定预处理，通过酸法或碱法浸出其中的 Al_2O_3，之后对浸出液进行浓缩、沉淀或烧结处理，可制备出氢氧化铝、聚合氯化铝、氧化铝等铝系产品。脱铝残渣主要成分为 SiO_2，可作为硅源制备成白炭黑、碳化硅等硅系产品。

我国煤矸石中 SiO_2 含量一般为 40%～60%，Al_2O_3 含量一般为 15%～30%，有些地区如内蒙古、山东、河北、山西等地煤矸石中 Al_2O_3 含量高达 40%以上。从高铝煤矸石中回收 Al_2O_3，可以缓解我国铝供需紧张的局面，也可以实现煤矸石高附加值利用。利用煤矸石制备铝系产品过程中利用盐酸或硫酸将煤矸石中所含氧化铝转化为铝盐溶液，之后再制成聚合氯化铝、氧化铝和结晶氯化铝等。在酸浸提铝过程中，会有大量废渣产生，废渣主要成分为 SiO_2（质量分数为 80%～90%）、Al_2O_3（质量分数为 5%～15%）、Fe_2O_3（质量分数为 0.1%～1%）。这些含有大量 SiO_2 的酸浸废渣可以作为硅源制备出经济价值较高的白炭黑、碳化硅、分子筛等产品。

（1）制备氧化铝（Al_2O_3）

Al_2O_3 是一种白色无定形粉状物，拥有多种变体，常见的有 γ-Al_2O_3 和 α-Al_2O_3 两种。α-Al_2O_3 由于具备优异的机械强度、吸湿性、绝缘性等特点，广泛应用在航空、交通、铸造和半导体制备等领域。

煤矸石制备 α-Al_2O_3 主要工艺流程为：将煤矸石细碎成粉末后焙烧活化处理；之后使用稀硫酸提取活化煤矸石粉末中的氧化铝。反应式如下：

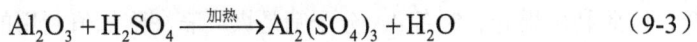

$$Al_2O_3 + H_2SO_4 \xrightarrow{\text{加热}} Al_2(SO_4)_3 + H_2O \qquad (9\text{-}3)$$

酸浸结束后固液分离，不溶酸渣可用来制备硅化学品；向滤液中加入沉淀剂除杂后，将滤液加热浓缩后冷却结晶，冷滤后得到 $Al_2(SO_4)_3 \cdot 18H_2O$；之后利用氨水使铝完全沉淀得无定形氢氧化铝。反应式如下：

$$Al_2(SO_4)_3 + NH_3 \cdot H_2O \longrightarrow Al(OH)_3 + (NH_4)_2SO_4 \qquad (9\text{-}4)$$

将干燥过的 $Al(OH)_3$ 在不同温度下热处理可得 γ-Al_2O_3 和 α-Al_2O_3。

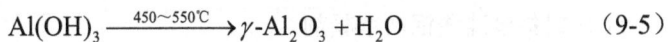

$$Al(OH)_3 \xrightarrow{450\sim550℃} \gamma\text{-}Al_2O_3 + H_2O \qquad (9\text{-}5)$$

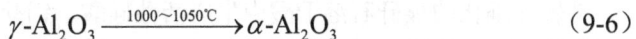

$$\gamma\text{-}Al_2O_3 \xrightarrow{1000\sim1050℃} \alpha\text{-}Al_2O_3 \qquad (9\text{-}6)$$

（2）制备聚合氯化铝

聚合氯化铝是一种新型无机高分子絮凝剂，具有较强的架桥吸附性能和凝聚能力，主要用于城市给排水、工业用水以及各种废水的净化处理。利用煤矸石制取聚合氯化铝的方法可分为：热解法、酸溶法、电解法、电渗法等。其中酸溶法是煤矸石制取聚合氯化铝较为常见的方法，整个酸溶原理及工艺流程可分为粉碎、焙烧、连续酸溶、浓缩结晶、沸腾分解、配水聚合六道工序。

（3）制备白炭黑

白炭黑（$SiO_2 \cdot nH_2O$）是一种白色、无毒、无定形的微细粉状物，具有多孔性、高分散性、质轻、化学稳定性好、耐高温、不易燃和电绝缘性好等优异性能，被广泛作为橡胶、塑料、涂料的填料。利用煤矸石提铝废渣制备白炭黑工艺如下：将酸浸废渣与碳酸钠以一定比例混合均匀，经高温熔炼后水淬，之后在高压条件下得到硅酸钠溶液，向硅酸钠溶液中通入 CO_2 气体，所得固体硅胶用稀盐酸洗涤至不再有气泡产生，然后用蒸馏水洗涤至中性，经干燥后得到白炭黑产品。

（4）制备碳化硅

碳化硅化学性能稳定、导热系数高、热膨胀系数小、耐磨性能好，主要用于制备磨料、耐火材料等。煤矸石破碎后采用强酸去除其中的金属离子，然后将酸浸液与酸渣分离，得到以二氧化硅和碳为主的残渣。将残渣进行碳热还原处理，在碳热还原过程中二氧化硅被还原成碳化硅。反应式如下：

$$SiO_2 + 3C \xrightarrow{\quad\quad} SiC + 2CO\uparrow \tag{9-7}$$

（5）制备 4A 分子筛

4A 分子筛是一种碱金属硅铝酸盐（$Na_2O \cdot Al_2O_3 \cdot 2SiO_2 \cdot 9/2H_2O$），主要由硅氧四面体单元和铝氧四面体单元交错排列形成形状尺寸规则的孔道（通道孔径为 4.2Å，1Å = 0.1nm）。这些孔道具有筛选分子的效应，能吸附 H_2O、NH_3、H_2S、CO_2 等临界直径不大于 4Å 的分子，因此 4A 分子筛在催化合成、吸附分离等方面应用广泛。煤矸石的化学组成主体是 SiO_2 和 Al_2O_3，是制备 4A 分子筛的理想原料，因此利用煤矸石制备 4A 分子筛是煤矸石高附加值利用的有效途径。

利用煤矸石制备的 4A 分子筛可以用于吸附废水中的 Cu^{2+} 和 Co^{2+}。改性的煤矸石与硼砂制备的吸附材料可以用于吸收水溶液中的 Mn^{2+}。除此之外，煤矸石还能吸附苯酚和磷酸盐等物质。煤矸石制备 4A 分子筛主要工艺为：将煤矸石破碎处理，利用强磁除铁后焙烧活化处理，盐酸浸泡除杂；利用次氯酸钠、双氧水、EDTA 进一步去除煤矸石中的杂质；利用碱溶液溶解煤矸石，再经陈化、结晶、水洗、干燥后得到 4A 分子筛。

（6）制备聚硅酸铝铁絮凝剂

将碾碎细化的煤矸石溶于酸中生成活性硅酸、铝盐和铁盐复合物，最后经沉淀后得到聚硅酸铝铁絮凝剂。在水解过程中，煤矸石中的氧化铝和铁与 H^+ 反应，使得 OH^- 浓度不断上升，配位水发生水解和水解产物的缩聚反应，相邻的 OH^- 通过架桥聚合反应，生成聚合体，反应式如下：

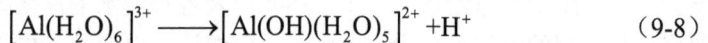

$$\left[Al(H_2O)_6\right]^{3+} \xrightarrow{\quad\quad} \left[Al(OH)(H_2O)_5\right]^{2+} + H^+ \tag{9-8}$$

$$[Al(OH)(H_2O)_5]^{2+} \longrightarrow [Al(OH)_2(H_2O)_4]^+ + H^+ \tag{9-9}$$

$$[Al(OH)_2(H_2O)_4]^+ \longrightarrow Al(OH)_3(H_2O)_3 + H^+ \tag{9-10}$$

$$[Fe(H_2O)_6]^{3+} \longrightarrow [Fe(OH)(H_2O)_5]^{2+} + H^+ \tag{9-11}$$

$$[Fe(OH)(H_2O)_5]^{2+} \longrightarrow [Fe(OH)_2(H_2O)_4]^+ + H^+ \tag{9-12}$$

$$[Fe(OH)_2(H_2O)_4]^+ \longrightarrow Fe(OH)_3(H_2O)_3 + H^+ \tag{9-13}$$

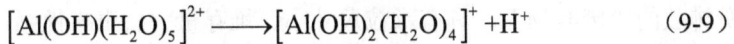

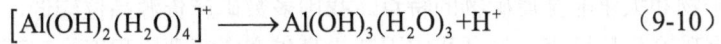

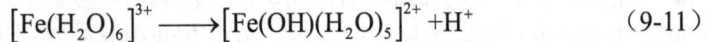

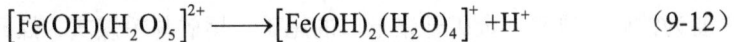

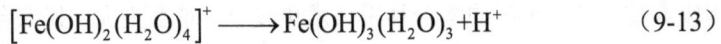

5. 微量元素回收

煤矸石中不仅含有石英、方解石、硫铁矿等矿物质，还含有 Ga、Ge、U、Ti、V、Co 等稀有金属。其中金属镓与某些有色金属组成的化合物半导体材料已成为当代通信、大规模集成电路、宇航、能源、卫生等部门所需的新技术材料的支撑材料之一，具有极高回收利用价值。富镓煤矸石主要是指镓含量在 30g/t 以上，达到了镓工业品位的煤矸石，尤其对于镓含量在 60g/t 的煤矸石，镓回收是其主要利用途径，同时兼顾其他有价值组分的利用。

煤矸石中镓的浸出方法主要有两种：一种是高温煅烧，在 500～1000℃ 下对煤矸石进行煅烧，用单一酸或混合酸在一定温度和压力下浸出煤矸石中的镓；另一种是低温酸性浸出，在酸液中加入一些添加剂，在 80～300℃ 条件下浸取一定时间，将煤矸石中部分镓浸出。与高温煅烧法相比，低温酸浸法成本低、污染小。另外可以采用离子交换法、溶剂萃取法或者电解汞齐等方法回收酸性浸出液中镓离子。

6. 农业利用

煤矸石可以制备成有机复合肥、微生物肥料以及土壤改良剂等。煤矸石中含有一定量的炭质页岩和有机质，以及高于土壤 2～10 倍的植物生长所需的 Zn、Cu、Co、Mo 等微量元素，因此煤矸石可用于土壤改良或者农肥生产。可以将煤矸石粉与一定量过磷酸钙、活化剂和水混匀，在一定条件下堆沤即可制备成新型化肥。同时煤矸石中也富含有机质，是携带固氮、解磷、解钾等微生物的理想基质。可以利用煤矸石粉作为主要原料，配合磷矿粉和少量添加剂制备成煤矸石基微生物肥料。另外煤矸石中含有丰富的微量元素和营养成分，配合一定有机肥，可用于改善土壤疏松度和透气性，促进土壤中各类细菌新陈代谢，提高土壤肥力。

9.5　尾矿的处理与资源化

9.5.1　尾矿的来源

尾矿是选矿厂在一定经济技术条件下将矿石粉碎、选取其中"有用组分"后所排放的"废弃物"，具有颗粒尺寸小、堆存量大、毒害性强、残留有少量金属矿物和大量非金属矿物的特点。我国多数矿产资源品位较低，导致在选矿过程中尾矿产生量巨大。加之我国不断提高矿产资源利用程度，矿石的可开采品位不断降低，这样就进一步增大尾矿产生量。2023 年我国尾矿累计堆存总量为 231 亿 t，主要为铁矿、铜矿、金矿开采形成的尾矿。尾矿与粉煤灰、煤矸石等大宗工业固体废弃物相比，尾矿的综合利用技术更复杂、难度更大，其综合利用率低于 30%，远低于其他大宗工业固体废弃物的利用率。尾矿不仅占用大量土地，而且也给周边生态环境造成严重污染和危害。同时随着矿产资源的大量开发和利用，矿石日益贫乏，尾矿作为二次资源再利用也已受到世界各国的重视。

9.5.2　尾矿的分类与组成

我国尾矿来源按行业划分主要包括：黑色金属尾矿、有色金属尾矿、稀贵金属尾矿和非金属矿尾矿，不同尾矿成分存在显著差异。

1. 黑色金属尾矿

黑色金属尾矿主要包括铁尾矿、锰尾矿和铬尾矿。大部分黑色金属尾矿含有可进一步提取的相应金属元素，其余组分主要是硅酸盐类矿物。部分铁尾矿和锰尾矿还含有可提取的有色、稀有或稀土金属。

2. 有色金属尾矿

有色金属尾矿主要包括铜尾矿、铅锌尾矿、镍尾矿、锡尾矿等。有色金属尾矿一般含有残余的有色金属，较多的含铁硫化矿物以及大量的石英、长石、云母等氧化硅和硅酸盐类矿物。有色金属尾矿中的大部分残留有色金属对于周边的环境来说都是潜在的重金属污染源。

3. 稀贵金属尾矿

稀贵金属尾矿主要包括黄金尾矿、银尾矿、钨尾矿、钼尾矿、铌钽尾矿等。稀贵金属尾矿一般除了含有可以再提取的有价稀贵金属外，还具有与有色金属尾矿相近范围的矿物组成，即尾矿的主要成分也是石英、长石、云母等氧化硅或硅酸盐类矿物。部分稀贵金属尾矿中含有较多的方解石、萤石等非硅酸盐类矿物。

4. 非金属矿尾矿

非金属矿尾矿种类繁多，主要包括石灰石尾矿、大理石尾矿、高岭土尾矿、石英岩尾矿、花岗岩尾矿、石墨尾矿、滑石尾矿、石棉尾矿、硅藻土尾矿、膨润土尾矿、珍珠岩尾矿、蛭石尾矿、云母尾矿、铝矾土（铝土矿）尾矿等。按尾矿所含的主要成分，非金属矿尾矿主要分为碳酸盐类（如石灰石尾矿、大理石尾矿）、硅酸盐类（氧化硅）和其他尾矿类型。大部分非金属矿尾矿所含的原目标矿物都不具有再选的价值，利用途径一般以整体利用或自然堆存为主。

9.5.3　尾矿的综合利用

我国矿业固体废弃物的显著特点是产生量大、矿物伴生成分多，而我国在开发矿产资源方面存在着"取主弃辅"等问题，将许多伴生组分矿物作为尾矿废弃，因此尾矿中含有大量有用矿物，具有较高回收潜力。

尾矿整体利用的思路是：①在全面分析尾矿矿物组成与理化性质的基础上，优先采用先进工艺再选回收尾矿中的有用矿物；②将再选后的尾矿充当塌陷采空区充填材料；③利用特定组分尾矿生产微晶玻璃、陶瓷等高经济价值建筑装饰材料；④利用尾矿制备普通砖瓦、水泥、陶粒等建筑材料。

1. 尾矿再选

由于我国大多数矿产的矿石品位低且矿石多呈多组分共（伴）生形态，加之二十世纪我国选矿技术落后，残留在尾矿中的目的组分约为 5%~40%，早期的老尾矿中残留的目的组分更多。铁矿尾矿中铁的品位平均为12%，部分地区高达27%。以当前可选铁矿总堆存量45亿 t 计算，尾矿中残存有 5.4 亿 t 铁。而且铁矿伴生矿物有 30 余种，但目前仅能回收其中 20 余种。我国可选黄金尾矿约为 5 亿 t，其中含有黄金 300t 以上。在全球矿产资源日益贫乏以及选矿技术快速进步的背景下，现在许多开采中的原矿品位低于老尾矿。尾矿一般粒度较细，对尾矿再选可节省矿石开采和破碎成本，因此回收尾矿中有价金属或矿物是目前尾矿综合利用应优先考虑的方法。

尾矿再选的难题主要集中于弱磁性铁矿物、共（伴）生金属矿物以及非金属矿物。除少数弱磁性铁矿物及伴生金属矿物可用重选方法回收外，需要选择合适药剂，通过联用多种工艺回收（包括强磁、浮选及重磁浮）实现尾矿再选。对于尾矿中非金属矿物，多采用重浮或重磁浮联合流程。目前尾矿回收技术主要有：低能耗单体解离控制技术、磁性物高效回收技术、深度还原技术、高效浮选药剂合成及应用技术、多种伴生组分综合回收利用技术、闪速焙烧再选工艺技术等。我国一些尾矿再选案例见表 9.3。

铅锌尾矿中含有大量的重金属和硫化物。通过焙烧、磁选、浸出、溶剂萃取等工艺可同时回收铅锌尾矿中的硫、铁和一些稀贵金属银、镓等。在磁化焙烧过程中，氧化铁转变成磁铁矿，其他金属也会转变成不同的形式，利用这些转变可在回收铁的同时回收其他有价值的金属（图9.2）。

表 9.3　我国尾矿再选案例

单位名称	尾矿种类	回收组分	回收工艺	效果
铜绿山古铜矿	铜尾矿	铜、金、银、铁	浮选—弱磁选—强磁选工艺	铜精矿中含铜15.4%、金8.5g/t、银109g/t、铁5.24%，铜、金、银、铁的回收率分别为70.56%、79.33%、69.34%、56.68%
落雪铜矿	铜尾矿	铁	磁选-重选联合流程	铁精矿产率11.17%、品位60.15%、回收率53.66%
莱芜钢铁集团鲁南矿业有限公司	铁尾矿	铁	磨矿—磁粗选—再磨—磁选—反浮选	铁精矿品位为65.76%，产率为5.50%、回收率为24.08%
太和铁矿	铁尾矿	钛铁矿	SLon立环脉动高梯度磁选机	钛铁矿钛品位为29.20%，产率为29.75%，回收率为71.98%
攀枝花白马铁矿	铁尾矿	钛铁矿	分级——段磁选—螺旋溜槽重选—二段磁选—浮选	钛精矿TiO_2品位为46.23%、TiO_2回收率29.66%
银铜坡金矿	金矿氰渣	铅、金、银和硫	浮选工艺	铅精矿铅品位40%，含金15~25g/t，含银250~300g/t，铅、金和银回收率分别为72%、82%、69%
江西下垄钨业有限公司	钨尾矿	钼和铋	浮选工艺	钼精矿品位46.85%，回收率达到41.34%；铋精矿品位23.05%，回收率达到32.5%

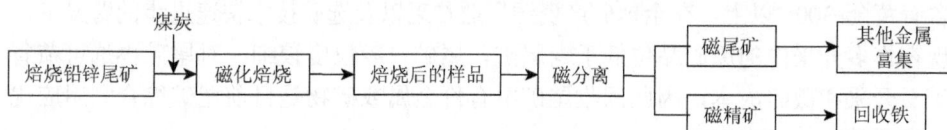

图9.2　磁化焙烧-磁选法回收铅锌尾矿中铁和其他金属的工艺流程图

钒尾矿的主要成分是金属铁，其次是金属钛。钒回收工艺包括机械活化、钙化焙烧、球磨、浸出、钒回收和浸出渣再利用。首先将钒渣与碳酸钙按一定比例混合，然后进行机械活化；将活化处理后的钒渣焙烧、破碎后采用稀硫酸浸出钒；最后过滤矿浆，用硫酸溶液洗涤浸出残渣并干燥。从钒渣中可以提取出含钒浸出液和浸出渣，浸取液中的钒可采用铵盐法、溶剂萃取法或离子交换法等提取方法。而浸出渣可用于回收铁。钛渣中钛的回收工艺主要为盐酸浸出，得到含钛溶液，然后高温水解，干燥和煅烧后得到TiO_2（图9.3）。

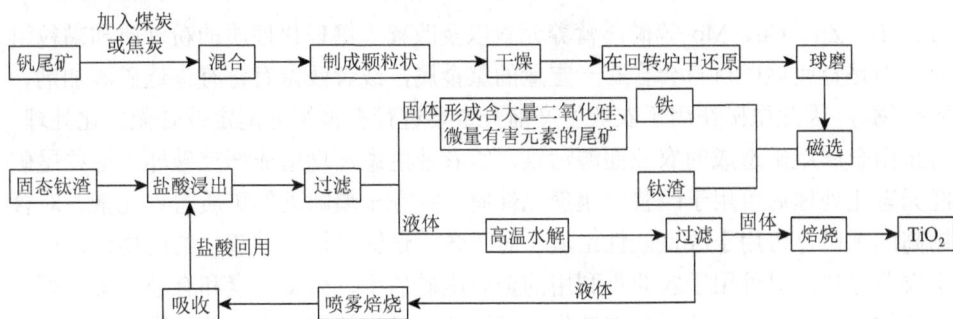

图 9.3　钒尾矿提取铁、钛工艺流程图

2. 制备建筑材料

尾矿中除了含有稀贵金属、有色金属外，还含有大量非金属矿物，是制备建筑材料的理想原料。尾矿大多经过破碎分选处理，其粒径较小（多已磨细至 0.07mm 以下），一般细粒尾矿占尾矿排放总量的 2/3 以上。这些含有大量石英的细粒尾矿可免去或简化破碎工艺直接作为多种建筑产品的原料，如烧结砖、免烧砖、水泥、微晶玻璃、多孔陶瓷、混凝土混合料等。

尾矿制砖一般包括烧结法、胶凝法、地聚合法。其中烧结法是使用尾矿代替一部分或全部黏土，并采用传统的窑烧方法来生产砖；胶凝法不需要窑烧，而是依靠尾矿本身或其他添加的水泥材料进行水泥固化；地聚合法是一种依靠非晶态二氧化硅和富氧化铝固体与高碱溶液在室温环境或稍高温度下的化学反应，形成非晶态到半晶态铝硅酸盐无机聚合物或地聚合物的技术。地聚合物通过共享所有氧原子而具有由连接的 SiO_4 和 AlO_4 四面体组成的三维硅铝酸盐结构。

金属矿山选矿厂排出的尾矿是一种磨细的、量大的工业废料，其粒径细小，与水泥生料的颗粒相近。可以利用以方解石、石英为主的尾矿作为水泥生料的配料用于烧制水泥。目前，国内外主要利用铅锌尾矿和铜尾矿煅烧水泥。

尾矿中含有制备微晶玻璃所需的 SiO_2、Al_2O_3、CaO、MgO 等基本成分，可以制备出经济价值较高的微晶玻璃。微晶玻璃具备优异的机械强度、耐腐性、耐磨性、抗氧化性、热稳定性能，广泛应用于电子、化工、建筑、航天等领域。可以利用熔融法或烧结法将不同金属尾矿制备成微晶玻璃。尾矿微晶玻璃晶体主要为硅灰石（$CaSiO_3$）和透辉石[$CaMg(SiO_3)_2$]。

3. 应用于农业生产

金属尾矿中也会残留有丰富的农作物生长必需的 P、K、Ca、Mg、S、Fe、

Mn、B、Zn、Cu、Mo 等矿质营养元素以及改善土壤理化性质的粉砂质和黏粒组分。但是金属尾矿自身会含有一定量的重金属，或者残留有毒有害选矿添加剂、氰化物等，因此尾矿在用于农业生产前一定要进行有害组分测定或者无害化处理，防止由金属尾矿造成的农业面源污染，给农业生态环境造成严重破坏。这些尾矿经无害化处理后可用于改善土壤理化性质，补充土壤缺乏的矿质营养元素。对含钙高的尾矿，可用于改良酸性土壤；对于含大量钙、镁和硅氧化物的尾矿，可用于农业肥料。另外用于农业再利用的金属尾矿的中、微量元素和有益元素必须在适当的温度下活化，从无效态转化为可被植物吸收的有效态，从而满足作物生长所需的矿质营养需求。尾矿中一般都含有大量的二氧化硅，将含硅尾矿引入种有水稻、甘蔗和黄瓜等作物的农田，可以提高产量。

4. 制备硅、铝系产品

沸石是一种含碱金属和碱土金属的水合铝硅酸盐矿物，其一般分子式为 M_xD_y（$Al_{x+2y}Si_{n-x-2y}O_{2n}$）·$mH_2O$，在气体吸附分离、离子交换、废水处理、形状选择性催化等化工领域有很大的作用。铁尾矿富含 SiO_2 和 Al_2O_3，是制备沸石的理想原料。铁尾矿碱烧结法制备 A 型沸石主要工艺见图 9.4。

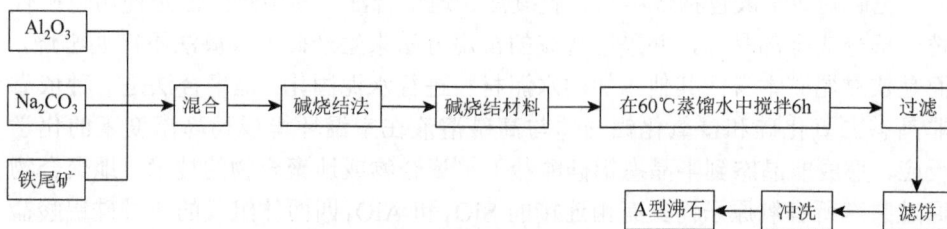

图 9.4 铁尾矿碱烧结法制备 A 型沸石工艺流程图

铝土尾矿也可以用于制备 4A 分子筛。铝土尾矿的成分中 70%由 SiO_2、Al_2O_3 组成，其余包括 Fe_2O_3、TiO_2、K_2O 等。4A 分子筛在合成洗涤剂中广泛用作水软化添加剂，它的使用可以减少洗涤剂中磷的添加，并以此减少水体富营养化。此外，4A 分子筛可用于吸附重金属离子，如 Cr^{3+} 和 Cu^{2+}。4A 分子筛的合成主要由氢氧化钠、氢氧化铝和硅酸钠、高岭土矿物或工业废料（如脉石和粉煤灰）通过水热工艺制备。铝土尾矿制备 4A 分子筛的工艺流程见图 9.5。

第一步，先将铝土尾矿粉碎、球磨，然后与 HCl 溶液反应去除水溶性离子，如 Fe^{3+}、Ca^{2+} 和 Na^+。通过该反应，大部分 Fe_2O_3 和全部的 CaO、Na_2O 可溶于 HCl 溶液而被去除。反应式如下：

$$Fe_2O_3(s) + 6HCl(aq) \longrightarrow 2FeCl_3 + 3H_2O(l) \tag{9-14}$$

$$CaO(s) + 2HCl(aq) \longrightarrow CaCl_2 + H_2O(l) \qquad (9\text{-}15)$$

$$Na_2O(s) + 2HCl(aq) \longrightarrow 2NaCl + H_2O(l) \qquad (9\text{-}16)$$

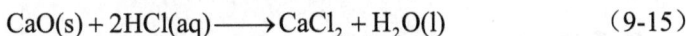

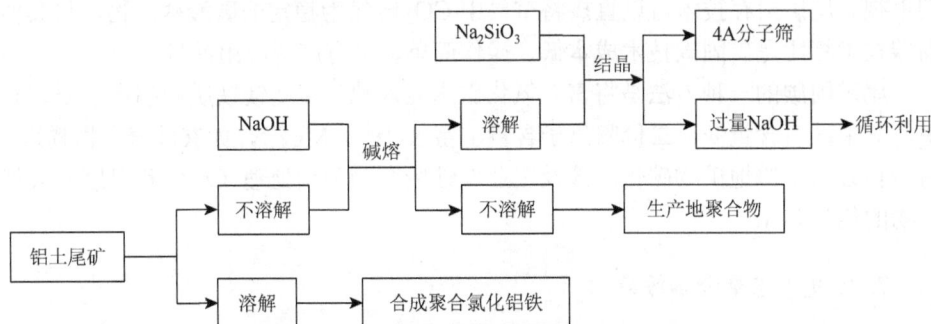

图 9.5 铝土尾矿制备 4A 分子筛工艺流程图

第二步，将酸浸后的残渣和过量固体 NaOH 反应，然后在马弗炉中在 400～600℃的不同反应温度下加热。大多数铝酸盐/硅酸盐（Al_2O_3 和 SiO_2）与过量的碱反应，生成水溶性碱金属氧化物/硅酸盐（$Na_2O \cdot Al_2O_3$ 和 $Na_2O \cdot SiO_2$）。由于 K_2O 和 TiO_2 与氢氧化钠不发生反应，可以将碱熔反应的产物分散到水中，通过固液分离去除 K_2O 和 TiO_2。反应式如下：

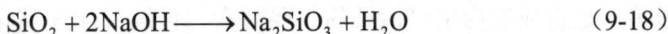

$$Al_2O_3 + 2NaOH \longrightarrow 2NaAlO_2 + H_2O \qquad (9\text{-}17)$$

$$SiO_2 + 2NaOH \longrightarrow Na_2SiO_3 + H_2O \qquad (9\text{-}18)$$

第三步，将第二步反应产物（$Na_2O \cdot Al_2O_3$ 和 $Na_2O \cdot SiO_2$）和过量 NaOH 在 100℃条件下反应 12～16h，随后再加入新制备的 Na_2SiO_3，用以调整 SiO_2 与 Al_2O_3 的摩尔比。最后蒸发结晶制备 4A 分子筛。主要反应式如下：

$$2NaAlO_2 + 2Na_2SiO_3 + 2H_2O \longrightarrow Na_2Al_2Si_2O_8(s) + 4NaOH(aq) \quad (9\text{-}19)$$

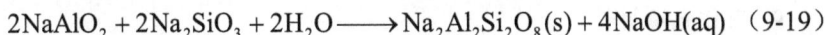

5. 制备地聚合物

利用铁尾矿和粉煤灰可以制备多孔地聚合物。将粉煤灰和铁尾矿质量比固定在 7∶3，水相由质量比为 10∶1∶1 的液态碱性溶液、水和 H_2O_2 组成，液体和固体质量比为 1∶2。将粉煤灰、铁尾矿、水和碱活化剂预混合，使其完全均匀化。然后，将稀释的 H_2O_2（稀释的 H_2O_2 更有可能合成具有均匀孔隙的样品）添加到混合物中，最后将糊料倒入模具中。H_2O_2 具有热力学不稳定性，因此易分解为水和氧气。氧气气泡被困在糊状物中，会膨胀并增加体积，最终形成多孔地聚合物。

6. 尾矿固碳

工业革命以来，全球温室效应问题日益严重，因此 CO_2 封存技术逐渐得到人们重视。尾矿封存技术可以直接将空气中 CO_2 转化为稳定的碳酸盐矿物，与其他固碳技术相比尾矿固碳技术成本低、操作简单，具有广阔应用前景。

尾矿固碳的一种方法是将富二氧化碳水注入地下多孔镁铁质和超镁铁质岩石中，其中硅石含量低，二价阳离子含量丰富（ Ca^{2+} 、 Mg^{2+} ），如玄武岩和橄榄岩；另一种方法是原地矿物碳化，涉及工业碱性废弃物和预处理（粉碎和研磨）天然矿物的化学碳化。

7. 修复土壤重金属污染

磷灰石尾矿中含有大量磷酸盐，因此可以利用磷灰石尾矿修复铅、镉、锌、铜等造成的土壤重金属污染。磷酸盐尾矿可以用于处理射击靶场铅污染土壤，其中铅的稳定主要依靠沉淀作用，而表面吸附和络合作用占比较小。有些金属尾矿含有大量石灰石和白云石，这些碱性矿物可以改良土壤pH，降低土壤溶液中重金属离子溶解性和迁移性，从而减少重金属对土壤生物的危害，因此含大量碳酸盐的尾矿可以用于含Cd、Pb污染土壤的修复。

8. 制备 VOCs 催化氧化剂

挥发性有机化合物（volatile organic compounds，VOCs）对人体健康有较大影响，是造成室内空气污染的主要因素。传统VOCs催化氧化剂是由贵金属材料制成，因此成本较高。而金属尾矿中含有大量铁、铜、锰等金属，也具有催化甲醛氧化降解的能力，因此可以利用这些金属尾矿替代贵金属制备VOCs催化氧化剂。

9. 用作充填材料

矿山地下开采过后会在地下留下庞大的采空区，如果不及时回填处理，会带来严重的地质灾害隐患。一般每开采1t矿石需要回填 $0.25\sim0.4m^3$ 废石。利用尾矿作为充填材料回填采空区的费用仅为传统碎石水力充填的 $10\%\sim25\%$ 。因此将尾矿用于充填地下采空区既可以解决矿山充填骨料来源短缺的难题，又能解决尾矿的堆存占地问题。

思 考 题

1. 矿业固体废弃物的来源有哪些？

2. 简述矿业固体废弃物处理与利用的基本途径与对应原理。

3. 矿业固体废弃物引发哪些环境与生态问题？

4. 煤矸石的主要用途有哪些？

5. 针对不同种类煤矸石，如何确定其适合的利用方法？

6. 尾矿再选回收技术都有哪些？

7. 设计一套完整的铁尾矿综合利用工艺方案。

第 10 章 冶金行业废弃资源循环

内容提要与主要知识点

本章主要介绍冶金行业固体废弃物来源、特点，讲述冶金行业固体废弃物处理与资源循环的理论基础，阐述主要冶金固体废弃物的处理与资源循环方法。要求认识我国冶金行业固体废弃物的产生来源及特点，了解冶金行业固体废弃物的资源化特性和循环利用现状。掌握冶金行业固体废弃物处理与资源循环的理论基础，了解不同的基础理论适用的固体废弃物类别。了解稀有金属冶炼、铝冶炼、钢铁冶炼、重金属冶炼等行业的主要冶金废渣来源、特点及资源循环技术，总结分析典型湿法冶炼渣和火法冶炼渣综合利用过程的不同之处。

10.1 概　述

冶金工业是指开矿、选矿、矿石烧结、冶炼、金属材料加工的工业行业。可以分为：①钢铁冶金工业，即生产和加工铁、铬、锰及其合金等的工业行业；②有色冶金工业，即生产钢铁以外的金属冶炼和加工的工业行业，如铜、铝、铅、锌、锡、贵金属、稀有金属等金属冶炼与加工的工业部门。

冶金工业是我国的支柱产业之一，为国民经济发展打下了坚实的基础，对我国经济建设具有巨大的带动作用。我国是名副其实的冶金大国，根据 2024 年的统计数据，我国铜、铝、铅、锌、镍、镁、钛、锡、锑、汞 10 种有色金属产量 7900 万 t，连续 10 多年位居世界第一。全球粗钢产量中约有一半在中国，中国粗钢产量已连续 20 多年保持世界第一。多年来居高不下的冶金产能在给我国经济建设做出巨大贡献的同时，也带来了一系列的环境问题。冶金行业产生的固体废弃物即是其中一个突出的问题。我国冶金行业废弃物种类多，产生量大，整体利用率偏低，由于历史原因，目前堆积量巨大。冶金渣的堆放不但占用大量土地，导致与农业生产用地之间的尖锐矛盾，而且其中所含的有害物质会通过各种途径迁移、转化，严重污染环境。

近年来，随着政府政策鼓励，在冶金企业和科研院所的多方努力下，冶金行业废弃物处理技术得到了快速发展，冶金废弃物的综合利用率也逐渐升高，不仅在资源循环方面取得了明显的效益，对于冶金相关行业的多元发展也起到推动作用。冶金废弃物的处理要满足资源再利用的要求，也需要符合循环经济产业政策，还要有合理的生产工艺以及节能、环保、符合市场需求的产品。同时，冶金废弃物处理与资源循环过程中又要充分考虑不同废渣的特殊性质，采取不同的资源化技术。总体来看，由于我国冶金固体废弃物综合利用起步较晚，但发展较快，目前综合利用率还比较低，亟待环保工作者继续对这类固体废弃物进行合理的开发利用。

10.2　理 论 基 础

10.2.1　冶金渣活性激发机理

有潜在活性的冶金渣一般都属于硅铝酸盐，这类冶金渣经过冶炼过程的高温和水淬急冷，来不及形成矿物结晶，形成的玻璃体中储存有较高的化学能，因而具有潜在的水硬性及火山灰活性。冶金渣的玻璃体含量是决定其水硬性最重要的指标，但是由于玻璃体结晶完好、晶粒粗大，因此这些矿物的水化速度缓慢，一般需要采用适当的活化方式进行活化以激发其活性。目前产业上常用的激发方法有机械激发和化学激发。

机械激发是通过机械研磨的方式使冶金渣的内能和表面能增大，晶格能减小，进而增加其水化活性。研磨过程中冶金渣的比表面积不断增大，产生晶格错位、缺陷、重结晶，增加位于边缘、顶角及内原子排列不正常或者镶嵌有其他原子的活性中心的数量。一般来讲，活性中心都具有更高的能态，活性中心数量多，宏观上即表现为冶金渣的高水化活性。研磨过程中颗粒尺寸的减小还会增加其与水的接触面积，进而加速水化反应的发生。研究表明，冶金渣的水化活性随其细度的增加而提高，冶金渣水泥的强度与其比表面积正相关。

冶金渣的化学激发常用的激发剂有石膏、水泥熟料、石灰、碱金属的硅酸盐、氢氧化物等。冶金渣的化学激发机理比较复杂，一般认为碱在激发中具有重要的作用。冶金渣中的玻璃体具有富钙相和富硅铝相两种相组成。由于在中性环境中水不能溶解玻璃体，因此冶金渣能够在中性环境中保持稳定。在激发剂加入后产生的碱性环境中，冶金渣中的硅、铝化合物容易溶解形成硅酸钠和偏铝酸钠，同时，碱性环境中富钙相也会溶解，从而形成硅酸钙和铝酸钙矿物，最终形成不同组成的沸石和类沸石相。

实际的生产中通常会将机械激发和化学激发的方式结合起来，发挥两种方法的优势，将冶金渣粉磨并掺入一定量的化学激发剂是冶金渣胶凝材料制备常用的方式。

10.2.2　冶金渣制备地聚合物胶凝材料机理

地聚合物材料属于碱激发胶凝材料，严格来讲，冶金渣制备地聚合物是化学激发方式的一种形式。地聚合物通常是以硅铝质材料为主要原材料，通过碱对原材料潜在活性的激发所制备的一种无机胶凝材料。地聚合物生产能耗低、基本不排放温室效应气体 CO_2，是一种环境友好型材料，相比于普通硅酸盐水泥，地聚合物具有优良的力学性能、耐久性、耐高温性、耐化学侵蚀性以及较低的渗透性，广泛应用于隔热材料、防火材料、快速修补材料、复合材料等方面，具有广阔的应用前景。

地聚合物的合成主要包括在碱激活条件下铝硅酸盐的四个过程。①溶解：硅铝质原料在碱性溶液中溶解；②扩散：溶解的硅铝配合物从固体表面向溶液中扩散；③缩聚：硅铝低聚体发生缩聚反应形成硅铝聚合物，形成含水的硅铝酸盐凝胶相；④固化：硅铝酸盐凝胶脱水、进一步缩聚，最终形成硬化的地聚合物。地聚合物区别于硅酸盐水泥的显著特点在于其最终的产物上，地聚合物的基本结构为无机硅氧四面体和铝氧四面体，地聚合物的长链结构分为 3 种类型：硅铝长链（PS，Si/Al = 1）、双硅铝长链（PSS，Si/Al = 2）、三硅铝长链（PSDS，Si/Al = 3）。地聚合物是硅氧四面体和铝氧四面体以顶角相连生成无定形的三维网状结构，碱金属阳离子和碱土金属阳离子充填网络空隙，在化学成分上类似于沸石，但是地聚合物为一种非晶态至半晶态的无定形凝胶体。

当采用冶金工业固体废弃物（如矿渣、钢渣、硅锰渣、镍铁渣等）作为地聚合物的硅铝原材料时，由于原料含较高的钙，体系中引入了钙组分，体系中多余的 Ca^{2+} 会继续作用于 Na_2O-Al_2O_3-SiO_2-H_2O 凝胶，使得地聚合物由传统的 Na_2O-Al_2O_3-SiO_2-H_2O 四元体系转变成了(Na_2O,CaO)-Al_2O_3-SiO_2-H_2O 五元体系。研究发现，这种转变使得地聚合反应的机理、产物的组成与结构更为复杂。外源钙可以加快冶金渣在碱性溶液中的溶解，促进水化硅酸钙及水化铝硅酸钙的生成，进而加快聚合反应。钙组分还能够增加地聚合物结构的无序性，同时降低原料的聚合程度。多项研究表明，钙含量的增加可以降低地聚合物的孔隙率，使产物的抗压强度增强，因此，钙组分对地聚合物强度有着积极的作用。但是，钙组分与硅铝相进行结合的机理目前尚不清楚。

10.2.3　冶金渣制备矿渣棉理论基础

矿渣棉是炉渣经配料、熔化、喷吹等工序制成的棉丝状无机纤维材料。矿渣棉具有密度小、导热系数较低、耐腐蚀、不燃烧、防蛀、施工方便等特点，是一种新型的隔热保温吸声材料。事实上，除了高炉渣，部分铁合金渣、有色冶金渣、甚至是赤泥经过合理的调配，均可以用于制备无机纤维材料。矿渣棉的高附加值对其综合利用具有重要的现实意义，是极具潜力的发展方向。

矿渣棉纤维成型是将渣体熔融成熔体，然后经喷丝小孔挤出成细微液条，将此细微液条在张力下进行拉伸，最终定型而成纤维。生产矿渣棉的成型方法有喷吹法和离心法。喷吹法是用蒸汽或压缩空气喷吹熔融原料的方法，离心法则是使熔化后的原料落在旋转的圆盘上，用离心力甩成矿渣棉的方法。矿渣棉纤维原料成分设计合理与否，一般用三个经验指标来衡量，即酸度系数 M_k、黏度系数 M_η或酸基比 K/O、氢离子指数 pH。

　　酸度系数 M_k 是指原料成分中所含主要酸性氧化物（SiO_2 和 Al_2O_3）和碱性氧化物（CaO 和 MgO）的质量比，M_k 计算方式如下：

$$M_k = \frac{W_{SiO_2} + W_{Al_2O_3}}{W_{CaO} + W_{MgO}} \tag{10-1}$$

其中，$W_{M_xO_y}$ 是原料中 SiO_2、Al_2O_3、CaO 和 MgO 的质量分数。酸度系数 M_k 是矿渣棉化学稳定性的评价参数，矿渣棉的 M_k 应控制在 1.2～1.4 之间。一般来讲，M_k 越高，矿渣纤维的化学稳定性越好，耐高温性也比较强，但也会带来熔化困难、纤维较粗的问题。

　　黏度系数 M_η 可以定量评价高温状态下熔融体黏度，高温熔体的黏度不仅受原料中主要化学成分的影响，还受到 Fe_2O_3、Na_2O 等含量较少化学成分的影响。M_η含义是原料成分中增大熔体黏度的硅、铝氧化物和降低熔体黏度的钙、镁、铁、钾、钠等阳离子氧化物原子之比：

$$M_\eta = \frac{M_{SiO_2} + 2M_{Al_2O_3}}{M_{CaO} + M_{MgO} + 2M_{Fe_2O_3} + M_{FeO} + 2M_{K_2O} + 2M_{Na_2O}} \tag{10-2}$$

　　黏度系数值越大，原料在熔融状态时的流动性就越弱，越易于生产出长径比大的纤维产品，反之则易于生产长径比较小的纤维产品。需要强调的是，由于制备矿渣棉的原料来源广泛，并且不同产地的同种原料也存在较大差异，所以在制备矿渣棉时难以用模式化的固定值来指导生产工艺，许多相关数据需要实时测量与计算。

　　酸基比 K/O 本质上与 M_η 相近，区别在于：①M_η 计算中使用的是氧化物中阳离子原子数之比，K/O 计算中按等分子换算成 SiO_2 和 CaO，其余氧化物各赋予了一个系数，该系数是按相同离子数代替系数为 1 的氧化物（即 SiO_2 或 CaO）时的修正系数。②考虑了 Al_2O_3 含量不同时所起的不同作用，$Al_2O_3 > 8\%$ 时起酸性氧化物的作用，提高熔体黏度和化学稳定性；$Al_2O_3 < 8\%$ 时起碱性氧化物的作用，降低熔体黏度且对化学稳定性影响不大。

$$K/O = \frac{SiO_2 + 0.88Al_2O_3}{CaO + 1.4MgO + 0.7Fe_2O_3 + 0.78FeO + 0.6K_2O + 0.9Na_2O} \tag{10-3}$$

　　氢离子指数 pH 是衡量矿渣棉纤维化学稳定性的定量指标。pH 值的计算完全是从大量试验中总结出来的。一般来讲，pH 值越高，抗水性越差。根据相关文献资料，$pH<5$，矿渣棉纤维是稳定的；$pH=5\sim7$，矿渣棉纤维是中等稳定的或不太稳定；$pH>7$，矿渣棉纤维最不稳定。pH 值的计算公式如下：

$$pH = -0.0602W_{SO_2} - 0.12W_{Al_2O_3} + 0.232W_{CaO} + 0.12W_{MgO} + 0.144W_{Fe_2O_3} + 0.217W_{Na_2O}$$

$$(10-4)$$

以上三个经验指标用于指导冶金渣生产矿渣棉纤维的物料调配。按照上述原理和要求对冶金渣进行调质处理，然后用调质后的熔渣制备矿渣棉纤维，即可实现将冶金渣用于生产矿渣棉纤维的目标。

10.2.4 赤泥脱碱机理

赤泥脱碱是赤泥处置的关键，尤其是拜耳法赤泥碱含量高，若工艺不当，制备的赤泥制品容易返碱，影响后续的使用，因此，脱碱工序是其进行下一步综合利用的重要方法。赤泥中的碱主要是指钠和钾的化合物，尤其是以钠的化合物为主。赤泥中的碱主要以两种形式存在：一种是可溶性碱，主要以 NaOH、Na_2CO_3 等形式存在，另一种是非可溶性碱，主要以含水铝硅酸钠形式存在。赤泥脱碱的关键是有效转化赤泥中的可溶性碱和非可溶性碱。目前，国内外使用较多的赤泥脱碱工艺包括：水洗法脱碱、酸中和法脱碱、湿法碳化脱碱、钙离子置换法脱碱和浸出法脱碱工艺。

水洗法脱碱、酸中和法脱碱均可以归类于浸出法脱碱，不同之处在于水洗法脱碱是利用水对赤泥进行多次洗涤，使赤泥中的可溶解碱溶出，进而达到脱碱的目的；酸中和法脱碱是使用盐酸、硫酸、柠檬酸等酸溶液与赤泥中的碱发生一系列中和反应，实现碱度的降低。酸中和法可以同时将赤泥中可溶性碱和非可溶性碱的含量大幅降低，具有脱碱速度快、脱碱效果好的优点，但也具有成本高、二次污染大的问题。

湿法碳化脱碱工艺是利用二氧化碳对具有强碱性的拜耳法赤泥进行脱碱的过程。在湿法碳化脱碱过程中，赤泥中的碱可以与 CO_2 反应，破坏赤泥中原有的碱溶解平衡，形成新的液固界面的碱浓度差，进而使赤泥中的碱缓慢溶出，同时，无定形态、亚稳态的非可溶性碱还可以与 CO_2 发生反应，生成可溶性盐进入溶液中，完成脱碱过程。

钙离子置换法脱碱工艺是使用含氧化钙的矿物对赤泥进行脱碱的方法。加入氧化钙后，赤泥中的铝酸钠、碳酸钠、铝硅酸钠等碱性物质可以与生成的钙离子反应，生成结合状碱进入溶液。其中最典型和常见的反应为钙钠置换反应，即使用氧化钙与含水硅铝酸钠反应，生成溶解度更低的硅铝酸钙，钠离子转入溶液中，反应后洗涤、过滤，排除含钠离子的滤液即得脱碱赤泥。

10.3　冶金行业固体废弃物的分类与特点

10.3.1　冶金行业固体废弃物的分类

冶金行业固体废弃物是指冶金工业生产过程中产生的各种固体废弃物。主要包括火法冶炼渣、湿法冶炼渣、有色金属加工渣、金属尘泥、从铝土矿提炼氧化铝排出的赤泥以及轧钢过程产生的少量氧化铁渣。

冶金工业中，由于原生矿种类的不同和冶炼方法的不同，产生的固体废弃物种类繁多，性质复杂。目前，针对冶金固体废弃物的分类方法较多，使用较多的分类方法是根据其产生来源、冶炼目的和工艺进行分类，也有按照残渣中残余的特殊代表性组分来分类，此外，还有根据废渣的危害程度进行分类，常见的分类如下：

1. 按照产生来源和冶炼金属分类

从大类上来讲，冶金固废可以分为钢铁冶金废弃物和有色冶金废弃物。

钢铁冶金废弃物主要是钢铁冶炼过程中产生的各类废弃物，主要包括高炉渣、钢渣、铁合金废渣、含铁尘泥等。我国钢铁产量占全球的 50% 左右，钢铁冶炼过程中产生的废渣量巨大。据统计，目前我国钢铁行业冶炼废渣产生量约 4.2 亿 t/a，其中高炉渣产量超过 2 亿 t/a、钢渣产量超过 1 亿 t/a、含铁尘泥产量超过 5500 万 t/a、铁合金渣产量为 3000 万～6500 万 t/a。

有色冶金废弃物指有色金属冶炼中产生的废渣。按生产工艺可分为火法冶炼中形成的熔融炉渣和湿法冶炼中排出的残渣。按金属种类的性质可分为重金属渣（如铜渣、铅渣、锌渣、锑渣、锡渣等）、轻金属渣（如赤泥、镁渣、锂渣）和稀有金属渣。据统计，有色行业冶炼废渣产生量超过 1.2 亿 t/a，其中赤泥产生量超过 7000 万 t/a，累计堆存量已达 3 亿多 t。

2. 按照危害程度分类

一般分为冶金废弃物、危险废物。

危险废物是指列入《国家危险废物名录》或者根据国家规定的危险废物鉴别标准认定的具有危险特性的废弃物。根据 2025 版的《国家危险废物名录》，冶金行业涉及的危险废物主要集中在 HW48 有色金属冶炼废弃物，其他包括电解铝及其他有色金属电解精炼过程中预焙阳极、碳块及其他碳素制品制造过程烟气处理所产生的含焦油废物（309-001-11），铬铁硅合金生产过程中集（除）尘装置收集的粉尘（314-001-21），铁铬合金生产过程中集（除）尘装置收集的粉尘（314-002-21），铁铬合金生产过程中金属铬铝热法冶炼产生的冶炼渣（314-003-21），废钢电炉炼钢过程中集（除）尘装置收集的粉尘和废水处理污泥（312-001-23），锑金属及粗氧化锑生产过程中产生的熔渣和集（除）尘装置收集的粉尘（261-046-27），氧化锑生产过程中产生的熔渣（261-048-27），汞再生过程中集（除）尘装置收集的粉尘（321-030-29），铜、锌、铅冶炼过程中烟气氯化汞法脱汞工艺产生的废甘汞（321-103-29），铊及其化合物生产过程中产生的熔渣、集（除）尘装置收集的粉尘和废水处理污泥（261-055-30），钡化合物（不包括硫酸钡）生产过程中产生的熔渣、集（除）尘装置收集的粉尘、反应残余物、废水处理污泥（261-088-47）。需要说明的是，即使是不列在《国家危险废物名录》里的固体废弃物，也有可能属于危险废物，这需要通过国家规定的危险废物鉴别标准和鉴别方法进行鉴别。由于危险废物的污染和影响均较一般废弃物严重，因此，其管理和资源化均有特殊的规定，这部分内容将主要在第 20 章论述。

10.3.2　冶金行业固体废弃物的特点及资源化特性

冶金行业固体废弃物种类繁多，性质复杂，不同种类的冶金渣都有各自的特点，这也决定了冶金废弃物处理与资源循环过程的难度。整体来看，冶金废弃物具有以下共同特点：

1）冶金行业废弃物具有产生量大、价值低廉的特点。尽管近些年来，冶金工业企业通过新建、改建、扩建工程不断采用新技术，改变工艺结构，精选原料等方法，最大限度增加产品收率，废弃物减少十分显著。但是由于我国冶金工业规模巨大，固体废弃物产量仍然居高不下，通常单个冶金企业固体废弃物产生量就能达到上百万吨。冶金行业废弃物产生量大，除了少数含有可回收有价金属较高的废弃物，如电炉粉尘，其余价值均较低。部分地区缺少市场消化途径和合理的资源化方法，甚至存在固体废弃物处理需要高额处理费的情况，给企业带来极大的负担。

2）以硅、铝、钙、铁、镁等无机物为主要成分，尤其以硅、铝、钙为主。冶金废弃物来源于矿石，大部分经高温过程，其中基本不含有机物，主要成分由于急冷、水淬等处理过程，具有一定的活性。

3）冶金行业涉及较广，因此废弃物种类繁多，但通过其产量分析，可以发现高炉渣、钢渣、含铁尘泥、铁合金渣、铜渣、铅锌渣这几类产量较大的废渣基本占到总废弃物产量的 85%以上。

冶金行业废弃物的特点对其处理与资源循环具有重要意义，冶金行业废弃物大多是大宗固体废弃物。对于这类废弃物，其处理的首要问题是消纳，因此，相应的利用处置技术应能满足以下要求：

1）固体废弃物消耗量大、技术适用性强、市场需求大。建材行业，如制备建筑材料、生产水泥、生产轻骨料和岩棉等资源化方法，都有较大的固体废弃物消纳能力，这些方法也是冶金行业固体废弃物处理的主要方式。此外，地貌改造、填坑、土地复垦等领域对固体废弃物利用产品也有大量需求。

2）符合地区需求的技术优先考虑。冶金行业工业固废领域存在的显著问题之一，是工业固废的产地和资源化产品市场相距较远，较远的运输距离和运输成本限制了产品辐射范围，因此，在资源化利用过程需要充分考虑产品的运输半径和市场消纳能力。

10.4　典型稀有金属冶金渣处理与资源循环

10.4.1　稀土冶炼渣处理与资源循环

1. 稀土冶炼渣的来源及特点

我国稀土矿产资源丰富，稀土储量和多年以来的稀土产品年出口量均居世界第一位。我国的稀土矿藏主要有包头、四川为主的轻稀土矿以及江西、广东、广西、福建、湖南、云南、浙江等南方七省份的离子型吸附矿。其中白云鄂博地区（包头矿）稀土以氟碳铈矿和独居石混合矿为主，储量占我国稀土储量的 90% 以上，铈含量占总稀土的 49% 左右。四川矿 97% 为氟碳铈矿，其储量居全国第二。南方七省份的离子型重稀土矿已探明工业储量 150 万 t，虽然占比仅为我国稀土总量的 4.17%，但是其中富含高价值的重稀土元素，铕、镝、铽等重稀土元素占世界储量的 80% 以上，具有极高的战略价值。

我国稀土矿物品种多，组分复杂，稀土矿资源常伴生钍、铀和镭等放射性核素，因此，在选冶生产中会产生大量的有害废渣。在开采、冶炼、加工的过程中，伴生的放射性核素会随之迁移、富集和扩散，这一原因致使稀土相关的产品和废弃物均含有不同程度的放射性。对于这类在开采和冶炼中产生的高含天然放射性物质、辐射水平较高的固体废弃物，称为伴生天然放射性废弃物。

稀土冶炼以湿法为主，根据稀土工业的不同工艺和生产环节，可将稀土冶金渣分为酸法生产中的水浸渣、酸溶渣和碱法生产中的溶渣、铁钍渣等。据统计，目前仅有 10% 的包头混合矿采用碱法工艺，其余 90% 使用的是硫酸法工艺，其废渣的来源有 2 种：①烧结后的水浸渣；②水浸液经过除杂后剩下的酸溶渣。其中，水浸渣是产量最大的稀土冶炼废渣。

稀土冶炼渣具有以下共同特点：

1）比活度范围大：虽然各种废渣中都含有放射性元素，但是这是由于企业普通废渣与放射性废渣混杂存放，导致稀土废渣的放射性比活度范围较大，上下相差几个数量级。

2）废渣数量大：根据保守统计，我国内蒙古、四川、江西等 7 个省份产生的伴生天然放射性废弃物超过 1200 万 t/a。其中，非放射废渣的渣量较多，比活度很低。稀土生产中排出属放射性废渣的渣量较少，但比活度较高。

3）含有价元素：很多稀土废渣中含可以回收利用的有价元素，研究表明，优溶渣中含有 25%～30%的有价金属氧化物，其中放射性的钍和铀元素含量分别为 0.78%和 0.34%，可用于生产稀土氯化物、硝酸钍和重铀酸铵等产品。

由于稀土冶炼渣含有一定的放射性，其处理和处置具有一定的特殊性。根据我国现行法律标准规定，稀土矿山开发、冶炼企业产生的一般固体废弃物处理处置应符合《一般工业固体废物贮存和填埋污染控制标准》（GB 18599—2020）的要求，属于危险废物的应严格执行危险废物相关管理规定；含钍、铀等放射性废渣要按照《中华人民共和国放射性污染防治法》、《放射性废物管理规定》（GB 14500—2002）的要求，严格进行管理。

2. 稀土冶炼渣的处理与资源循环

（1）水浸渣、酸溶渣回收稀土元素和钍

水浸渣来源于稀土酸法生产过程，酸法生产过程中，稀土精矿首先与浓硫酸溶液按一定的比例混匀，之后在回转炉中焙烧使精矿中的稀土元素分解生成硫酸盐，对焙烧矿进行水浸可得到稀土溶液，其废渣即为水浸渣。

在焙烧过程中，精矿中的放射性元素钍会转变成难溶于水的物质焦磷酸钍，进而在水浸过程中进入废渣。由于放射性元素钍留在水浸渣中，水浸渣放射性比活度一般为 4×10^4Bq/kg，属于放射性废渣。稀土中钍元素含量较高，从稀土废渣中回收钍资源具有巨大的意义和前景。

水浸渣中还含有一定量的稀土氧化物，据内蒙古包钢和发稀土有限公司的研究数据，水浸渣中含有约 5%的未浸出矿物。以包头矿为例，若水浸渣中的稀土氧化物以 3%计，酸溶渣中稀土氧化物以 10%计，每年排放的废渣中含有稀土氧化物 6240t，造成了稀土氧化物的巨大损失。因此，对稀土渣的综合利用具有十分重要的意义。

目前，一般通过硫酸焙烧水浸—除杂—碳酸沉淀—酸溶除杂—混合氯化稀土（中间产品）—溶剂萃取净化—氨水反萃的方法来从废渣中富集、分离稀土元素，产品一般为单一氯化稀土、氧化稀土或稀土富集物等。该工艺流程图如图 10.1 所示。

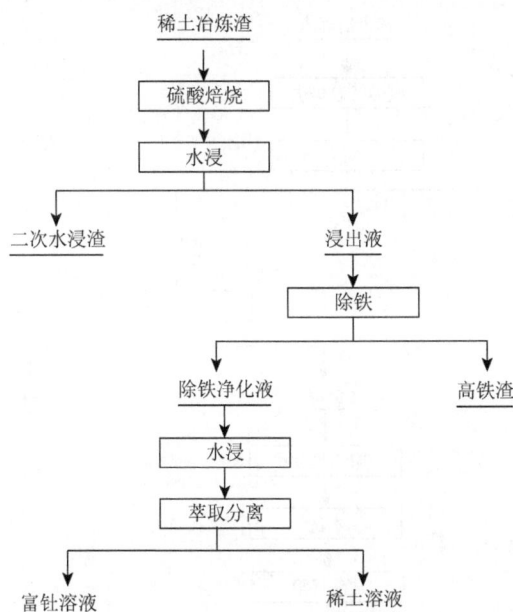

图 10.1 水浸渣、酸溶渣回收稀土元素和钍工艺流程图

稀土废渣与浓硫酸混合后焙烧，在达到一定温度后稀土元素及杂质形成硫酸盐。焙烧产物经水浸可使稀土和钍形成硫酸盐溶解，其他杂质的硫酸盐也同时进入溶液中。该过程的主要反应如下：

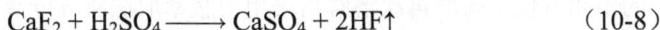

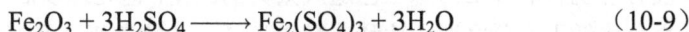

$$2REPO_4 + 3H_2SO_4 \longrightarrow RE_2(SO_4)_3 + 2H_3PO_4 \tag{10-5}$$

$$RE_2O_3 + 3H_2SO_4 \longrightarrow RE_2(SO_4)_3 + 3H_2O \tag{10-6}$$

$$Th_3(PO_4)_4 + 6H_2SO_4 \longrightarrow 3Th(SO_4)_2 + 4H_3PO_4 \tag{10-7}$$

$$CaF_2 + H_2SO_4 \longrightarrow CaSO_4 + 2HF\uparrow \tag{10-8}$$

$$Fe_2O_3 + 3H_2SO_4 \longrightarrow Fe_2(SO_4)_3 + 3H_2O \tag{10-9}$$

在以上稀土提取过程中，存在两个主要问题：第一，溶液中的稀土元素在除杂时会与磷再次结合导致一定的损失。第二，水浸液中的铁也无法完全去除，这会导致经过碳酸沉淀-酸溶处理后的水浸液中的稀土难以通过萃取进入有机相。为了解决这些问题，国内研究人员提出了一种新流程：硫酸低温焙烧—复盐沉淀—碳酸钠转化。通过这种流程，原料矿物中的各相分别在不同阶段得到富集。硫酸钡和硫酸钙作为不溶组分富集于水浸渣中，铁和磷以离子形式存在于复盐沉淀滤液中，而稀土则以碳酸盐形式得到回收。生产过程中产生的废气排放量较少，同时废渣和废水中的有价元素得到回收利用。其工艺流程如图 10.2 所示。

稀土冶炼渣

硫酸低温焙烧

水浸

水浸渣   浸出液

复盐沉淀

沉淀   滤液

碳酸盐转化

水洗

盐酸优溶

除铁

稀土溶液

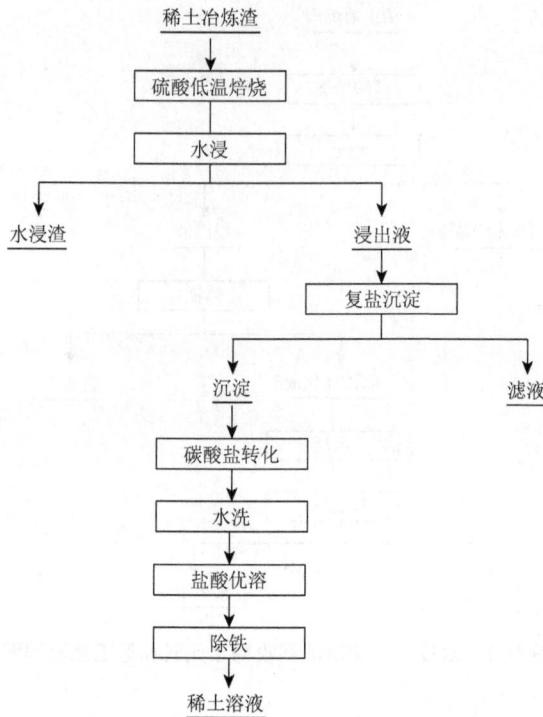

图 10.2 改进的水浸渣和酸溶渣回收稀土元素流程图

为了解决稀土废渣钍含量高，属于放射性废渣的问题，内蒙古包钢和发稀土有限责任公司研究人员还提出了一套源头控制方案，现有焙烧工艺被改为低温焙烧，通过这种新方法，焙烧矿中的钍溶解进入水浸液并与水浸渣分离。水浸液中和处理后，溶液中的硫酸钍转化为氢氧化钍，并从水浸中和液中分离出来。分离出的中和渣使用硫酸再次溶解后采用伯胺萃取法将钍分离出来。这种低温焙烧法并没有对现有的稀土冶炼工艺造成太大的改变，但处理以后，水浸渣中 ThO_2 的质量百分比低于万分之四，比稀土精矿还低一个数量级。经过这种方法处理后，精矿中 93%以上的钍得到回收，水浸渣的放射性比活度低于 $1 \times 10^4 Bq/kg$，达到非放渣的要求。

（2）稀土熔盐渣中稀土的回收

稀土金属（合金）的生产方法主要有两种：熔盐电解法和热还原法，这两种方法分别适用于不同熔点、蒸气压的稀土。据统计，熔盐电解法生产了超过 95%的稀土产品。然而，采用熔盐电解法生产稀土回收率通常低于 95%，未能回收的稀土绝大部分以氟化物、氧化物等形式进入熔盐废渣中，此外，熔盐废渣还含有石墨粉、氟化钙（CaF_2）、氧化铁（Fe_2O_3）等杂质。由于稀土熔盐渣成分非常复杂，因此，其回收利用的一个关键问题是降低稀土氟化物物相转化温度和添加剂消耗量。为此研究人员进行了多方面有益的研究，分别使用氢氧化钠、硅酸钠、硼砂、碳酸钠、氢氧化钙等物质与稀土进行焙烧，实现稀土氟化物的转变，并实现了稀土的高回收率。

对比机械活化碱转、络合分解、高压碱转、硼砂焙烧、碳酸钠焙烧等方法，得出硼砂焙烧法及碳酸钠焙烧法是最优的稀土熔盐废渣转化方法。研究结果表明，硼砂焙烧稀土熔盐渣法在最佳工艺条件下的稀土浸出率为 97.35%，REO/F = 60.18。碳酸钠焙烧稀土熔盐渣工艺最优条件下，非 Ce 稀土浸出率为96.98%，Ce 的浸出率为 80.78%，REO/F = 559.13，Al_2O_3/REO = $1.6×10^{-3}$，浸出液经 P507 萃取后实现分离。焙烧过程的化学反应式分别为：

$$Na_2B_4O_7·10H_2O + REF_3 \longrightarrow Na_2O + REBO_3 + BF_3 + H_2O \qquad (10\text{-}10)$$

$$3Na_2CO_3 + 2REF_3 \longrightarrow 6NaF + RE_2O_3 + 3CO_2 \qquad (10\text{-}11)$$

氢氧化钙氟置换法是从稀土熔盐渣中分离回收稀土元素的有效方法。其流程主要包括原料粉碎、氢氧化钙配料、氟置换、盐酸溶解、P507 萃取分离、碳酸沉淀、灼烧等，产品为单一稀土氧化物。其关键步骤为原料与氢氧化钙配料混匀之后在隧道窑中以 950～1000℃的温度灼烧实现氟置换，该过程的反应为

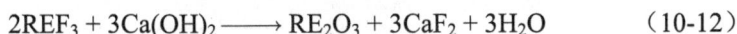

$$2REF_3 + 3Ca(OH)_2 \longrightarrow RE_2O_3 + 3CaF_2 + 3H_2O \qquad (10\text{-}12)$$

原料中的氟化稀土经氟置换转化为氧化稀土，氧化稀土经盐酸优先浸出，料液除杂后，进入 30 级 P507 体系除钙，然后进入稀土萃取线进行分离，进而得到单一稀土碳酸盐，碳酸盐在 950℃灼烧后得到单一稀土氧化物最终产品。工艺流程如图 10.3 所示。

（3）铁钍渣回收利用

铁钍渣也被称为钡盐渣，是碳酸稀土向氯化稀土转化过程的酸溶渣，该渣主要含硫酸钡、铈、铁和钍。生产实践表明，铁钍渣的产生量大约为氯化钡投入量的 1.1 倍。生产实践中通常对该渣进行盐酸洗涤，从滤液回收铈和钍或将滤液返回稀土生产、滤渣回收氯化钡。工艺流程如图 10.4 所示。

目前氯化钡主要采用重晶石煅烧的方法生产，煅烧过程主要有盐酸法和氯化钙法两种。一般大规模的工业化生产都采用的盐酸法，小规模生产以氯化钙法居多。铁钍渣经酸洗去除渣中的稀土、铁和钍后得到较为纯净的沉淀硫酸钡，采用氯化钙焙烧的方法将硫酸钡转化为氯化钡，生产成本较低，钡的回收率可达到 80%以上，既能将铈和钍回用于稀土生产，消除废渣，又能产生较好的经济效益。

破碎熔盐渣

氢氧化钙 → 配料

焙烧氟置换

盐酸优溶

氢氧化钠 → 中和除杂

萃取分离

中和除杂

镨钕料液　　　　　　　　　　　　镝料液

用于稀土生产　　　　　　　　　　　用于稀土生产

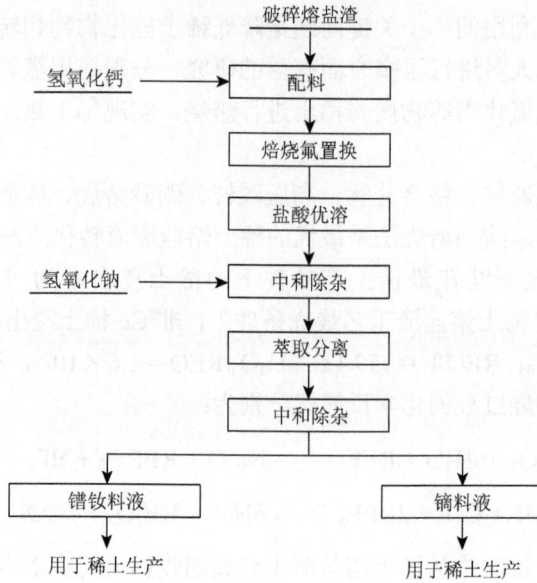

图 10.3　氢氧化钙氟置换法稀土熔盐渣回收利用工艺流程图

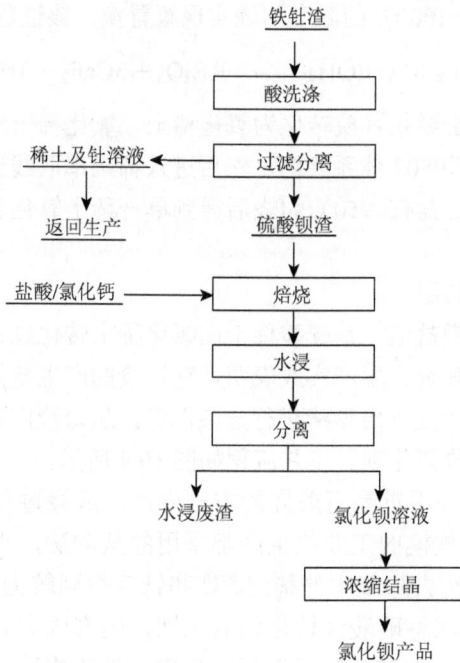

铁钍渣

酸洗涤

稀土及钍溶液 ← 过滤分离

返回生产　　　　硫酸钡渣

盐酸/氯化钙 → 焙烧

水浸

分离

水浸废渣　　　　氯化钡溶液

浓缩结晶

氯化钡产品

图 10.4　铁钍渣回收利用工艺流程图

10.4.2　氰化渣

1. 氰化渣的来源及特点

氰化渣是利用氰化法提金后的废渣。氰化提金法具有成本低廉、工艺成熟、适应性较强、回收率高、就地产金等诸多优点,在黄金提取工业中处于支配地位。目前世界上约有 85%的黄金采用氰化法生产。据不完全统计,我国黄金矿山每年排放 2000 多万 t 的金尾矿,其中大多数为氰化渣。氰化渣有两种:浮选金精矿的氰化渣和全泥氰化渣,分别来自黄金矿山浮选金精矿氰化提金工艺和全泥氰化提金工艺。

由于矿石性质和采用的提金工艺流程不同,氰化渣的性质有所差异,但具有一些主要的共同特点:

1)氰化渣粒度极细(一般小于 37μm 的占 90%,甚至更细),比表面积相对大,呈现"类胶态"分散体系。同时,长时间的氰化浸金反应使矿物表面发生变化,浮选性质发生改变,矿物之间的可浮性明显减少,分离浮选困难。

2)氰化渣中含有氰根,研究表明,其含量可高达几百毫克每升。这些氰根以金属氰络合物和游离氰根的形式存在,具有一定的毒性。

3)无论是浮选金精矿氰化提金或全泥氰化提金都不能实现金属的 100%回收,因此氰化渣还含有 Au、Ag、Cu、Pb、Zn、Fe、Sb 等一定品位的金属。但是由于组成复杂、经济性差、技术缺乏,目前能够从氰化渣中回收利用的金属元素极少。

4)氰化渣中有用矿物大多为硫化物。如河南银洞坡金矿从氰渣中回收 PbS 和 ZnS,回收率分别高达 98.2%和 99.1%。

氰化渣中的氰化物、金属离子、浮选剂、硫化物、氯化物和表面活性剂等物质均具有一定的环境毒性,若不能妥善处置,将会对地表水、地下水和土壤造成一定的污染,影响农作物、森林、牲畜和鱼类的生长繁殖,进而危害人类健康。因此,氰化渣的资源化不仅能够回收利用其中的有价元素,具有经济价值,而且能够减少对环境的污染。

2. 氰化渣的处理与资源循环

氰化渣的处理和资源化技术主要包括氰根的处理、有价元素的回收利用和建材化利用三方面。

（1）氰根的处理

在氰化提金过程中,金矿颗粒置于含氰的生产水中进行浸出,之后经压滤得到氰化渣。氰化渣一般含有 20%左右的含氰水,这是氰化渣中氰根的主要来源。

氰化渣中的氰根以金属氰络合物和游离氰根形式存在，是氰化渣毒性的主要来源。虽然氰根是金银浸出的试剂，理论上具有回收价值，但由于氰化物回收成本高，实际的生产中主要采取将氰根破坏及转化为无毒物质的方法进行处理。根据原理不同，氰根的处理方法可以分为氧化法、沉淀法等。处理后的氰化渣需满足《黄金行业氰渣污染控制技术规范》（HJ 943—2018）的相关标准。

化学氧化法是破坏氰根最常用的方法，主要有氯氧化法、因科法（SO_2/空气氧化法）、臭氧氧化法、过氧化氢氧化法等。氰根化学破坏的原理是氰根氧化为氰酸根，并进一步分解为无机物。不同试剂作用下，氰根分解的反应如下。

氯氧化法：

$$CN^- + Cl_2 \longrightarrow CNCl + Cl^- \tag{10-13}$$

$$CNCl + 2OH^- \longrightarrow CNO^- + Cl^- + H_2O \tag{10-14}$$

$$3Cl_2 + 2CNO^- + 6OH^- \longrightarrow 2HCO_3^- + N_2 + 6Cl^- + 2H_2O \tag{10-15}$$

因科法：

$$CN^- + SO_2 + O_2 + H_2O \longrightarrow CNO^- + H_2SO_4 \tag{10-16}$$

臭氧氧化法：

$$CN^- + O_3 \longrightarrow CNO^- + O_2 \tag{10-17}$$

$$2CNO^- + O_3 + 4H_2O \longrightarrow 2NH_3 + 2HCO_3^- + 1.5O_2 \tag{10-18}$$

过氧化氢氧化法：

$$CN^- + H_2O_2 \longrightarrow CNO^- + H_2O \tag{10-19}$$

盐沉淀法也是处理氰化物成本低、效果好的办法。沉淀法指通过加入盐类物质，使氰化物与金属盐沉淀，然后过滤去除氰化物。氰根沉淀常用的盐类包括硫酸铜、硫酸亚铁、硫酸锌等。加拿大 Hemlo 金矿公司的 Golden Giant Mine 开发了利用硫酸铜和硫酸亚铁混合盐沉淀脱氰的方法。其操作主要是，首先将硫酸铜和硫酸亚铁溶液混合，混合溶液中 Fe^{2+} 被氧化成 Fe^{3+} 形成氢氧化铁沉淀，Cu^{2+} 被还原成 Cu^+。该混合物加入含氰水中之后，Cu^+ 会与氰根反应形成氰化亚铜沉淀从溶液中分离。该过程的主要反应为

$$Cu^{2+} + Fe^{2+} + 3OH^- \longrightarrow Cu^+ + Fe(OH)_3\downarrow \tag{10-20}$$

$$2Cu^+ + 2CN^- \longrightarrow Cu_2(CN)_2\downarrow \tag{10-21}$$

（2）氰化渣中有价元素的回收利用

由于提金过程中不能将精矿中的所有金属提取干净，因此氰化渣中尚含有一定品位的有价金属元素，是值得回收的资源。研究人员依据层次分析法原理，从经济、环境和资源化 3 个方面对氰化渣资源化途径优选的评价结果表明，氰化渣资源化途径中有价元素综合回收是最优的选择，其次是作为原料制备硅酸盐水泥，然后是制砖和微晶玻璃。

浮选法回收氰化渣中有价元素是目前应用最多的方法。浮选法对硫化物包裹

金元素的氰化渣最为有效。从氰化渣中回收有价元素与传统的铜锌硫化矿回收存在很大的不同，主要在于氰化浸出的过程中，金精矿经历了细磨和长时间的充气搅拌，过磨严重，比表面积增大，呈现"类胶态"分散体系，导致有价元素浮选困难。氰化渣中残留的氰化物对闪锌矿和黄铜矿有明显的抑制作用，导致其可浮性下降，一般需要进行活化后才能实现浮选回收。浮选工艺根据不同氰化渣中元素含量的差别以及残留氰化物对矿物的影响进行设计，常用的浮选工艺包括浮铅抑锌工艺、浮铜抑铅工艺、浮铅锌抑铜硫工艺、浮铜铅抑锌硫工艺等。与原生矿石相比，从氰化渣中提取有价元素浮选难度更大。

（3）氰化渣中无机材料的综合利用

氰化渣中无机材料可作为重要的非金属原料或建筑材料利用，其综合利用途径较多。主要用作建筑材料、井下充填料、覆土造田等。一般来说，以方解石、石灰石为主的氰化渣可以作为水泥原材料，以石英为主的氰化渣可以用于生产微晶玻璃、免烧蒸压砖等，以硅和铝为主的氰化渣可用作耐火材料原料。用氰化渣作为充填料具有就地取材、废物利用等优点，其充填费用仅为碎石的 1/4～1/10，具有较好的经济性和较大的消纳量，能够实现氰化渣的永久性处理。覆土造田也是氰化渣处理的常用方法，适用于氰化渣堆场的处理，覆土造田通常有两种方式，一种是直接或经过简单改良后种植植被，另一种是先在堆场表面覆盖 10～20cm 厚的种植土，然后种植植被。

10.4.3　钨渣

1. 钨渣的来源及特点

中国钨资源储量丰富，占世界总量的 57.6%，也是世界上重要的钨生产国。钨的熔点在所有已知金属中是最高的，因而工业生产上一般不采用高温熔炼的方法来提取钨，其冶炼方法与普通金属有较大的区别。钨的冶炼一般采用湿法工艺，各类钨矿物湿法生产过程产生的固体废渣称为"钨渣"。我国现行的钨冶炼工艺以碱浸为主，因此，通常所说的钨渣是指钨碱浸渣。据统计，每生产 1t 钨初级制品会产生钨渣约 0.8t。钨精矿品位的降低会极大增加单位产品的钨渣产生量，低品位钨精矿的钨渣产生量可高达 1～1.3t。据中国钨业协会测算，目前中国钨渣产量超过 10 万 t/a，历史堆存量已达 100 万 t 以上。

钨渣化学组成随钨矿物原料成分变化和冶炼过程添加剂而异，但也具有一些共同特点：①钨渣中含有多种有价金属元素。在钨精矿碱浸过程中，部分含钨矿相未能分解，因此钨渣中常含有 1.0%～4.0%钨元素，具有一定的回收价值。同时，钨精矿常伴生钽、铌、锰等有价金属，在碱法提钨过程中，这些金属元素在钨渣中得到富集，具有很高的综合利用价值。②随着黑钨精矿在钨冶炼原料中占比减少，钨渣中有价元素含量呈降低的趋势。③钨渣中含有铜、锌、砷、铅、汞等有毒有害物质，具有浸出毒性强、环境危害大的特点。因此，《国家危险废物名录》将其列为危险废物，危废代号为 323-001-48，以钨精矿为原料生产仲钨酸铵过程中碱分解产生的碱煮渣（钨渣）、除钼过程中产生的除钼渣和废水处理污泥，需要严格管控环境风险。④钨提取和冶炼过程中会将钨矿石破碎、研磨作为预处理手段，因此，钨渣粒度较细，易产生扬尘，容易对周边大气、水体和土壤造成污染。

2. 钨渣的处理与资源循环

（1）钨渣中的有价金属回收

钨渣是一种重要的金属二次资源，具有很高的综合利用价值。随着矿产资源的不断消耗和金属需求的不断增大，钨渣中有价金属的回收价值越来越大，也越来越受重视。近年来，科研工作者对钨渣中有价金属的回收进行了深入研究，目前主要的回收对象包括钨、铌、钽等。

从钨渣中回收钨的传统工艺包括强化碱浸法、苏打焙烧-水/碱浸出法、酸分解-碱浸法等。强化碱浸法是使用 NaOH 在高温高压下强化钨的浸出，进而得到钨酸钠、人造白钨等钨产品，强化碱浸法只适合于钨含量较高的钨渣。苏打焙烧-碱/水浸出法是将钨渣与 Na_2CO_3 混合后在高温下焙烧，杂质离子与 Na_2CO_3 反应造渣，会使包裹在钨矿表面致密的氧化膜疏松，钨矿与 Na_2CO_3 反应生成可溶于水和碱液的 Na_2WO_4。苏打焙烧-碱/水浸出法已有工业应用，缺点是设备要求高、过程能耗高，尤其在处理 $WO_3 < 3\%$ 的低品位钨渣时，存在浸出试剂消耗量大、浸出率低等问题。酸分解-碱浸法适用于含钨低的废渣。目前常用的酸是盐酸和硫酸。盐酸浸出法提取率高，但会产生大量高浓度难处理的含氯废水，制约了该工艺的产业化。硫酸浸出法存在酸消耗量大的缺点，还需进一步研究钨的浸出过程与机理以提高浸出率。针对现有工艺的缺点，一些新工艺被提出来，例如采用酸分解-萃取联用的方法富集钨，在最佳条件下，钨单级萃取率可达到 99.8%，最终钨回收率可达 92.8%；在稍高于常温的温度下对钨渣进行常压酸浸出，浸出液采用弱碱性阴离子树脂进行离子交换，实现钨和其他有价金属的有效分离。

钨冶炼过程中，经碱法处理提钨后，铌、钽均富集于废渣中。据统计，钨渣中一般含 Nb_2O_5 0.5%～1%，Ta_2O_5 0.1%～0.5%，在我国铌、钽矿资源越来越贫乏，而需求不断增加的情况下，回收钨渣中铌、钽具有重要意义。钨渣中铌、钽的传统回收工艺为高压苏打浸出—盐酸浸出—碱浸脱硅—硫酸焙烧—过氧化氢浸出。该工艺可以与钨的回收衔接，实现铌、钽的富集。高压碱浸过程中钨转化为可溶性的钨酸钠，钽铌转化为溶解度非常小的多钽（铌）酸盐，铁、锰等则生成不溶性的化合物。盐酸浸出过程中，铁、锰的氧化物溶解成氯盐，钽铌的复杂化合物转化成氢氧化物富集在渣中。碱浸脱硅实现钽、铌的进一步富集后，再利用硫酸在 200～300℃下进行焙烧活化。焙烧活化后的原料利用 H_2O_2 与硫酸的混合溶液浸出，最终使钽、铌以过氧化物形式进入浸出液实现回收。

氟盐转型法是研究人员报道的一种新工艺（图 10.5），其流程包括氟盐转型—氢氟酸/硫酸浸出—氟盐氨转化，氟盐转型法可回收钨渣中的钽、铌、钨等多种元素。利用各元素氟铵盐的溶解性差异，可将钽、铌、钨与铁、锰、铝、硅等杂质元素分离。该工艺最终可获得 WO_3 含量为 26.71% 的钨富集渣，Ta_2O_5 含量为 6.08%、Nb_2O_5 含量为 27.29% 的钽、铌富集渣，钽、铌、钨的单程回收率分别达到 83.18%、88.33% 和 77.91%。富集程度和回收率均高于传统方法，该方法工艺流程简单，操作条件温和，氟盐可实现循环利用，工艺过程物料消耗很低，技术经济性良好，具有良好的工业化生产前景。

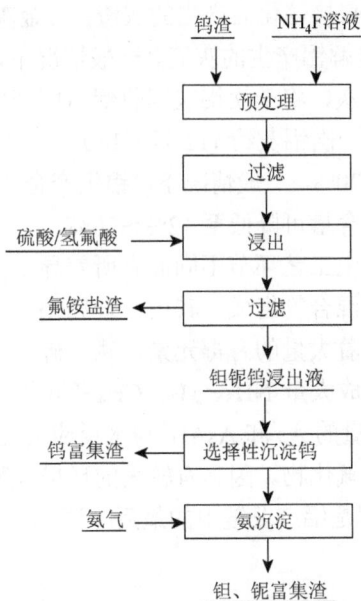

图 10.5　钨渣中钽、铌、钨氟盐转型法共提流程

（2）利用钨渣生产耐磨材料

钨渣含有钨、钕、钛、铬、锰等大量合金元素，这些元素与碳反应会形成熔点较高的碳化物，因此有作为耐磨材料添加剂的潜力。研究表明，冶炼中，铁液结晶时这些高熔点的碳化物起到外来结晶核心的作用，能够细化一次结晶组织。使用高熔点碳化物生产磨球，能改善碳化物分布，进而提高磨球的耐磨性能和使用寿命。该方法生产的磨球与传统的镍硬铸铁和高铬铸铁耐磨球相比，具有材料

易得、生产工艺简便、成本低等优点。研究表明，钨渣作为添加剂掺入至耐磨材料内，使用恰当的工艺和合理的配方，其耐磨性可达到高铬铸铁球的水平。用含钒、稀土和硼的变质剂对钨渣低铬耐磨铸铁进行改性处理，可改善铸铁组织中的碳化物形貌，提高材料的硬度、抗磨性、冲击韧性以及综合性能。

10.5　铝冶炼行业固体废弃物处理与资源循环

10.5.1　铝灰

1. 铝灰的来源及特点

铝灰是铝电解、铝加工等铝冶炼加工过程中产生的危险废物。铝灰的来源有3种，分别是原灰-原铝锭直接熔化后产生的灰渣；合金灰-铝锭熔化加入合金熔炼后产生的灰渣；电解灰-电解铝产生的灰渣。一般情况下，将原生铝生产过程中所产生的铝渣定义为一次铝灰，将一次铝灰回收铝后所产生的铝渣称为二次铝灰。据统计，我国每年产生的一次铝灰约 112 万～180 万 t。一次铝灰具有较高的铝含量，其金属铝含量 20%～70%，一般情况下，铝生产企业会回收铝灰中的金属铝，回收后的二次铝灰金属铝含量可降低至 12%～20%。

铝灰的具体成分因产生工艺环节不同而有所差异，但主要由金属铝单质、氧化物、氮化物和盐熔剂的混合物组成。其中，金属铝一般在氧化铝和氮化铝的包覆下存在。铝灰中还存在着大量的有毒元素：硒、砷、钡、镉、铅等；铝灰中的氮化物，与水反应后会生成大量 NH_3、H_2、CH_4 等可燃气体，有引起火灾的潜在风险。铝灰中还含有一定量的 As 和 AsAl，与水反应会生成剧毒的 AsH_3 气体。此外，铝灰中还含有一定的氟化物。因具有较大的环境危害，铝灰被列入《国家危险废物名录》。铝灰的处理是铝产业链中的最后一环，对于铝工业的可持续发展具有重要意义。

2. 铝灰的处理与资源循环

一般来讲，铝灰的处理包括从铝灰中回收金属铝以及二次铝灰的综合利用。

（1）从铝灰中回收金属铝

从铝灰中回收铝是铝灰最普遍的资源化途径之一。铝灰中铝的回收工艺有数十种，大致可以分为热处理法和冷处理法两类。在众多热处理法中，应用较多的有炒灰回收法、回转窑回收法、倾动式回转炉回收法、压榨回收法等。冷处理法主要包括重选法、电选法及磨碎筛分等分选方法。

炒灰回收法是对铝灰进行翻炒加工，在此过程中铝的熔融颗粒不断流向炒锅下部，待汇集充分后用钢制器皿将其导出。该法投资少、操作简单、技术门槛低，但因为是敞开式操作，回收过程会产生大量的烟尘，造成操作环境恶劣，对周边环境也有较大的污染。随着环保的日趋严格，炒灰法已逐渐被淘汰。

回转窑回收法与炒灰回收法原理大致相同。在回转窑内铝灰反复翻滚，并有热源对铝灰进行加热，铝灰中熔融的液态铝逐渐沉聚到回转窑底部，从而实现金属铝与铝灰的分离。由丹麦阿加公司、霍戈文斯铝业公司、曼公司联合开发的ALUREC 法是回转窑回收法的一种，ALUREC 法使用混入氧的天然气作为燃料，由于纯氧的助燃作用，该装置热效率高，在短时间内即可到达所需的温度。在燃烧过程中，主要的废气为二氧化碳与水，能够减少对环境的污染。

倾动式回转炉的炉体倾斜一定角度，因此提高了炉内物料的热传导。该回转窑炉体上具有独立的进料口与出料口，同时在炉门上安装了喷嘴与排烟管。该设计可以防止外部空气进入炉身内部，炉料在正常还原气氛中不发生反应，由此减少了熔盐的使用。倾动式回转炉处理铝灰的方法目前应用广泛，具有机械化程度高、处理效率高、环保等优点。

压榨回收法是从机器上部放入热铝渣，随后施加静压或动压，将熔融铝挤压出来的方法。以压榨回收法为主的铝生产企业近年来逐渐增多。压榨回收法在许多发达国家使用十分广泛，但该技术在我国的再生铝生产企业还未普遍应用，尚处于初级阶段。焦作万方铝业股份有限公司于 2006 年试运行了一套压榨回收系统，该系统试运行阶段几乎压榨不出铝，后经不断消化、吸收、改进，才得以正常投入使用。

冷处理回收法是对铸造熔炼产生的热铝灰自然冷却后进行金属铝回收的处理方法。目前冷处理回收法应用较多的是磨碎筛分的方法，该方法技术比较成熟，目前在电解铝厂应用较多，其流程一般为破碎机破碎、球磨机球磨，之后使用振动筛筛分，筛分产物分为大颗粒、中颗粒和细灰三种产品，其中，大颗粒铝含量高，可以直接回炉熔炼，中颗粒通过坩埚熔炼后回炉熔炼，细灰作为二次铝灰进入后续处理。重选法的主要设备是摇床，由于铝灰的成分比较复杂，主要成分的物料密度差较小，采用摇床分选效率低，具有一定的难度。电选法是利用铝金属与其他杂质的电性质不同进行分选，电选法可实现铝灰的富集，但是经电选处理的铝灰中仍然有大量的铝不能有效回收，因此其应用还未能普及。

（2）二次铝灰的综合利用

一般情况下，铝生产企业都会回收铝灰中的金属铝。铝灰经过一次或多次铝回收后，所得二次铝灰中铝金属的含量极低，不再具有回收利用价值。二次铝灰中主要含有氧化铝、氮化铝、铁硅镁氧化物、钾钠钙镁的氯化物、氟化物等，仍需进一步处理。对于铝冶炼企业而言，大量堆存并急需处理的为二次铝灰。目前国内外针对二次铝灰的综合利用开发了一系列的方法，主要包括回收氧化铝、生产氯化铝/硫酸铝、生产 Sialon 材料、生产建筑材料、生产耐火材料等。

目前一般采用酸浸、碱浸等工艺从铝灰中回收氧化铝相关产品。研究人员使用拜耳法、硫酸浸出法均实现了氧化铝的合成。还有研究人员实现了铝灰与铝型材阳极化工艺排放的含铝废硫酸的同步处理，经溶解与沉淀合成了油墨用氧化铝，该方法具有成本低、水溶性盐少、易于漂洗等优点，提高了铝灰资源化产品的价值。

利用铝灰生产氯化铝和硫酸铝的原理相似，均是利用铝灰中的铝和氧化铝能够与酸反应生成可溶铝盐的原理。制备过程一般要先将铝灰进行水洗预处理除去水溶性盐类，然后加入盐酸/硫酸，在特定条件下反应后过滤、除杂，得到铝盐溶液产品或进一步蒸发后得到铝盐。

Sialon 材料具有优越的力学性能、热学性能和化学稳定性，是具有应用前景的高温结构陶瓷。生产 Sialon 材料是上海交通大学的一项研究，研究人员对比了铝灰＋高炉渣＋金属硅、铝灰＋粉煤灰＋炭黑和铝灰＋金属硅三种体系。经过对比发现使用铝灰＋粉煤灰＋炭黑体系可合成 Sialon 复相粉末，使用铝灰＋金属硅体系成功制备了致密的 β-Sialon-15R 陶瓷。

建筑材料是消纳铝灰的重要方法，目前以铝灰为主要原料制备的建筑材料包括免烧砖、清水砖等。以二次铝灰为主要原料，掺入磨细的水淬矿渣，再加入少量 32.5 水泥、石膏、熟石灰等激发材料，压制成型，养护之后就可以得到 MU15 级别的铝灰免烧砖。以铝灰为主要原料，辅以黏土、石英和降低烧成温度的添加剂等材料，压制成型后烧制可得抗折强度＞20MPa，抗压强度＞60MPa 的清水砖。

铝灰中含有大量的氧化铝，理论上可以作为耐火材料的原料，因此可以将经预处理后的铝灰生产耐火材料。研究表明，采用铝灰可以制备出主晶相为 $MgAl_2O_4$ 和次晶相为 $CaAl_2O_4$ 的高铝耐火材料，材料达到了《高铝砖》（GB/T 2988—2012）的要求，可用作耐火材料。棕刚玉是应用广泛的耐磨材料和耐火材料，以预处理后的铝灰为原料、以无烟煤作还原剂、铁屑作沉淀剂可以生产满足二级产品指标（88%氧化铝）的棕刚玉，该方法具有良好的应用前景。

10.5.2　赤泥

1. 赤泥的来源及特点

赤泥是制铝工业提取氧化铝时排出的污染性废渣，一般平均每生产 1t 氧化铝，附带产生 1～2t 赤泥。目前，仅我国每年就产生 7000 多万 t 赤泥，累计堆存量已超过 3 亿 t。

赤泥主要有烧结法赤泥和拜耳法赤泥两种。烧结法赤泥含有大量的硅酸二钙等水泥矿物成分，资源化相对容易。拜耳法赤泥中铁和碱的含量高，不利于资源化利用。近年来铝土矿的品位降低，导致拜耳法赤泥的产生量逐年增加，在我国赤泥总量中占的比例正在不断增加。拜耳法赤泥脱水性差、颗粒细、凝结的赤泥块体强度较低，当筑坝高度增加时，在重力作用下，坝体容易出现渗水和变形，进而发生漏坝、垮坝事故。此外，拜耳法赤泥由于颗粒细，还会随风飞扬，造成周边空气污染。

2. 赤泥的处理与资源循环

目前我国赤泥绝大部分只能以填埋或堆存的方式处理。氧化铝厂通常将赤泥运输到堆场，湿法筑坝堆存，堆存过程中靠自然沉降的方式回收部分碱液。也有部分氧化铝厂将赤泥脱水后堆存，脱水可以减少堆存量，增加堆体高度，但也会造成处理成本增加，同时容易造成周边土地碱化及水系污染。

赤泥资源化首先要解决的问题是返碱，尤其是拜耳法赤泥铁和碱的含量高，若工艺不当，制备的赤泥制品容易返碱，影响后续的使用。赤泥的脱碱原理已在10.2.4 节进行介绍。国内外在赤泥建材化利用方面做了诸多尝试，包括生产水泥和建材、用作铺路材料、提取有价金属、生产微晶玻璃等。

赤泥在用于水泥生料和掺合料方面均有相关的研究及应用。山东铝业公司和中国长城铝业公司利用烧结法赤泥生成水泥已有实践经验，其工艺方法是将洗涤沉降后的赤泥过滤，将滤饼和石灰石、砂岩等原料混合，磨细后作为水泥生料，再经回转窑烧成水泥熟料，经掺入混合材磨制成水泥。赤泥配合粉煤灰、煤矸石、页岩等辅助材料，可以制备免烧砖、陶瓷砖等产品。

利用赤泥作铺路材料是快速消纳赤泥的有效方法。赤泥具有一定的固化性质，可以用来做路基材料。山东魏桥铝电有限公司通过将赤泥改性固化将赤泥用于路基材料，实现了拜耳法赤泥用于实际公路工程建设，并作为交通运输部科技示范项目应用于济青高速公路改扩建工程。北京矿冶研究总院与广西平果铝业公司联合开发了以赤泥为主，辅以少量粉煤灰、石灰和外加剂的新型赤泥道路基层，经验证产品性能优良，其配方是赤泥 80%～90%、石灰 5%～10%、粉煤 5%～10%、固化剂 0.2%。

赤泥中有价金属的回收主要关注铁及稀土元素。焙烧还原-磁选法是目前赤泥中铁回收常用的方法。铁在赤泥中主要以赤铁矿为主，将赤泥与还原介质进行还原性烧结，将赤泥中的赤铁矿还原为磁性较强的磁铁矿，再经磁选就能较好地回收铁。铝土矿通常伴生一定的稀土元素，在铝土矿强碱浸出过程中，稀土离子转变成稀土氢氧化物，并在脱水干燥后变成稀土氧化物分散在赤泥中。目前，从赤泥中回收稀土金属主要采用酸浸出工艺，常用的酸包括盐酸、硫酸、硝酸等。研究结果表明，使用硝酸浸出时，重稀土浸出回收率超过 70%，中稀土浸出回收率超过 50%，轻稀土浸出回收率约 30%。

赤泥还可以用来制备微晶玻璃。赤泥中的氧化铁、氧化钛等物质可以作为晶核剂，因此，在制备过程中不用额外添加晶核剂，就可利用赤泥制备出微晶玻璃。研究人员分别使用赤泥＋粉煤灰和赤泥＋钢渣制备出了性能优良的微晶玻璃材料，当钢渣掺量为 50%时获得的微晶玻璃抗折强度可达 161.8MPa，显微硬度为 839.5MPa，机械性能最佳。

赤泥产出量和性质随铝土矿石的品位、生产方法和技术水平的不同有明显的变化。因此，赤泥的综合利用很难形成通用的共性技术和模式，也难以借鉴其他领域成熟的工艺、技术和设备。综合来看，目前大多数赤泥综合利用工艺还停留在低层次简单、粗放的阶段，仍有待进一步的研究。

10.6　钢铁冶金行业固体废弃物处理与资源循环

我国是炼钢大国，钢铁冶金废弃物主要包括高炉渣、钢渣、铁合金废渣等钢铁冶炼渣和含铁尘泥等。据估算，2024 年全国约产生高炉渣 2.34 亿 t、钢渣 0.85 亿 t、含铁尘泥 0.40 亿 t，铁合金渣产量在 1000 万 t 以上。目前，钢铁冶金废弃物主要用于回收有价元素、水泥生产、混凝土掺合料、路基料、砖瓦等建筑材料等各种建材制品的生产。其中，高炉渣、含铁尘泥、铁合金渣的综合利用率较高。钢渣因其自身的安定性差、活性较低、易磨性差、成分不稳定、含重金属等原因，是钢铁冶金行业固体废弃物中资源化利用难度最大的一类，目前钢渣综合利用率不足 40%。

10.6.1　钢铁冶金渣的来源

钢铁冶金渣主要包括高炉渣、钢渣和铁合金废渣。

高炉渣是冶炼生铁时从高炉中排出的固体废弃物。生铁冶炼过程中，当炉温达到 1300～1600℃，炉料进入熔融状态，矿石中的脉石、焦炭中的灰分、助熔剂和其他不能进入生铁的杂质形成以硅酸盐和铝酸盐为主，浮在铁水上的熔渣。高炉渣排放量与入炉矿石的品位、焦炭的灰分含量及冶炼制度有直接关系。研究表明，平均每冶炼 1t 生铁，约产生高炉渣 330～350kg。按冷却方式的不同，高炉渣可以分为水渣、重矿渣和膨珠三种。水渣是高炉熔渣在大量冷却水作用下形成的海绵状浮石类物质，重矿渣是高炉熔渣经慢冷作用形成的类石料矿渣，膨珠是高炉熔渣在半急冷作用并通过成珠设备击碎、抛甩到空气形成的。

钢渣是炼钢过程排放的炉渣。炼钢原理与炼铁相反，炼钢是在高温条件下，用空气或者氧气氧化生铁中所含的过量的碳、硅、锰、磷等杂质，并与熔剂起反应，转化为炉渣而除去，这个过程排放的熔渣即为钢渣。据统计，每生产 1t 钢约产生 125～140kg 钢渣。按冶炼方式的不同，钢渣可分为转炉钢渣、电炉钢渣和平炉钢渣。熔融钢渣出炉后的冷却方式不同会产生不同的渣，钢渣冷却方法包括冷弃法、热泼法、浅盘水淬法、水淬法、风淬法等；按形成形态可区分为块状钢渣、水淬粒状钢渣和粉状钢渣。目前我国的钢渣以转炉钢渣为主，占总钢渣的 70% 以上，采用的处理方式多为冷弃法。

铁合金冶炼过程产生的废渣即为铁合金渣。铁合金是指炼钢时作为脱氧剂、元素添加剂等加入铁水中使钢具备某种特性或达到某种要求的一种产品。按照铁合金中主元素的类别可以分为硅铁、锰铁、硅锰、铬铁、钨铁、钒铁、镍铁、钼铁、钛铁等。铁合金废渣一般按照冶炼目的分类：主要有镍铁渣、硅锰渣、碳素铬铁渣、精炼铬铁渣，这四种渣占铁合金渣的 95% 以上，已成为我国继高炉渣、钢渣、赤泥之后的第四大冶炼工业废渣。

10.6.2　钢铁冶金渣的组成及特性

1. 高炉渣

高炉渣主要成分为 SiO_2、Al_2O_3、CaO、MgO、MnO、Fe_2O_3 等，有些矿渣还含有微量的 TiO_2、V_2O_5 等。在高炉矿渣中 CaO、SiO_2、Al_2O_3 占 90% 以上。在冶炼炉料稳定和冶炼正常时，高炉渣的化学成分也比较稳定，这对后续的综合利用有利。几种高炉矿渣的化学成分见表 10.1。

表 10.1　不同高炉矿渣的化学成分（质量分数，%）

种类	CaO	SiO_2	Al_2O_3	MgO	MnO	Fe_2O_3	TiO_2	V_2O_5	S	F
高炉渣	32～49	32～41	6～17	2～13	0.1～4	0.2～4	—	—	0.2～2	—
锰铁渣	25～47	21～37	7～23	1～9	3～24	0.1～1.7	—	—	0.2～2	—
钒钛渣	20～31	19～32	13～17	7～9	0.3～1.2	0.2～1.9	6～25	0.06～1	0.2～1	—
含氟渣	35～45	22～29	6～8	3～7.8	0.1～0.8	0.15～0.19	—	—	—	7～8

2. 钢渣

从钢渣的产生过程可知，钢渣主要由生铁和废钢中所含的硅、锰、磷等杂质氧化形成的氧化物、金属炉料带入的杂质、炼钢过程加入的造渣剂（石灰石、萤石、硅石等）和被侵蚀的炉衬材料等组成。钢渣的化学成分受原材料和冶炼工艺的影响很大，但主要化学成分基本一致，主要包括 CaO、SiO_2、Al_2O_3、MgO、Fe 的氧化物等。钢渣的主要化学成分见表 10.2。

表 10.2　钢渣的主要化学成分（质量分数，%）

	CaO	SiO_2	Al_2O_3	MgO	FeO	Fe_2O_3	MnO	P_2O_5
含量/%	20～60	8～40	1～12	3～12	4～22	2.5～13	0.5～6	0.2～5

3. 铁合金废渣

铁合金废渣的化学成分主要有 CaO、SiO_2、Al_2O_3、MgO、FeO、MnO、Cr_2O_3 等，其含量随冶炼工艺和原料的变化而有较大的变化。

4. 不同钢铁冶炼渣矿物组成对比

高炉矿渣中的矿物组成与生产原料和冷却方式有关。在慢冷结晶态的矿渣中，碱性高炉渣和酸性高炉渣成分不同，普通渣、锰铁渣、钒钛渣、含氟渣的组成也不相同。高炉渣熔体的玻璃体受矿渣类型和冷却速度影响较大，一般而言，酸性矿渣的玻璃体含量高于碱性矿渣，冷却速度快的矿渣玻璃体含量相对较高。研究表明，我国钢铁厂排放的快冷渣玻璃体含量一般在 80%以上，具有较好的水硬性，可以大量应用于建材领域。

在钢渣的主要组分中，CaO 一般是含量最高的成分，也是钢渣的主要活性成分之一。钢渣中的 SiO_2 和 CaO 多以硅酸钙的形式存在，其含量与钢渣的活性之间存在着密切的联系。钢渣中的 Al_2O_3 通常以铝酸钙和硅铝酸钙等形式存在，这类铝酸盐的活性较高，对钢渣的早期活性有比较大的影响。钢渣的矿物组成受碱度（CaO/SiO_2）的影响较大。如表 10.3 所示，低碱度、中碱度、高碱度钢渣中矿物组成差别较大。低碱度和高碱度钢渣中硅酸二钙、铁酸钙和 RO 三种物相以相互包裹的形式存在于钢渣中，未出现单体解离和共生的存在形式，是比较复杂的复合体。

表 10.3　钢铁冶炼渣矿物组成对比

种类		矿物组成
高炉渣	普通高炉渣（碱性）	钙铝黄长石和钙镁黄长石，其次为硅酸二钙、假硅灰石、钙长石、钙镁橄榄石、镁蔷薇石及镁方柱石
	普通高炉渣（酸性）	黄长石、假硅灰石、辉石和斜长石
	锰铁渣	橄榄石
	钒钛渣	钙钛石、钛辉石、橄榄石和尖晶石
	含氟渣	黄长石、枪晶石、萤石、乙型正硅酸钙、硅钙石、褐硫钙石

续表

种类		矿物组成
钢渣	低碱，碱度<1.5	橄榄石、镁蔷薇辉石、RO 相
	中碱，碱度 1.5～3	硅酸二钙、RO 相、铁酸二钙、硅酸三钙、游离石灰
	高碱，碱度>3	硅酸三钙、硅酸二钙、RO 相、铁酸二钙、游离石灰
铁合金渣	镍铁渣	镁铝尖晶石、镁橄榄石
	硅锰渣	硅酸一钙、钙长石、钙铝黄长石、钙蔷薇辉石
	碳素碳铬渣	尖晶石、铁橄榄石、辉石
	精炼铬铁渣	硅酸二钙、铁蔷薇辉石、铁橄榄石、黄长石、尖晶石

注：表中钢铁冶炼渣均为慢冷渣，急冷渣均以玻璃体为主。

铁合金渣主要由尖晶石、镁橄榄石、铁橄榄石、黄长石、硅酸钙类物质组成。不同的铁合金渣矿物组成差别较大。

10.6.3　钢铁冶金渣的处理与资源循环

从钢铁冶金渣的特性和矿物相结构出发，进行合理利用，使其产生综合经济效益，减少环境污染，是钢铁冶金渣处理与资源循环中应遵循的一个重要原则。

1. 生产混凝土掺合料

混凝土掺和料是钢铁冶金渣重要的综合利用方式。钢铁冶金渣生产的混凝土掺合料主要产品形式是微粉，按照其原料来源可以分为矿渣粉、钢渣粉以及铁合金渣微粉。

钢铁冶金渣生成微粉的原理已在 10.2.1 节中介绍，即冶金渣活性的机械激发：当钢铁冶金渣磨细到一定细度后，其活性会得到良好的激发。冶金渣的活性随着其细度的增加而提高，与其比表面积正相关。钢铁冶金渣微粉是良好的混凝土掺合料，能够改善混凝土的某些特性。例如矿渣粉能够改善水泥的泌水性，提高混凝土的流动性，大幅度提高混凝土的强度，减少混凝土中水泥的需求量，降低混凝土的水化热，增加混凝土的密实度，进而增加混凝土的抗渗性。钢渣在混凝土中的作用主要有微珠效应和火山灰效应，微珠效应可以减少混凝土需水量，增加混凝土的流动性，改善和易性。火山灰效应可以吸收水泥水化产生的 $Ca(OH)_2$，促进二次水化，填充混凝土的空隙，提高混凝土的强度，降低水泥水化热，抵抗大体积混凝土由温差应力引起的开裂。镍铁渣微粉作为混凝土掺合料可以替代粉煤灰或矿渣，解决某些地区传统掺合料紧缺的问题，起到降低混凝土成本的作用，还能够改善混凝土的工作性能，提高后期强度。

矿渣粉和钢渣粉在我国已有相对成熟的应用，尤其是高炉矿渣粉的应用十分普遍。据统计，我国综合利用的高炉渣中有 50%以上用于生产矿渣粉。矿渣粉和钢渣粉已有相应的国家标准：《用于水泥、砂浆和混凝土中的粒化高炉矿渣粉》（GB/T 18046—2017）和《用于水泥和混凝土中的钢渣粉》（GB/T 20491—2017）。铁合金渣目前在制备微粉方面已有两项团体标准，分别是《用于水泥和混凝土中的硅锰渣粉》（YB/T 4229—2010）和《用于水泥和混凝土中的镍铁渣粉》（JC/T 2503—2018）。

2. 生产水泥混合材

钢铁冶金渣生产水泥混合材的原理是结合钢铁冶金渣的机械激发和化学激发，通过将钢铁冶金渣磨粉，并掺入水泥熟料、石灰、石膏等激发剂，制备成水泥。

制备水泥混合材是国内外普遍采用的高炉渣综合利用方式。目前，以高炉矿渣为原料的水泥包括普通硅酸盐水泥、矿渣硅酸盐水泥、石膏矿渣水泥、石灰矿渣水泥、钢渣矿渣水泥等。据统计，我国约有 80%的水泥中掺有高炉水淬渣。普通硅酸盐水泥中也可以掺入 6%～15%的矿渣。矿渣硅酸盐水泥是用硅酸盐水泥熟料与粒化高炉矿渣再加入 3%～5%的石膏混合磨细或者分别磨后再加以混合均匀而制成的，高炉矿渣掺入量可以占到水泥质量的 20%～85%，能够降低水泥生产成本。普通硅酸盐水泥和矿渣硅酸盐水泥是我国生产、使用量最大的两种水泥。石膏矿渣水泥、石灰矿渣水泥和钢渣矿渣水泥的生产方法与硅酸盐水泥相似，将烘干后的水淬渣和水泥熟料、石膏、石灰等粉磨到一定细度即可。据统计，我国综合利用的高炉渣中有 22.7%用作水泥混合材。

钢渣主要用作生产无熟料水泥、少熟料水泥的原料以及水泥掺合料。钢渣水泥具有耐磨、抗折强度高、水化热低、后期强度高、抗冻、耐腐蚀等优良特性，是理想的大坝和道路水泥。由于钢渣水泥的性能优势，钢渣先后被用于各种特种水泥，并制定了相应的国家标准和行业标准：《钢渣道路水泥》（GB 25029—2010）、《低热钢渣硅酸盐水泥》（JC/T 1082—2008）、《钢渣砌筑水泥》（JC/T 1090—2008），此外，还有以平炉、转炉钢渣为主要组分，加入一定量粒化高炉矿渣和石膏制成的钢渣矿渣水泥，其相关标准为《钢渣矿渣硅酸盐水泥》（GB 13590—2022）。

生产水泥混合材也是铁合金炉渣资源化的重要途径。目前，硅锰渣、碳素碳铬渣、精炼铬铁渣等均被用于制备水泥或水泥混合材料。精炼碳铬渣碱度高，冷却中 β-硅酸二钙会转变为 γ-硅酸二钙，在此转变中体积膨胀 10%导致自行粉化成细微粉，这种粉渣具有水硬性，可以直接代替低标号水泥，附近居民早已用来砌墙、抹灰、铺地面等。

3. 生产矿渣棉

冶金渣生产矿渣棉的相关原理和配料原则已在 10.2.3 节进行了详细的介绍。目前，钢铁冶金渣中用于生产矿渣棉的有高炉渣和铁合金渣。一般情况下，矿渣棉是指利用高炉或锰铁渣、镍铁渣作为原料制备的无机纤维，岩棉使用玄武岩、橄榄岩等天然岩石作原料。矿渣棉酸度系数在 1.1～1.4，岩棉酸度系数略高，一般在 1.4～2.2。矿渣棉的化学稳定性、耐高温性能、耐腐蚀性能劣于岩棉。但是，也有部分铁合金渣经调配，能够生产符合岩棉要求的矿棉。例如，硅锰渣酸度系数一般为 1.6～2.2，平均可达 1.996 左右，达到国内外岩棉的酸度系数要求，可以用于生产高等级岩棉制品。

矿渣棉形成工艺中包括原料熔制工艺和纤维成型工艺。典型矿渣棉生产工艺流程如图 10.6 所示。在矿渣棉生产工艺实践上，目前大多采用高炉干渣和调质成

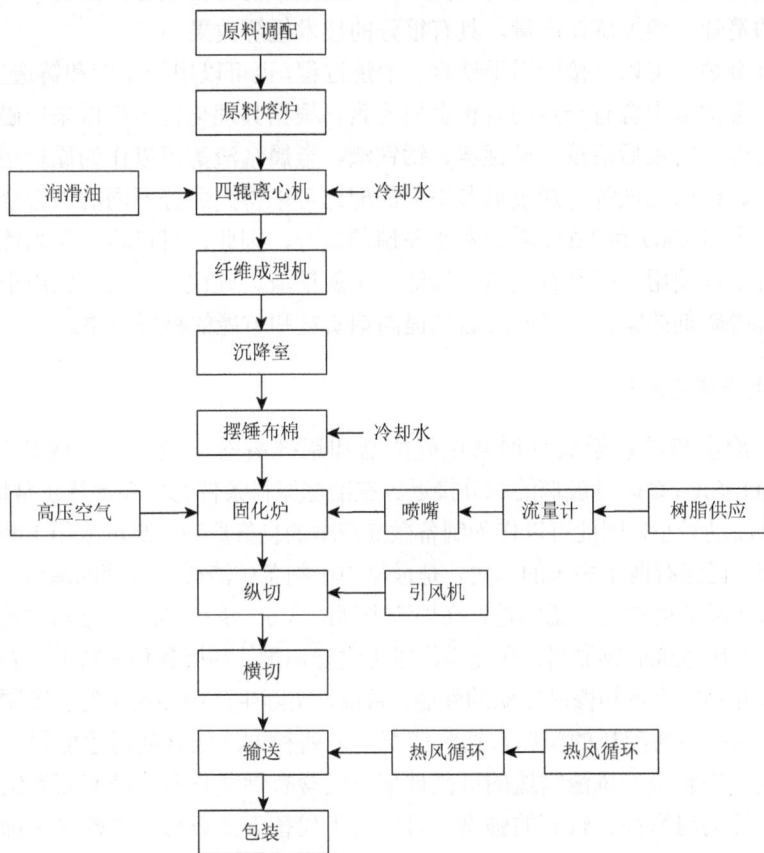

图 10.6　离心成型法矿渣棉生产的工艺流程

分混合后加热熔炼喷吹或离心成纤的技术。该工艺技术成熟，矿渣熔体的调温调质操作简单且容易控制，可以保证熔体的连续性，是目前应用较多的工艺。近些年，我国不少企业经过工艺改进采用了以液态炉渣为原料生产矿渣棉的工艺，高炉熔渣直接生产矿渣棉方法则是将炼铁后排放的含有高炉显热的高炉熔渣在可补热调质炉内与辅料（如硅砂、砂石、硅石或贫铁矿、石灰石等）通过液-液或液-固混合调质均匀且酸度系数符合成纤要求后，经喷吹或离心等法制成矿渣棉纤维。该工艺利用液态高炉渣，通过添加石英砂改变其酸度来直接生产矿渣棉，这种方法能够有效利用高炉渣排出时的大量余热，极大降低能耗。

4. 用作冶金辅料

钢渣可以用作烧结熔剂和炼铁、炼钢熔剂。其本质是利用钢渣中高含量的CaO。钢渣中 CaO 的含量可达 50%，可部分替代石灰作为烧结矿助熔剂和炼钢熔剂。钢渣可用作炼铁熔剂同时可以回收并利用其中的有益成分，改善流动性，节省熔剂的消耗，增加炼铁产量，具有很好的技术经济效果。

铁合金炉渣可以直接回用于铁合金冶炼过程，也可以用于炼钢和铸造生铁中。多数铁合金炉渣中含有一定的有价金属元素，根据其理化性质可以采用磁选、重选等方法进行富集后冶炼。硅锰渣、锰铁渣、金属锰渣等可以作为原料用于冶炼硅锰合金、低磷锰铁等，通过调节不同的配比可以得到成分不同的铁合金。铁合金渣含有大量 CaO 和 MgO 等有利于脱硫的成分，因此，可以将其作为炼钢和铸造生铁脱硫剂使用。硅钙合金渣、锰渣、金属锰渣、硅铁渣等均有应用于冶炼和铸造过程脱硫剂的案例，可同时达到提高钢质量和节能的良好效果。

5. 生产微晶玻璃

钢铁冶金渣的化学成分通常由硅酸盐和铝硅酸盐组成，主要成分与 CaO-MgO-Al$_2$O$_3$-SiO$_2$ 系微晶玻璃的成分接近。在冶炼原料条件稳定和冶炼正常情况下，炉渣成分波动较小，因此可以作为制备微晶玻璃的良好原料。高炉渣用于制备矿渣微晶玻璃，已经有四十多年的历史，是最早用于制备矿渣微晶玻璃的原料。利用高炉渣制备微晶玻璃需要注意的是，高炉渣中钙的含量一般较高，在配料过程中，应当使用其他废渣或矿物原料，在化学组成上进行调配，利用各种原料的互补性来提高固体废弃物的用量和微晶玻璃的性能。目前，实际生产中多使用经验范围法和相平衡配料法来解决配料的问题，通常情况下，两种方法结合使用才能得到合理的配料制度。铁合金冶炼渣制造的微晶玻璃一般含有钙黄长石、硅灰石等组分，使其具有较好的耐磨性、较高的强度，可以用于代替天然石材用作建筑装饰装修材料。利用钢铁冶炼废渣生产微晶玻璃既有较高的技术附加值，能产生一定的经济效益，又能固定其中的重金属离子等有害成分，具有重要的环保意义。

6. 生产硅肥

生产硅肥的主要原材料是高炉水渣，其总硅含量在 30%～35%。研究表明，炼铁高炉水渣中以可溶性硅酸盐形态存在的有效硅，更容易被水稻分解吸收。因此，水稻专用硅肥对其成穗质量、产量及抗病虫害能力都起到了显著的效果，肥效明显优于当地常规施肥和河沙混配硅肥。高炉水渣生产硅肥的主要工艺一般为自然风干炉渣—球磨—过筛—干燥的工艺流程。目前，国内只有少数几家硅肥厂利用高炉水渣为原料生产硅肥，如浙江江宁钢铁有限公司、张店钢铁厂等。高炉水渣生产硅肥还存在一些问题：①硅肥生产技术有待进一步完善。球磨后的粉状硅肥比表面积大，易于溶解后被作物吸收利用。但粉状硅肥易于悬浮在空气中，施肥困难，还会对空气造成污染，落下后又容易附着于作物表面影响作物生长。粒状硅肥采用水玻璃作黏合剂，硅肥颗粒坚硬，施入土壤后难分散、难溶解，有效硅得不到释放，植物难以吸收，肥效低。②硅肥中的有效成分较低，贮存和运输中有效成分容易损失，因此，高炉水渣硅肥不具有长途运输条件，一般都是就地生产就地销售，影响了产品的销售半径。

10.7　重金属冶金废渣的处理与资源循环

10.7.1　重金属冶金废渣的产生现状及特点

我国重金属冶金废渣产生量最大的是铜渣和铅锌渣，据统计，2024 年我国精炼铜产量 1364 万 t，按这个产能计算，我国 2024 年冶炼铜渣产生量超过 2000 万 t。2023 年我国铅、锌产量分别为 756.4 万 t、715.2 万 t，产生铅锌渣 900 万 t 以上。

重金属冶金废渣种类多，性质复杂，但对于目前产生量较大的火法冶炼渣，具有以下共同特点：

1. 含有有价金属元素

大多数冶金企业在冶炼中只关注目的金属，其他的有价金属一般都在冶炼后进入渣中。例如铜渣中的有价金属主要包括铜、铅、锌、镉、金、银等，可通过浮选、磁选等物理方法实现富集，通过焙烧、浸出等化学方法可以实现回收。铅渣中有价成分有铅、铟、金、银及某些稀散金属。

2. 具有潜在的水硬性

水淬重金属冶金渣，与高炉矿渣和钢渣类似，由于其玻璃相含量较高，在碱性介质的激发下具有潜在的水硬性。重金属冶金渣主要成分为 SiO_2、CaO、Al_2O_3、MgO、Fe_2O_3 等，均为水泥的主要成分，虽然还含有其他一些杂质，但是只要控制加入量就可以用于水泥的生产。

3. 含有污染物质

重金属冶金渣中通常含有砷、镉、铬、汞等具有高迁移性的重金属元素，对环境具有较大的潜在污染和威胁。

10.7.2　重金属冶金废渣的处理与资源循环

目前，重金属冶金废渣的资源化途径主要包括：提取有价金属元素、用作井下充填材料、用于玻璃工业、用于水泥行业、生产矿渣棉等。

重金属冶金废渣中的有价金属回收有选冶、火法冶炼和湿法冶炼 3 种工艺。据统计，世界上已利用的 64 种有色金属中有 35 种是作为副产品回收的。湿法冶炼是有色冶金废渣回收最常用、最有效的方法。湿法冶炼回收技术具有金属回收效率较高、劳动条件要求低、回收过程中不产生粉尘、有毒气体排放量小等优点，常被用于复杂有色冶金废渣回收中。选冶技术是重金属冶金废渣中有价金属回收利用的重要方法，例如，将含铜废渣磨细，然后用浮选的方法回收其中的金属铜和硫化铜，取得了明显的经济效益。

重金属冶金废渣作井下充填材料是消纳重金属冶金废渣的重要途径。重金属冶金废渣因其可代替部分水泥胶结料和骨料，是一种经济可得的充填材料。实践表明，重金属冶金废渣在充填中除了可以代替砂石作骨料，还可以细磨后利用其水化活性代替或部分代替硅酸盐水泥。目前，国内已有多地采用重金属冶金废渣作为矿井充填材料。例如，广西柳州华锡集团的铜坑矿应用有色冶炼废渣代替部分水泥用于井下充填，已获得成功。湖北大冶铜绿山矿和安徽铜陵金口岭矿山也开展了相关应用实践。利用有色冶金废渣作井下充填材料，在解决有色冶金废渣利用问题的同时，还能够降低填充的成本。利用有色冶金废渣作井下充填材料宜在回收废渣中有价金属后进行，否则一方面造成资源的浪费，另一方面，在回填技术达不到无害化的要求和标准时，还可能存在对环境和地下水的潜在污染。

利用冶金废渣生产水泥是目前研究较多的一种综合利用方法，也是一种重要的资源回收利用方法。该原理已在 10.6.3 节进行了介绍。重金属冶金废渣用于水泥生产中与矿渣和钢渣具有相似的功能，不仅能够改善熟料的性能，大幅提高熟料各龄期的强度，还能够降低熟料烧成热耗，较大幅度降低水泥的生产成本。

重金属冶金废渣还可以用来生产矿渣棉，其原理和工艺已分别在 10.2 节和 10.6 节中介绍，不再赘述。

思 考 题

1. 何谓地聚合物胶凝材料？冶金渣制备地聚合物胶凝材料具有哪些优势？

2. 简述赤泥脱碱的方法。

3. 稀土冶炼渣中的放射性元素主要有哪些？简述其处理和回收利用工艺过程。

4. 化学法破坏氰根有哪些方法？简述其机理。

5. 钨渣中钨的常见浸出方法有哪些？

6. 铝灰中铝的热处理法和冷处理法回收工艺各有什么特点？

7. 简述矿渣粉和钢渣粉的活性激发机理。

8. 简述矿渣棉的制备机理和工艺过程，说明影响矿渣棉制备及产品性能的主要参数。

第11章　典型化工行业废弃资源循环

内容提要与主要知识点

　　本章主要介绍化工行业固体废弃物的产生来源、分类方法、产生特征以及危害特性，同时阐述了典型化工行业固体废弃物循环利用的处理措施和安全处置原理。要求了解典型化工行业固体废弃物循环利用的理论基础，熟悉不同化工行业（如磷肥工业、氯碱工业、硫酸工业、废催化剂、铬渣行业）中固体废弃物的产生来源、主要消纳途径以及循环利用技术。同时，读者需要能够根据不同化工行业固体废弃物的产生和处置原理，自主设计常见化工行业固体废弃物的处理处置工艺。通过本章的学习，读者将能够深入了解化工行业固体废弃物的相关知识，掌握其处理处置技术，为实现化工行业的可持续发展提供支持。

11.1　概　　述

　　化工行业是一个广泛的概念，包括化工、石油、炼制、冶金、轻工、环境、医药和军工等部门，其主要从事能源与动力开发、生产技术管理、原料提炼转化、金属萃取回收、工程技术设计等领域的生产与制造。化工行业与人民的生产生活、国民经济以及社会的发展息息相关。化工产品是人类日常生活不可或缺的一部分，推动了社会的进步与科技的发展。然而，频繁的化工生产活动向自然环境排放了大量污染物，给人类社会带来了诸多负面影响和安全隐患，其中之一便是固体废弃物的产生。化工行业产生的多种形态的固体废弃物的排放不但对自然环境造成不可逆的破坏，而且对人类的身体健康也造成了严重的威胁。因此，化工企业需要采取有效的措施来减少固体废弃物的产生和排放，以保护环境和人类健康。这包括加强废弃物管理、推广清洁生产技术、实施循环经济等方面的措施。

　　改革开放以来，我国化工行业取得了巨大的发展成就。随着工业化进程不断加速，我国已经建立起全球最为完整的工业体系。然而，随着化工生产规模的不断扩大，作为附属品的固体废弃物的排放量也在剧增，这些固体废弃物如果不得到妥善处理，将极大地影响我国工业化进程。因此，化工行业固体废弃物成为社会关注的热点话题，也是国家致力于产业可持续发展需要解决的关键问题。化工行业固体废弃物产生体量大、环境风险高、可利用性强、资源化前景好，对自然环境影响广泛。综合处置和科学利用化工行业固体废弃物，对于推动循环经济的发展，促进能源节约和温室气体减排，加速可持续生产方式的构建等方面具有十分重要的意义。因此，我们需要采取有效的措施，以减少化工行业固体废弃物的产量和排放，并积极推进该行业废弃物的循环利用，以实现化工行业的可持续发展。

11.2　理　论　基　础

11.2.1　磷石膏的缓凝原理

磷石膏可以作为水泥生产中的缓凝剂，代替天然石膏。其基本原理是：磷石膏中的石膏组分与水泥中的铝酸三钙以及铁铝酸四钙发生水化铝酸钙反应，生成钙矾石沉淀。钙矾石沉淀附着在水泥颗粒表面，阻碍了水泥颗粒与水的接触，因而减缓水泥熟料的水化速率，达到缓凝的目的。该化学反应的方程式如下所示：

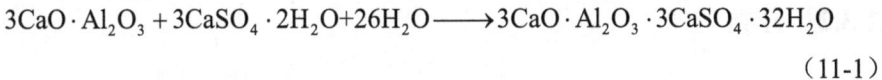

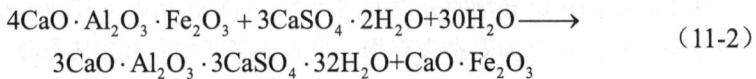

$$3CaO \cdot Al_2O_3 + 3CaSO_4 \cdot 2H_2O + 26H_2O \longrightarrow 3CaO \cdot Al_2O_3 \cdot 3CaSO_4 \cdot 32H_2O$$

$$\text{(11-1)}$$

$$4CaO \cdot Al_2O_3 \cdot Fe_2O_3 + 3CaSO_4 \cdot 2H_2O + 30H_2O \longrightarrow$$
$$3CaO \cdot Al_2O_3 \cdot 3CaSO_4 \cdot 32H_2O + CaO \cdot Fe_2O_3 \qquad \text{(11-2)}$$

11.2.2　铬渣解毒的原理

铬渣的解毒方式包括干法和湿法两种方法。其中，铬渣干法解毒的原理是：通过高温激活六价铬的化学活性，在还原气氛中，将有毒的六价铬还原为三价铬。通常采用的方法是将铬渣与煤炭混合后置于铬盐厂原有的回转窑设备内，利用煅烧过程中产生的还原性气体（如 CO），将六价铬转化为三价铬。该化学反应的方程式如下所示：

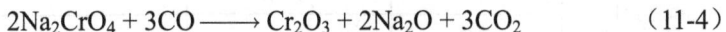

$$2C + O_2 \longrightarrow 2CO \qquad \text{(11-3)}$$

$$2Na_2CrO_4 + 3CO \longrightarrow Cr_2O_3 + 2Na_2O + 3CO_2 \qquad \text{(11-4)}$$

$$2CaCrO_4 + 3CO \longrightarrow Cr_2O_3 + 2CaO + 3CO_2 \qquad \text{(11-5)}$$

湿法处理铬渣以实现无害化的原理如下：通过对铬渣或含铬污染物进行润湿和研磨，使酸溶和水溶性的六价铬在酸性条件下完全转移到液相中；随后，使用还原药剂将液相中的六价铬还原为三价铬，然后将其沉淀在工艺残渣中，从而确保铬渣和含铬污染物的安全处置。

11.3 化工行业废弃资源基本特性

11.3.1 来源

化工行业固体废弃物是指化工生产过程中产生的固体、半固体或浆状废弃物。其产生原因主要包括以下几种：①原材料进行化工生产和产品制备过程中产生的不合格产品、副产品和使用后的废催化剂、废溶剂、蒸馏残液、废水、废液、废渣以及末端处置产生的污泥和固态垃圾等；②由于产品质量和纯度的需要，化工产品需要进行二次精制和提炼，在该过程中产生的固体废弃物；③化工生产进行尾气控制时收集得到的烟尘、粉尘等固态产物；④运行设备检修、报废、更换零部件等产生的固体废弃物等。总体来说，化工行业固体废弃物的性质、组成、产量、毒性与原料来源、生产路线、制备工艺和反应条件密切相关。因此，在进行循环利用时需要根据不同的形态和组成进行合理的处置和科学利用。

11.3.2 分类

化工行业固体废弃物的分类方法较多，通常包括以下几种（表11.1）：①按照产物形态分类，可分为固态废弃物、半固态废弃物和液态废弃物三大类；②按化学性质分类，可分为有机固体废弃物和无机固体废弃物两大类；③按固体废弃物对环境和人体的潜在危害程度分类，可分为一般工业固体废弃物和危险固体废弃物两大类；④按固体废弃物产生的行业分类，可分为磷肥工业、氯碱工业、煤化工行业、硫酸工业、无机盐行业、纯碱工业废弃物等。为了便于管理和处理，目前化工行业固体废弃物一般按照固体废弃物的产生行业和生产工艺进行划分。本章将根据废弃物的产生行业对其进行分类描述。

表 11.1 化工行业固体废弃物产生来源及主要类型

行业名称	产出产品	生产方法	固废名称	产生量
磷肥工业	黄磷	电炉法	电炉炉渣	8~12t/t 产品
	磷酸	湿法	磷石膏	3~5t/t 产品
氯碱工业	聚氯乙烯	电石乙炔法	电石渣	1~2t/t 产品
	烧碱	隔膜法	盐泥	0.04~0.05t/t 产品
煤化工行业	能量供给	高温燃烧	气化炉渣	0.17t/t 产品
	能量供给	高温燃烧	粉煤灰	—

续表

行业名称	产出产品	生产方法	固废名称	产生量
硫酸工业	硫酸	硫铁矿制酸	硫铁矿渣	0.7~1t/t 产品
纯碱工业	纯碱	氨碱法	蒸馏残液	9~11m³/t 产品
铬盐行业	重铬酸钠	氧化焙烧法	铬渣	1.8~3t/t 产品

11.3.3 特征

化工行业属于技术密集型行业，行业门类繁多、产业相互关联度高、生产工艺复杂、专业性和行业性强。这些特点决定了化工行业固体废弃物的产生具有以下特征。

1. 体量相对大，流动性相对小

由于化工产品市场需求大、生产量极高，化工行业固体废弃物的产生规模庞大，这造成了化工类固体废弃物巨大的体量和历史存量。根据经验，每生产 1t 化工产品大约产生 1~3t 化工固体废弃物，有的产品甚至高达 8~12t。根据我国生态环境部发布的《2020 年全国大、中城市固体废物污染环境防治年报》，2019 年全国 196 个大、中城市一般工业固体废物产生量达到 13.8 亿 t。这些化工行业固体废弃物的存放占据了大量的土地和生产空间，不仅影响了农业生产，还成为潜在的环境污染源。与废水、废气不同，化工行业固体废弃物的流动性一般较低。在产生和废弃后，这类固体废弃物往往堆积在农田和土地中。如果没有大气、雨水和土壤的地球化学循环作用，化工行业固体废弃物的环境危害性有限。

2. 产品门类繁多，危险废物占比高

我国化工行业门类齐全、产业丰富，这使得化工类固体废弃物产生种类繁多。由于化工生产的行业性质，该行业所产生的固体废弃物大多具备很高的毒性和危害性。《2020 年全国大、中城市固体废物污染环境防治年报》数据显示，2019 年，全国 196 个大、中城市工业危险废物产生量为 4498.9 万 t。在实际生产中，有些化工企业为了降低生产和处置成本，在缺乏政府和相关部门有效监管的情况下，对所产生的固体废弃物随意堆放，甚至违规私自处置，对我国的生态环境保护和居民身体健康造成了严重的负面影响。

3. 可利用价值高，资源化潜力大

化工行业固体废弃物的可利用价值高，资源化潜力大。由于化工生产工艺的

落后和技术的不完善，固体废弃物中往往包含着部分未反应的原料或副产品，而其中相当一部分的资源是可以被再生利用的。同时，部分高价值的资源如失效催化剂中的稀贵金属，其品位更是远远高于原始矿山。只需采取适当的物理、化学等方法或技术开展二次加工，就可以对固体废弃物中的有价物质进行提炼或者将固体废弃物转化为有价值的材料或资源，以达到循环再利用的目的。开展化工行业固体废弃物的循环利用不仅需要政府的监督和支持，还需要根据固体废弃物的组成和特征针对性地开发不同的循环利用技术，以实现其资源化利用。

11.3.4　危害

化工行业的固体废弃物中危险废物的占比很高，接近整个危险废物市场的五分之一。这些危险废物具有易燃性、腐蚀性、传染性、放射性等特征，对生态环境和人体健康都存在潜在的威胁。如铬盐生产排放的铬渣中的六价铬虽然含量较低，但是对人体的消化系统、呼吸系统、神经系统和皮肤等均存在严重损害作用；含汞催化剂中的无机汞对人体的消化道和皮肤有强腐蚀作用，高浓度的汞接触将引发人体的急性中毒和神经系统障碍；化工行业的酸碱废渣如不经安全处置排放到环境中，将对水生生物、农业植物和生态环境的酸碱平衡造成不可逆的损害。

11.4　磷肥工业

作为以生产含磷肥料为主要任务的行业，磷肥工业与国家农业发展和粮食安全密切相关。近年来，通过产业结构调整，我国高浓度磷复合肥生产得到较快发展。当前，我国正逐步优化磷肥产品结构，以充分满足国内农业的肥料需求。但是，同样不容忽视的一个问题是磷肥工业的固体废弃物。磷肥工业废弃物主要包括磷酸生产的副产品磷石膏，过磷酸钙生产中产生的酸性硅胶，钙镁磷肥生产时尾气除尘得到的粉尘和黄磷生产中产生的炉渣和磷泥等。

11.4.1　磷石膏

磷石膏是一种粉状物，颗粒直径通常在 $5 \sim 150 \mu m$ 之间，主要成分为二水硫酸钙（$CaSO_4 \cdot 2H_2O$）。它是利用硫酸处理磷矿制备磷酸后产生的一类固体废弃物。产生磷石膏的化学反应如下所示：

$$Ca_5F(PO_4)_3 + 5H_2SO_4 + 5nH_2O \longrightarrow 5CaSO_4 \cdot nH_2O + 3H_3PO_4 + HF \quad (11\text{-}6)$$

磷石膏是磷酸生产过程中产生的副产品，其主要成分除二水硫酸钙之外，还含有部分杂质，如未反应的磷矿、磷酸、氟化物、有机物等。此外，磷石膏中还含多种重金属元素及微量的放射性元素。一般来说，生产 1t 磷酸（以五氧化二磷计）大约将产生 4.0~5.0t 的磷石膏。目前，全球磷石膏每年新增约 1.5 亿 t，我国磷石膏的年产生量约为 7500 万 t，占全球的一半，而我国磷石膏的历史存量目前已经高达 6.0 亿 t。庞大的历史存量不仅对环境带来潜在的污染风险，还导致了严重的土地资源浪费，因此，亟须实现磷石膏的循环利用。《中华人民共和国环境保护税法》规定，每生产 1t 磷石膏，企业需缴纳 25 元的环保税。这一举措将极大地推动我国磷石膏资源化利用和安全处置的进程。目前，磷石膏的处置和资源化利用途径主要包括制备建筑材料、水泥和农业肥料等。

1. 建筑材料

（1）磷石膏制石膏类建筑材料

石膏砌块、石膏砖和石膏板等是以磷石膏粉为主要原料，经加水搅拌、浇注成型和干燥而制成的石膏类建筑材料制品。这些制品具有保温、隔热、防火等优点。采用磷石膏制备的石膏砌块和石膏砖的产品性能优于传统的黏土砖和水泥砖。石膏板具有质轻、隔声、隔热、抗震、收缩率低、强度高等优势，可以代替室内装修的木质装饰板使用，从而节约和保护森林资源。磷石膏可用于制备建筑材料（如石膏砌块、石膏砖、石膏板等）是因为磷石膏中的二水硫酸钙在升温过程中会发生脱水反应，转变成半水磷酸钙，硬化后可用作石膏建筑材料。在实际生产中，磷石膏粉与水充分混合后形成有一定流动性的浆体，将其倒入石膏成型机的模腔内，等流动能力逐步消失后，磷石膏将结晶硬化成二水硫酸钙，形成与模腔外形尺寸一致的硬化体。其水化反应如下所示：

$$2CaSO_4 \cdot 0.5H_2O + 3H_2O \longrightarrow 2CaSO_4 \cdot 2H_2O \qquad (11\text{-}7)$$

（2）磷石膏制胶凝材料

磷石膏经过改性处理后，可以与水泥、石灰、粉煤灰等材料发生复合反应，并转化为强度高、耐水性好的胶凝材料，这是目前磷石膏的资源化利用途径之一。目前，α 型半水石膏和 β 型半水石膏均可以用于制备石膏胶凝材料。在建筑材料的生产中，磷石膏中存在的酸性杂质如五氧化二磷和氟化物等将对水泥的凝结时间和凝结强度有显著影响。因此，在采用磷石膏生产建筑材料之前需要进行净化和除杂处理，其目的是通过改性去除磷石膏中的酸性成分，使其更适合建筑材料的生产。常用的改性工艺包括水洗分离、中和反应、干燥固化和高温焙烧等。

2. 农业肥料

磷石膏中含有多种微量元素，这些微量元素可作为植物生长的必要元素。此外，磷石膏中的酸性组分可以调节土壤的酸碱度，改良土壤结构，提高土壤肥力。

因此，其重要的资源化利用方式之一是制备农业肥料。通过与碳酸铵进行化学反应，磷石膏可制备农业用的硫酸铵肥料，其中的氮、硫元素可以成为植物生长和微生物作用的原料。反应机理如下所示：

$$(NH_4)_2CO_3 + CaSO_4 \cdot 2H_2O \longrightarrow (NH_4)_2SO_4 + CaCO_3 + 2H_2O \qquad (11-8)$$

该反应的吉布斯自由能小于零，因此可以自发进行。即使在常温（25℃）条件下反应，化学平衡时的产品转化率也可达到 99.9%以上。但是，磷石膏中的杂质会影响碳酸钙的结晶，因此需要进行改性预处理。在生产中需要通过多次洗涤和结晶控制，才能保证得到纯度和洗涤性能优良的碳酸钙滤饼。碳酸钙结晶的控制也是极其重要的。利用磷石膏生产硫酸钾的工艺有两种。根据反应步骤的多少，可以分为一步工艺和两步工艺。在一步工艺中，磷石膏与氯化钾可以直接制备得到硫酸钾产品。反应过程中，需要氨作为反应催化剂。反应机理如下：

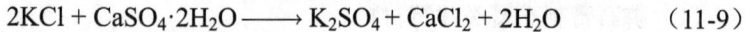

$$2KCl + CaSO_4 \cdot 2H_2O \longrightarrow K_2SO_4 + CaCl_2 + 2H_2O \qquad (11-9)$$

两步工艺是指磷石膏首先与碳酸氢铵进行反应，产生硫酸铵和碳酸钙。随后，反应得到的沉淀物碳酸钙与硫酸铵分离，滤液再与氯化钾发生复分解反应转化为硫酸钾（图 11.1）。反应机理如下：

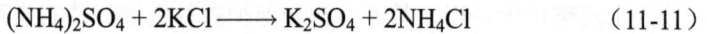

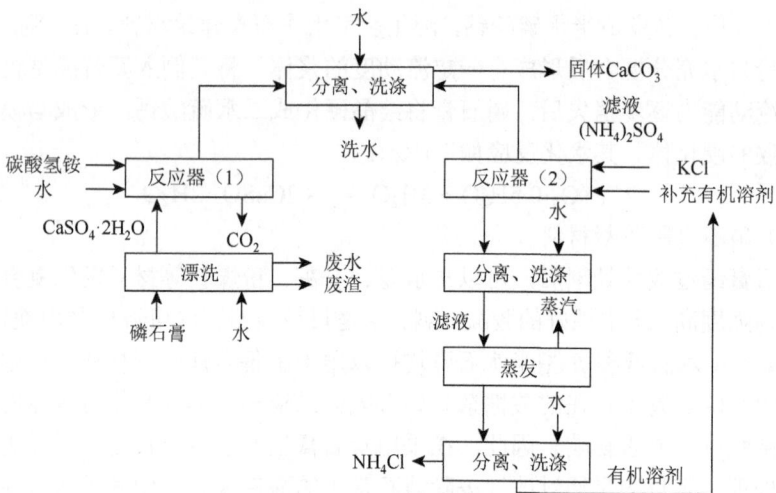

$$2NH_4HCO_3 + CaSO_4 \cdot 2H_2O \longrightarrow (NH_4)_2SO_4 + CaCO_3 \downarrow + CO_2 \uparrow + 3H_2O \qquad (11-10)$$

$$(NH_4)_2SO_4 + 2KCl \longrightarrow K_2SO_4 + 2NH_4Cl \qquad (11-11)$$

图 11.1　利用磷石膏两步生产硫酸钾复合肥的流程图

磷石膏可作为土壤改良剂，调整土壤结构和性质。其中的钙离子与土壤中的碳酸氢钠和碳酸钠发生反应，生成碳酸氢钙、碳酸钙和硫酸钠等盐类物质，从而调节土壤碱度，减轻碳酸盐对农作物的不利影响。另外，磷石膏可以增加碱性土壤的容重和密实度，同时降低其饱和导水率。磷石膏含有磷、硫、钙、硅等农作物必需的营养元素，对提高农作物产量有积极作用。值得注意的是，虽然磷石膏作为土壤改良剂可以改善土壤性质，提高作物产量，但其中的重金属和放射性元素可能对农作物带来潜在的风险。因此，在实际生产中需要注意磷石膏的使用量和施用方法，以保证农作物的安全和质量。政府和相关部门应当加强监管，制定相应的标准和规范，以促进磷石膏安全、有效利用，实现农业产业的可持续发展。

3. 工业生产

磷石膏中的硫经过回收可以成为生产硫酸的原材料。目前，磷石膏中硫的回收方法有三种，分别是焦化法、水化法和焦化/水化联合法。这些方法的原理都是将磷石膏中的硫酸钙经过分解、复合等反应转化为单质硫或硫酸进行回收。硫回收后的无硫废渣可以用于建筑材料的生产。磷石膏制备硫酸联产水泥的具体工艺如下：在 1000～1100℃ 的高温气氛下反应一定时间，磷石膏中的二水钙会发生分解。在该过程中需要加入一氧化碳或者焦炭作为高温还原剂，磷石膏的硫酸分解率可达 95% 以上，脱硫率可达 85% 以上。利用尾气吸收反应可以得到硫酸产品，副产物氧化钙与其他熟料复配后可以生产水泥。

11.4.2 磷泥

磷泥是采用磷矿石生产黄磷过程中的副产品，呈现乳浊状的胶体结构。磷泥是单质磷、粉尘、炭黑和废水的混合物，此外还包括一些高炉冶炼磷矿石的杂质，如二硫化碳、二氧化硅、氧化钙、三氧化二铁等。一般来说，根据磷泥中磷的含量高低可以将其分为富磷泥（60%以上）、贫磷泥（30%～60%）和弱磷泥（10%以下）。富磷泥由于磷含量较高可以作为黄磷提取的原材料，而贫磷泥由于黄磷含量低，直接提取黄磷经济效益低，一般作为危险废物堆存或作为烧制磷酸的原材料。磷泥的处置方法可以分为直接法和间接法两类。直接法是通过物理分离法、化学药剂法等回收其中的单质磷。间接法是通过化学转化将磷泥中的磷以磷酸或者磷酸盐的形式回收。其中，直接法的回收率较高，但存在一定的技术难度和环境污染风险；间接法的回收率相对较低，但可以将磷泥变废为宝，实现资源化利用。

1. 提取黄磷

磷泥中黄磷单质的回收方法有蒸磷法、抽滤法和萃取法等。蒸磷法是将磷泥通过加热，使磷元素气化逸出，再加以冷凝精制回收的方法。抽滤法是将富磷泥在 70℃的热水中熔化，熔融的磷泥经过真空抽滤后可以与杂质分离，溶液中的黄磷经过降温处置即可回收。此外，黄磷与水不互溶，但与有机溶剂如二硫化碳等互溶，借助该性质可以采用溶剂萃取法进行提取回收。

2. 制备磷酸

磷泥制备磷酸需要特殊组成的燃烧装置，如燃烧炉、吸收塔、旋流塔等。磷泥制备磷酸的具体工艺如下：首先将磷泥投入燃烧炉，在燃烧室内磷泥与空气发生燃烧反应，释放的五氧化二磷气体进入喷淋吸收塔和塑料旋流塔即可被吸收。利用磷泥制备磷酸技术简单，操作可行性高，经济效益明显，同时可以回收固体废弃物中的热值。磷泥中的磷基本都可以被转化为有用的磷酸，而反应残渣基本不含磷元素，可以用作肥料二次利用。

3. 制备磷酸二氢钠

磷泥生产磷酸二氢钠的反应原理与磷酸类似，不同之处在于需要额外采用氢氧化钠中和产生的磷酸，得到磷酸二氢钠产品。磷泥制备磷酸二氢钠的具体工艺分为以下三步：①磷泥中的磷元素通过与空气的氧进行燃烧氧化反应转化为五氧化二磷；②五氧化二磷发生水化反应转化为磷酸；③氢氧化钠与磷酸发生中和反应生成磷酸二氢钠。反应方程式如下所示：

$$P_4 + 5O_2 \longrightarrow 2P_2O_5 \qquad\qquad (11\text{-}12)$$

$$P_2O_5 + 3H_2O \longrightarrow 2H_3PO_4 \qquad\qquad (11\text{-}13)$$

$$NaOH + H_3PO_4 \longrightarrow NaH_2PO_4 + H_2O \qquad\qquad (11\text{-}14)$$

11.5　氯碱工业

氯碱工业是指通过电解食盐水溶液制取烧碱、氯气和氢气的工业生产，是重要的基础化学工业之一。氯碱工业的产品烧碱和氯产品在国民经济发展中起着重要的作用。目前我国氯碱工业产能及产量均列世界第一，是名副其实的氯碱生产大国。氯碱工业固体废弃物主要包括盐泥、电石灰渣、废弃的石棉膜、含汞废催化剂和高浓度的酸碱及有机废液等。

11.5.1　盐泥

以食盐水为原料采用电解法制取氯、氢、烧碱的过程中产生的泥浆称为盐泥。盐泥的主要成分为二氧化硅（约 50%）、碳酸钙（约 6%～10%）、氢氧化镁（约

5%)、氯化钠（约 1%)、水分（约 30%）以及少量的三氧化二铁。据估计，使用精制盐生产 1t 烧碱，约产生盐泥 50～60kg。截至 2023 年，我国氯碱工业生产企业约 240 家，烧碱总产能约 4704 万 t，聚氯乙烯总产能约 3050 万 t/年，据估算外排盐泥约 90 万 t。需要注意的是，盐泥中含有大量残留氯离子，对土壤的生态环境和植被的生长造成严重影响。同时，碱性的盐泥也会影响土壤的酸碱度，成为农业生产的潜在威胁。因此，盐泥的处理和综合利用具有重要意义。

　　根据组分的差异，盐泥的综合利用途径主要包括建筑材料的制备、再生产品的制备以及农业方面的应用。然而，盐泥中氯离子的去除非常困难，因此影响了其综合利用和推广使用。此外，盐泥中泥沙的存在导致其黏度较低，过量添加会影响制备产品的质量。目前，由于处理技术短缺、经济效益不理想等原因，盐泥的综合利用尚未得到大范围推广。

1. 建筑行业

　　盐泥的主要元素成分是硅、钙和镁。将盐泥与钛白粉等无机化工颜料混合、搅拌后，可制备出各种颜色的涂料。经过预处理后，与固化剂等水泥原料混合、搅拌、烘干后，可制备出具有高强度和高耐磨性的合格水泥，用于制作保温砖。与粉煤灰及焦炭灰按比例混合、搅拌、成球、烧结后，可制备出多种规格的陶粒，用于制作保温、保水材料和无土栽培材料等。将盐泥用于制备水泥、地砖等建筑材料是大量消纳盐泥的主要途径之一。然而，盐泥中存在大量氯化钠和镁离子，会影响材料的强度和持久性，是综合利用过程中的安全隐患。因此，在盐泥用于制备建筑材料时需要进行预处理，并控制氯化钠和镁离子的含量，以确保产品质量和安全性。

2. 制备化学品

　　制备轻质氧化镁是盐泥资源化利用最重要的方式之一。轻质氧化镁具有高度的耐火绝热性能，广泛应用于军事、航空、电子和材料等领域耐火材料及保湿材料的制造，具有极高的应用价值。从含镁盐泥中提取氧化镁的具体步骤如下：首先通过碳酸化过程处理盐泥，如通入二氧化碳，使得盐泥中的镁离子生成碳酸氢镁。接着，经过热分解生成中间产品轻质碳酸镁，最后通过煅烧得到轻质氧化镁。

　　另外，晶须指的是由高纯度单晶生长而成的微纳米级的短纤维，其原子排列高度有序，具有超高的机械强度和优异的化学性能，广泛用于制造高强度复合材料。吉林省四平市昊华化工有限公司采用配浆、酸解、沉淀分离等操作工艺，从盐泥中制备 $\alpha\text{-}CaSO_4$ 晶须和碱式硫酸镁晶须。这种方法不仅可有效消纳盐泥，还能生产高附加值的产品，具有较好的经济效益和环境效益。

3. 制备添加剂

制备聚氯乙烯填料：在聚氯乙烯的制备过程中，需要添加一定比例的填料来调节复合材料的硬度、拉伸强度和断裂伸长率。传统的填料主要是碳酸钙和氢氧化镁。由于盐泥的主要成分是碳酸钙和氢氧化镁，因此经过活化处理后的盐泥可以替代传统添加剂用于制备聚氯乙烯填料。具体操作流程如下：首先加入硫酸得到变性盐泥，然后采用旋液分离器去除泥沙，接着加入盐酸调节 pH 值，并加入一定比例的表面活性剂，最后混合、搅拌、烘干即可得到聚氯乙烯填料。

制备燃煤添加剂：在加热条件下，盐泥中丰富的金属离子被还原为金属单质，随后金属单质通过吸附氧气被氧化为金属氧化物，最后金属氧化物经碳热还原反应被直接还原为金属单质。金属在被氧化和被还原之间的循环转换使得氧原子能够连续转移，加速了氧气的扩散，从而促使燃烧过程更为顺利。因此，利用盐泥制备燃煤添加剂具有重要的节能减排作用。

制备钻井液添加剂：盐水钻井液又称水泥浆，是钻井过程中满足钻井工作需要的各种循环流体的总称。其主要成分为石膏、碱金属硫酸盐、氧化镁和氧化钙等，与盐泥的组成十分相似。将盐泥用于钻井液添加剂不仅实现了盐泥的综合利用，而且避免了石灰石及重晶石中所含杂质对地下水的污染，具有良好的环境、技术和经济效益。

4. 农业生产应用

盐泥中含有大量的钙和镁，可以通过堆肥改性的方法制备出有机肥，用于农业生产。其主要原理是将盐泥与腐殖酸含量高的泥炭混合，其中的碳酸钙和氢氧化镁会与腐殖酸形成有机络合物，这些络合物能够促进农作物对养分的吸收，有利于作物的生长。这种方法可以有效地利用盐泥资源，为农业生产提供一种环保的解决方案。

11.5.2　电石灰渣

乙炔（C_2H_2）是基本有机合成工业的重要原料之一，其湿法合成工艺简单成熟，在我国工业生产中得到了广泛应用。该工艺以电石（CaC_2）为原料，通过加水（湿法）生成乙炔，其反应方程式如下所示：

$$CaC_2 + 2H_2O \longrightarrow C_2H_2 + Ca(OH)_2 \tag{11-15}$$

电石渣是以电石为原料生产乙炔或聚氯乙烯后产生的浅灰色固体废弃物，其主要成分是氢氧化钙。根据《固体废物排污申报登记指南》及《工业固体废物名录》的规定，电石废渣属于第Ⅱ类一般工业固体废物。通常情况下，1t 电石与水进行化学反应后，可产生约 300kg 的乙炔，同时产生约 1.2～1.8t 的电石渣。数据统计显示，2023 年，我国电石总产量为 2750 万 t，因此估算 2023 年我国电石渣的总产量为 3300 万～4950 万 t。我国对大部分的电石渣进行了充分的回收利用，其主要用途涵盖填埋、替代石灰石制造水泥、生产生石灰作为电石原料、制造化工产品、生产建筑材料以及用于环境治理等多个领域。

1. 填埋和自然沉降处置

电石渣的产生量大、占地面积广，因此最初被用作填海、填谷的材料进行填埋处置。然而，在填埋过程中往往没有做防渗处理，这导致了对生态环境的巨大危害。自然沉淀处置是将工业生产过程中产生的电石浆排放到沉淀池中进行自然沉淀，随后利用机械设备抓取底部沉淀物，最后进行预处理后出售。这些物理处置方式并没有很好地将电石渣进行资源化利用，同时也对环境造成了潜在隐患。因此，为实现电石渣的有效资源化利用，目前对电石渣的处置方法以化学处置为主。

2. 制备建筑材料

虽然电石渣的回收利用技术已经有很多种，其中许多工艺也已趋于成熟，但考虑到电石渣的巨大体量，将其转化为建筑材料进行消纳是目前最理想的方法。以硅酸钙为主要组分的硅酸盐水泥熟料被称为波特兰水泥。电石渣中的氢氧化钙与硅酸钠反应可形成硅酸钙，硅酸钙随后与水形成胶体物质，凝固后的材料强度和耐水性都极佳。电石渣制备波特兰水泥是目前最主要的消纳用途，包含诸多优点：①可节约自然环境中的石灰石，同时减少碳排放，符合循环经济和可持续发展的目标；②电石渣成本低于石灰石，可降低水泥的生产成本；③氢氧化钙比石灰石中的碳酸钙易分解，掺入电石渣制备的水泥材料，在抗压强度、抗折性等材料性能方面表现良好。此外，在水分辅助下，利用电石渣中氢氧化钙与二氧化碳的反应可以生产碳酸钙，进而可以生产碳化砖。所得的碳化砖强度高，整套生产工艺简单，成本低，用途广泛。电石渣经过脱水还可以得到氧化钙产品，可直接用于建筑材料。

3. 环境治理材料

电石渣呈碱性，因此可作为特定背景下的环境治理材料。例如，电石渣可以用作制备脱硫剂，吸收工业生产尾气中的二氧化硫；可作为中和剂中和水体中的酸性物质，调节水体的 pH 值；或者作为工业重金属和有机废水的沉降剂等。

4. 生产化工产品

将电石渣脱水生产生石灰等化工产品也是其资源化的主要途径之一。具体工艺如下：将脱水后得到的电石渣首先通过运输机导入造粒机进行造粒处理，得到的电石渣球形颗粒在干燥炉内干燥，随后在回转炉煅烧即可得到生石灰。利用电石渣生产生石灰技术路线简单，工艺成熟，存在多种优点，如生产石灰的投资仅为水泥的十分之一，所得到的生石灰可以作为上游的化工产品使用，同时减少了生石灰矿源的开采等。但是，该工艺能耗高，因此生产成本较高，且所得的石灰中杂质较多，可能会影响其潜在的应用。此外，电石渣也可以作为生产氯酸钾的原材料，具体工艺如下所示：首先将电石渣除杂后配成乳液，乳液经过与氯气和氧气的皂化反应形成氯酸钙 $Ca(ClO_3)_2$，溶液中的 $Ca(ClO_3)_2$ 经过复分解反应即可生成氯酸钾（$KClO_3$）产品。其中的化学反应如下所示：

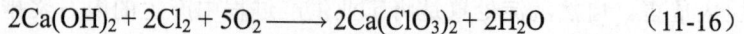

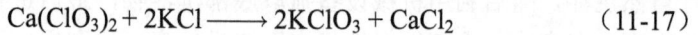

$$2Ca(OH)_2 + 2Cl_2 + 5O_2 \longrightarrow 2Ca(ClO_3)_2 + 2H_2O \qquad (11\text{-}16)$$

$$Ca(ClO_3)_2 + 2KCl \longrightarrow 2KClO_3 + CaCl_2 \qquad (11\text{-}17)$$

11.6 硫 酸 工 业

硫酸作为基础化学品被广泛用于冶金、石油、医药、化工、军工、航天等多个工业领域，还用于生产农药、纤维、塑料、涂料等基础化工产品。硫酸工业最早的生产工艺是硝化法，目前已经被接触法代替。常用于生产硫酸的原料包括硫铁矿、硫磺和工业含硫尾气。硫铁矿的主要元素组成是硫和铁。利用硫铁矿生产硫酸时，其中的硫被转化为硫酸，而排出的反应渣成为固体废弃物，被称为硫铁矿渣。此外，硫酸工业产生的固体废弃物还包括水洗净化工艺处置废水后产生的污泥、酸洗净化工艺产生的含泥稀硫酸以及废催化剂等。

硫铁矿渣是硫铁矿或含硫尾砂工业化生产硫酸过程中产生的固体废弃物，其主要成分为铁氧化物和二氧化硅，其中还包含重金属和少量的贵金属杂质。我国是硫酸生产大国，每年产生数千万吨的硫铁矿渣，占我国化工行业固废总量的三分之一。硫铁矿渣的组分因地而异，即使是同产地的硫铁矿渣，由于工艺不同其炉灰和炉渣的组分也有所区别。随着我国工业化生产中硫酸需求量的日益增加，硫铁矿渣的产量也急剧增加。大量的硫铁矿渣堆积如山，造成了严重的环境污染。硫铁矿渣的主要组成成分如表 11.2 所示。

表 11.2　硫铁矿渣组成成分（%）

成分	Fe_2O_3	Al_2O_3	CaO	MgO	SiO_2	S	不溶物
质量分数	43.31	8.13	1.63	0.46	35.73	0.16	微量

一般情况下，硫铁矿渣的分类可以依据其不同的物理化学性质进行区分：①根

据硫铁矿渣的外观特性可以分为炉渣和炉尘两大类。据统计，每生产 1t 硫酸会生成 0.8～1.1t 的硫铁矿渣，其中约有 0.5t 的废渣和 0.3t 以上的粉尘。②按照硫铁矿渣的颜色可以分为红渣、黑渣和棕渣，这是因为铁氧化物的组成及含量不同。当硫铁矿渣中赤铁矿（三氧化二铁）的含量较高时，其颜色偏红，称为红渣；当四氧化三铁的含量占比较大时，颜色偏黑，称为黑渣；当赤铁矿和四氧化三铁的组成相当时，硫铁矿渣的颜色往往呈棕色，称为棕渣。③根据硫铁矿渣中可用组分含量的不同，还可以将其分为铁渣、有色铁渣和贫渣。其中铁渣中铁元素的含量较高，因此可作为铁回收的原料；贫渣中铁品位较低，其综合利用价值较低；有色铁渣的组分较为复杂，其中含有的多种金属元素如铜、金、银等均可作为有价值的组分进行提取。

　　硫铁矿渣对环境的危害主要来自以下几个方面：①硫铁矿渣由于产生量大，往往在土地中大量堆积，不仅造成了土地的浪费，考虑到硫铁矿渣中有价组分，还是一种资源的浪费；②硫铁矿渣在土地的堆积将带来土壤的污染，其中有害组分通过地化循环迁移转化进入土壤，不仅破坏土壤组分结构，还会造成植物和微生物的大量死亡，土壤的理化性质也会发生变化，不利于农作物的栽培和生长发育；③硫铁矿渣中的重金属和有机组分可以通过雨水的冲刷和河流的作用进入地下水循环，危害水体生物，引发河流和湖泊的酸化和富营养化；④硫铁矿渣由于颗粒极小，经过大气的吹扫和沉降作用会引发大气粉尘的污染。

　　硫铁矿渣是固体废弃物，但同时也是极具开发和利用价值的城市矿产资源。国内外对硫铁矿渣的利用非常重视，进行了大量的研究和实践，并取得了很好的进展。目前对硫铁矿渣的利用主要包括以下路径：制备建筑材料、精炼选铁、提取有价组分、回收铁盐等。

11.6.1　建筑材料

　　黏土是建筑业烧制砖的最常用建筑原料。但是随着我国耕地资源的日益紧张，可利用的黏土资源减少。利用硫铁矿渣烧制砖作为建筑材料是很好的代替途径。硫铁矿渣的主要组分是铁氧化物和二氧化硅，烧制成砖后仍然可以保持很好的机械强度。但是由于硫铁矿渣中二氧化硅和氧化铝等活性组分的含量相对较低，因此在烧制过程中需要加入一些其他固体废弃物进行复配，并加入石灰等作为凝胶材料以保证产品的质量。

　　利用硫铁矿渣制作砖的工艺如图 11.2 所示：首先将硫铁矿渣与消石灰（氢氧化钙）按照一定的比例进行混合处理，随后采用机械设备对混合原料进行湿式碾压和细化，从而增强物料的致密性和紧实度，以利于成型。所得到的原料经过陈化和养护即可得到成品砖。理论上，硫铁矿渣烧制建筑用砖的配方是 50% 以上的硫铁矿渣与其他材料（如粉煤灰、煤渣、煤灰等）进行复配后陈化氧化。硫铁矿渣烧制的砖性能与普通红砖接近，同时可以避免对黏土的利用，并可保护土地资源。因此配方简单、原料广泛、便于推广生产，可大规模消纳该类固体废弃物，是值得大力推广的资源化路径。

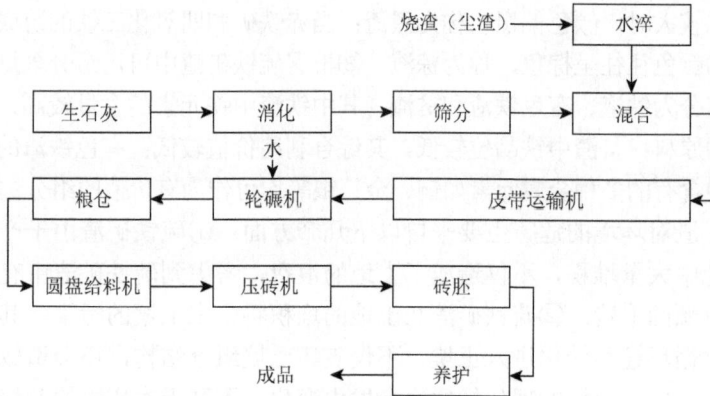

图 11.2 硫铁烧渣制砖工艺流程图

利用硫铁矿渣作为原料生产水泥副料是一种大规模消纳硫铁矿渣的有效举措。制备流程：将硫铁矿渣、石灰石、煤粉、石灰等原料采用机械球磨设备混合细化均匀，然后经过成球、煅烧（温度 1600℃）等一系列处理后，在回转窑内通过高温熔化放出其中的铁水铸铁；将回转窑内得到的水泥熟料进行磁选后分铁，剩余组分经过球磨处置即可得到水泥副料。利用硫铁矿渣生产水泥具有以下优势：首先，用硫铁矿渣进行水泥副料生产要求较低，任何品位的硫铁矿渣均可以作为水泥副料生产的原材料；其次，硫铁矿渣产量大，来源广泛，是水泥副料生产原材料的有效保障；再次，将硫铁矿渣用于水泥辅料的生产不仅可以调整其中硅酸盐组分的成分比例，还可以增加水泥的硬度和强度；最后，水泥的煅烧温度可以被降低，减少了能量消耗，能有效减少成本的投入。

11.6.2　铁回收

相比原始矿石，硫铁矿渣中铁的含量更高，因此经过加工后，硫铁矿渣可以作为铁冶炼回收的原料。从硫铁矿渣中回收铁不仅符合循环经济的理念，而且相比直接从原矿石中开采，具有成本低、含量高、经济性好的优势。从硫铁矿中回收铁的主要方法是通过选矿工艺来集中铁组分，一般分为物理选矿和化学选矿两种技术手段，而这些技术手段包括磁选-重选、重选-浮选以及磁化焙烧-磁选等不同的工艺方法。

磁化焙烧-磁选工艺由于通用性好、适用性强、分选效果好，被广泛应用于各类硫铁矿渣中铁的回收。相比磁选-重选、重选-浮选等工艺，磁化焙烧-磁选工艺对于铁的回收效率更高，同时可以实现硫的同步脱除，这对于后续铁的精炼是极其有利的，因此是目前应用较多的工艺。

此外，根据氯化物易于挥发的特征，也可以通过高温氯化法回收硫铁矿渣中的金属铁。具体工艺如图 11.3 所示：首先将硫铁矿渣与氯化剂配料成团，在低温焙烧后其中的有色金属即可生成氯化物挥发；通过后续的工艺如冷却、湿法冶金、分离和沉淀即可回收目标金属。该方法在回收效率和能源消耗方面都有优势，但需要注意处理过程中产生的废气和废液对环境的潜在影响。

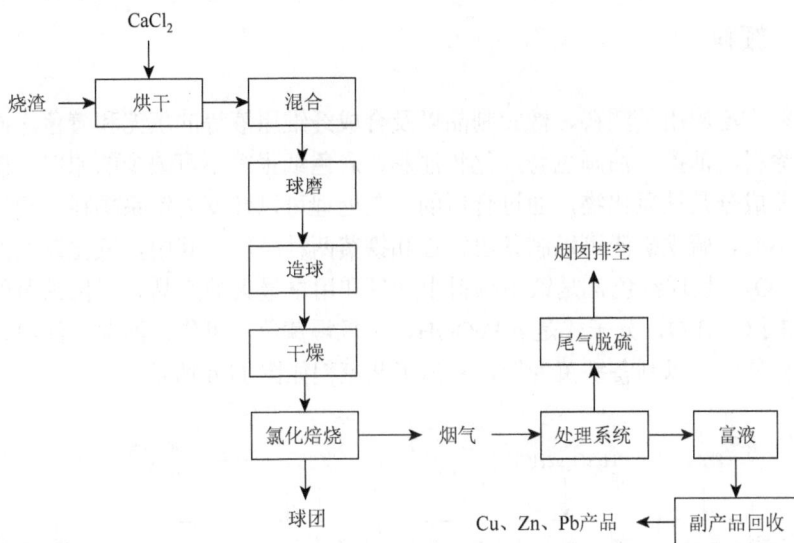

图 11.3　高温氯化法处理硫铁矿烧渣流程图

11.6.3　生产铁盐产品

对于硫铁矿渣资源化，一种有效的途径是将其中的铁通过物理化学处理转化为再生的铁盐产品。这些铁盐产品包括硫酸亚铁、三氯化铁、聚合硫酸铁、聚硅酸铝铁混凝剂以及聚合氯化铁铝等。其中，硫铁矿渣制备硫酸亚铁通常采用湿法冶金工艺。由于高价铁盐的反应活性相比二价铁盐要低，因此在制备铁盐之前往往需要先将其中的三价铁还原为二价铁。具体流程如下：首先，在高温炉内对硫铁渣和还原剂进行还原反应得到低价铁，然后使用硫酸作为浸出试剂浸出金属；通过过滤、结晶和干燥等工艺处理即可得到硫酸亚铁结晶。

11.6.4　海绵铁

硫铁矿渣中的铁氧化物可以通过还原剂如氢气、一氧化碳、焦炭等进行还原反应转化为海绵铁。得到的海绵铁可通过磁选工艺进行富集后冶炼为钢铁，这也是硫铁矿渣资源化利用的一种有效途径。相关的化学反应如下所示：

$$Fe_2O_3 + 3C \longrightarrow 2Fe + 3CO \uparrow \tag{11-18}$$

$$Fe_3O_4 + 4C \longrightarrow 3Fe + 4CO \uparrow \tag{11-19}$$

$$FeO + C \longrightarrow Fe + CO \uparrow \tag{11-20}$$

11.6.5　颜料

颜料广泛应用于塑料、橡胶制品以及合成纤维原液等的填充和着色，同时也是制造涂料、油墨、油画色膏、化妆油彩、彩色纸张等不可缺少的原料。硫铁矿渣的主要成分是铁氧化物，通过合适的工艺处理可以转变为铁系颜料。根据生产工艺的不同，硫铁矿渣可以制备出铁红和铁黄两种颜料。其中，氧化铁红的分子式是 Fe_2O_3，呈现红色，是铁系颜料中产量和用量最大的产品。氧化铁黄的化学成分是 $Fe_2O_3 \cdot H_2O$，分子式是 $\alpha\text{-FeOOH}$，呈现褐黄色，可作为油漆、涂料、油墨等的颜料使用。以制备铁黄为例，具体工艺流程如图 11.4 所示。

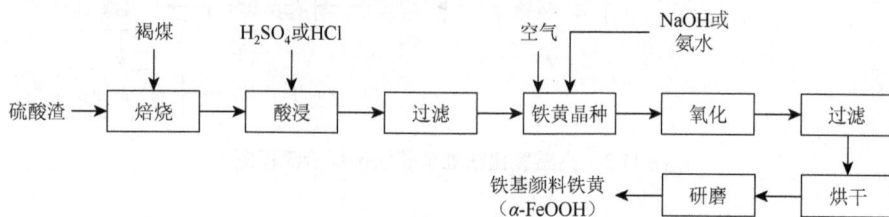

图 11.4　硫铁矿烧渣制备铁黄工艺流程图

11.6.6　功能材料

硫铁矿渣资源化利用的一种途径是将其改造为重金属的吸附剂，这符合"以废治废"的环保理念。例如，通过盐酸改性法可以将硫铁矿渣转化为重金属铬离子的吸附材料。研究结果表明，盐酸处理后的吸附材料对于重金属铬离子具有良好的吸附性能，硫铁矿渣吸附铬离子的吸附等温线符合 Langmuir 等温线模型，主要是单分子层化学吸附；经脱附剂脱附后的材料可以直接用于再吸附。另外，经过氢氧化钠脱附处理后，再进行盐酸处理的样品表现出最佳的吸附效果，吸附率高达 79.36%。

另外，铁元素是磷酸铁锂材料中必不可少的组分，以硫铁矿渣中的铁为铁源制备磷酸铁锂材料将显著降低磷酸铁锂的生产成本，推动锂电池的产业化发展。例如，以硫铁矿渣为原料，首先通过浸出得到高纯度的硫酸亚铁溶液，随后通过水热工艺合成可用于锂电池正极材料的磷酸铁锂正极电极材料。这为硫铁矿渣的资源化提供了新的思路。

总之，不合理处置硫铁矿渣将对环境带来危害，并造成资源的严重浪费。我国虽然地大物博，但是资源相对不足。将硫铁矿渣进行资源化利用，可以有效地缓解铁矿石供应不足，稳定上游原材料市场。目前，发达国家如日本、美国等对硫铁矿渣的利用率高达 70%以上，而德国、西班牙等对硫铁矿渣的利用率接近100%。相比之下，我国硫铁矿渣的利用率只有 50%。这一现象是多种原因造成的，如硫铁矿渣质量不高、铁品位低、二氧化硅含量高等。未来需要根据我国硫铁矿渣的组成和性质开发相应的资源化技术，以提高该类固体废弃物的资源化利用率，开拓其潜在价值。

11.7　废 催 化 剂

催化剂在化工生产中应用广泛，大部分有机化学反应都需要使用催化剂来加快反应速率。以石油炼制为例，使用量最大的是催化裂化催化剂，占比约为 68.9%；加氢精制、加氢裂化和催化重整催化剂占比分别为 9.4%、6.2%和 3.3%；其他种类炼油催化剂合计占比约为 12.2%。除常减压、焦化等少数几个过程外，石油化工行业 80%以上的反应或过程需要催化剂的参与。然而，催化剂在使用一段时间后会失活、老化或中毒，导致催化活性降低，因此废催化剂成为化工行业的固体废弃物。

化工生产中使用的催化剂一般是将贵金属如钯、铂、铑或者过渡金属钴、镍、锰等的一种或者几种负载在分子筛、氧化铝、活性炭等材料上制备而成。废催化剂的回收利用有如下特征：①稀贵金属的含量较低，但是回收利用价值高，因此回收工艺的设计需要尽可能考虑到经济性；②催化剂在使用过程中表面和孔道吸附了一定量的有机污染物，对稀贵金属的回收造成了困难；③废催化剂中含有重金属和有机物，其环境风险较高，因此需要特别关注。

目前，通常采用填埋法处理化工行业产生的大量废催化剂。然而，由于废催化剂中含有多种有害的重金属，且在使用过程中会吸附原料或反应物中的有毒有害物质，如硫和有机物，填埋法处置容易导致土地污染。若填埋时不做防渗处理，废催化剂受雨水淋湿后，其中的重金属如 Fe、Ni、Pb、Cr 等极易溶出，会造成地下水污染或破坏土壤、植被,同时通过生物富集可能迁移到人体或动物体内。此外,废催化剂颗粒较小,通常在 $20\sim80\mu m$ 之间,容易被风吹散,导致空气中悬浮颗粒物增多,从而对大气环境造成污染,成为不容忽视的污染源。然而,废催化剂中富含贵金属、有色金属及其氧化物,且有价金属的含量高于矿石中相应金属的含量,因此可以作为二次资源进行回收和再利用。废催化剂的利用主要包括对其中有价金属的回收和综合利用两种方式,此外还有其他一些用途如用作农田肥料等。

11.7.1　金属回收

废催化剂中金属的回收方法主要为火法冶金和湿法冶金。在实际回收中,需要根据催化剂的种类采取相应的回收方法,通常采用多种方法和工艺相结合,但一般都需要进行预处理。预处理操作主要有细磨、焙烧以及溶浸等方法。其目的在于除去废催化剂上吸附的水分、有机物、硫等有害杂质,并通过改变废催化剂的外形和内在结构,使之符合后续处理工序的要求。

1. 火法冶金

火法冶金回收废催化剂中有价金属指的是,废催化剂在高温条件下经过一系列物理化学反应,以金属单质或化合物的形式被有效富集和回收的工艺,主要设备有焙烧炉和熔融炉。火法冶金回收金属主要包括焚烧法、熔炼法和氯化法。焚烧法是通过高温煅烧,根据各金属高温性质的差异进行金属分离。该方法流程短、效率高、处理成本低,适用于单一炭质载体废催化剂。熔炼法指的是一种高温熔融过程,在此过程中,通过添加熔剂将载体分解并形成炉渣,其中包含熔融的贱金属合金,通过捕集其中的贵金属,实现它们的有效富集和回收。氯化法是利用金属在较高温度下能够选择性氯化的特点,形成易挥发的氯化物,然后在冷凝区冷凝,从而达到与载体分离的目的。常用的氯化剂为 Cl_2,Cl_2 与 CO 或 O_2、CO_2 的混合气。氯化法具有工艺简单、试剂费用低、载体可复用等优点;但其在高温下操作,腐蚀性强,对设备要求高,从而限制了该技术的应用。

2. 湿法冶金

湿法冶金是通过溶解、提取或萃取、浓缩或回收等过程从废催化剂中分离回收金属的工艺。其中,溶解的方法有载体溶解法、活性组分溶解法和全溶解法。化工行业废催化剂多以 Al_2O_3 为载体,其溶解性优于活性载体,因此,载体溶解法和全溶解法相比于活性组分溶解法,金属回收率更高,但处理成本也相对较高。将金属从液相分离提纯的方法有离子交换、电解、反渗透、膜过滤、吸附、污泥浸沥、电解沉积、溶剂萃取以及沉淀等。目前，离子交换法、溶剂萃取法以及还原沉淀法是最常用的方法。

（1）离子交换法

离子交换法是指利用离子交换剂中的可交换基团与液相中的金属离子进行交换，然后选择合适的试剂将交换剂上的金属离子吸附和淋洗，进而得到高纯度金属离子的过程。因此，可以通过选择合适的离子交换剂选择性地回收液相中的金属。离子交换法成功的关键在于选用适当的离子交换剂和优化吸附、淋洗条件。交换剂的性质，如交联度、粒度和交换容量，对整个交换过程产生重要影响。此外，通过向溶液中引入络合剂，可以提高离子交换法的选择性，从而实现更有效的分离效果。

离子交换反应是在固态的交换树脂和溶液接触的界面间发生反应，离子交换剂中的离子与溶液中的金属离子进行交换反应。例如，废催化剂中金属的回收一般是用王水或混酸将载体和活性组分全部溶解，其中贵金属如 Pt、Pb 等在溶液中会形成$[MCl_x]^{n-}$型的稳定配合物，因此通常选择阴离子交换树脂吸附贵金属络合离子；此外，部分螯合树脂也对贵金属离子有较好的亲和力，可以作为交换剂使用。

离子交换法技术成熟，交换容量大，是废催化剂中金属回收的重要方法。但是，该方法对同种电荷的金属离子的分离选择性欠佳，吸附能力强造成淋洗再生较难，因此需要进一步对该技术进行改进。

（2）溶剂萃取法

溶剂萃取法是指利用金属离子在互不混溶的两相（水相和有机相）中分配系数的差异，使得金属离子从水相转移到有机相，进而达到分离纯化金属的目的。该方法选择性较好，根据萃取剂的不同可选择性地分离金属离子，具有简单、快速、灵敏度高的特点。为了更好地分离金属离子，提高金属回收率，有时需要在萃取剂中加入一些调节剂，以提高萃取剂的性能。

（3）还原沉淀法

还原沉淀法指的是将液相中的金属转变为固相，如加入氢氧化物或硫化物，使得液相中的金属离子形成氢氧化物或硫化物沉淀，进而通过抽滤分离得到金属化合物。液相中的金属离子都有最佳的 pH 值沉淀范围，根据实验或文献确定的最佳 pH 值范围和沉淀剂投加量可以实现金属的分类回收。

3. 应用举例

以废钼催化剂的回收为例，其回收方法主要为焙烧氨浸出工艺，主要包括焙烧、氨水浸出、沉淀分离以及干燥等步骤。然而，由于废催化剂中钼元素含量较低，因此回收效益不理想。

11.7.2　综合利用

1. 废催化剂再生

催化剂在使用一段时间后,常因表面结焦积炭、中毒、载体破碎等原因失活。废催化剂再生是指通过再生工艺恢复催化剂的活性,使其再次投入使用。由积炭引起的催化剂失活,一般可以通过直接煅烧除炭再生催化剂来解决,常用的方法为"器内再生",即直接向固定床反应器中通入空气或氧气后燃烧失活催化剂中的炭。由载体中毒或破碎引起的催化剂失活,一般采用"器外再生",再生流程主要包括煅烧、酸/溶剂浸出、水洗以及干燥再生。

其中,煅烧的目的在于去除积炭;而酸浸或溶剂浸出的作用是清除催化剂内的杂质金属,如镍、钒等,同时打开催化剂孔道,暴露出未使用的高活性表面;水洗则可溶解附着的重金属可溶盐;干燥的目的是去除水分,获得干燥的再生催化剂。

2. 废催化剂精制石蜡

石蜡是从石油、页岩油或其他沥青矿物油的某些馏出物中提取出来的一种烃类混合物。通过对粗石蜡的精制可以得到全精炼石蜡和半精炼石蜡。制备精炼石蜡的工艺以吸附精制为主,活性白土(漂白土)是其中最常用的吸附剂。废催化剂比表面积大,有大量微孔结构,与活性白土的结构相似,具有较好的吸附性能,因此,废催化剂适合作为活性白土添加剂进行精制石蜡的制备。研究显示,向白土中添加废催化剂不超过45%(相对于白土),所得的精制石蜡样品在光安定性、色度等多个方面与纯白土精制的蜡样基本一致,回收率达到97%以上。

11.7.3　其他用途

制作肥料方面,将合成氨工艺用的废催化剂粉碎后,按比例用黏土造粒,可用于制作"还阳肥"(基肥),或加入到复合肥中制成含微量元素的复合肥。该催化剂中含有大量植物生长所必需的微量和中量元素,如铁、钢、硼、锰、铜、镁等。

含 Cu-Zn 的催化剂,如 Cu/Zn/Al 催化剂,主要应用在合成氨工业、制氢工业的低温变换反应及合成甲醇和催化加氢反应。在使用过程中,此类催化剂均使用还原态的铜,因此易因硫中毒、卤素中毒、热老化等而报废。这类废催化剂可以用来生产硫酸铜、氧化亚铜、氯化亚铜、五水硫酸铜、氧化锌以及铜锌微肥。

具体来说，Cu-Zn 废催化剂制备氧化亚铜的工艺主要操作包括氨浸、还原、过滤及煅烧。该工艺技术可行、操作简单，具有良好的生产效益。此外，废 Cu/Zn/Al 催化剂中的 CuO 和 ZnO 具有较大的硫容，可作为精脱硫剂使用，并且经过硝酸溶解、共沉淀、洗涤和煅烧后可使催化剂得到再生。

11.8　铬　盐　行　业

铬盐在冶金、制革、颜料、电镀、军工等诸多行业均有广泛应用，是一种重要的无机化工产品。其主要产品包括重铬酸钠和铬酸酐，此外还有少量的重铬酸钾、氧化铬绿、碱式硫酸铬及部分含铬颜料等。

然而，铬渣是生产金属铬和铬盐过程中产生的工业废渣，大多呈粉末状，有黄、黑、赭等颜色，其成分主要包括二氧化硅（4%～30%）、三氧化二铝（5%～10%）、氧化钙（26%～44%）、氧化镁（8%～36%）、三氧化二铁（2%～11%）、亚铬酸钙（5%～10%）、酸溶性铬酸钙（0.1%～1%）以及六氧化二铬（0.6%～0.8%）等。一般来说，每生产 1t 重铬酸钠约产生铬渣 2.0～2.5t。铬渣的碱度很高，pH 值可达到 11～12，是剧毒的危险废物，其毒性主要来源于六价铬（Cr^{6+}）。六价铬具有吸入性毒性、致癌性以及环境持久性危害。铬渣中的可溶性铬酸钠、酸溶性铬酸钙等六价铬离子经过雨水、地下水的冲刷作用，会对生态环境和人体健康造成严重的威胁。

11.8.1　铬渣的解毒

1. 化学解毒

铬渣中的六价铬毒性最强，对生态环境和人体健康产生的危害最大，是最需要处理的部分。化学法解毒指的是将六价铬还原为毒性极低的三价铬，主要包括干法解毒（即高温还原法）和湿法解毒（即试剂还原法）。

铬渣干法解毒主要是通过高温激活六价铬的化学活性，同时利用还原性气氛将六价铬还原为无毒的三价铬。干法解毒过程中的煅烧温度、停留时间以及铬渣和煤炭的质量比是影响解毒效果的主要条件。干法解毒操作简单、设备投资少，可以大规模处置铬渣，解毒后的铬渣可以用以制作玻璃着色剂或建筑材料。但是，该工艺需要安装除尘设备处理煅烧过程中产生的污染性气体，以避免二次污染。

湿法解毒过程中，通过添加还原剂将酸溶性和水溶性的六价铬还原为三价铬，所用还原剂主要包括无机试剂，如硫酸亚铁、硫化钠、磷酸盐等，以及有机试剂，如有机螯合物、高分子稳定剂。常用的铬渣还原剂是硫酸亚铁（$FeSO_4 \cdot 7H_2O$），即绿矾。在解毒过程中，将适量硫酸亚铁与水、铬渣混合后，其中的二价铁会将六价铬还原为三价铬，三价铬在碱性条件下形成氢氧化铬沉淀，进而完成解毒过程，化学反应方程式如下所示：

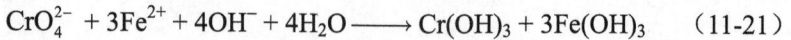

$$CrO_4^{2-} + 3Fe^{2+} + 4OH^- + 4H_2O \longrightarrow Cr(OH)_3 + 3Fe(OH)_3 \qquad (11\text{-}21)$$

硫化钠（Na_2S），又称黄碱、硫化碱，也常作为铬渣还原剂使用。在解毒过程中，首先利用碳酸钠溶液将铬渣中的酸溶性铬酸盐转化为水溶性铬酸钠，随后将硫化钠与铬酸钠加热反应，其中的二价硫将六价铬还原为三价铬，三价铬随后会形成氢氧化铬沉淀，完成解毒过程。化学反应方程式如下所示：

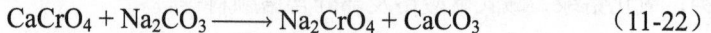

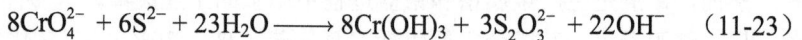

$$CaCrO_4 + Na_2CO_3 \longrightarrow Na_2CrO_4 + CaCO_3 \qquad (11\text{-}22)$$

$$8CrO_4^{2-} + 6S^{2-} + 23H_2O \longrightarrow 8Cr(OH)_3 + 3S_2O_3^{2-} + 22OH^- \qquad (11\text{-}23)$$

2. 物理解毒

物理解毒指的是采用惰性固化剂与铬渣完全混合，使其生成结构完整的密实体，即固化处理铬渣。常用的固化剂是水泥。水泥与铬渣完全混合后，经过水泥水化反应形成坚硬的固化体，进而稳定六价铬，降低金属的浸出率。六价铬的稳定效果与水泥的添加量、质量以及其他稳定试剂的添加量密切相关。然而，铬渣中的其他金属会干扰水泥的固化过程，因此，水泥固化解毒操作复杂。目前，主要是美国和英国采用固化技术将铬渣物理解毒后贮存或填埋处置。

3. 生物解毒

生物解毒指的是通过实验室驯化、筛选或基因重组等技术得到一系列微生物，利用微生物的代谢活动将铬渣中的六价铬还原为三价铬的过程。与生物冶金相似，微生物还原金属存在诸多问题，如微生物筛选周期长、处理周期长、处理量低以及处理效率低等。因此，生物解毒多用于实验室研究，尚未工业应用。

4. 微波解毒

微波解毒指的是采用微波辐射技术对铬渣进行照射将六价铬还原为三价铬的过程。微波解毒过程中，将铬渣与还原剂（如煤炭）混合后，微波辐射将电磁能转化为热能，高温条件下六价铬被还原剂还原，其中主要产生的还原气体是 CO。此外，微波的非热效应促进了反应物中原子和分子的运动，可显著降低化学反应活化能，进而加快了反应。整体来看，微波解毒是效率更高的干法解毒方法，在微波的热效应和非热效应的共同作用下，可以更加快速、精确地将六价铬还原为三价铬。

11.8.2　铬渣的资源化

铬渣中高毒性的六价铬可以在以下情况下被还原为毒性较低的三价铬：①在酸性环境中被还原剂还原；②在碱性环境中与碱金属硫化物和硫氢化物相互作用；③在高温和缺氧条件下与硫、碳或碳化物相互作用。基于上述原理，铬渣可主要应用于以下几个方面。

1. 制备烧结砖

首先将铬渣进行干燥和粉碎，随后，将铬渣粉末和黏土按照 40/60 的质量比进行混合配料，并制成砖坯后入窑烧制。在高温和强还原环境中，六价铬最终被还原为三价铬，即不溶于水的三氧化二铬。铬渣的毒性被清除后，砖材可达到建筑材料的使用要求。

2. 制备高强铬钡砖

首先将铬渣和碳酸钡渣混合，然后加水制浆并利用球磨机进行湿磨处理。在球磨过程中，铬渣中的六价铬部分转化为不溶性的铬酸钡，部分转化为三价铬。铬钡砖主要由铬钡渣浆和煤渣混合制成：两者按照一定的物料比进行配料混合，经过碾压和焖料后制成砖坯，砖坯经升温、恒温、降温等步骤处理后进行压蒸养护，最后制成铬钡砖。新制成的砖体通常需要储存一段时间才能使用，因为铬渣中的氧化镁含量较高，可能导致砖体发生膨胀现象。

3. 制备铬渣铸石

首先将铬渣、硅酸盐和煤渣按照 30/25/45 的质量比进行配料混合，随后，掺入 3%～5% 的氧化铁作为辅料。将制成的坯料在高温反应设备中分别进行熔融浇铸和结晶退火，最终可得到高强度、耐磨、防腐蚀的铬渣铸石，其抗压强度为 $4800 \sim 5500 \text{kgf/cm}^2$（$1\text{kgf/cm}^2 = 9.80665 \times 10^4 \text{Pa}$）。

4. 制备水泥

将铬渣、石灰石和黏土按照标准硅酸盐水泥的比例进行配料混合，然后烧制以制备水泥熟料，随后可用于制造水泥产品。铬渣经过碳热还原反应实现无害化处理后，与高炉粒化渣、转炉钢渣以及硅酸盐水泥熟料等原料按标准比例配料混合，并加入约 5% 的石膏作为辅料，可制造低熟料的钢铁渣水泥。

此外，铬渣还可用于替代铬矿粉以制备翠绿色玻璃着色剂。通过水淬方式处理后的铬渣还可作为制备熔融水泥、水泥混合材料、矿棉原料以及耐热胶凝材料等的原材料。日本的研究人员将硫酸亚铁、氧化亚铁等还原剂添加到无害化处理后的铬渣中，用以制备可塑性凝固材料和石膏板材填充料等产品。

思 考 题

1. 化工行业固体废弃物的来源有哪些？其分类方法有哪几种？
2. 简述化工行业固体废弃物的产生特征。
3. 简述化工行业固体废弃物处置的理论基础。
4. 简述磷肥工业固体废弃物的种类及处理处置手段。
5. 废催化剂的回收利用途径有哪些？
6. 硫酸工业的主要固体废弃物类型是什么？其循环利用途径有哪几种？
7. 铬盐行业的主要固体废弃物类型是什么？其循环利用途径有哪几种？

第 12 章　新型煤化工行业废弃资源循环

内容提要与主要知识点

　　本章重点介绍煤化工行业主要固体废弃物气化渣与液化渣的产生特点、基本特性和资源循环利用方法。要求理解煤气化、直接液化和间接液化的理论基础，能够辨析气化渣、液化渣与传统能源行业粉煤灰、锅炉渣以及矿业煤矸石、尾矿的区别，了解煤直接液化与间接液化的工艺差别，认识气化渣和液化渣的资源循环利用方法和产品形式，掌握液化渣热解、燃烧和气化的理论依据和实施方法，了解煤化工废渣产业化利用的限制因素与破解策略。

12.1　概　　述

　　煤化工行业固体废弃物是指以煤为原料，经化学反应或加工工艺将其转化为气态、液态、固态产品过程中产生的固体废弃物。我国具有丰富的煤炭资源，但石油和天然气资源十分短缺，煤炭作为能源消耗占到全国能源总耗量的 70% 以上。近年来，煤化工行业蓬勃发展，煤气化技术得到了大规模推广，接踵而至的是煤气化渣大量产生和堆存，带来了严峻的环境风险和土地资源浪费问题，在一定程度上影响了煤化工企业的可持续发展。不同于煤矸石和粉煤灰，气化渣目前还未形成可规模化消纳的成熟技术，循环利用数量十分有限。

　　我国的煤化工产业涉及多个方面，主要包括煤制烯烃、煤制甲醇、煤制天然气、煤气化联产制化肥、煤直接液化制油、煤间接液化制油等，多数产品可以作为化工和能源行业重要的基础原料。近年来，随着煤化工产业的迅速发展和逐步完善，我国煤化工基地的格局已经初步形成，在内蒙古、新疆、陕西、宁夏等地重点建设了六大煤化工基地，培育出宁夏宁东、内蒙古鄂尔多斯、陕西榆林、新疆准东和伊犁等多个煤化工产业集聚区，为煤炭综合利用、区域废弃物处理处置和上下游产业配套提供了优良的条件。

　　我国是世界最大的石油进口国，同时也是第二大石油消费国，每年原油进口量超过 5 亿 t，石油对外依赖度超过 65%，能源安全受到极大挑战。为了降低高度依赖石油进口而给能源行业带来的潜在风险，国家积极开发替代能源，其中的重要举措是建立多元化的石油供应系统，因此通过煤制油技术使煤炭转化为高效清洁的替代能源,将成为我国石油降低对外依存度、实现多元化供应的战略选择,发展煤制油及煤制气产业并逐步延伸产业链,生产工业与民用化工产品是我国保证能源安全的战略部署。

煤制油包含煤直接液化和煤间接液化两种技术路线。煤直接液化是在高温高压下使水煤浆发生热解,进一步通过催化加氢,分解形成稳定液态燃料的过程。煤间接液化是煤与气化剂在高温下先气化制备一氧化碳、氢气等合成气,再在催化剂作用下制备成液体燃料的过程。

1913 年,德国的 Bergius 首次在高温高压下将煤转化成液体产品。进入二十世纪七十年代后,全球发生石油危机,煤液化技术再一次引起世界各国的广泛关注。以美国、德国、意大利、法国、日本等为代表的工业发达国家相继开发了多种新一代煤直接液化技术,分别具有各自的特点,主要体现在提高煤液化油收率和缓和反应条件两个方面,代表性的有美国的 SRC-2 工艺和 H-Coal 工艺、德国的 IGOR 工艺、日本的 NEDOL 工艺等。

中国从二十世纪七十年代末开始对煤液化工艺进行研究开发,形成了具有自主知识产权的煤液化工艺,建成了全球首套年处理煤百万吨级的煤直接液化项目。

我国现代煤化工用煤量为每年 1 亿 t 左右,其中煤气化占现代煤化工用煤总量的 90%以上,因此,每年气化渣排放量巨大,超过 3000 万 t。水煤浆气化技术产生的气化渣中,一般粗渣占 65%左右,细渣占 35%左右。例如,宁夏宁东能源化工基地每年的煤气化渣排放量高达 700 万 t,占该基地工业固体废弃物总量的 40%以上。巨量的气化渣每年需要花费的处置费用十分庞大,据调查,产能为 180 万 t/年的煤制甲醇企业,年产气化渣约 93 万 t,若送渣场堆存处理,每年成本为 9300 万~12090 万元;若自建渣场,每年处理费用为 2325 万~3720 万元。另外,煤液化带来的一个重要的环境问题仍然是液化渣的处理问题,液化渣的产生量一般为 30%~40%,例如,神华集团的煤直接液化工业化示范工程中,液化渣产量约占消耗煤总量的 34%,每年约产生 60 万 t 液化渣。

我国的煤化工废渣主要以堆放、填埋处置为主,仅有少量资源化利用,利用方式可以分为低值化、中值化和高值化。低值化利用包括地下填埋、路基材料、矿井回填等;中值化利用可用于建筑和墙体材料以及水泥掺料;高值化利用包括做填充剂、土壤改良剂、吸附剂及耐高温材料。目前,我国再生循环利用的气化渣中,48%用于循环流化床掺烧,13%用于低洼地区的复垦,12%用于道路和堤防建设,8%用于矿区采空区充填,不足 10%用于建材生产。

在建材领域,气化渣主要用来制备免烧建材制品、制备砌体材料、掺制水泥和混凝土、作为道路材料、用作建筑骨料、制备轻质多孔建材等。然而,大型煤气化设施产生的炉渣量巨大,据估算,我国煤气化渣的综合利用率不足 30%,尚未达到国家提出的综合利用率标准高于 75%的要求,因此煤气化渣作为建筑材料的资源化利用与实现规模化利用的目标尚有很大的差距。此外，由于建材原料综合利用还受设备的成熟度、投资的经济性、市场的实用性和运输成本等多个因素的制约，气化渣产生地区的建材需求量较小，加上地域偏僻，运费较高，导致煤化工园区内的建材企业举步维艰，经营困难。

在煤化工行业，除了煤气化、液化产生的废渣之外，煤燃烧、尾气净化、催化合成等过程中，还会产生粉煤灰、脱硫石膏、废催化剂、煤泥等固体废弃物，其特点是产生量大、成分复杂、种类繁多，难以处理处置和大量消纳。近年来，随着国家对企业固废"以量定产"政策的推进，各地方政府和企业对废弃物的综合利用越来越重视。因此，如何有效处理和循环利用煤化工废弃物是煤化工行业必须解决的关键问题，已经成为煤化工行业可持续发展的瓶颈。

12.2　原　　理

12.2.1　煤气化原理

煤气化是使煤与气化剂（O_2、H_2O、CO_2、空气等）在一定温度和压力下进行反应，将煤中的可燃部分转化成可燃气体，而灰分和未燃尽部分以废渣的形式排出的过程。净化后的煤气可以作为燃气使用，也可以合成多种化学化工产品。煤的气化反应过程复杂，是典型的气-固多相反应，在气化炉内先后或同时发生氧化、燃烧、还原、分解、聚合、甲烷化等反应。主要反应方程式包括：

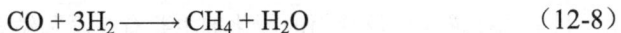

$$C + O_2 \longrightarrow CO_2 \tag{12-1}$$

一次反应：

$$C + H_2O \longrightarrow CO + H_2 \tag{12-2}$$

$$C + 1/2O_2 \longrightarrow CO \tag{12-3}$$

$$C + 2H_2 \longrightarrow CH_4 \tag{12-4}$$

二次反应：

$$C + CO_2 \longrightarrow 2CO \tag{12-5}$$

$$3C + 2H_2O \longrightarrow CH_4 + 2CO \tag{12-6}$$

$$2CO + O_2 \longrightarrow 2CO_2 \tag{12-7}$$

$$CO + 3H_2 \longrightarrow CH_4 + H_2O \tag{12-8}$$

12.2.2　煤直接液化原理

煤直接液化是指在一定温度和压力条件下，煤炭在催化剂、氢气等的共同作用下，经过萃取、溶解、热解和加氢反应等复杂的物理化学过程，脱除硫、氮、氧等杂质，破坏煤的空间立体结构，将固体煤转化成液态油，生产洁净液体燃料的过程。液化温度、煤炭种类、催化剂种类、氢压及溶剂是影响煤炭直接液化效果的关键因素。

煤直接液化是一个复合体系，反应机理十分复杂，主要包括煤的热解、氢转移和加氢液化三个阶段。在循环溶剂中有催化剂参与的条件下，随着温度的升高，煤逐渐发生膨胀并形成胶体，其中的有机质缓慢溶解于溶剂，同时发生氢原子在煤体与循环溶剂中的转移再分配；当温度在350～400℃时，生成富含沥青质的高分子物质，在煤质分裂的同时，发生分解、加氢、聚合以及脱氧、脱氮、脱硫等反应，在这些反应过程中生成水、硫化氢、二氧化碳、一氧化碳以及氨等气体；当加氢反应温度介于450～480℃时，大量的氢溶解在循环溶剂中，氢压升高，加氢反应增强，同时发生异构化反应，最终得到液体油产品和伴生气体。用溶剂萃取液化渣，萃取物含有重质油、沥青烯、前沥青烯和四氢呋喃等不溶物，这些物质是一些由高分子化合物组成的中间产物，这些高分子中间产物可能发生相互转化、结焦等反应。图 12.1 为煤直接液化反应机理示意图。

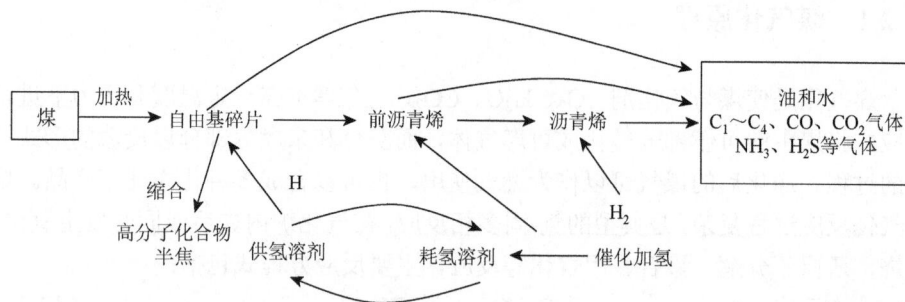

图 12.1　煤直接液化制油反应机理示意图

12.2.3　煤间接液化原理

煤间接液化是指在液化前对煤炭进行气化处理，气化后进一步经过脱硫、脱氮、脱氧等净化处理，然后通过催化方式将气体转化为液态油的过程。煤间接液化需要经过气化、净化、水煤气反应以及催化反应等复杂的过程才能得到最终产品，目前间接液化广泛使用的催化剂主要有铁系和钴系两大类。

煤基甲醇制油是比较典型的煤间接液化制油工艺，主要由煤制甲醇和甲醇制油两个环节组成。煤制甲醇属于传统的煤化工技术，但甲醇制油技术目前尚处于研发阶段。其中，煤制甲醇是以煤炭为原料，经气化后将煤炭合成甲醇（$CO + 2H_2 \longrightarrow CH_3OH$）；甲醇制油是煤基甲醇在高温高压及催化剂作用下，经过脱水生成二甲醚，继续通过催化反应生成烃类物质，使甲醇转化为高辛烷值汽油。合成工艺包括经典的固定床工艺、流化床工艺和管式反应器工艺。

12.2.4　煤液化渣热解原理

煤的热解是一个自由基反应过程，而作为液化产物的液化渣热解过程也符合自由基反应机理。该理论认为，液化渣在热解过程中形成的高活性自由基碎片与相邻自由基碎片进行重组，供氢溶剂提供氢原子与高活性自由基碎片结合形成稳定态。随着反应温度的升高，裂解加氢和缩合反应变得剧烈，当热解温度为 500℃左右时液化渣熔融变为液态并析出少量油类物质，形成中间塑性体。550~800℃时大量挥发物析出，半焦体积膨胀，形成半焦和一次挥发物。温度大于 800℃时半焦收缩生成焦炭和二次挥发物。在热解过程中发生的化学反应有裂解、缩合和芳构化反应。

12.2.5　煤气化渣制备免烧建材原理

利用激发剂使气化渣中 SiO_2、Al_2O_3 的潜在活性得到激发，此时气化渣颗粒表面的玻璃态结构解体，Si-O、Al-O 键断裂，溶出活性 Si^{4+}、Al^{3+}，这些活性成分与 Ca^{2+} 结合生成水化硅酸铝和水化硅酸钙等胶凝产物。反应体系中加入 $CaSO_4$ 可以实现双重激发，除了生成水化硅酸盐外，还能生成水化硫铝酸盐，使气化渣活性的激发得到进一步强化。

12.3　气　化　渣

12.3.1　气化渣的基本性质

1. 粗渣和细渣的形成

煤气化渣是煤气化制备燃料或化工产品过程产生的固体废渣。气化过程中，煤颗粒在高温气化炉内快速分解，在氧气、水蒸气等气化剂的作用下，煤颗粒内部发生气化反应，生成合成气。随着反应的进行，煤焦颗粒破碎，并经过均相及非均相反应后，煤中矿物质等成分转变为熔渣，一部分熔渣在重力作用下以熔融态经炉底排出，冷凝后形成粒径较大的粗渣；另一部分熔渣随合成气进入后续净化工序，形成颗粒较小的细渣。可见，煤气化粗渣产生于气化炉的排渣口，在炉底排出，细渣主要产生于合成气的除尘装置，以飞灰的形式随气流经水淬、过滤后排出。

气化渣的性质一般与原煤种类、气化技术、气化工艺、助熔剂、冷却方式等多种因素有关。同时，由于气化渣是煤中灰分在还原为主的高温条件下所形成，不同于普通电厂粉煤灰的形成过程，因此气化渣的结构和组成与粉煤灰存在较大的差异。按照煤颗粒在气化设备内的运动方式不同，煤气化炉可分为固定床、流化床和气流床三种。

2. 气化渣的理化特性

煤气化技术主要用于可燃气、煤基化学品、液体燃料的合成以及循环发电等工业，是煤炭清洁、高效利用的途径之一。气化渣的主要化学组成为 SiO_2、Al_2O_3、CaO 和残碳，其成分与原料煤灰分组成密切相关，并受气化工艺的影响（表 12.1）。煤炭灰分中石英、高岭石类矿物含量越高，即煤炭的灰熔点越高，则产生的气化渣中硅和铝的氧化物含量越高；煤炭灰分中石灰石、石膏、赤铁矿、方解石含量越高，表明煤炭的灰熔点越低，则产生的气化渣中硫酸钙、碳酸钙及铁氧化物含量越高。

表 12.1　气化渣的化学组成（%）

组分	SiO_2	Al_2O_3	CaO	MgO	其他
质量分数	32~41	9~13	4~13	1~2	30~50

煤气化渣满足 ASTM 的 F 类粉煤灰标准，具有火山灰活性，其中 CaO、MgO、TiO_2、Na_2O、K_2O 等含量是气化渣资源化利用的物质基础。

煤气化粗渣的残碳量约为 10%~30%，并且随煤的种类、气化工艺、气化炉型和操作条件的不同波动较大，粒径主要在 16 目至 4 目之间。煤气化细渣的残碳量相对较高，一般超过 30%，粒径通常小于 16 目，其中粒径小于 200 目的部分约占三分之一。表 12.2 比较了我国不同地区煤气化粗渣与细渣的化学成分，可以看出，不同地区的气化渣以及气化粗渣和细渣的化学组成均存在一定的差异。

表 12.2　不同地区煤气化粗渣与细渣的化学成分比较（%）

气化渣类型	SiO_2	Al_2O_3	CaO	Fe_2O_3	MgO	Na_2O	烧失量
陕西粗渣	35.75	8.71	15.87	14.19	1.76	2.91	16.08
陕西细渣	14.86	7.72	8.16	8.73	1.55	1.55	52.91
宁夏粗渣	53.36	16.81	8.11	10.04	2.15	2.13	1.19
宁夏细渣	40.75	12.66	6.79	7.27	2.40	1.92	22.81
内蒙古粗渣	27.33	14.43	19.04	23.90	0.94	2.13	6.99
内蒙古细渣	32.01	12.88	11.19	11.84	0.86	3.22	26.39

煤气化渣包括玻璃体、残碳和矿物晶体等矿物学组成，其中矿物晶体主要为石英、莫来石、钙长石、硫化亚铁、石膏等，含量远低于玻璃体和残碳。高残碳含量和高含水率是制约煤气化渣资源化利用的关键因素。

12.3.2　气化渣资源循环

气化渣的利用方式主要包括材料化利用、能源化利用和土地利用，如制备建筑材料、路基材料、墙体材料、耐高温材料，用作水泥掺料、填充剂、吸附剂、土壤改良剂，进行矿井回填或者流化床掺烧等。

1. 制备免烧建材

免烧建材是主要的砌筑材料，用来砌筑、拼装或用其他方法构成承重或非承重墙体或构筑物的材料。煤气化渣是煤炭颗粒中的无机相在气化炉和锅炉的高温高压条件下经过熔融重塑后形成的细小颗粒，具有与水泥、混凝土、黏土砖等建材原料相似的成分和特性，因此可以用来生产免烧建材。根据气化渣的化学组成，按一定的比例加入凝固剂及化学添加剂，在适宜的条件下，可以达到良好的可塑状态，再经压制成型，使砖体迅速硬化，达到需要的抗压强度。免烧砖中气化渣的掺量可以达到 70%以上，砌墙时不需要事先用水浸泡，外观整齐，环境适应性强。实践证明，利用煤气化渣与粉煤灰或石膏混合物料可以制备符合国家要求的免烧墙体砖，产品具有质轻、隔热、降低能耗的优点。

2. 制备轻质多孔建材

利用气化渣可以制备陶粒、加气混凝土砌块等轻质多孔建材，主要利用气化渣中的 Al_2O_3、SiO_2、Fe_2O_3 等活性成分，在 $1100\sim1200℃$ 的高温条件下，使其形成钙长石、石英、莫来石、方石英等骨架及液相成分，赋予多孔建材强度。造孔机制主要是气化渣中的残碳和 Fe_2O_3 在烧结过程中可以产生气体，逸散过程中形成气孔，这样能够充分利用气化炉渣中残碳热量。但是，由于气化渣中 SiO_2、Al_2O_3 的含量低，添加过多会抑制钙长石、莫来石骨架成分的形成，降低烧结砖或陶粒的强度。因此，要生产质量较高的烧结制品，必须添加高硅铝成分，同时加入黏结剂、造孔剂等外加剂，实现降低密度、提高强度的目的。

3. 制备泡沫混凝土

气化渣颗粒呈多孔质结构，可以用来制备泡沫混凝土，也可以与陶粒混合使用。制的泡沫混凝土具有质轻、防火、隔热保温的特点，能够减少采暖或制冷所需能耗。另外，气化渣的主要成分是含硅玻璃体，如 SiO_2 和 Al_2O_3 等，具有火山灰活性，即在常温和加水条件下可以与石灰反应生成具有水硬性胶凝能力的水化物，因此，可以作为制备泡沫混凝土的骨料和掺料。气化炉渣由于颗粒粗细不同，级配较好，能够达到较高的密实程度。但是，气化渣含碳量高、孔结构丰富，故吸水性强，因此不适宜制备较高强度的混凝土。

4. 制备硅酸盐水泥

硅酸盐水泥是由硅酸盐水泥熟料、5%～20%的混合材料以及适量石膏/石灰制备的水硬性胶凝材料。硅酸盐水泥熟料是以 SiO_2、Al_2O_3、CaO、Fe_2O_3 为主要成分的原料，按适当比例磨成细粉，煅烧至部分熔融，进一步生成以硅酸钙为主的水硬性胶凝物质。煤气化渣中含有丰富的 SiO_2、Al_2O_3 等成分，且经高温高压的熔融重塑后，其中游离的 CaO 和 SO_3 含量较低，因此适合用作水泥的掺料。目前的主要利用方式包括单掺煤气化渣的细渣、粗渣或混合掺制。气化渣中较高含量的残余碳可以提高物料的预烧性，进而提升水泥的产量和质量，如提高水泥的强度、耐磨性和抗冻性。

在两类煤气化渣中，气化细渣更适合应用于硅酸盐水泥的制备，这主要是由于气化细渣中的玻璃相含量高，在火山灰活性作用下容易发生反应而生成新物相，满足熟料生产所需化学成分。同时，细渣中的含碳量相对较高，一般可以提供（800～2000）×4.18kJ/kg 的热量，有效降低熟料煅烧过程的煤耗，从而提高水泥熟料的产量与质量，达到节约能耗和燃料的目的。此外，煤气化细渣经研磨后比表面积大、黏附性强，有利于减小制品干缩性，因此是优良的水泥原料。

5. 用作路基建设材料

气化渣用作路基材料主要参考《公路路面基层施工技术细则》（JTG/T F20—2015）的要求，即粉煤灰及其他工业废渣中 SiO_2、Al_2O_3、Fe_2O_3 的总质量分数应大于 70%、烧失量不高于 20%，湿排粉煤灰含水率不高于 35%。根据这些要求，气化粗渣颗粒具有如同细集料和砂一般的级配，能够满足《公路路面基层施工技术细则》的要求。

利用气化粗渣替代细集料或砂，加工简单，是煤气化粗渣用于混凝土的有效途径，并且粗渣的火山灰活性成分能与无机胶凝材料发生反应，提高混凝土的后期强度。研究表明，气化渣粒度分布均匀时，易形成松散结构，当受到动载荷时，孔隙度降低，受到压力，造成表面沉陷，致使建筑工程破坏；反之，颗粒大小混杂，粗粒形成的孔隙被细颗粒充填，易形成紧密结构，在动、静载荷作用下，建筑工程都不会有较大的损失，这是建筑工程上最理想的结构。因此，将气化炉渣用于路基和筑基材料是一种常见的消纳方式。气化渣在欧洲国家建筑和道路行业中的应用已进入工业化阶段。美国、日本等通过筛分、磁选得到合适粒级的炉渣，通过与其他建筑骨料混合，可以作为石油沥青路面材料。

6. 用作建筑骨料

煤气化渣颗粒具有一定的级配，具备作为混凝土生产过程中的骨料和掺合料的基本条件。研究表明，在混凝土中掺入研磨后的气化粗渣，随着龄期延长，混凝土后期强度持续上升，最终抗压强度远高于基准混凝土，因此，研磨后的气化粗渣可以作为细集料，部分替代混凝土中的天然砂，同时兼具降低干缩率的效果。

7. 用作土壤改良剂

经过高温激冷过程，气化渣颗粒均匀多孔，比表面积大，并且含有丰富的碳和微量元素，因此具有改良土壤的潜力。研究表明，作为堆肥添加剂时，气化渣可以延长高温期，增强堆肥的无害化和腐熟效果。气化渣作为堆肥添加剂的作用包括：①减少挥发性有机酸排放，改善堆肥环境；②减少氨气挥发，增加保氮效果；③减少 CO_2 排放，减缓全球变暖的趋势；④增加腐熟度，提高种子发芽率。目前，制备土壤调节剂、硅肥原料、种植砂等是气化渣土壤改良的主要研究方向，在盐碱地改良、沙漠化防治方面具有一定的应用前景。

气化渣呈碱性，可以改善土壤的酸碱度，促进土壤中有机质的分解和提高土壤温度，同时，气化渣中海绵状残余碳使其具有和活性炭相似的性能，可以通过物理、化学和交换吸附去除某些污染物质，此外，气化渣中含有多种植物生长所需要的微量元素，可以促进植物生长。

8. 井下回填

气化炉渣中重金属含量低，属于第 I 类一般工业固体废弃物，因此与水砂、碎石等混合后可作为井下回填的材料。井下回填技术可以大量消纳气化炉渣，是未来气化炉渣综合利用和处置的主要途径。

12.3.3　气化渣替代建材产品

1. 替代产品的种类

煤气化渣可以替代多种建材产品，主要包括制备砌体材料、掺制水泥和混凝土、作为路基材料等。气化渣制备砌体材料时，需要添加活性材料，用于激发其潜在活性。气化渣掺制水泥和混凝土时，宜使用粗渣，因为细渣残碳含量高，会阻碍气化渣与水泥或石灰之间的胶凝反应，而粗渣中丰富的活性矿物相有利于胶凝反应，可以提高砂浆强度。气化渣作为路基材料具有较多的优势，尤其是粗渣，具有密实性好、耐久性强、适用性广等特点。表 12.3 列出了气化渣作为替代材料生产不同产品时的利用方式，并对比了产品的特点。

表 12.3　气化渣作为替代材料生产不同产品时的利用方式与产品特点

产品	替代材料	利用方法	产品特点
砌体材料	粉煤灰/黏土/石膏/石灰	采用常规的物理方法如干压法、半干压法、蒸压法、烧结法，通过混合、消化、压制成型、蒸压养护制备而成	制备出符合标准的墙体材料如建筑用砖、粉煤灰砖、烧结灰砖、煤灰水浸砖、免烧砖等
水泥和混凝土	粉煤灰/黏土/石膏/矿渣/硅质原料	按一定比例掺制混匀	制备出性能优良的水泥及混凝土
路基材料	填料/骨料	煤气化渣经筛分、磁选去除有色金属，筛选出粒径较大的粗渣，与骨料、砂浆材料混合	制备道路材料，改善路面的抗裂性，提高耐久性，提高混合料的密实度和强度
玻璃纤维	玻璃粉	粉碎研磨，加水成浆，注具成型，脱模干燥，烧结	强度高、吸水率良好、耗能小，重金属浸出毒性低
泡沫陶瓷	硅质原料	配料、高温烧结、退火	硅元素含量高，多孔蜂窝状不规则结构

2. 限制因素

1）我国煤气化渣存量相当大，规模化的煤气化渣建材利用是主流的处置方式。但制约该方法发展的关键因素是煤气化渣中的残碳，因此经济高效的残碳分离和富集技术的开发是促进煤气化渣综合利用的关键。

2）由于气化渣的理化性质受原煤种类、气化工艺和气化炉型的影响，我国不同区域煤化工企业产生的废渣性质具有较大的差别。目前，限制气化渣建材化利用的关键问题是各地气化渣的特性差别较大，难以找到普适性的利用方法，需要探索就地消纳的有效路径，遵循低值规模化利用与高值精细化利用相结合、无害化处理与资源循环利用相结合、综合利用技术开发与资源化装备系统研制相结合的发展路径。

3）应进一步加强气化渣制备新型建筑材料技术的研究与试验示范，包括活性焦、保温岩棉、采空区充填材料等，探索兼顾气化渣规模化与高值化利用的路径，促进煤化工清洁生产和高质量发展。同时，加强部门之间的统筹协调，降低气化渣的运输成本，是实现气化渣异地建材化利用的重要基础。

12.3.4　气化渣应用中存在的问题

气化渣的规模化利用主要集中在建工建材、生态治理等领域。建材化是实现煤气化渣资源化利用简单有效的方式，能够实现煤气化渣的大量消纳，普适性强，但因其含碳量高、杂质含量大等特点，建工建材掺量低、品质不稳定；气化渣用于生态治理可以有效利用其中的碳和微量元素等资源，但容易造成二次污染，长期使用对土壤结构和微生物群落容易产生不良影响。

1. 性质不稳定

在气化炉内，任何反应条件的变动都可能造成气化渣的组成和结构发生变化，使气化渣性质不稳定，成为限制其在建材行业应用的因素。不同煤种来源的气化渣中，SiO_2、Al_2O_3、Fe_2O_3 含量差别较大，这三种氧化物是参与火山灰反应的主要成分，相比粉煤灰、煤矸石、尾矿等固废，气化渣中这三种氧化物的含量一般较低，质量分数小于 60%。由于气化渣活性低、残碳含量高，制备的免烧砖、渗水砖等免烧制品强度差、密度大、易开裂、抗冻性差。因此，通常情况下，水泥行业、建材行业利用气化渣时掺量一般较少，通常低于 30%，限制其大规模消纳。

2. 利用成本高

残碳含量高是限制气化渣综合利用的主要因素，在实际中通常采用两种方法降低其含碳量，一是利用分选工艺将残碳分选出来，但是，由于分选富集过程受设备稳定性、仪器精密程度、温差、含氧量等因素的影响，难以控制残碳含量在一定范围内，因而无法保证派生产品的稳定性。二是通过提高气化过程中的反应温度、压力、含氧量来降低渣中残碳含量，但是，由于工艺条件要求高、成本高、效率低等原因，在实际中难以实施。

3. 综合利用率低

国家发展改革委办公厅、工业和信息化部办公厅在《关于推进大宗固体废弃物综合利用产业集聚发展的通知》中要求，产业园区与基地的废弃物综合利用率要达到 75% 以上，但我国煤气化渣的综合利用率不足 30%，远低于这一标准。例如，在宁夏的宁东能源化工基地，工业固体废物的综合利用率不到 35%，主要利用项目包括水泥粉磨站、商品混凝土搅拌站和粉煤灰蒸压砖生产线，炉渣（包括镁渣、气化渣、锅炉渣）的综合利用率不到 30%，其中气化渣的利用率低于 25%。目前，日益扩大的煤化工项目规模使得煤气化渣的产生量不断增多，较低的资源化利用率更加剧了气化渣的排存矛盾，使基地废弃物综合利用与生态环境保护成为亟待解决的突出问题。

4. 环境问题堪忧

目前煤气化渣的主要处置方式是渣场堆存，长时间堆放容易造成灰尘飞扬，污染大气；同时，气化渣中含有重金属等污染物，长期堆放容易对周边土壤和地下水造成污染，导致堆放过气化渣的土地无法复垦。因此，渣场要做防渗处理和防风防尘，环保压力较大。另外，渣场为了加大堆放量，往往超高堆放，雨天存在滑坡等安全隐患。

12.3.5　推动气化渣资源循环的途径

1. 加强管理协调，推动气化渣资源高效利用

政府层面的协调管理非常重要，因为产气化渣的园区和基地一般无法消纳气化渣，而需要气化渣的基建地区又受到运输成本的限制无法大量获得气化渣原料。因此，政府管理层面应当建立信息库、数据库，借助大数据管理，统筹协调，尤其是运输工具的协调，如采用水运、铁路等运输方式，降低成本，实现气化渣资源的廉价流通。此外，各相关产废企业应当成立对应的工业固体废弃物综合利用组织领导部门，统筹配合专门工作人员，制定企业的大宗工业固体废弃物综合利用发展规划和实施方案，将各项措施和任务进行分解落实，通过基地、园区、企业三级组织领导，全力推进，将气化渣综合利用纳入基地节能减排工作领导小组工作任务，制定配套措施，完善工作制度，形成职能部门间长期有效的协调合作机制和责权明确、统筹协调、信息共享、齐抓共管的管理体系。通过制定和实施各项发展战略、发展规划、投资管理等政策，实现政府牵头、园区落实、企业实施的分工明确三位一体立体式管理与推进模式。

2. 加强适用技术研发，提高气化渣综合利用率

据预测，到 2030 年，固体废弃物作为原材料的全球原料供应量将由目前的30%提高到 80%。为了支撑资源循环利用新兴产业的健康发展，许多发达国家把废弃物循环利用纳入高新科技发展规划，德国废弃物循环利用产业每年创造500 亿欧元产值，美国年产值高达 2400 亿美元。根据测算，中国废弃物综合利用率每提高 1%，将直接减排废弃物 2 亿 t，相当于新增资源量 8000 万 t，替代原生资源 5 亿 t。目前，煤气化渣资源化利用的工艺复杂，成本高，导致处理企业投资高，环保压力大，收益低，直接影响了煤气化渣的资源化利用进程。建议国家与政府加强政策与资金扶持，推动核心技术研发；同时，工程与科研人员也要加快资源化利用工艺与成本控制研究。

3. 提升气化渣脱碳技术，提高气化渣的品质

煤气化渣高效利用的主要限制因素是残碳含量高和水分含量大、碳-灰分离难

等，国内外已经开发的气化渣脱碳技术有浮选法、重选法、电选法、火法燃烧等。这些方法在分选过程中均面临诸多问题，例如，浮选法虽然分选效率高，但药剂成本高、操作烦琐；重选法清洁无污染，但分选效率低；电选法由于气化细渣含水率高，需预先解决其脱水问题；火法燃烧过程中热能的高效回收和 CO_2 的排放问题需要解决。

4. 加强分类利用研究，提高气化渣的利用率

煤气化渣中粗渣和细渣的性质差别较大，但是，迄今的研究多数集中于细渣，而对于占气化渣总量 70% 左右的粗渣涉及较少。研究发现，煤气化细渣含碳量高、灰分中硅铝含量高、比表面积大、孔隙结构发达，并且具有火山灰活性，细渣的热值高，但其热值高的特点未被充分开发利用。相比细渣，粗渣中的残碳含量更低，且具有较低的孔表面积和孔容积，石墨化程度更低，使得粗渣残碳气化反应活性高于细渣；此外，煤气化粗渣的强度高、稳定性高，更适宜于在较低成本条件下实现规模化的开发利用。因此，利用气化粗渣掺制混凝土、作为道路材料以及作为其他建筑材料均有良好的应用前景，特别是将其作为道路材料具有成本低、工艺相对简单等诸多优势。根据煤气化粗渣与细渣的不同特点与性质，开展针对性的专门的分类利用研究，将更有利于加快煤气化渣的资源化利用进程。

12.4　液　化　渣

12.4.1　液化渣的产生与特性

煤液化是指在一定温度、压力和催化剂存在条件下，将煤中的有机碳通过加氢转化为液体产品的过程。煤制油过程十分复杂，主要由裂解煤生成自由基以及将自由基加成为产物的两个连续反应组成。煤制油技术主要包括煤直接液化、煤间接液化、煤基甲醇制汽油以及煤焦油加氢制油技术。作为一种新型煤化工技术，煤制油技术对调整我国能源结构，推动我国能源行业的可持续发展具有重要的政治和经济意义。

煤液化过程中的残渣分成三部分：①原料煤中比较难转化的重质有机质以及一些矿物质；②在加氢液化过程中添加的催化剂；③催化加氢形成的一些半焦及其重质组分附着物。

1. 煤直接液化制油残渣

煤直接液化制油不仅能够得到液态的碳氢化合物产品，还会产生烃类气体和

部分液化渣,残渣主要由未转化的煤、未分离的重油、有机大分子残渣、沥青类物质和催化剂等构成,通常占全部进料的 5%～30%。在煤液化渣的组成中,70%～80%是有机组分,其中 60%～70%是溶剂可溶组分,主要是一些芳香烃以及碳含量较高和易发生聚合、交联反应的缩合芳烃;无机物通常占残渣总量的 20%～30%,主要来源于煤中的矿物质和残留的无机催化剂。

液化过程中产生的液化渣形态一般为半流动油浆或固体沥青状,通常含有大量重质油、沥青质等石油烃类化合物和可燃物质,具有较高的再利用价值,但其成分复杂,对环境的危害大,处理成本高、难度大。

煤液化过程中,不同工艺所得残渣的收率相差很大,埃克森公司的 EDS 工艺残渣的收率高达 50%左右,H-Coal 工艺残渣的收率不超过 30%,神华煤直接液化工艺的残渣收率为 30%～40%。

由于煤直接液化制油过程中需要加入铁基催化剂和单质硫助剂,液化渣中铁和硫元素远高于原料煤中的含量,同时,液化渣含有大量的苯系物和多环芳烃类污染物,燃烧过程中这些特征污染物的烟气排放是影响这一利用方式的核心问题。表 12.4 列出了神华煤直接液化制油残渣的无机组分,可以看出,煤加氢液化渣表现出碳氢元素含量高、发热量高的特点,具有较高的再利用价值。

表 12.4　典型煤加氢液化渣元素分析及发热量分析

类型	含量（%）					发热量
	C	H	N	S	O	(kJ/kg)
煤直接液化渣	73.55	4.77	0.60	2.03	0.89	30850
煤油共炼渣	88.32	5.74	0.57	0.58	2.11	37310

2. 煤间接液化制油残渣

煤间接液化技术生产过程中所需条件温和,对设备要求低,生产环节简单,生产过程风险低,但其工艺流程复杂,需要经过气化、净化、水煤气以及催化反应等才能得到最终成品,增加了运行成本,并且生产效率低,一般 1t 原煤仅能产出 0.2～0.4t 产品。煤间接液化制油残渣包括气化过程中产生的气化炉渣和费-托合成过程中产生的渣蜡。气化炉渣主要以残余的 C 和 Si、Al、Fe、Ca、Mg、Ti、Na 等元素的氧化物组成;渣蜡的形成是由于费-托催化剂失活,其主要组成为重质烃、催化剂残余物等。表 12.5 列出了煤直接液化制油残渣的无机组分。

表 12.5　煤制油残渣氧化物成分分析（%）

类型	SiO_2	Al_2O_3	CaO	Fe_2O_3	MgO	TiO_2
煤直接液化渣（神华）	21.64	10.63	19.81	24.59	1.04	1.05
煤直接液化渣（潞安）	40.26	27.07	8.11	6.21	1.71	1.07

3. 煤焦油加氢制油残渣

煤焦油加氢技术主要有全馏分加氢、宽馏分加氢、延迟焦化-焦油加氢以及 VCC 工艺。不同工艺技术产生的残渣性质有很大差异。煤焦油加氢制油残渣是煤热加工过程中产生的一种多组分混合物。中低温煤焦油中含有较多的含氧化合物及链状烃，其中酚及其衍生物含量可达到 10%～30%，烷烃含量约为 20%，同时重油（焦油沥青）的含量相对较少。

12.4.2　液化渣的综合利用

液化渣是一种成分复杂的混合物，富含有机物，热值高，主要利用方式包括热解焦化、锅炉燃烧、气化制氢、制备碳基材料和沥青改性剂等。

1. 热解

通过热解可以将残渣中的重质有机质和沥青类物质进一步转化为油气、轻质油、重质油和焦炭，实现从液化渣中回收油品。例如，在 450～500℃条件下神华煤直接液化渣热解油产率达到 32%，胜利煤液化渣热解油产率为 20%。

干馏焦化是液化渣热解的一种形式，通过对液化渣中的沥青烯、高沸点油类等物质进行干馏，进一步将其转化为蒸馏油、焦炭和可燃气体，其中的焦炭可用于气化或燃烧，生产的气体可用于制氢或直接燃烧。

将煤与液化渣共热解，二者发生相互作用，元素分布发生变化，共热解焦油中碳、氢和氧元素含量增加，更多的碳和氧转移至焦油和水相。相比煤直接热解，共热解条件下液体产物的产率增加，半焦和气体的产率降低。

2. 燃烧

液化渣具有良好的负荷调节性能和火焰稳定性及含碳量高、热值高的特点，将其作为燃料直接燃烧或混合其他物料燃烧是一种有效的残渣利用途径。例如，神华煤直接液化渣热值高达 29.42MJ/kg，高于一般动力煤的热值，可以作为优良的锅炉或电厂燃料。这样不仅可以提高煤液化工程的热效率和经济性，同时可以有效解决液化渣造成的环境隐患。一般情况下，如果不添加额外的燃料，液化渣的燃尽率可以达到90%以上。对美国伊利诺伊煤液化渣燃烧性能的研究结果显示，液化渣以粉末形式进料时，具有良好的火焰稳定性能以及负荷调节性能。

但是，液化渣具有软化温度低、热流动性差的特点，燃烧时不可避免地会产生大量的苯系物和多环芳烃类污染物，常规燃烧方式难以有效利用。为了提高锅炉燃烧效率，有研究者把液化渣与煤掺混后作为燃料进行工业锅炉燃烧，由于软化点较低，经常出现锅炉堵塞现象，造成操作困难，影响锅炉的正常运行；另外，由于硫铁基催化剂的使用，液化渣含有较高的硫，作为燃料燃烧时会产生大量的硫化物，对空气造成二次污染；这些对于液化渣的清洁高效利用带来了新的考验。另有学者认为，将较高氢碳比的液化渣作为燃料进行燃烧使用，从经济角度考虑值得商榷。

煤液化渣单独燃烧或掺煤混烧过程中，低温条件下焚烧烟气中苯系物和多环芳烃的排放量远远大于高温（≥850℃）条件下的排放量，因此应选择高温炉型进行煤液化渣的焚烧处置或燃料化利用。

3. 气化

液化渣的气化是指在一定的温度、压力下，液化渣与气化剂（空气、O_2、CO_2、H_2O 等）反应生成煤气的过程，产生的灰分以废渣的形式排出。其中由气化剂反应生成的 CO、H_2、CH_4 等混合气体称为气化气，而干馏所得气体称为干馏气。液化渣气化的热化学反应第一步是热解反应，其热解产物对后续热化学反应有重要影响。

根据气化工艺的不同，气化可分为直接气化、先制浆再气化、共气化和先干馏提取高价值组分再气化。直接气化或先制浆再气化是将残渣磨成粉后直接进气化装置或配制成水煤浆进气化装置，或将熔融态的残渣直接泵入气化床进行气化。将液化渣中有机物先热解后气化，可提取残渣中的高附加值产物，实现残渣的分级利用。

美国学者的研究已经证实，液化渣气化过程中，碳的转化率可以达到90%以上，$CO + H_2$ 总含量可以达到80%左右。国内学者的研究发现，残渣中的 Ca、Fe 等矿物质可以催化气化渣热解焦的 CO_2 气化过程，这些矿物质可提高残渣焦的反应活性，当把气化剂 CO_2 换成 H_2O 时，催化剂在气化过程中基本失活，主要是因为液化渣中的硫在气化过程中产生 H_2S，对催化剂起到了抑制作用。目前中国神华煤制油化工有限公司使用 Texaco 工艺以及 Shell 工艺对煤直接液化渣进行反应制氢，但尚未大规模工业化生产。

4. 制备碳材料

利用煤液化渣为原料，通过碱活化处理可以制备具有较大比表面积和孔容的微孔活性炭和介孔碳材料，产品具备较高且稳定的甲烷裂解催化活性，通过调节碱活化的方式并结合外加添加剂，可以实现对碳材料孔结构的调控，制备多级孔道碳材料。此外，以液化渣中的沥青为碳源可以加工电极材料、碳电容器等碳材料，实现液化渣的高附加值利用。

5. 制备改性沥青

液化渣中沥青烯类成分与沥青中沥青质的成分具有类似的物性和组成，因此可以利用液化渣部分替代天然沥青用作道路沥青改性剂，其技术指标能够满足道路沥青的路用性能要求。液化渣基沥青可以改善路面的高温抗车辙性能及抗疲劳性能，提高抗水损害能力。但液化渣的导入会降低沥青路面的低温抗裂能力，因此液化渣的掺量一般推荐为 15%，对于重载交通严重路段可将掺量适当增加至 20%。

思 考 题

1. 煤气化与煤液化的主要区别是什么？
2. 分析在我国实施煤液化工程的必要性。
3. 试述煤直接液化与间接液化的理论基础，分析两者的区别。
4. 煤气化渣中的粗渣和细渣是如何产生的？二者有何区别？
5. 煤液化渣的主要成分有哪些？
6. 气化渣有价资源循环利用的途径有哪些？
7. 液化渣的利用方法有哪些？
8. 利用液化渣可以制备哪些类型的碳材料？

第13章 污泥处理与资源循环

内容提要与主要知识点

本章包括市政污泥和工业污泥，重点介绍污泥的种类、来源、性质、调理、脱水、干化、处理、利用的基础知识和新方法与新工艺，讲述不同类型工业污泥的特点和处理方法。要求掌握污泥絮凝理论、厌氧消化理论和脱臭理论，理解超临界水氧化法处理污泥的反应机制，认识活性污泥法处理污水的理论基础。掌握污泥处理的主要方法，认识污泥热解与焚烧的差异、热解与气化的差异、脱水与干化的差异。了解污泥调理的必要性，学会利用污泥制备活性炭的方法，理解不同活化方法对污泥的活化机制。掌握污泥制备衍生燃料的主要方法，认识不同方法的优势和不足。了解电镀污泥、印染污泥、造纸污泥、制革污泥的污染物含量特点和处理方法。

13.1 概　述

污泥一般包括市政污泥和工业污泥，是城市污水和工业污水处理过程中产生的半固态废弃物，两类污泥在处理和循环利用方面，既具有共通之处，又存在较大的差异。

原生污泥是絮凝体，产生量受污水来源、处理工艺、处理水平、处理量以及污泥脱水程度等因素的影响。污泥含水率很高，一般达到99%左右，污泥中水分的存在形式有四种：间隙水、毛细管结合水、表面吸附水以及内部结合水。污泥中还含有重金属、有机质、氮和磷等植物营养元素以及有毒有害有机物等，易腐化变质，造成二次污染，甚至引起流行病。

市政污泥是由多种微生物、有机物、无机物和水分组成的复杂混合物。污泥中的微生物主要有病原微生物、细菌、病毒和寄生虫等。有机物主要有油脂、植物残渣、排泄物、废纸等，有机物的组成非常复杂，包括糖类、蛋白质、脂肪、木质素、表皮素、单宁酸、软木脂等，此外还含有多环芳烃类、二苯并呋喃类有机污染物以及人工聚合物。污泥中的无机物主要包含石英、方解石、长石等矿物质以及铅、铬、镉、镍、铜、锌、砷、汞等重金属。污泥中除含有大量有毒有害物质外，还含有丰富的有机质和氮、磷、钾等营养元素（在合适的条件下可以为农林业利用）。

工业污泥主要包括印染污泥、造纸污泥、钢铁冶炼污泥、电镀污泥、有色金属冶炼污泥、油田采油污泥与炼油厂含油污泥等。这些污泥中通常含有大量的有机物、重金属、微生物、病原菌等难降解的有毒有害物质，成分极为复杂、处理成本高、难度大。传统的填埋、固化、焚烧和生物处理等工业污泥处理方法在投资、处理成本及效果等方面均存在不足。一般情况下，工业污泥的处理与利用需要根据污泥的特点和污染物种类与含量，实施一泥一策，每一类污泥均需要设计特定的处理工艺。

13.2　理 论 基 础

13.2.1　颗粒絮凝理论

絮凝是由聚合电解质的物理作用而引起的两个或多个粒子的架桥。造成污泥颗粒絮凝的原因主要包括：①粒子间相互碰撞。固体颗粒之间因范德华力作用而相互靠近（距离≤0.01μm），碰撞结合形成絮凝体。②电荷衰减。电荷的中和促使带电粒子的产生，使电的排斥力降低，形成凝聚。因此，电性相反的带电离子反应剂，如 $AlCl_3$、$NaCl$、$CaCl_2$、$Fe_2(SO_4)_3$，产生的阳离子具有这种作用，一般高价离子效果更加明显，因而生产实践中主要应用 Al（Ⅲ）、Fe（Ⅲ）盐。当悬浮粒子不同于悬浮介质的电荷时，凝聚作用更加显著。③导入架桥絮凝剂。架桥絮凝剂是一类由人工合成的水溶性高分子有机聚合物，易被粒子吸附，且能跨越粒子间的缝隙，其长链可以使其两端分别吸附在不同粒子上，从而形成絮凝体。

13.2.2　活性污泥理论

活性污泥于 1912 年由英国科学家 Clark 和 Gage 提出，主要由微生物群体和它们所依附的颗粒物组成，分为好氧活性污泥和厌氧活性污泥。细菌、真菌、放线菌、原生动物和后生动物构成了活性污泥中的主要微生物种群，其中细菌起着主要的降解有机物、脱氮和除磷的作用。活性污泥法是利用悬浮生长的微生物絮凝体处理有机污水的一种方法，目前好氧活性污泥法应用最广泛。好氧活性污泥法核心是生化曝气，该方法的基本原理是：活性污泥中的微生物群体与废水中的有机营养物形成复杂的食物链，球状细菌、异氧菌和腐生性真菌在食物链中发挥关键的作用；在优良运转的活性污泥系统中，丝状菌形成骨架，球状菌等在骨架上形成菌胶团；活性污泥系统运行过程中，细菌大量繁殖，开始生长的鞭毛虫、肉毛虫、纤毛虫和吸管虫等原生生物是细菌的一次捕食者，待活性污泥成熟时，固着型的纤毛虫、种虫占优势；轮虫、线虫等后生动物是细菌的二次捕食者，只有溶解氧充足时才出现后生动物，所以后生动物的出现是处理水质好转的标志。

13.2.3　厌氧消化理论

污泥厌氧消化是污泥在无氧条件下，利用兼性菌和厌氧菌进行厌氧生化反应，将污泥中的有机物分解，实现污泥稳定的过程。污泥厌氧消化是污泥减量化、稳定化的常用手段，主要产物是二氧化碳、甲烷和水等。厌氧消化过程中，污泥一般经过水解-酸化、乙酸化、甲烷化几个阶段，各阶段之间相互关联又相互制约，分别有各自特色的微生物群体发挥主导作用：①水解-酸化阶段。污泥中的脂肪、蛋白质、糖类、纤维素等非水溶性高分子有机物在微生物水解酶的作用下，水解生成可溶性物质，在兼性菌和厌氧菌的作用下，进一步转化为乙酸、丙酸、丁酸等短链脂肪酸，同时生成醇、二氧化碳等小分子化合物。②乙酸化阶段。乙酸菌将有机物、乙醇、水解酸化产物等转变为乙酸，乙酸菌与甲烷菌形成的共生菌在此过程中发挥主要作用。③甲烷化阶段。甲烷菌将氢气、乙酸和二氧化碳转化成甲烷。

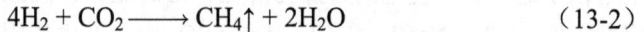

$$2CH_3COOH \longrightarrow 2CH_4\uparrow + 2CO_2\uparrow \tag{13-1}$$

$$4H_2 + CO_2 \longrightarrow CH_4\uparrow + 2H_2O \tag{13-2}$$

在整个厌氧消化过程中，由乙酸产生的甲烷约占总量的 2/3，由氢气和二氧化碳转化的甲烷约占总量的 1/3。

13.2.4　生物淋滤法脱除污泥中重金属的作用机理

生物淋滤法是指利用特定微生物或其代谢产物的氧化、还原、络合、吸附或溶解作用，将污泥中的重金属、硫及其他不溶性成分分离浸提的一种方法。生物淋滤技术最早在美国用于铜矿浸出，随后在加拿大用于铀矿浸出，二十世纪八十年代用于难处理金矿的浸出。生物淋滤中所利用的细菌主要来自嗜酸性硫杆菌属（*Acidithiobacillus*）、硫化杆菌属（*Sulfobacillus*）、钩端螺旋菌属（*Leptospirillum*）、嗜酸菌属（*Acidiphilium*）等，其中应用于污泥中重金属生物淋滤较多的是来自嗜酸性硫杆菌属的嗜酸性氧化亚铁硫杆菌（*Acidithiobacillus ferrooxidans*）和嗜酸性氧化硫硫杆菌（*Acidithiobacillus thiooxidans*），这两类硫杆菌在嗜酸性、营养方式、碳源、温度及对氧气的要求等多方面具有相似之处。

13.2.5　热解理论

污泥热解技术最早由德国的 Bayer 和 Kutubuddin 提出，基本操作是将污泥在无氧或缺氧条件下加热，使之转变成气态、液态和固态产物。污泥热解过程中发生大分子的断裂、小分子的聚合与异构化等一系列可能同时发生也可能相继连续发生的复杂化学反应。由于污泥自身成分的差异和复杂性，以及热解条件和设备的不同，污泥热解反应的路径和产物差别很大，迄今污泥热解反应的机理尚没有公认的定论。一般认为，在150~200℃时，污泥发生干燥脱水，200~350℃时，污泥开始分解，生成少部分 CO_2 等气体和中间产物，350~550℃时，中间产物发生分解，生成 CO_2、CO、CH_4 等气体及焦油和二级中间产物，550~900℃时，二级中间产物进一步分解，生成少量气体、焦油和残碳。

13.2.6　生物脱臭理论

污泥的生物脱臭原理与第6章介绍的填埋场除臭理论相近，主要是利用经过驯化的微生物将恶臭物质氧化分解成无臭的 CO_2 和 H_2O。微生物通过分解恶臭物质，将其转变为自身的营养物质，增强自身繁殖能力，生长壮大。由于污泥成分的复杂性，利用单一微生物菌株处理污泥往往效果不佳，因而需要利用复合微生物菌群处理污泥，主要是将筛选获得的具有高效降解污泥中主流物质的微生物菌群添加到生物处理系统中，被添加的微生物既能够以游离的状态存在，也能够附着在载体上以生物膜的形式存在。通过上述处理，如果原处理系统中不存在所需要的菌株，添加相应菌株后，可以针对性地高效降解污泥中的某种物质，如果原处理系统中仅有少量目标菌株，添加相应菌株后能够显著缩短其在系统中的驯化时间。

13.2.7　超临界水氧化理论

超临界水是指温度和压力高于临界点（374℃、22.1MPa）以上的一种介于气体和液体之间的特殊状态的水。在通常情况下，水是极性溶剂，可以快速溶解盐等大多数电解质，而对气体和大多数有机物则微溶或不溶，但在超临界状态下，水兼具气体与液体高扩散性、高溶解力及低表面张力的特性，介电常数低，与非极性有机物具有类似的溶解性。根据相似相溶原理，超临界水可以与有机物和气体完全互溶，但无机物极难溶于超临界水。超临界水氧化是以超临界水作为反应介质，通过加入氧化剂，将污泥中的有机污染物完全氧化成 H_2O、CO_2、N_2 和无机盐。一般认为，超临界水氧化与湿法氧化类似，均属于自由基反应。以 H_2O_2 作为氧化剂时，经超临界水热分解后 H_2O_2 生成羟基自由基（HO·），见式（13-3）。HO·自由基具有极高的活性，几乎可以与体系中所有的含氢化合物（RH）迅速反应，促进有机物氧化生成自由基 R·，见式（13-4）。H_2O_2 同样能与体系中的氧气反应生成过氧化羟基自由基（HOO·），见式（13-5）：

$$H_2O_2 \longrightarrow 2HO\cdot \tag{13-3}$$
$$RH + HO\cdot \longrightarrow R\cdot + H_2O \tag{13-4}$$
$$H_2O_2 + O_2 \longrightarrow 2HOO\cdot \tag{13-5}$$

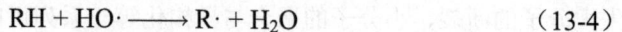

近年来，有学者对超临界水氧化的机制提出了新的见解，认为超临界水氧化不同于湿法氧化，而是利用热力火焰对有机物进行内燃烧，即在超临界水内部进行氧化燃烧，从而发生分解反应，这个过程会产生明亮的火焰，也就是水中燃烧火。相比无火焰的超临界水氧化，在相同的加热温度下，火焰的产生可以维持更高的体系温度，在更短的时间内达到良好的降解效果。

13.3　污泥的处理

污泥的处理是指对污泥减容、减量、稳定化和无害化的过程，通常包括浓缩、调理、脱水、干化、消化、堆肥、热解和焚烧等。污泥的处理方式与其种类和性质密切相关。

13.3.1　污泥的特性

1. 污泥的种类

污泥种类繁多，针对不同种类的污泥，应当采用不同的处理处置方式。通常根据如下方法对污泥进行分类：①根据来源不同，分为生活污水污泥、工业废水污泥和给水污泥；②根据产生阶段不同，分为生污泥、浓缩污泥、消化污泥、脱水污泥和干燥污泥；③根据成分及性质不同，分为有机污泥、无机污泥、疏水性污泥和亲水性污泥；④根据处理方法不同，分为初次沉淀污泥、剩余活性污泥、腐殖污泥和化学污泥。

2. 污泥的性质

污泥的性质取决于污水水质、处理工艺和工业废水比例等多种因素，具体包括：①有机物含量高，占污泥固体量的 60%～80%，容易腐化发臭，并且颗粒较细，密度较小，呈胶状液态，介于固体和液体之间，很难进行固液分离；②污泥中含有植物营养素、蛋白质、脂肪及腐殖质等，富含 N、P、K 等元素，具有潜在的土地利用价值；③污泥具有燃料应用的价值，主要固体成分为有机物质，可以燃烧发热，也可以进行热解产油产气，提高燃料利用价值；④污泥中含有大量的有害生物，包括细菌、病毒和寄生虫卵等；⑤污泥中含有多种有害重金属，常见的有 Cd、Cu、Zn、Pb、Ni、Mn、Hg、Cr、As 等。

13.3.2 污泥的调理

污泥调理是通过物理或化学的手段破坏污泥的胶体结构，改变其物化性质，降低其水亲和力，从而提高污泥的脱水性能，为后续的污泥机械脱水创造条件。一般情况下，污泥的调理方式分为物理调理、化学调理、生物调理和联合调理。

1. 物理调理

物理调理主要包括热处理、冻融处理、超声波处理、微波调理等方法。热处理可以分解污泥中部分有机质，同时水解亲水性有机胶体，从而将细胞膜中的水分游离出来，达到改善污泥脱水性能的目的。冻融调理是将污泥冷冻至 $-20℃$ 左右，使其内部形成冰晶，然后加热，使冰晶融化，反复交替，使污泥胶体脱稳，造成菌胶团与细胞膜的破裂，使水分游离出来，从而提高污泥的脱水性能。超声波调理可以有效破坏污泥的细胞结构，使其内部的结合水转变成自由水，从而提高污泥的脱水性能；同时，超声波能够杀灭大肠杆菌、结核菌等致病微生物，防止污泥产生二次污染；经过超声波处理的污泥，有机物的可生物降解性提高，进入好氧池后能够加速其降解进程。微波调理污泥本质上是加热调理污泥，不同的是，微波从各方向均衡地穿透污泥从内部开始加热，其特点是穿透力强、热效率高、杀菌效果明显、热源与加热材料不直接接触、可以实现强场高温和高频高温、可以选择性加热、反应过程易于控制等；但是，过量的微波辐射会导致污泥细胞内的物质大量溢出，使污泥的黏度增加，脱水性恶化，增加处理的难度；此外，由于微波穿透介质深度有限，处理污泥的量不宜太大；同时，微波对人体有害，操作过程中应当保证设备的密封性，操作人员需要采取必要的防护措施。

2. 化学调理

化学调理是在污泥中添加化学试剂，通过改变污泥的特性改善其脱水性能，常用的化学调理剂分为无机调理剂和有机调理剂，其中无机调理剂适用于真空过滤和板框压滤，有机调理剂适用于离心脱水和带式压滤脱水。絮凝剂是比较常用的化学调理剂，主要通过电中和、架桥吸附等作用，使污泥胶体粒子脱稳凝聚而沉降，从而改善其脱水性能。氧化剂、表面活性剂、酸、碱是另一类常用的调理剂，主要通过破坏微生物胶体结构，氧化分解胞外聚合物等有机质，使水分游离出来，提高污泥的脱水性能。化学调理方法目前比较成熟，应用广泛。

3. 生物调理

生物调理主要包括微生物絮凝剂调理和生物酶调理。微生物絮凝剂调理是利用微生物产生的有絮凝活性的蛋白质、脂类、多糖等大分子物质实现污泥的絮凝，絮凝机制包括架桥絮凝、电中和絮凝、卷扫絮凝等；微生物絮凝剂一般比人工合成的絮凝剂效率更高，无毒无害，同时可以生物降解。生物酶调理可以促进污泥中菌胶团以及胞外聚合物（EPS）的分解，破坏细菌细胞壁和细胞膜的结构，实现污泥结合水与胞内外有机质的溶出，从而提高污泥的可脱水性和生物可降解性。

13.3.3 污泥的脱水

污泥通常由有机质、无机物、水分三部分组成，其中水分主要有间隙水（约占 70%）、毛细结合水（约占 20%）、表面吸附水和内部结合水（约占 10%）。浓缩是污泥脱水的一种方式，可以有效降低污泥中的水分，缩小污泥的体积。污泥浓缩的主要方法为重力浓缩、机械浓缩和气浮浓缩等。脱水是污泥处理和循环利用的重要环节，污泥含水率在 90%以上时呈液态，含水 80%～90%时呈粥状，含水 70%～80%时呈柔软状，含水 70%以下时呈固态。当污泥含水率从 96%降至92%，其体积可以减少 50%左右。污泥经过脱水后，其体积一般可减至原来的 1/5～1/10，目前常采用的脱水工艺有机械脱水和自然干化，常用机械脱水设备有带式压滤机、离心脱水机、板框压滤机和真空过滤机等。表 13.1 对比了几种污泥脱水技术的效果差异。机械脱水后，污泥滤饼含水率为 75%～80%，污泥体积可以减少 80%左右。

表 13.1　几种污泥脱水技术对比

	单位	带式压滤机	离心脱水机	板框压滤机
出料干物质量	%	23（18～28）	28（20～35）	30（28～38）
去除率	%	95	95	98
絮凝剂量	g/kg 干物质	6～12	6～12	5～10
比能耗	kW·h/tDS	5～20	30～60	15～40
运行方式		自动连续	自动连续	非连续

1. 影响污泥脱水的因素

污泥脱水的关键在于脱除内部的结合水，仅仅去除毛细结合水和表面吸附水远远不能达到污泥脱水的目的。影响污泥脱水的主要因素包括以下几点。

（1）胞外聚合物

胞外聚合物（extracellular polymeric substance，EPS）是一种主要聚集在污泥胶体微生物细胞外的高分子有机聚合体，通常占活性污泥总有机质的 50%～90%。EPS 具有羟基等亲水性官能团和复杂网状结构的菌胶团，因此可以改变污泥颗粒的表面特性，增加其亲水性和黏度。

（2）粒径分布

细小污泥颗粒在污泥中占比增大，污泥的脱水性能显著降低。因为污泥的水合程度随颗粒减小逐渐增加，从而影响污泥的脱水性能。

（3）Zeta 电位

污泥颗粒具有由带负电的微生物菌胶团粒子组成的双电层结构。Zeta 电位的高低决定了污泥胶体颗粒的凝聚和沉降性能，进而影响污泥的脱水性能。一般来说 Zeta 电位在 −5～0mV 时可以获得较好的混凝效果。

（4）黏度

污泥具有黏度和弹性两种特性，因此黏度是评估污泥流变特性、化学调理效率和脱水性能的重要参数。

2. *污泥的脱水方法*

自然干化：主要方法有冷冻脱水法、污泥池法和沙地干化床法等。尽管自然干化操作简单、成本低，但通常需要 4～5 周时间，存在脱水不彻底、耗时长、有毒有害物质残留等不足。

机械脱水：常见的机械脱水设备包括离心分离机、压滤机、真空过滤机等。机械脱水是最常见的污泥脱水方式，主要依靠过滤介质两面的压力差作为推动力，使污泥泥水强制分离。

氧化法：常用的有芬顿（Fenton）氧化法，主要利用强氧化性药剂，破坏污泥颗粒中的细胞组织及胶体结构，通过释放内部结合水提高污泥的脱水性能。

酸处理法：在酸性条件下，活性污泥的胞外聚合物被水解破坏，从而改变污泥的水分分布，使部分间隙水从细胞或污泥絮体中释放出来，达到提高污泥脱水性能的效果。

冷冻冻融法：通过有效地挤压污泥絮体结构改善污泥的脱水性能。冷冻过程中，水分子在污泥内部形成不规则的冰针，冰针的长大挤压污泥菌胶团，破坏絮体网状结构，使大部分的间隙水释放出来。

超声波处理法：利用超声波的能量打破污泥的絮凝结构，促进脱水。超声波能够在液体中产生"空化作用"，形成极端条件，局部产生高温高压，并产生强劲的水剪切力，使污泥中的菌胶团破坏并释放出胞内结合水，从而改善污泥的脱水性能。

生物淋滤法：通过氧化硫杆菌直接氧化硫单质或间接氧化亚铁离子产生酸化作用，去除污泥中的重金属离子和恶臭并杀灭细菌。生物淋滤工艺成本低廉，可以有效地去除污泥中的重金属离子。

电渗透法：在电场的作用下固体颗粒和液体定向运动，并通过多孔固体滤膜进行过滤，从而实现固液分离。

13.3.4　污泥的干化

干化是把污泥中的水分脱除到一定范围内，便于后续资源化利用，根据最终目标含水率的不同，可以分为半干化和全干化，半干化污泥含水率为30%～50%，全干化污泥含水率低于30%。

污泥体积（V）、质量（W）和含水率（P）存在如下关系：

$$\frac{V_1}{V_2} = \frac{W_1}{W_2} = \frac{100 - P_2}{100 - P_1} \tag{13-6}$$

其中：V_1、W_1 是含水率为 P_1 时的体积（m^3）和质量（kg）；V_2、W_2 是含水率为 P_2 时的体积（m^3）和质量（kg）。

污泥干化的方法包括以下几种。

1. 电能干化法

电能干化法是采用电加热的方式间接烘干湿污泥，使水分蒸发的干化方式。这种方式能耗高、效率低，一般适合产泥量少、电能丰富且价格便宜的地方实施。

2. 热水干化法

热水干化法是利用高温热水的热能，经过换热器的热交换间接脱除污泥中水分的干化方式。这种方法对换热器要求较高，适合冶炼厂、石油炼化厂、热电厂等热源可以直接利用并且可以实现综合循环利用的企业实施。热水干化技术的典型代表是德国开发的板框压滤-真空干燥技术（图13.1）。

3. 蒸汽干化法

利用低压水蒸气（1.0MPa、160～230℃），经过换热器壳层进行热交换干化污泥的方式。蒸汽干化具有效率高、稳定性好、易于控制等优点。该工艺适用于蒸汽使用广泛、容易获得、公用工程条件宽松便捷的厂矿企业实施（图13.2）。

4. 太阳能干化法

太阳能干化法是利用太阳能为主要能源对污泥进行干化的方式。污泥中水分与空气中水蒸气分压之间的水蒸气压力差是污泥脱水的主要驱动力。为排除气候、季节、天气影响，太阳能干化过程通常在一个配置翻泥机的大型暖房内进行，湿污泥从一端输入，干污泥从另一端输出；翻泥机安装在两侧导轨上，进行前后上下移动作业，起到输送污泥、翻转晾晒、摊铺污泥的作用。

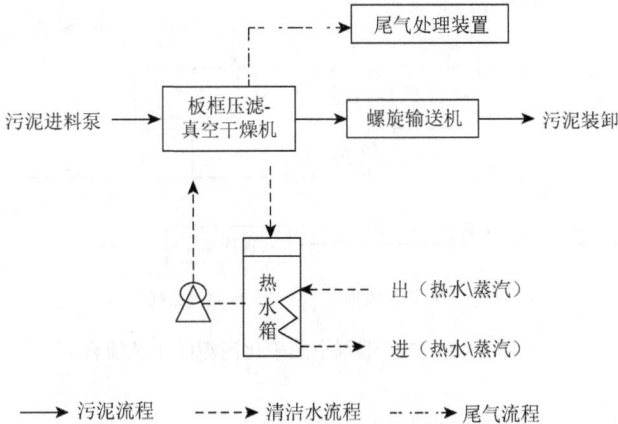

图 13.1　污泥热水干化工艺流程

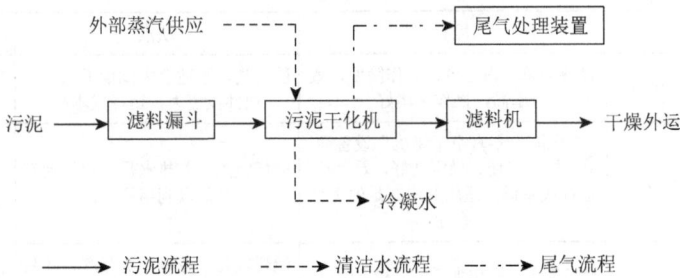

图 13.2　污泥蒸汽干化工艺流程

5. 炉窑烟气余热干化法

炉窑烟气余热干化法是利用炉窑烟气的余热（120～200℃）使污泥脱水干化的方式，分为直接加热干化和间接加热干化。烟气余热干化法一般采用两段式干化工艺，第一段使污泥含水率从 80% 左右降到 60% 左右，第二段使含水率降到 40% 以下，使污泥在低温下能够自然形成 2～8mm 颗粒以便于后续利用（图 13.3）。

6. 天然气干化法

天然气干化法是利用天然气加热湿污泥，使其脱水干化的方式。操作时，为了防止燃烧爆炸，通常设有氮气保护、氧气浓度连锁、温度连锁和污泥返混等安保措施。

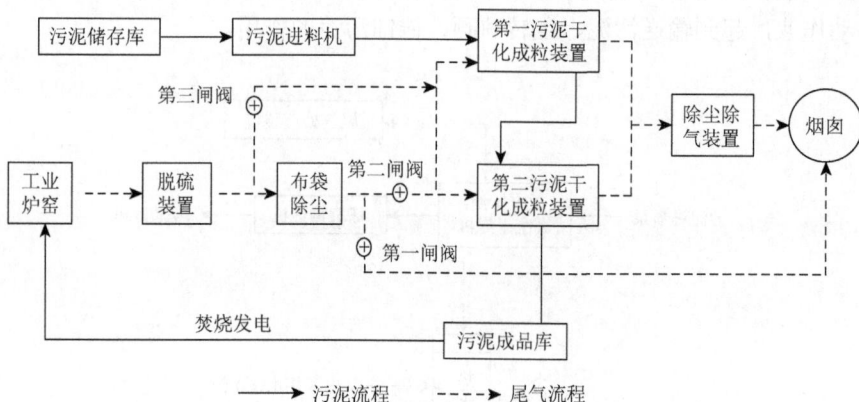

图 13.3　炉窑烟气余热干化污泥的工艺流程

污泥不同热干化的优缺点对比见表 13.2。

表 13.2　污泥热干化的优缺点对比

名称	优点	缺点	安全性
电加热污泥干化机	设备简单、占地少，操作简便，效率高，操作环境好	能耗高，不适合大批量干化，一次性投资大，运行成本高	较高，需要氮气保护
热水污泥干化机	"板框压滤-真空干燥机"设备简单、操作方便、稳定性好，效率高，运行成本低；适用热水充足的大型企业	能耗较高，若热水是企业的副产品加以利用比较好	高
蒸汽薄膜干化机	设备简单、操作弹性大、稳定性好，效率高；适用蒸汽充足的大型企业	能耗较高，若企业的蒸汽副产品充足比较好，一次投资进口设备高，国产适中，运行成本较高	较高，需要氮气保护
太阳能污泥干化场	设备简单、能耗最低，一次性投资少，适合地广人稀、日照强、气候干燥的地区，运行成本低	占地面积大，受地区气候影响较大，不适合潮湿多雨日晒时间短的地区；通常需要辅助热源；某些污泥可能存在气味问题，操作环境较差	高
天然气污泥干化机	设备复杂，效率高，一次性投资较高，适用天然气丰富的石油化工、煤气丰富的煤炭企业，热量来源方便，运行成本高	能耗高，因使用天然气而风险较大，需要氮封、仪控安保等系列措施	一般，需要氮气保护
炉窑烟气余热污泥干化机	设备较复杂，效率高，一次性投资较高，企业内部有加热炉的，热来源方便，经济性很好，运行成本低	系统比较复杂，操作环境一般，适合大型生产稳定的企业	较高，需要氮气保护

13.3.5　污泥的焚烧

焚烧法在实现污泥减量化、无害化、稳定化和资源化方面效果明显，符合污泥处理处置的基本要求。目前，很多发达国家把焚烧作为污泥处理的主要方法之一，应用较广的有德国、日本、丹麦、瑞士等国家。

污泥焚烧处理的主要优势是其减量化和无害化，焚烧后的污泥可减容 95%左右，且其中的有机物被完全破坏分解，绝大部分重金属则固定在灰渣中。焚烧技术能够杀死污泥中的寄生虫（卵）和病原微生物，消除有害物质，最大程度地使污泥减量化，同时焚烧所产生的热量能够用于供热或发电，焚烧灰渣能够制作建材。污泥焚烧处理的缺点是设备投资大、运行成本高、操作要求高，因而适用于经济发达的国家和地区。同时，污泥焚烧的过程中会产生一些有毒有害的气体（如二噁英），处置不当会造成污染。

利用工业窑炉和其他焚烧设施协同处置是国家倡导的污泥处理方式，主要包括工业窑炉协同焚烧、垃圾焚烧炉混合焚烧、燃煤电厂协同掺烧等。在工业窑炉中，通常高温焚烧至 1200℃以上，污泥中的有机污染物被完全分解，产生的污泥灰粉则一并进入水泥的产品之中。利用垃圾焚烧炉焚烧污泥时，污泥的混入比例一般可达 30%左右，由于大型垃圾焚烧炉都装配有完善的烟气处理装置，因此污染控制效果较好。利用工业窑炉焚烧污泥的主要设施是水泥窑、沥青炼制炉等，一般将污泥干化后导入窑炉进行协同焚烧，焚烧灰渣可以留在产品之中加以利用。利用燃煤发电设施掺烧污泥时，污泥的投入量一般为煤总量的 10%左右，对于发电站的正常运转没有不利影响，但有时需要加装尾气净化装置。焚烧法处理污泥速度快，不需要长期储存，可以回收能量，但是，其较高的造价和烟气处理问题是制约污泥焚烧工艺发展的主要因素。当用地紧张、污泥中有毒有害物质含量高、难以采用其他处置方式时，可以采用污泥的干化焚烧处理。污泥单独焚烧的设备多种多样，主要包括固定床、流化床、回转窑、多段炉、喷射式焚烧炉、热分解燃烧炉、熔融炉等，其中回转窑是常用的焚烧炉型，主要有顺流炉和逆流炉，其中顺流炉中燃烧气流和污泥流动方向一致，其炉头污泥进口处烟气温度与污泥温度有较大的温差，可以使污泥中的水分快速蒸发掉，而逆流炉中燃烧气流和污泥的流动方向相反。熔融炉是一种新型污泥焚烧设备，主要在 1100～1800℃的高温下焚烧污泥，它可以同时联合处理一般有机废弃物、无机废弃物和高分子废弃物。图 13.4 是利用逆流回转型焚烧污泥的工艺示意图。

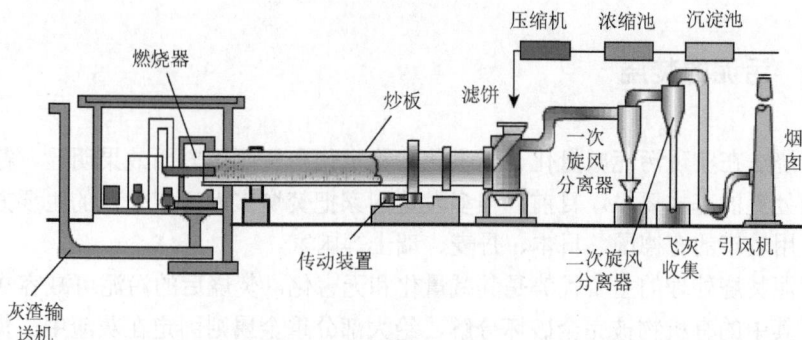

图 13.4　逆流回转型污泥焚烧炉

13.3.6　污泥的热解

　　将污泥在无氧或缺氧条件下加热到一定温度,通过热分解和干馏作用使污泥转化为不凝性气体、热解油、水和可燃碳的过程称为污泥的热解。

　　污泥热解过程中产生的不凝性气体中含有 CO、H_2S、甲硫醇、二甲硫、三甲硫、CH_4、氨等,热值较低,带有强烈刺激性,可以通过燃烧脱除气味,产生的热能作为补充能源利用。

　　污泥热解制成的碳呈黑色、多孔质、无光泽、块状或粒状,体积约为原污泥的三分之一,随着温度上升,产碳率下降。污泥热解炭性质稳定,可以掺煤燃烧或直接燃烧获得能量。如果是以收获碳为目的,一般热解温度不宜超过 300℃,这样可得到燃烧性能较好的污泥碳。

　　污泥热解过程中产生的油,以蒸气形式产生,冷凝后经油水分离获得棕褐色、焦油状的油产品,具有热值高、黏性大、有异味、可被明火点燃、性质稳定、成分复杂,可以作为能源利用。

　　污泥低温热解制油技术是在催化剂作用下,使污泥中的有机成分、脂肪、碳水化合物、粗纤维、粗蛋白等,经过一系列的热化学分解、缩合、脱氢、环化等反应转变成油、不凝气体、水和碳等产物的过程。通常情况下,污泥在 300℃ 以下发生的热解主要是脂肪族化合物的热转化反应,这类化合物沸点较低,以蒸气作为主要的转化形式;温度高于 300℃ 时,蛋白质发生分解转化,高于 390℃ 时糖类化合物发生肽键断裂等分解转化反应。含碳化合物在 200~450℃ 温度区间内发生分解转化,至 450℃ 基本完成反应。一般情况下,污泥在 220~300℃ 温度范围内产油率较高,超过 350℃ 产油率降低。

　　相比污泥焚烧处理,污泥低温热解需要增加干燥设备和油水分离设施等,设备投资较高,但污泥热解所需温度(<450℃)比焚烧温度(800~1000℃)低得

多，因此，污泥热解的运行费用远低于焚烧处理。污泥热解的冷凝水中含有大量杂质，需要处理达标后方可排放。

13.3.7　污泥的超临界水处理

超临界水氧化作为日益发展的新型高级氧化技术为污泥无害化处理提供了新的途径。超临界水氧化处理污泥具有反应速率快、分解率高、有害物处理彻底等特点，可以使污泥减容量达到 90%～95%。在超临界水中，污泥中的有机物与氧化剂发生强烈的氧化反应，快速将难降解、有毒有害的有机物分解生成 CO_2 和 H_2O，氮转化为 N_2 或 N_2O，氯、磷和硫等元素以无机盐的形式沉积下来，达到无害化处理有机有毒污染物的目的。除了高效分解污泥中易降解有机物外，超临界水氧化对二噁英、呋喃、多环芳烃等难降解有机物同样能达到较好的降解效果，这也是其突出优势。

超临界水的特性可以使污泥中有机物、氧化剂、水形成均一相，相间的物质传输阻力被克服，使原本发生在液相或固相有机物和气相氧气之间的多相反应转化在单相进行，反应不会因为相间的转移而受到限制，并且高温高压条件下有机物的氧化速率大大增加了，极短时间内就能快速破坏污泥中的有机成分且反应彻底。

限制超临界水氧化技术发展与产业化应用的壁垒主要是无机盐沉淀堵塞管道和反应设备腐蚀问题。高温、高压、高氧含量等特点决定了超临界水氧化设备具有很大的操作难度和经济投入。在超临界水氧化环境中，一般合金的均匀腐蚀速率达到 15mm/a 以上，远高于作为设备结构材料要求的腐蚀速率（<0.5mm/a），这在较大程度上限制了该技术在污泥处理中的产业化应用。迄今发现的耐超临界水氧化腐蚀性能最好的是 Ni 基合金 Inconel 625 和 Hastelloy C-276，其一般作为超临界水氧化装置的反应釜材料使用。

13.3.8　污泥的消化

污泥的消化可以是好氧，也可以是厌氧，主要是利用污泥中的微生物分解污泥中的一部分有机物质，使其转化为气体和性质稳定的固态产物。不管是好氧消化还是厌氧消化，都会使污泥中的絮体解体，颗粒变小，并将大量溶解态的蛋白质和多糖释放出来，进而降低污泥的脱水性能，因此，一般把厌氧或好氧消化作为污泥减量化的手段，而不作为脱水前的污泥调理方式。

13.4　污泥的资源化利用

污泥资源化利用的方法主要包括材料化利用、能源化利用和土地利用等。

13.4.1　污泥的材料化利用

1. 污泥制备活性炭

利用市政污泥制备活性炭需要进行活化处理，制备方法主要包括以下几种。

（1）直接炭化法

污泥直接炭化制备活性炭是将污泥干燥、粉碎等处理后，在惰性气体氛围下进行热解制固态碳产物。这种情况下，主要是污泥中的水分蒸发，以水蒸气的形式起到活化作用，制备的产物称为生物炭，活性较低。

（2）物理活化法

在惰性气体气氛下，将干燥的污泥进行热解，然后通入 CO_2、水蒸气或烟道气对热解产物进行活化处理，可以制备具有特殊孔隙结构的污泥活性炭。炽热的炭与 CO_2、水蒸气等气体接触后，在碳表面会发生反应生成 CO、H_2 等气体，从而在碳表面形成不同大小的孔结构。

（3）化学活化法

将污泥与化学药剂混合均匀，在惰性气氛中进行热解，经洗涤并除去残留化学试剂后，制备活性炭。化学活化法制备污泥基活性炭的过程相当于污泥的催化热解过程，主要是通过化学活化剂的氧化、脱水、脱羟等反应使污泥中的氢、氧、氮以及少部分的碳以气体的形式逸出形成空隙结构，这些气体在穿过缩聚碳的碳层结构时同样生成孔隙结构。常使用的化学活化剂主要有 $ZnCl_2$、KOH、H_3PO_4、H_2SO_4 等。图 13.5 是利用化学活化法制备污泥活性炭的工艺流程图，其中使用了三种活化剂，根据活化剂性质的不同，碳化处理后采用碱配合蒸馏水或者酸配合蒸馏水进行洗涤，达到目标 pH 值后烘干。图 13.6 是制备的活性炭高倍电镜照片，可以看出，不同活化剂制备的活性炭在结构上差别较大，$ZnCl_2$ 具有较强的活化效果，生产的活性炭品质较好，但产品中的 Zn 需要用酸洗出，产生的废水需要进行后续处理。

2. 污泥制备建筑材料

污泥的建材化利用方法一般包括制备砖瓦、空心砌块、陶粒轻骨料及水泥添加等。污泥中含有大量的 SiO_2 和 Al_2O_3，经过调整成分后可以得到与黏土相近物质，因而可以制备建筑材料、水泥填料、纤维板、陶粒等，也可以作为砖或水泥制品的掺料。同时，污泥中含有一定量的有机物，在建材烧制过程中可以提供一定的热能。污泥制备建材可以使用脱水污泥、干化污泥或者污泥焚烧后的灰渣。

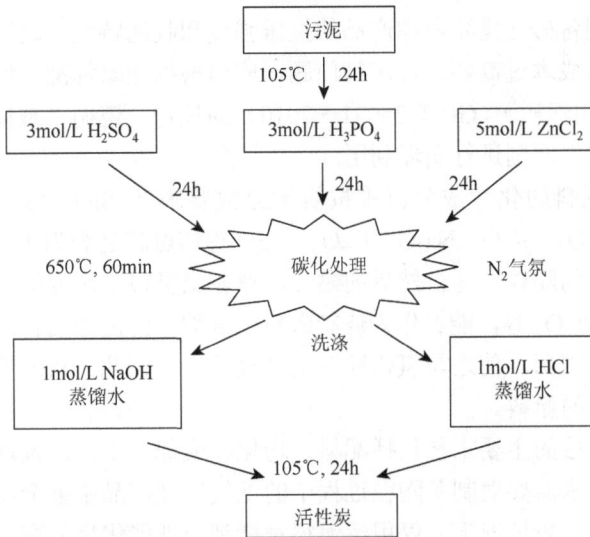

图 13.5　污泥生产活性炭工艺流程

图 13.6　不同活化方式下污泥活性炭的微观构造

　　污泥制砖瓦是在制备原料组分中掺配一定比例的污泥或焚烧残渣。污泥中的有机物可以作为烧结过程中砖坯的内部燃烧燃料。同时污泥中通常还含有硅酸盐黏土矿物质，其化学组成类似于黏土，掺配污泥时，可以利用有机物的热能价值和无机物替代部分黏土。一般将污泥作为固体燃料与黏土混合制成砖坯送入窑炉内燃烧，在 950～1000℃ 的高温条件下焙烧制得产品。利用污泥制砖不仅可以实现污泥的资源化利用，还可以将污泥中的寄生虫（卵）和病原菌全部杀死，同时污泥中的 As、Cd、Cr、Cu、Pb 等重金属可以被固结，从而实现污泥的无害化处理。利用污泥制备砖瓦需要考虑产品的抗压强度和收缩特性。限制污泥制砖瓦的主要因素是脱水成本过高和环境污染问题，应当根据国家标准《城镇污水处理厂污泥处置　制砖用泥质》（GB/T 25031—2010）的规定，遵循"减量化、稳定化、无害化和资源化"原则进行循环利用。

制备陶粒原料的化学成分范围按质量分数要求是 SiO_2 48%～68%，Al_2O_3 10%～25%，Fe_2O_3、K_2O、Na_2O、CaO、MgO 等熔融相之和为 13%～26%，这样可以制备烧胀性的陶粒。与自然界的黏土、亚黏土类似，污泥的主要无机组分是 SiO_2、Al_2O_3、Fe_2O_3 等，能够作为烧制陶粒的骨架。污泥中的含碳有机物，可以作为陶粒膨胀的碳源，使之与氧化铁发生产气反应。因此，从理论上讲，污泥可以作为烧制陶粒的原料。

污泥制备陶粒的主要工艺包括配料、均化、成球、干燥、预热、烧成、冷却几个环节。该技术需要对制备陶粒过程中的烟气以及产品中重金属的浸出进行严格处理与监控。一般情况下，仅用污泥很难烧制出性能优良的陶粒，必须对原料进行调整。脱水污泥的 SiO_2 含量少，并且烧失量很大，焙烧后收缩明显，无高温液相出现，因而不具有烧胀性能，难以直接用来生产轻质陶粒，必须添加适量的黏土类物质或者外加剂。实践证明，污泥的掺量一般应控制在 40%以下，过高会影响原料的膨胀率和质量。同时，预热温度及时间也影响着进入焙烧阶段料球的挥发性气体量，从而影响陶粒的烧胀率和其他性能。污泥陶粒填料在挂膜启动过程中对污染物去除效果优于普通陶粒填料，挂膜成功后对 COD 去除率在 80%以上，对 NH_3-N 去除率达到 80%左右，对磷的去除率达到 60%以上。

污泥中含有大量的无机物，与生产水泥使用的原材料相近，因此将污泥进行适当处理可以用于生产生态水泥。另外，污泥焚烧灰还可以和其他添加剂混合制成其他新型材料，如微晶玻璃、沥青细骨料、生化纤维板等。

13.4.2　污泥的能源化利用

污泥相对于煤具有高挥发分、低固定碳、高灰分、低着火点和低热值等特点。我国的污泥中有机质含量不高，一般比发达国家低 20%～40%，干基热值范围为5844～19303kJ/kg，均值为 11850kJ/kg。目前，污泥的主要能源化利用方式包括直接燃烧、掺煤混烧、厌氧消化、热解和气化等，有些已经产业化应用。另外，目前湿式氧化、超临界水氧化、水热处理和微生物燃料电池技术处于研发阶段，但各种方法都存在能耗平衡和利用成本问题。

1. 污泥消化能源化

污泥厌氧消化能源化分为中温厌氧消化、高温厌氧消化和两相厌氧消化，主要是在厌氧条件下,微生物将污泥中的有机物转化为沼气等产物,从而实现污泥中有机物矿化稳定化的过程。

2. 污泥热解能源化

污泥热解就是利用污泥中有机物的热不稳定性,将污泥在无氧或缺氧条件下进行热处理,使其中的有机物转化成气体、油和碳的过程。污泥热解过程包括大分子的断裂、小分子的聚合以及异构化等复合反应。

污泥热解的工艺选择一般以获得目标产物的形态为基准,根据所需要的产物不同从而选择不同的工艺参数,热解终温是影响产物性质的主要因素,一般情况下,低温(500～600℃)制油,中温(600～700℃)制炭,高温(700～900℃)制气。图 13.7 是污泥热解气化联合干燥的工艺流程图。

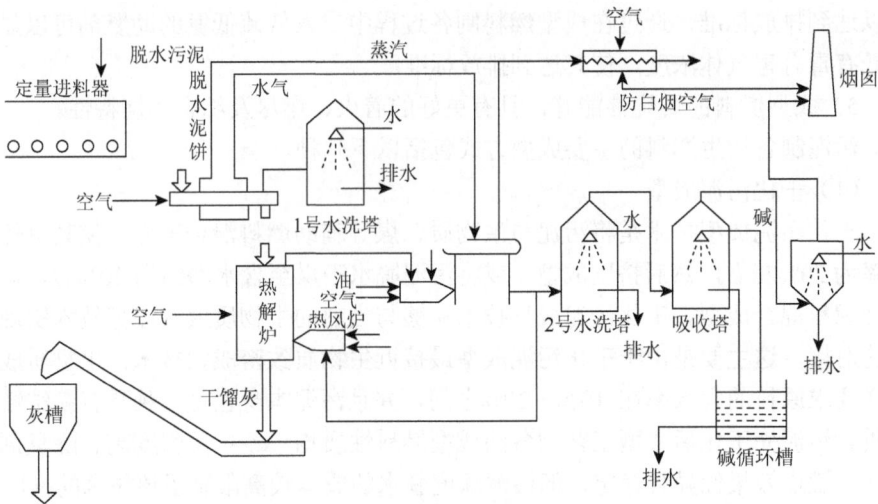

图 13.7　污泥干燥-热解气化工艺系统

3. 污泥气化能源化

污泥气化技术是指以空气、氧气、二氧化碳或水蒸气作为气化剂,在一定的温度、压力、还原性气氛条件下,通过一系列的热化学反应,将污泥中的有机物转化为含有 H_2、CH_4、CO、CO_2 等可燃气、焦油和灰渣的过程。气化床类型、温度、反应时间、空气当量比、催化剂、气化剂和污水处理工艺等是污泥气化的主要影响因素。根据气化剂类型的不同,污泥气化可分为空气气化、氧气气化、二氧化碳气化、水蒸气气化和混合气体气化。近年来,等离子体气化、超临界水气化和催化气化以及与煤或生物质的共气化等新兴的污泥处理技术也备受关注。

4. 污泥成型制备衍生燃料

污泥成型燃料相对于污泥直接燃烧具有显著的优势，能够有效解决燃烧不均匀、热量损失大、运行成本高、污染严重、对锅炉损伤大等污泥直接燃烧存在的难题，具体包括以下内容。

1）成型燃料具有相当高的密度，有效提高热值和利用效率。

2）成型燃料主要以粒状或块状的形式存在，有效减少了原料的体积，便于储存和运输，同时降低粉尘等二次污染，而且由于运输成本减少，具有广阔的市场前景。

3）成型燃料燃烧速率均匀适中，外界渗透扩散的氧量能够较好地匹配燃烧所需氧量，燃烧波动性减小、相对稳定。

4）污泥中含有 N、S 和 Cl 等元素，直接燃烧产生的 NO_x 和 SO_x 等污染气体难以达到排放标准，通过在成型燃料制备过程中导入低硫低氮的助燃剂可以显著降低有毒有害气体浓度，使其达到排放标准。

5）成型燃料的燃烧性能好，具有更好的着火、燃尽及综合燃烧特性。

污泥制备衍生燃料的主要成型方式包括以下几种。

（1）干化污泥成型

干化污泥成型技术是将污泥与生物质、煤等辅助燃料混合干燥，使其总体含水率为20%左右，然后挤压成型，或将污泥脱水干燥至含水率约为20%后，再与辅助燃料混合成型。干化污泥成型技术能够与当前的生物质致密成型技术实现很好的对接，这主要是由于干化污泥成型最接近生物质致密成型技术，生物质成型同样要求原料的含水率在 10%～20% 之间，并且污泥本身也是一种具有黏结性的物质。污泥先干化后成型工艺制备的成型燃料性质均一、抗压强度高、除臭剂用量低、燃烧效果优异且稳定，但污泥深度脱水的成本较高限制了该技术的推广。

（2）半干化污泥成型

半干化污泥成型技术是将污泥与煤、生物质等辅助燃料混合调质至总含水率为 40%～50%，再挤压成型，或将污泥脱水干燥至含水率为 40%～50%，然后再与辅助燃料混合成型。半干化污泥成型技术一般包括半干化、成型和后期干化的工艺流程，基于污泥的黏结作用优势，半干化成型技术的原料成型量低于湿污泥直接成型。然而，污泥半干化技术工艺复杂，预处理和后期干化处理量巨大，场地占用较大，难以全部消纳污水处理厂每日产生的剩余污泥。同时，在后期干化过程中也难以保持成型燃料的品质和燃烧特性，造成产品性能不稳定，影响进一步推广。

（3）湿污泥直接成型

湿污泥直接成型技术是直接利用污水处理厂脱水污泥（含水率为 80% 左右）

与煤、生物质或焦炭等助燃物质混合成型,再将成型燃料自然干化或热干化。湿
污泥直接成型技术省去了污泥的预干化步骤,无须将污泥预先干化或半干化,可
以在很大程度上缓解成本高的状况,但该技术也存在较大不足,包括:①污水处
理厂脱水污泥含水率为 80%左右,已不具备很好的流动性,污泥与助燃剂难以混
合均匀;②污泥的运输费用很高;③湿污泥直接成型燃料的含水率在 40%~50%,
难以直接燃烧,需要进一步干化,但由于污泥被挤压成型,颗粒间的空隙变小,
水分难以挥发出来,成型燃料依然难以干化;④成型燃料的品质不佳,在干化过
程中易发生开裂,造成机械强度不高,不利于燃料的储运;⑤由于燃料结合比较
松散,且伴有开裂,不能起到缓解挥发分析出速率的作用,造成燃烧不均匀,后
劲不足,成型燃料的燃烧特性不佳。

13.4.3　污泥的土地利用

污泥的土地利用方式主要包括农田培肥、土壤改良、园林绿化等,一般是将
污泥直接或者与有机肥混合堆制后制成复合肥或者土壤改良剂使用,这种利用方
式在欧美比较常见,我国管理相当严格。由于污泥中含有大量的细菌、病原体、
真菌、病毒、原生动物、蠕虫和重金属,直接土地利用会带来潜在的安全问题,
有的病原体可通过直接或间接暴露途径进入人体。法国、意大利、波兰、卢森堡
等欧盟国家限定了农用污泥中的沙门氏菌和肠道病毒等病原体浓度。同时,世界
各国都对污泥的泥质指标、使用量、使用周期等进行了严格的限定,并分别制定
了相关的标准和规范,对适宜土地利用的污泥成分、污泥用量及污泥土地利用前
的无害化和稳定化处理提出了具体要求,有些国家禁止污泥制成的肥料或者改良
剂应用于农业、畜牧业和一些特定的植物中。

制备堆肥是污泥土地利用的一种方式,主要是将污泥与木屑、玉米芯、花生壳
等膨胀剂以及有机废弃物、秸秆、粪便等调理剂在适宜的温度、pH、水分、通气量
等条件下进行堆沤,利用污泥中的好氧和厌氧微生物发酵,使堆体内的有机物质转
化为腐殖质。污泥中含有大量的有机质,N、P、K 等营养元素,以及 Fe、Zn、Cu、
Mn、Mo 等微量元素,将污泥经过堆肥处理后用于土地,可以提高土壤肥力、增加
团粒结构、增加土壤孔隙度、改善土壤结构、减少养分流失,同时也可以作为生态
肥料或者绿化作业的营养土使用。污泥的堆肥化利用具有基础设施建设费用低、设
备简单、运行成本低廉、管理方便、便于运输施用等诸多优点。然而,污泥堆肥过
程中产生的恶臭气体较难控制,同时堆肥产品中的重金属难以去除等原因,限制了
该技术的推广与发展。解决污泥土地利用的重金属污染问题,关键是确定其环境容
量。土壤对污泥的最大环境容量一般通过分析污泥中重金属的含量、记录污泥的使
用量、分析土壤中重金属浓度、测算总金属累积量等指标进行评估。

13.5　工业污泥处理与循环利用

我国每年产生大量的电镀污泥、印染污泥、造纸污泥、制革污泥、钢铁冶炼污泥、油田与炼油厂含油污泥等工业污泥，这些污泥中通常含有大量重金属、有机污染物、致病微生物、病原菌等有毒有害物质，成分复杂、处理难度大、成本高。

13.5.1　电镀污泥

电镀污泥是通过酸碱中和以及絮凝沉淀等方法处理电镀废水过程中产生的沉淀物，其中的主要重金属以氢氧化物的形式存在。由于电镀的类型不同，这类污泥的组成十分复杂，各种成分分布千差万别，污泥颗粒只是简单地堆积在一起，属于结晶度较低的复杂混合体系。电镀污泥中含有大量的有价金属资源，可以回收利用。

电镀污泥中有价金属的回收方法主要分为湿法和热化学法。湿法包括浸出和分离两个过程，常用的浸出方法包括酸浸法、碱浸法、生物浸取法等，化学沉淀法、金属萃取法、还原分离法及电解法等是常用的分离方法。热化学法包括热处理法和熔炼法等。

1）酸浸法对镍、铬、银、铜、锌等金属均有很高的浸出率，然而，酸浸过程中多种金属同时浸出不可避免，造成后续分离提纯困难，同时，酸浸法还具有操作环境差、设备腐蚀严重等不足，对其工业化造成不利影响。

2）碱浸法通常采用氨水溶液作浸出剂，浸出剂可以通过生成稳定的络合物而对 Cu、Ni 等金属具有较高的选择性，溶液中的其他金属一般难以形成络合物，或者即使生成络合物也不稳定。碱浸法的主要缺陷是氨挥发容易危害环境，同时对设备也有一定的腐蚀性。

3）生物浸取法主要利用自养型嗜酸硫杆菌等特定的微生物产酸和酶化作用，将电镀污泥中难溶重金属从固相溶出，转化为游离态进入液相回收。如何减小污泥中重金属离子对微生物的毒害，以及如何培育出适应性更强的特定菌种是生物法需要解决的关键问题。

4）热化学法是通过热处理使污泥中的有价组分分解、氧化、形成特定化合物等方法，改变一些元素的赋存形态而使其便于回收；熔融回收是在高温炉中使污泥熔融，金属沉积于底部分离回收。

电镀污泥经过浸出处理后，剩余的浸出渣中仍然残留重金属，若填埋或者自然堆存，这些重金属会浸出并通过迁移污染环境，因而需要进一步进行固化稳定化处理。用水泥或石灰进行固化是常规的固化稳定化方法，浸出达标后可以进入专用的填埋场填埋。但是，使用大量的水泥或者石灰处理含水率高的电镀污泥，大幅度增加了废弃物的体积和处置费用，也给后续的运输填埋造成很大困难。采用螯合剂等化学添加剂固化处理污泥同样具有良好的效果，但成本较高。

电镀污泥材料化利用技术通常包括制砖、烧制陶粒、制备磁性材料、生产水泥等。以电镀污泥为原料，配合添加氯化铁和沉淀剂，采用水热法制备的复合铁氧体粉体磁性较强，分散性好，粒度分布均匀。利用含铜电镀污泥和富铝的水处理厂污泥在高温下烧制陶瓷材料，结果发现，$CuAl_2O_3$ 尖晶石相在 650℃ 开始出现，随着温度的不断升高逐渐增多，并在 1150℃ 时成为混合物的主要相。制备的陶瓷材料在穿墙套管、暖气片加工、饰面材料等生产中有较高的应用价值。

13.5.2　印染污泥

印染废水在物化法和生化法处理时会产生 1%～3% 的污泥，这种污泥成分复杂，含有染料、重金属和助剂等，污染严重。湿式氧化法是处理印染污泥的主要方法之一，采用间歇式沙浴试验装置，以双氧水为氧化剂，可以将污泥的 COD 降至 1% 以下。超临界水氧化法是处理印染污泥的新型方法，为了降低反应温度并提高氧化系数，提高设备的安全性和经济性，可以采用超临界水氧化耦合生化处理工艺，经过成本核算，运行费用低于干化焚烧。利用超临界水热火焰技术，可以在一定程度上克服预热过程中有机物的结焦积碳，同时解决工程化应用中存在的腐蚀和盐沉积问题。

超临界水热火焰系统（图 13.8）的核心装置水热燃烧反应器，主要由超临界反应器、预热器、冷却器等组成。在超临界水氧化系统内，首先需要将污泥配制成泥浆，调节浓度以保证其流动性，然后经过高效预热系统加热，达到设计温度后导入超临界反应装置。在超临界水状态下，泥浆中的有机物与氧气充分接触，短时间内迅速完成氧化反应，超临界反应后的产物从超临界反应装置中导出，其中蕴藏的热能可以作为热源给后续的物料换热，也可以通过蒸汽回收，实现能量高效利用，然后经过分离系统实现气-液-固三相分离，固相残渣可以进行材料化利用。另一种处理方式是将燃料和氧化剂事先喷入燃烧室进行混合，随后将污泥浆体喷入反应室升温至反应温度，产生水热火焰，实现超临界水氧化反应，随后导出分离。

在超临界水热火焰处理过程中，由于污泥比较黏稠，在污泥储槽设置搅拌器，高压泵前设置过滤装置防止大颗粒进入而堵塞高压泵，进料加压至 25MPa 后进入节能装置，由反应器出水加热，然后进入加热器，当污泥中有机成分浓度低于 3% 时，在进入反应器前必须进一步加热，进入反应器后与注入的氧气混合发生氧化

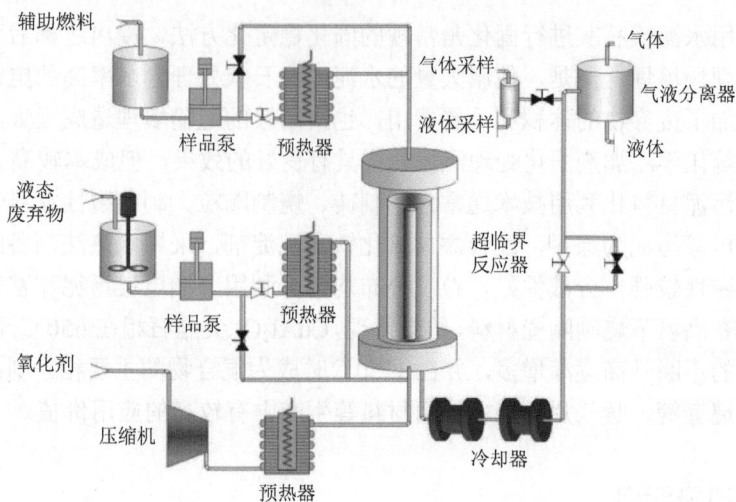

图 13.8　超临界水热火焰系统

反应，反应放热会升高反应器温度。当污泥中有机成分浓度过高时，在反应器设定温度 600℃无法完全氧化，需要二次氧化。此时含溶解氧的水以冷水加入反应器用于抵消反应热，维持氧化反应不超过反应器温度上限。

　　世界上第一台商业性处理污泥的超临界水氧化装置于 2001 年在美国得克萨斯州的 Harlingen 市建成，用于处理相邻的市政污水处理厂和工业污水处理厂的污泥，其目的是根据美国和欧洲超临界水氧化技术当时以及预期的环境表现对这种污泥处理技术做出评估。设施的总处理能力为 150t/d，共由两条作业线组成。污泥预热能量来自反应器排出流体所含热量，在反应器内，以氧气为氧化剂，停留时间为 20～90s，通过水力旋流器将反应后的流体分为下溢流体和上溢流体。两种流体与污泥进行热交换后，余热（70～95℃）传输给附近纺织厂，超临界水氧化过程排出的 CO_2 卖给纺织厂用来中和高 pH 值废液，产生的惰性湿固体直接排出。该系统中，采用调节进料点和运行条件使盐远离反应器壁的方法来控制超临界水氧化系统常遇到的盐沉积问题，同时每吨干污泥需要从燃气加热器供能约 4100kW·h，氧消耗量 1500kg，泵的电力消耗为 550kW·h，总生产运行和维护费用约 180 美元/t，而污泥填埋处置费用为 275 美元，相比之下，超临界水处理方式更具有优势。但是，这套系统因反应器腐蚀、管道堵塞等问题最终于 2002 年停运。

13.5.3　造纸污泥

　　造纸污泥是制浆造纸过程中产生的固体废弃物，其含水率高，含盐量大，并含有各种有毒有害物质与病原菌等，处理难度大，通常分为一次污泥、二次污泥、脱墨造纸污泥和混合污泥。

制浆造纸过程中产生的工业废弃物主要分为四种：①筛渣，主要来自纤维原料的备料过程，由粗纤维束、订书钉、树皮、草渣、金属、玻璃和施胶剂等组成；②脱墨污泥，主要包含油墨、短纤维、填料和其他添加剂；③初沉污泥，也称物化污泥，来自浮选过程，主要为纤维和填料等；④二沉污泥，也称生化污泥，来自生物废水处理沉淀池，微生物含量高，难以脱水，纤维含量较少。目前，在造纸企业中通常将初沉和二沉污泥混合后再进行增稠/脱水处理。

造纸污泥具有含水率高、产量大、成分复杂等特点，其主要组分包括有机和无机两类，有机组分主要为纤维素、半纤维素、木质素和粗蛋白等，无机组分主要来自造纸过程中添加的碳酸钙、滑石粉和高岭土等填料物质，是制浆造纸过程中产生的一类较难处理的固体废弃物。

造纸污泥的处理处置方法主要是焚烧、填埋和材料化利用。焚烧法可以实现污泥资源化、稳定化和减量化，但必须对污泥进行脱水预处理，成本较高，并且焚烧不完全会产生二次污染物，危害环境。填埋法无须高度脱水、运行成本较低，但大量占用土地资源、易造成地下水污染、填埋体变形或滑坡。随着日益增强的环保法规和公众意识，填埋已不再是污泥处置的最佳处理方式。

造纸污泥主要由纤维素和灰分组成，在生物乙醇制备方面具有应用前景，以原浆造纸企业和废旧瓦楞纸再造纸企业污泥为原料，能够制备浓度为 30～50g/L 的乙醇。硫酸盐法制浆造纸污泥制备丁醇具有显著优势，包括：仅需部分脱灰分以提高酶水解性，无须化学预处理或解毒；酸碱性的控制对丁醇发酵极为重要。

以造纸污泥焚烧后产生的灰渣为主要原材料可以制备涂层材料。煅烧造纸污泥可产生活性火山灰质材料，使造纸污泥灰具有类似水泥的性质，易与水反应、固化和硬化，但存在强度较低、游离石灰导致材料膨胀等应用方面问题。

13.5.4　制革污泥

1. 制革污泥的特性

制革污泥是制革生产各阶段中产生的各种污泥以及用物理、化学、生物方法处理制革废水后产生的污泥。每生产 1000kg 牛皮，在制革过程中大约产生 150kg 制革污泥，我国制革污泥年产量约 3.75×10^8 kg（干重）。

由于制革材料、制革类型、生产工艺、污水处理方法等差异，不同来源制革污泥成分差异较大。一般情况下，制革生产不同阶段产生的污泥可以分为：初沉池中的原始污泥、化学处理污水后产生的原始污泥、酸化去除硫化物后产生的酸性污泥、脱毛浸灰污泥、物化和生化法处理制革废水后产生的生物污泥等。

制革污泥成分复杂，既含有残余的动物油脂、毛皮、蛋白质等有机物，又含有大量的重金属，其中铬的含量高达 10～40g/kg（干重），主要是因为铬鞣液在废水处理中未实现厂内分离。研究表明，传统工艺中大约只有 60%铬盐得到了有效利用，其余的铬最终都进入污泥。制革污泥中高含量的 Al、Zn、Fe 主要来自制革工艺不同工段加入的各类化学品，或者由多金属鞣制工艺带入；Ca 来自脱灰工艺，使污泥中含盐量相对较高，pH 值偏碱性；部分制革污泥中的 Pb 浓度虽然较低，但进入环境后其风险较大。

2. 制革污泥的处理处置

制革污泥的处理处置方法主要包括焚烧、填埋、材料化利用、能源化利用等。

（1）焚烧

制革污泥中含有大量的有机质，热值高，焚烧是目前公认的对制革污泥处置的有效手段，该方法可以最大程度地减小污泥体积，并通过高温消除制革污泥中的病原微生物，同时还可以将污泥焚烧过程中产生的热量加以回收利用。但是，焚烧处理浪费资源、技术要求高、处理成本高，焚烧过程中如果处理不当会产生二氧化硫、氯化氢、二噁英等有害气体，污染大气环境。制革污泥成分复杂，需要添加辅助燃料才能保持稳定燃烧。此外，在污泥焚烧产生的高温环境中，重金属易挥发从而造成二次污染，焚烧过程中三价铬易被氧化成毒性更大的六价铬并残留在灰渣中，结果表明，焚烧后的灰分中残留大量的六价铬，必须作为有毒物进行安全处置，因此这种处理方法成本比较昂贵。

（2）填埋

制革污泥经过固化稳定化处理后，可以进行填埋处置，使用的填埋场必须事先进行防渗和防污染物扩散处理。但是，由于填埋后仍然存在较大的污染地下水源和大气的风险，并且占用大量土地资源，因而填埋不是最佳的处置方式。

（3）材料化利用

将制革污泥掺入黏土可以烧结黏土砖或轻质陶粒。由于这类污泥中 SiO_2、Al_2O_3 的平均含量较黏土类物质低，因此在用工业污泥烧制陶粒时需要加入一定比例的黏土类物质。但是，制革污泥用作建材的量较小，且随着时间的推移、建材的风化耗损，高铬含量的制革污泥用作建材对环境安全依然存在威胁，因此我国对制革污泥材料化利用有一定的指标要求，特别是对铬含量的要求较为严格。

（4）能源化利用

制革污泥能源化利用的方式主要包括：①通过厌氧消化制备沼气；②通过热解制备燃料油；③直接燃烧发电。

3. 制革污泥中重金属的脱除

制革污泥中重金属的脱除技术是将污泥中的重金属加以去除或最大程度降低其含量的一些方法，目前重金属脱除技术主要有化学法、植物修复法以及微生物淋滤法。

化学法是利用化学试剂处理污泥，使污泥固相中的重金属变成可溶性的金属离子或金属络合物从而加以浸提。化学法具有处理速度快、效率高等优点。化学法的缺点是：①利用酸脱除制革污泥中铬的方法耗酸量大，对处理设备的防腐要求高，操作难度大，成本高且存在巨大的安全隐患；②虽然次氯酸钠等氧化剂价格较为便宜，但是受制革污泥中高有机物含量的影响，氧化剂使用量大，且在污泥的氧化处理过程中易产生各种有毒有害气体，存在二次污染的风险。

植物修复技术是利用自然生长或者遗传工程培育的植物修复污染土壤的一种技术，主要通过根际交换及传输将重金属富集到植物地上部分，从而清除或减轻重金属的污染。研究发现，对于制革污泥，可以将其与土壤混合，利用多花天胡荽脱除制革污泥中铬等重金属，此外，牧豆树和牡竹对重金属镉、铬、镍和铅具有高积累能力，紫茉莉也具有良好的去除制革污泥中重金属铬的能力。植物修复技术治理土壤重金属污染，具有经济、简单和高效的优点，但是部分耐性植物生长慢、生物量小、周期长、对重金属有选择性等因素，限制了植物修复技术的快速发展。

微生物淋滤法处理制革污泥是利用微生物生长、代谢等生理活动直接或间接地将污泥固相中某些不可溶的成分分离浸出，再通过脱水实现污泥和重金属分离，这种方法处理制革污泥具有操作简单、投资运行费用低、安全、无二次污染的优势。

13.6 污泥的最终处置

污泥的最终处置包括填埋和土地利用等。污泥填埋是指采取工程措施将污泥埋于天然或人工开挖的填埋场地内，利用微生物降解污泥中的有机组分和污染物，从而实现稳定化的处置方式。在我国，将污泥与城市生活垃圾混合填埋是常用的填埋形式，这种方式适用于一般的市政污水处理厂排出的污泥。污泥卫生填埋操作相对简单，处理费用较低，适应性强。缺点是占用土地资源，如果防渗设施不符合要求，容易导致土壤和地下水污染；此外，垃圾填埋场处置污泥，容易造成滑坡，近些年一些填埋场拒绝污泥进场。

污泥的土地利用主要是将污泥应用于绿化带、林地、垦荒地、观赏植物、草皮、草地公园、采石场、建筑供游乐的海岛、露天矿坑农田及植被恢复等。污泥中含有大量的有机物质及 N、P、K 和 Ca、Zn、Cu、Fe 等微量元素，将其土地利用可以有效增加土壤肥力、促进农作物生长、改良土壤结构。但是，污泥中含有大量有毒有害微生物和重金属，如果进行农业利用，必须首先无害化处理，目前世界各国都严格限制了污泥土地利用中的重金属浓度，并制定了相应的污泥土地利用标准。

思 考 题

1. 何谓活性污泥？简述活性污泥法处理污水的理论基础。

2. 污泥厌氧消化分几个阶段？简述各个阶段的特点。

3. 简述超临界水氧化法处理污泥的理论基础。

4. 污泥调理的方法有哪些？简述各种方法的主要特点。

5. 简述污泥脱水的主要方法。

6. 污泥干化的方法有哪些？比较分析各种方法的特点。

7. 污泥热解过程中产生的主要污染物有哪些？

8. 污泥制备活性炭的方法有哪些？以化学活化法为例，简要阐述活化过程，画出工艺流程图。

9. 简述污泥制备陶粒的工艺过程。

10. 简述污泥气化与污泥热解的主要区别。

11. 污泥制备衍生燃料的方法有哪些？比较分析各种方法的优势和不足。

12. 结合造纸污泥的组成特点，设计一套处理工艺。

13. 制革污泥的主要处理方法有哪些？如何有效脱除制革污泥中的重金属？

第14章 电子废弃物处理与资源循环

内容提要与主要知识点

本章主要介绍电子废弃物的特性、国内外资源循环利用现状和污染控制技术。围绕有色金属、贵金属和高分子资源重点讲述电子废弃物中印刷线路板、阴极射线管、废旧电池等典型部件的资源回收原理与循环利用技术。要求掌握机械分离、火法冶金、湿法冶金、生物法、超临界流体、真空冶金、机械化学等方法回收电子废弃物中金属资源的基本原理,认识溴化阻燃剂的污染控制机理,了解热分解脱卤、超临界降解脱卤、催化还原脱卤、溶剂热脱卤、机械化学解毒等溴化阻燃剂污染控制技术,透过废弃印刷线路板处理及金属回收利用项目案例,认识电子废弃物资源循环与污染控制技术的应用模式。

14.1 概　　述

随着信息产业的飞速发展及电子电器设备的广泛应用,电子信息产品在人类生产生活的各个方面越来越发挥着举足轻重的作用,这些电子产品被废弃后会产生大量电子废弃物。数量急剧增长的电子废弃物已成为全球性问题,造成了严重的资源浪费和环境污染,引起了世界各国的高度关注。早在 1990 年起,欧盟针对电子废弃物引发的环境和健康问题给予了高度关注,开展实施"生产者责任延伸"制度,并相继出台了相关法律和措施来规范电子废弃物的回收和再利用活动,明确要求所有成员国必须将其纳入正式的法律条文中。陆续制定和颁布的一系列相应法规指令,引发了世界上多数国家相继开始研究废弃电子电器产品的处理处置问题,并随之展开了综合回收利用电子废弃物的研究工作,在电子废弃物的拆解和回收工艺等方面进行了深入探讨,实现了规模化生产和市场化运作。为适应国际市场对电子产品的要求及自身环保的需求,我国相继出台了《电子废物污染环境防治管理办法》和《废弃电器电子产品回收处理管理条例》,规定回收的废弃电器电子产品须交有资格的处理企业处理,处理企业应当取得废弃电器电子产品处理资格,并建立废弃电器电子产品处理基金,用于补贴回收处理费用。

电子废弃物是世界上增长最为迅速的固体废物,为其他固体废物增长率的 3~5 倍,全球每年大约新增 5000 万 t 的电子废弃物。欧洲每年约有 1 亿部电话废弃,实现综合回收利用的仅有 15%~20%,美国每年约有 3000 万部计算机废弃,用作重新组装的零件只有 10% 左右，剩余的大部分电子废弃物均被填埋或焚烧。中国更是一个主要的电子废弃物产生地，预计 2030 年将产生 2840 万 t 电子垃圾，从而取代美国成为世界上最大的电子废弃物生产国。一方面居民日常生活、企事业单位和政府部门产生的电子废弃物以及电器电子产品生产过程中所产生的废品是国内电子废弃物的主要来源；另一方面，尽管我国早在 2008 年就已正式实施《禁止进口固体废物目录》，严禁废打印机、复印机、传真机、打字机、计算机等废弃电子产品进口，但部分国外电子废弃物仍会通过各种非法渠道流入国内市场，最终进入广东的贵屿、清远及浙江的台州等电子废弃物主要的集散处理地。

电子废弃物被称为"城市矿产"，是一种重要的矿物资源。例如，液晶面板的铟含量是金属矿的 10 倍，1t 线路板能够提炼 300g 黄金，可见电子废弃物优于品相极好的矿物，金属回收具有经济效益。另外，尽管电视、计算机、打印机、空调等整机都不属于危险废物，但废电子电器产品经拆散、破碎、砸碎后分类收集的电池、汞开关、阴极射线管和多氯联苯电容器等部件含有铅、汞和六价铬等重金属，根据《国家危险废物名录》或《危险废物鉴别标准 通则》（GB 5085.7），属于具有危险特性的电子废物，在《电子废物污染环境防治管理办法》中归属于电子类危险废物。另外，冰箱、空调机的压缩机中冷凝剂（氟利昂）是造成臭氧层破坏的主要物质，家电和电子产品塑料件中含有大量的溴化阻燃剂，这些有机化学物质通过焚烧或填埋等极易排放到周边环境中。

由于处理处置技术所限，电子废弃物集散地早期自发形成的回收处理与再生利用网络并不具备合理处理电子废弃物的能力，造成电子废弃物中有毒有害物质扩散，形成了更大范围的污染，加剧了环境危机。例如电子废弃物经手工分类拆解后，电路板经火烤熔化焊锡、强酸浸泡提取黄金，而汞、铅、砷等被排放到自然环境中，火烧漆包线也导致大量含氯化合物排放到空气中。这些回收处理过程中存在的电子废弃物走私、环境污染、劳动者健康损害、假冒伪劣电子产品生产等严重的社会和环境问题，对当地的生态环境和居民身体健康造成了巨大破坏。近年来，我国坚决开展电子废弃物拆解行业整治，积极推进循环经济产业园与环保基础设施的建设，有效改变了电子废弃物集散处理的"散乱污"状况。

14.2 理 论 基 础

14.2.1 新能源动力电池的工作原理

1. 铅酸蓄电池

铅酸蓄电池是利用铅的不同价态固相反应实现充放电，Pb 为负极活性物质，

PbO$_2$ 为正极活性物质，H$_2$SO$_4$ 为电解液，超细玻璃纤维为隔膜。其电池放电工作原理如下：

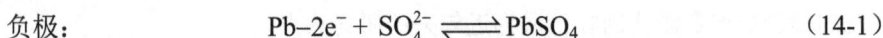

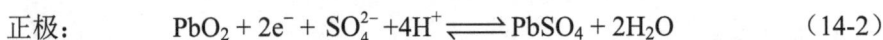

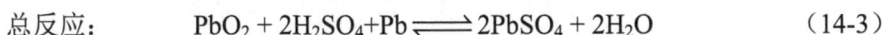

负极：
$$Pb - 2e^- + SO_4^{2-} \rightleftharpoons PbSO_4 \qquad (14\text{-}1)$$

正极：
$$PbO_2 + 2e^- + SO_4^{2-} + 4H^+ \rightleftharpoons PbSO_4 + 2H_2O \qquad (14\text{-}2)$$

总反应：
$$PbO_2 + 2H_2SO_4 + Pb \rightleftharpoons 2PbSO_4 + 2H_2O \qquad (14\text{-}3)$$

放电时正极活性物质 PbO$_2$ 和负极活性物质 Pb 均与电解液 H$_2$SO$_4$ 发生反应生成 PbSO$_4$，而充电时发生相应的逆反应，PbSO$_4$ 转化为正极活性物质 PbO$_2$ 和负极活性物质 Pb。充电时一部分 PbSO$_4$ 不能及时有效地转变为负极活性物质 Pb，而正极活性物质 PbO$_2$ 工作过程中易脱落，造成铅酸电池容量衰减甚至电池失效。

2. 锂离子电池

不同于一般电池的"氧化-还原反应"工作原理，锂离子电池主要以电化学的"嵌入-脱嵌反应"为基础，同时配合以"氧化-还原反应"的工作原理：在两极之间电压差的驱动下，锂离子（Li$^+$）通过脱嵌反应从正极材料（锂离子金属氧化物，主要包括锰酸锂、磷酸铁锂、钴酸锂等）脱嵌，经过电解质嵌入负极化合物晶格中（充电过程），负极处于富锂状态。反之，存在于负极嵌锂化合物中的锂离子（Li$^+$）从负极脱出后与正极材料发生化学反应（放电过程）。锂离子电池"脱嵌-嵌入反应"的充放电过程并未造成正负极材料晶格结构的破坏，可行性良好，因而具有较高的循环寿命。以钴酸锂电池（LiCoO$_2$）为例，充电时 Li$^+$ 从 LiCoO$_2$ 晶胞中迁出，其中的三价态钴被氧化为高价态，负极处于富锂状态；放电时，Li$^+$ 则嵌入 LiCoO$_2$ 晶胞中，其中的高价态钴被还原为三价态钴，正极处于富锂状态。整个充放电过程中，Li$^+$ 在负极碳材料和正极活性物质层间往返脱嵌，电极材料结构基本保持不变。电池的反应式为：

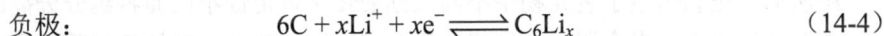

负极：
$$6C + xLi^+ + xe^- \rightleftharpoons C_6Li_x \qquad (14\text{-}4)$$

正极：
$$LiCoO_2 \rightleftharpoons Li_{1-x}CoO_2 + xLi^+ + xe^- \qquad (14\text{-}5)$$

总反应：
$$LiCoO_2 + 6C \rightleftharpoons Li_{1-x}CoO_2 + C_6Li_x \qquad (14\text{-}6)$$

14.2.2　贵金属资源循环利用原理

与常规金属相比，贵金属具有耐腐蚀、耐磨损、抗氧化、接触电阻低等优良独特的性能，在电子电器产品的制造中具有无可替代的重要地位，其中金、银和钯是应用最多的贵金属。例如，钯广泛存在于电子产品的多层陶瓷电容器的电极、引线、元器件的表层，是印刷线路板制作过程中不可或缺的材料，在印刷线路板插头电镀金之前电镀钯合金可以有效降低成本并提高插头镀层质量。此外，Pd-Ag

系、Pd-Au 系等在微电子工业中可以用作厚膜集成电路的电阻浆料、导电带和电极浆料。随着电子废弃物急剧增长造成的环境污染日益严峻，电子废弃物中广泛存在的稀贵金属资源化回收已成为近年来的研究热点。

1. 机械分离

机械法分离回收是根据电子废弃物各组成成分物理性质的差异，通过拆解、破碎、分选等处理过程，实现电子废弃物中非金属材料和稀贵金属富集体的分离与回收。机械分离法具有工艺简单、生产成本低、二次污染小、资源再生率高的优点，有较强的适应性，易于工业推广，因此在国内外得到快速发展，在实践中应用的也较多。但是，电子废弃物中贵金属和非金属之间并未实现彻底分离，贵金属富集体仍需进一步加工。

2. 火法冶金

火法冶金是将电子废弃物高温加热剥离非金属物质，通过熔炼金属熔渣得到掺杂合金，采用电解或高温冶金的方法进行提炼。火法冶金主要有高温氧化熔炼法、电弧炉烧结法、焚烧熔出法、浮渣技术等。火法冶金技术具有工艺简单和回收率高的特点，可以处理所有形式的电子废弃物，回收的主要贵金属是 Au、Ag、Pd 等，但火法冶金过程中黏结剂和其他有机物等经焚烧容易产生有害气体而造成二次污染、大量浮渣排放增加了二次固体废弃物，同时火法冶金能耗大，处理设备昂贵。因此，在二十世纪九十年代后，随着电子产品中贵金属的用量逐渐减少，火法处理电子废弃物技术发展逐渐缓慢。

3. 湿法冶金

湿法冶金是利用电子废弃物中不同组分的化学稳定性不同而将组分分离的方法，主要分为造液、贵金属分离富集、贵金属提取、贵金属精炼等步骤。湿法冶金通常是利用破碎后的金属颗粒能在酸性或碱性条件下浸出的特点，将金属与电子废弃物中其他组分分离并进入液相，借助萃取、沉淀、置换、过滤以及蒸馏来实现金属成分的回收。该方法可获得高品位及高回收率的贵金属，但对于复杂电子废弃物直接处理不适用，并且浸出剂仅与暴露的金属表面发生反应，当金属被包裹在其他组分时回收效率低，而浸出液及残渣由于具有毒性和腐蚀性，也极大增加了二次污染的风险。

4. 生物法

生物法基本原理是利用微生物细胞及其代谢产物，通过吸附和氧化作用来浸取金属，实现电子废弃物的资源化和无害化处理。根据代谢途径不同可以将应用于电子废弃物中金属浸出的微生物分为硫杆菌属和氰细菌两类。硫杆菌属基于Fe^{3+}氧化、H_2SO_4酸溶等方法浸出较活泼的金属,而氰细菌浸出金属主要是基于代谢产生的CN^-的螯合作用,可与金属形成配合物实现金属浸出。当前,利用生物技术来回收电子废弃物中的金属,取得了良好的效果,具有工艺简单、费用低、操作方便的优点,但其浸取时间长、回收效率低,并且金属必须暴露在处理样品表面,在电子废弃物的资源化处理方面目前尚无真正意义上的规模化应用。

5. 超临界流体氧化

超临界水氧化的反应机理主要是水分子、反应物和氧分子共价键断裂引发生成自由基,自由基的链引发、传递和终止加快有机物的彻底降解。基于此,采用超临界水氧化高效降解电子废弃物中溴化环氧树脂等非金属有机组分,可以实现贵金属的深度富集。常见的超临界流体除了水,还包括CO_2及甲醇、乙醇、丙酮、丙醇等有机溶剂,其中超临界CO_2主要应用于有机物的分离萃取,超临界有机溶剂常用作生物质、塑料等液化的反应体系。CO_2为非极性分子,一般只能萃取电中性物质,采用超临界CO_2难以直接萃取带正电荷的金属离子。在实际超临界CO_2萃取中,可以首先利用软硬酸碱配位理论选择合适的配位剂(螯合剂或者络合剂)与带正电的金属离子通过配位键生成电中性配合物,电中性配合物再经过传质作用进入超临界CO_2与基质进行分离,从而实现金属离子的高效萃取。超临界CO_2中金属配合物的溶解性是决定金属萃取效率的重要因素,目前金属离子包括Co^{2+}、Ni^{2+}、Pd^{2+}等均可采用超临界CO_2螯合萃取实现金属的分离回收。

6. 真空冶金

真空冶金一般是指在真空度低于几千帕时的金属冶金,包括真空还原、真空蒸馏、真空熔炼等。真空条件下压力小于大气压,有利于各种体积增加的物理化学过程,提高反应速率,降低反应温度,使在常压下难以进行的反应可以在真空中实现。例如,在真空条件下,金属的沸点降低,有利于金属的气化、蒸发过程;金属氧化物易于还原成固、液、气态金属;可以加速金属化合物热分解过程等。基于此,真空冶金分离可以根据物料的不同性质,采用适宜的真空手段,实现物料中金属组分的分离。真空还原尤其广泛应用于电子废弃物的处理与循环利用,在真空还原条件下,电子废弃物中的金属化合物可以被还原得到金属单质,金属单质受热气化并形成金属气体,基于不同金属气体的蒸气压各有差别,实现真空冶金法分离回收电子废弃物中的金属化合物。

7. 机械化学

机械化学法又称球磨法,主要指通过挤压、摩擦等手段,对物质施加机械能,产生活性表面，从而使常温下不能发生的反应能够发生。机械化学的原理主要如下：①球料在机械力的作用下不断碰撞、摩擦，物料粒径不断减小，物料原子表面化学键断裂并产生晶格缺陷，这些表面原有化学稳定态的破坏促使内部物料间相互反应而形成新的稳定状态；②机械化学过程中局部碰撞点升温，促进了晶格缺陷的扩散，引发了不同物料原子间的重新组合，键能发生改变；③物料晶格发生松弛，晶格内部原子的部分电子变得活跃，从而激发出高能量电子，原有完整结构被打破而裂解。在机械化学法资源化回收电子废弃物中有价金属方面，基于机械力的活化作用，固体物料可以通过晶格变形、产生缺陷等方式引发反应活性，对常规条件下难以浸出物料的强化浸出具有优良效果。

14.2.3　溴化阻燃剂污染控制机理

溴化阻燃剂是世界上发展最快、品种最多、产量最大、应用范围最广的有机阻燃剂之一，因具有阻燃性能好、添加量少、加工性能优良、对高分子材料性能影响小等优良特点而使合成材料具有难燃性、自熄性和消烟性。添加型阻燃剂主要包括多溴联苯醚、多溴联苯、六溴环十二烷，多用于热塑性高聚物，一般单纯以物理方式分散于基材中；反应型阻燃剂则以四溴双酚 A（TBBPA）为主，多用于热固性高聚物，一般作为聚合物单体或交联剂，通过化学反应组成聚合物的结构单元。其阻燃机理为：溴化阻燃剂受热分解生成的 HBr 能捕获高活性的自由基如 HO·、O· 及 H·反应，生成活性较低的溴自由基，致使燃烧减缓或终止。

溴化阻燃剂降解发生的反应主要包括：苯环上的 C—Br 键均裂，并和酚羟基发生反应，生成 HBr、溴代酚和双酚 A。例如，自由基反应被认为是四溴双酚 A 热解和光降解的主要机理，降解路径分为以下三种：①四溴双酚 A 中 C—Br 键断裂产生 Br· 等自由基，进而发生夺氢反应生成稳定的 HBr，有机中间产物继续脱溴直至双酚 A 生成；②C—C 键发生断裂产生酚和 4-异丙烯基酚自由基，通过与 H·自由基结合或去氢自由基生成各种酚类物质；③发生酚对位取代反应生成 4-溴酚、2,4-二溴酚、2,4,6-三溴酚等产物。

14.3　典型电子废弃物资源化利用技术

14.3.1　废弃印刷线路板

印刷线路板（printed circuit boards，PCBs）通常以玻璃纤维强化环氧树脂或酚醛树脂作为基板材料，在基板上焊接各种成分复杂的构件，因此废弃印刷线路板中各物质的种类和含量相差很大。通常 PCBs 中含有 40%的金属组分、30%的塑料和 30%的惰性氧化物，其中所含金属主要分为铜、铝、铁、镍、铅、锡和锌等常见金属和金、银、钯、铑等贵金属及稀有金属。

1. 机械分离技术

机械分离技术对环境污染小，能规模化回收利用金属与非金属等各种成分，是废弃印刷线路板资源化处理的主要方法。废旧印刷线路板机械回收工艺包括元器件及焊料去除系统、低温破碎系统及分选系统。通过元器件及焊料去除系统可以一次性地去除废旧印刷线路板上的焊料和元器件，焊料可重新回收利用，经二次筛选后好的元器件可再利用，损坏的元器件进入贵重金属回收处理系统。低温破碎系统通常先将废旧印刷线路板破碎成 2cm×2cm，然后利用液氮冷却防止塑料燃烧的同时避免形成有害气体，再送入具有剪切和冲击作用的旋转破碎机，破碎成 0.1～0.3mm 细小颗粒。废旧印刷线路板破碎过程中会产生大量含玻璃纤维和树脂的粉尘，连续破碎产生的热量还会使溴化阻燃剂散发有毒气体。因此，破碎时必须采取除尘排风措施，有效抑制连续破碎过程中发热和散发有毒气体。根据废弃印刷线路板中不同组分的密度、电性、磁性、尺寸、形状等性质的差异，破碎后的废弃印刷线路板可采用分选系统多级分离将不同成分分离、富集。静电分选机、风力分选机、风力摇床、旋风分离器、涡流分选机等分选设备的选用，需结合回收工艺经济性、设备最优操作条件和分选拟达到的回收率和纯度要求来确定。经过两级到三级分选可以得到铜含量约 82%～84%（质量分数）的铜粉，回收率高达 90%。

2. 超临界流体技术

目前以废旧印刷线路板为原料，采用超临界水、甲醇、丙酮均实现了对溴化环氧树脂的高效降解，能够得到以苯酚为主的不含溴油相产品，同时铜与玻璃纤维组分易于分离，金属组分得到了有效富集。此外，将金属富集体通过电动力学技术添加辅助试剂能够实现不同种类金属的分类回收；通过添加纳米粒子稳定剂，可一步合成得到高度均一、单分散的球形 Cu_2O 纳米颗粒；以纳米 TiO_2 悬浮液为阴极液，可制备纳米 Cu_2O/TiO_2 复合光催化材料，这些为废旧印刷线路板的资源化回收和金属材料的高值化利用提供了新的思路。

对于废旧印刷线路中贵金属的回收，含钯金属富集体与碘化钾-碘组合通过氧化络合反应形成碘络阴离子，能够与共溶剂丙酮通过电荷吸引力形成含钯中性络合物溶于超临界 CO_2，从而实现钯的萃取回收；利用超临界水和电子束辐照法处理回收得到的银前驱体，能够成功制备圆形纳米银颗粒。

3. 真空冶金技术

采用真空分离法分离回收印刷线路板经破碎分选后的铜富集体，可以分为金属颗粒蒸发/升华、金属蒸气颗粒间扩散、金属蒸气炉膛内扩散及冷凝四个阶段。首先低熔点金属颗粒蒸发形成蒸气；颗粒间扩散过程中，铜颗粒阻碍了金属的蒸发分离；在炉膛内扩散过程中，高真空条件下有利于金属的分离；冷凝过程中，金属蒸气易将铜颗粒作为凝结核，在其表面冷凝并形成合金。整个过程中铜颗粒未发生熔化，在低于铜熔点的温度下铅、镉等重金属从铜富集体中实现了固态分离，具有分离温度低、能耗少的优点，为废旧印刷线路板提供了高效环保、经济可行的资源化方法。

4. 机械化学技术

机械化学过程不需高温、高压等苛刻条件即可完成，并且具有工艺简单、环境友好、易产生亚稳态物质等特点，广泛应用于制备超微、纳米粉末、合成新相以及废弃物处理等方面。采用 $CuSO_4$-NaCl 体系与废旧印刷线路板中的铜单质反应，通过调节实验参数能够使铜和二价铜定向生成一价铜，97%以上的铜转化为氯化亚铜进行回收，产品含量高达 98.7%，主要指标均符合化工行业标准中优等品的要求。此外，以氯化钠作为络合剂，过硫酸钾作为氧化剂的机械化学活化对于废旧印刷线路板中钯的回收具有明显的促进作用，在最佳机械化学活化条件下，钯的浸出率达到 95%以上。

14.3.2 废弃阴极射线管

阴极射线管（cathode ray tube，CRT）是电子电器设备中的重要组件，目前废弃 CRT 主要来自废弃电视机和废旧电子计算机显示器这两个方面，按照显示颜色可分为彩色 CRT 和黑白 CRT 两类。彩色 CRT 一般由偏转线圈、荫罩、电子枪、涂层和玻璃外壳等组成。黑白 CRT 结构较彩色 CRT 简单，无防爆钢圈、荫罩等部件。CRT 主要工作原理是电子枪接受外部的电压后，加热器发热，使阴极放出热电子，使电子束碰撞到荧光膜，让荧光膜发光，显示影像。为了防止加速电子所产生的 X 射线辐射，显示器玻璃一般使用铅玻璃，尤其锥玻璃中含有 19%～30%的氧化铅，因此 CRT 被列为电子类危险废物。CRT 玻璃中氧化铅、氧化钡、氧化锶等重金属氧化物被 SiO_4 四面体紧密地包裹构成连续的三维网状结构，会造成常规湿法处理 CRT 玻璃重金属脱除率低。因此需要破坏玻璃中三维网状结构来提高重金属的脱除效率。处理 CRT 玻璃的方法主要分为无害化脱铅和资源化利用两种方式。

1. 阴极射线管无害化脱铅技术

机械化学法在阴极射线管金属回收方面分为机械化学硫化和机械化学浸出两类。机械化学硫化过程是通过金属与添加的硫元素反应生成硫化物，对于阴极射线管玻璃尤其是锥玻璃中的铅具有优良的去除效果，铅的硫化率高达 95%。机械化学浸出是固体物料在机械力的活化作用下，通过晶格变形、形成缺陷等方式激发反应活性，对难浸物料的强化浸出具有良好的效果。基于此，阴极射线管锥玻璃经机械活化预处理后，反应活性显著增强，铅的浸出率大幅度提高，进一步将活化的锥玻璃粉末与硫磺粉末经搅拌混合即可获得硫化铅和硫酸铅，从而实现金属铅的回收。此外，通过机械球磨活化的方法能够促进 Na_2EDTA 与锥玻璃中 Pb 络合反应形成可溶于水的 Pb-EDTA，Pb 的脱除率为 99.5%。浸提液中的 Pb-EDTA 可以通过外加 $Fe_2(SO_4)_3$ 形成 $PbSO_4$ 沉淀脱除，FeEDTA 可重新生成 Na_2EDTA 循环利用。

采用高温自蔓延法无害化处理废弃 CRT 玻璃，同样实现了 CRT 玻璃的无害化处理处置，主要的机理为：自蔓延无害化处理后，CRT 玻璃中所含重金属由网络中间体或修饰体转化为网络构成体，从玻璃网络外进入网络中并成为玻璃网络结构的一部分，因而自蔓延处理能进一步固定废弃 CRT 玻璃中的有毒有害重金属。此外，采用高温自蔓延技术可以实现 CRT 玻璃铅的高效分离，生成并回收纳米 PbO，该分离过程主要是在高温自蔓延反应过程中挥发并快速冷凝完成的，具有工艺简单和生产效率高的优点。

采用真空氯化冶金的方法是将锥玻璃与 $CaCl_2$ 在 1000℃反应，PbO 可以转变为易挥发的 $PbCl_2$，脱铅率高，同时避免湿法冶金产生的废酸、废渣等二次污染问题。采用真空碳热还原蒸馏与惰性气体冷凝法相结合，CRT 锥玻璃中的氧化铅在真空碳热环境下还原生成单质铅并变为铅蒸气，铅蒸气从 CRT 锥玻璃中蒸发后，在惰性气体和水冷装置共同急速冷凝作用下冷凝生成纳米铅，铅去除率高达 96.8%，形成的纳米铅粒径范围在 4~34nm，残渣中铅的浸出毒性满足国家相关标准要求，可用于制备其他功能材料。

2. 阴极射线管玻璃资源化利用

当前废弃 CRT 玻璃资源化利用方式包括作为原料生产新 CRT 显示器的"闭路循环"和作为二次原料应用于制备建材、新型玻璃基材料、冶金应用以及辐射防护材料等其他领域的"开路循环"（图 14.1）。CRT 屏锥玻璃难以严格分离、清除表面涂层时易造成二次污染、屏锥玻璃组成随生产厂商和生产时期的不同而变化、液晶显示器等新技术的出现大大削减了 CRT 市场份额等限制了"闭路循环"利用方法的推广应用。CRT 屏锥玻璃的玻璃化温度与热膨胀系数相近，这为"开路循环"法回收再生废弃 CRT 玻璃创造了有利条件。"开路循环"法回收再生废弃 CRT 玻璃主要包括：与铝土和石灰石混合物加热形成玻璃陶瓷；与发泡剂混合均匀，经预热、发泡、稳泡、退火再冷却得到泡沫玻璃；加入 Al_2O_3 等增韧剂混匀并冷压成型、烧结冷却后得到玻璃基复合物；与胶凝材料混合在模具中加压成型，待达到一定强度后焙烧制备瓷砖/釉料；制作特种铅玻璃用于防辐射或用于制备普通的平板透明玻璃等。

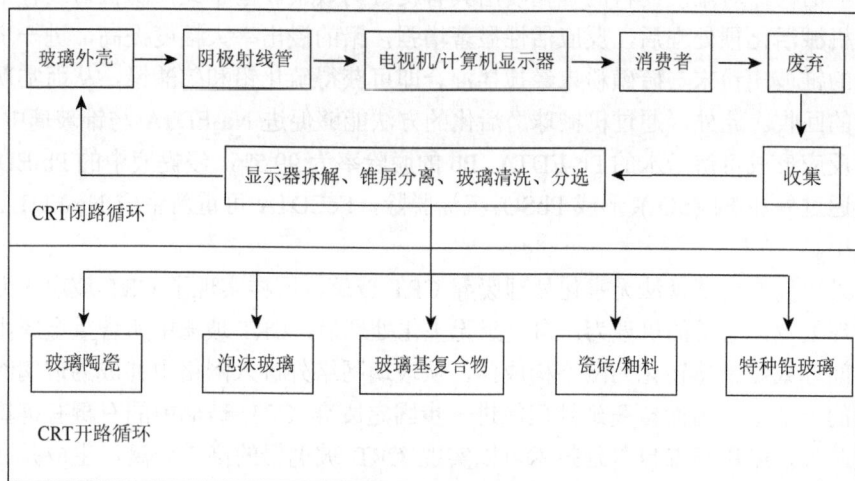

图 14.1 阴极射线管玻璃资源化利用技术

此外，采用超临界水-氢氧化钠处理废弃 CRT 屏锥玻璃也取得了优良效果，硅的提取率受温度的影响比较明显，随时间的延长而减小，随 NaOH 加入量的增加而升高。在优化的实验条件下，约 5% 的 Pb、90% 的 K、50% 的 Al 及 80% 的 Si 从屏锥玻璃进入溶液中，部分 Na 及全部的 Ba 和 Sr 则富集于渣中。以处理后的滤液作为硅源，以 $TiCl_4$ 的乙醇溶液作为钛源，用溶胶凝胶-水热法可以成功制得到钛硅酸钠晶体。

14.3.3 废旧电池

1. 废旧铅酸电池

废旧铅酸电池通常包括液态的电解液和固态的有机物、金属铅、铅膏或者渣泥等物质，可以回收铅、硫酸以及聚丙烯塑料外壳。废旧铅酸电池的分选预处理是根据各物料成分物理特性的差异，利用机械的方式进行分离。分离后废电解液进一步处理可排放或回用；铅及其合金可以独立回收利用；有机物如聚丙烯塑料外壳可作为副产品再生利用。目前广泛采用的铅膏回收工艺主要是火法冶金再生铅工艺，但铅膏中 $PbSO_4$ 含量大于 50%，而 $PbSO_4$ 熔点高，完全分解需要 1000℃以上的温度，熔炼过程中会产生大量的 SO_2，并且存在大量的铅挥发损失而形成污染性的铅尘，存在能耗大、铅挥发损失高、污染排放大等缺点。

2. 废旧锂离子电池

锂离子电池具有电压高、比能量大、循环寿命长、快速充电、安全性能好等优点，已经被广泛地应用于各种电子设备中，如笔记本电脑、手机、数码相机等。锂离子电池主要包括电池正极、电池负极、电解液、隔膜以及金属外壳五个部分。正极活性材料包括插锂化合物、导电剂和黏结剂，将插锂化合物（$LiCoO_2$、$LiNiO_2$、$LiMn_2O_4$ 和 $LiFePO_4$）、导电剂（石墨和乙炔黑）和黏结剂（聚四氟乙烯和聚氟乙烯）混合均匀后涂敷在铝箔两侧，经过碾压成型后成为电池正极材料。负极活性材料（无定形碳或石墨碳材料）与黏结剂混合均匀后涂覆在铜箔两侧，经过碾压成型后成为电池负极材料。锂离子电池的正、负极材料用有机隔膜隔开后卷绕形成内部卷式电芯。锂离子电池金属外壳和正极材料中含有镍、铝、锂、钴等多种金属成分，电解质中的含锂化合物（$LiPF_6$、$LiClO_4$、$LiBF_4$、$LiAsF_6$）以及有机隔膜的不当处理处置，都会对环境和人体健康具有潜在危害。目前我国对废旧锂离子电池的回收缺少具体的政策和法规来规范和支持，管理薄弱，回收体系不完整。现有的废旧锂离子电池回收企业集中于人力拆解，回收效率低，工艺落后，极易造成二次污染。

以废旧锂离子电池正极材料钴酸锂为原料，废弃聚氯乙烯中的有机氯经过亚/超临界水处理能够成功转化为金属锂和钴的无机氯配体，实现金属锂和钴的浸出。相类似地，将钴酸锂粉末与聚氯乙烯粉末混合共磨，聚氯乙烯被脱氯并能够与钴和锂生成无机氯化物，从而实现加水即可浸出钴和锂。将钴酸锂粉末与乙二胺四乙酸共磨，通过固-固反应形成稳定的水溶性五元环钴和锂的螯合物，直接加水即可浸出钴和锂；将钴酸锂粉末与离子类供氯体、铁粉共磨，可将锂转化为水溶性盐，同时钴与铁进行晶格重组保存在残渣中形成具有良好磁性的钴铁氧体，为废旧锂离子电池的资源化回收提供了一条环境友好的新途径。

14.3.4　废弃高分子材料

高分子材料是电子产品中仅次于金属的有巨大潜在回收价值的物质。基于高分子材料理化特性的不同，电子废弃物中高分子材料分为热塑性和热固性两种类型。热塑性塑料广泛应用于各种电脑和电子设备的器件中，主要包括聚乙烯、聚氯乙烯、聚丙烯、聚苯乙烯、丙烯腈-丁二烯-聚苯乙烯（ABS）。典型的热固性塑料在电子行业中常用于制造印刷线路板、电器开关箱、电动机组件等，主要包括酚醛树脂、环氧树脂、不饱和聚酯。高分子材料作为电子产品中不可或缺的材料组成，在电子产品中所占的比例一般在30%以上。表14.1列出了高分子材料在主要家用电器中的应用，其中耐冲击性聚苯乙烯和丙烯腈-丁二烯-聚苯乙烯所占比例高达56%和20%。目前废弃高分子材料的回收方法主要包括机械物理回收、热能回收、热解化学回收、溶液回收和制备建筑再生产品，如图14.2所示。

表14.1　高分子材料在主要家用电器中的应用

高分子材料种类	应用
耐冲击性聚苯乙烯、丙烯腈-丁二烯-聚苯乙烯	电冰箱、洗衣机、空调、电视机、计算机
聚丙烯	洗衣机、吸尘器、电风扇等
聚甲醛	各种塑料传动件
聚氨酯	电冰箱、电冰柜
环氧树脂	电子线路板

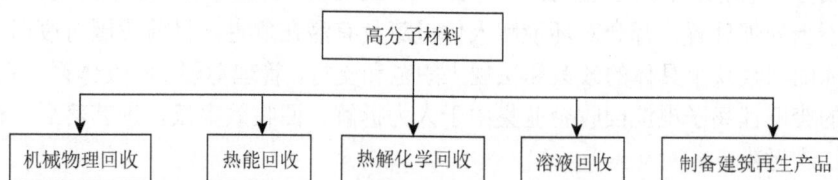

图14.2　电子废弃物高分子材料回收利用方法

1. 机械物理回收

传统高分子材料的回收方法主要是机械物理回收。一般是将拆解后的塑料通过碾磨、溶解脱膜、热水清洗等去除油漆等覆盖物，再利用剪切破碎、锤磨粉碎技术，最终结合磁选、涡流分选和气力摇床等技术除掉金属和纸等其他物质实现高分子材料的分离，并利用分选后的高分子材料制备新的塑料制品。机械物理回收技术具有污染小，易综合回收利用的优点，因此得到广泛的应用。但电子废弃物中高分子材料成分物理特性相似，且大多含有添加剂、黏结剂、少量金属等成分，使得电子废弃物中高分子材料成分难以有效分离，再加上收集、运输、清洗等费用，回收利用的经济效益非常低。

2. 热能回收

在热能回收处理中，将塑料作为发电厂或水泥窑的替代燃料，是处理废电子塑料垃圾经济有效的方法。热能回收技术主要是将回收的电子废弃物高分子材料作为燃料燃烧并以热的形式回收能量，对多类型高分子材料具有普适性，展现出使用范围广、简单高效的优势，但在整个处理过程中由于存在能源消耗和物料损失，经济效益显著低于高分子材料直接回收利用，全过程中二次污染物的产生和控制机制尚需研究。

3. 热解化学回收

热解化学回收是电子废弃物中高分子材料的常用回收利用方法，主要包括解聚转化处理和高温分解，其优点是所有的热解产物都能以多种形式得到利用。解聚转化处理法是混合塑料在热解条件下先解聚脱卤，再在液态下和气态下发生氢化反应，并经过石化处理后获得产品，液态产品能够作为裂化器的给料，固体残渣与煤混合可以作为电厂燃料。高温分解处理是将塑料预处理分离出金属、玻璃、沙子等杂质并破碎减小粒度后，将其投入焦炭炉，在还原条件下高温分解，热解产物包括可燃性的气体或液体，少量以游离碳为主的残渣固态产物等，可以作为化工合成原料或辅助燃料。

4. 溶液回收

溶液回收法利用有机或无机溶剂分解网状交联高分子基体，或将其水解形成小分子量的线形有机化合物，是分解回收电子废弃物中热固性塑料的一种新思路。相对于热解化学回收法，溶液回收法不需要太高的温度，也不会产生二噁英等有害物质，工艺条件要温和得多。例如，聚乙二醇/氢氧化钠体系可高效溶解甲基四氢苯酐固化的环氧树脂；采用硝酸溶液、1-乙基-2-甲基咪唑四氟硼酸根离子液体能够化学回收玻璃纤维强化环氧树脂，对于印刷线路板中铜箔和玻璃纤维的分离回收具有良好的效果，若能解决溶剂使用量大、所需溶解时间长、针对不同种类交联剂溶剂适用性低等难题，溶液回收法在资源化利用电子废弃物高分子材料方面将具有广阔的应用前景。

5. 制备建筑再生产品

废弃高分子材料物理改性制备的建筑再生产品可分为两大类：无机再生产品是将废旧高分子材料作为填料加到无机材料中制成地砖、人造木材、混凝土替代材料等再生产品；有机再生产品是将废旧高分子材料作为填料加到有机高分子材料中制成环氧树脂复合材料、涂料、黏合剂等再生高分子材料。例如，废弃高分子材料掺入混凝土中能够形成再生塑料改性混凝土，虽然混凝土在物理、力学等性能方面有所降低，但可以减少混凝土内部裂缝的产生，使混凝土表现出更好的延展性，抗渗性能优于普通混凝土，具有保温隔热的优点。

14.4　溴化阻燃剂污染控制技术

溴化阻燃剂是潜在的具有持久性、生物累积性和毒性的环境内分泌干扰物，电子废弃物中高分子材料处理处置不当，不仅会对土壤、水源、动植物造成污染，还会通过食物链威胁人类身体健康和生命安全，如填埋可能会造成溴化阻燃剂浸出；能源回收会使溴化阻燃剂很容易形成溴化氢、溴代酚和二噁英等有毒有害的含卤化合物，因此开发合适的脱卤技术是安全有效回收含卤废旧塑料的关键。

14.4.1　热分解脱卤技术

在热解过程中，最常用的脱卤方法是将碱金属和碱土金属的氢氧化物、碳酸盐、氧化物等碱性吸附剂直接置于脱卤反应器中，或装在固定床中与气相接触发生脱卤反应。碱性吸附剂的主要作用是吸附卤化氢并形成卤化物。例如，将含溴化阻燃剂的电子废弃物高分子材料与各种碱性添加剂共热解吸附脱溴，碱性添加剂可以与溴化氢及聚合物上的溴发生反应，强碱如氢氧化钠、氢氧化钾能脱去芳烃上的溴，而较弱的碱如氢氧化镁、氢氧化钙只能脱去链烷烃上的溴，由此证实了碱性越强脱溴效果越好。但碱性吸附剂的加入增加了热解残渣的处置困难程度，不利于惰性填料的回收利用。

热解催化脱卤一般要在较高的反应温度和压力以及氢气和催化剂的存在下才能进行，主要是借助催化剂将高分子材料大分子裂解成小分子，将含卤碳氢化合物中的卤原子脱除生成卤化氢加以去除，具有优良的脱卤效果，并且能够提高热解产品的品质，但催化加氢所需设备投资和运行费用昂贵，且氢气的储存和运输困难。在热解过程中，采用大离子半径的 $\alpha\text{-Fe}_2\text{O}_3$、$\gamma\text{-Fe}_2\text{O}_3$、$\text{Al}_2\text{O}_3$、$\text{MgO}$、$\text{CaO}$ 等氧化物，通过削弱脂肪族中有机卤化物的碳卤键和吸引卤素，在较高的反应温度下使卤代碳氢化物的卤原子转化为卤化氢，可以同时起到催化脱卤和吸附卤化氢的作用，但吸附的卤化氢易和氧化铁反应而使催化剂的活性下降。目前广泛使用的复合型催化剂包括 $\text{Fe}(\text{Fe}_3\text{O}_4)\text{-C}$ 和 $\text{Ca}(\text{CaCO}_3)\text{-C}$，但实际应用中需考虑复合剂的经济性。

14.4.2　超临界降解脱卤

超临界流体具有优良的溶解性、渗透性和反应活性，可将电子废弃物中有机组分快速降解，并且抑制缩合反应、结焦率低。尤其超临界水具有较高的扩散性和传质能力，能够侵入高分子材料内部从而加速高分子材料的裂解反应，与氩气氛围下热解相比,高分子材料在超临界水中得到降解产物油的碳链较短、烯/烷比高、高分子材料转化率更高。因此,超临界流体技术在电子废弃物中高分子材料的降解和液化制油方面具有独特优势。例如,超临界甲苯、乙苯、对二甲苯对高分子材料具有良好的降解效果,聚苯乙烯的转化率可以达到 95%,固体残留率小于 4%,而且在较高处理温度条件下,聚苯乙烯主要降解成苯乙烯,质量产率达到 77%。利用超临界水氧化技术处理线路板中的溴化环氧树脂,高达 80% 的溴化环氧树脂可以分解成苯酚,回收的苯酚进一步用作化学原料,富集金属的固体残渣可以进一步通过电化学法回收各种金属。超临界 CO_2 具有极好的溶解性和渗透性,采用超临界 CO_2 萃取分离塑料中的阻燃剂,不仅对聚苯乙烯、聚氨基甲酸酯、聚对苯二甲酸、丙烯腈-丁二烯-苯乙烯等热塑性树脂有效,也可用于阻燃性热固性塑料的脱溴。通过在体系中引入还原性物质如氢或供氢物质并增加压力和温度分解阻燃剂,能够起到促进阻燃剂脱卤的作用,脱卤率可达 99% 以上。

14.4.3　催化还原脱卤技术

近年来,采用金属作为催化剂的化学还原脱卤法获得了广泛的研究和应用。例如,乙醇中钙粉在室温下搅拌 24h 能够有效脱除芳香卤化合物中的氯、变压器油中多氯联苯、多氯代二苯并二噁英、多氯代二苯并呋喃,含氯产物主要是氯化钙。此外,采用氨处理溴化耐冲击聚苯乙烯,几乎所有的溴均被去除并和 NH_3 反应生成易于回收的 NH_4Br 粉末,液体产物富含苯的衍生物,可作为燃油或者化工原料使用。在氨中加入碱金属钠,可以形成具有极强还原性的蓝色溶液,能够置换出其中的卤素并且不破坏材料结构,反应速率快,脱卤效率高,特别是对反应型阻燃塑料的脱溴具有独特的效果,已被成功地用于电子废弃物脱溴并获得了较好的效果。不足之处是反应体系对水、CO_2、NH_4^+ 等杂质比较敏感,金属催化剂的价格较贵。

14.4.4　溶剂热脱卤技术

与超临界 CO_2 相类似,溶剂热大多是在中温中压（100～240℃,1～20MPa）下进行的。在溶剂热条件下,溶剂的密度、介电常数、黏度、分散作用等物理化学性质与常规条件显著不同,极大增强了反应物的溶解、分散及化学反应活性,使化学反应能够在较低的温度下发生,同时,非水溶剂本身的一些特性,如极性非极性、配位性能、热稳定性等都极大影响了反应物的溶解性。全过程操作简便,易于控制,反应环境密闭能够有效抑制有毒有害物质的挥发,为提取电子废弃物中添加型阻燃剂和降解反应型阻燃剂提供了新思路。

采用溶剂热法无害化提取添加型溴化阻燃剂，低毒醇类即可作为电子废弃物中溴化阻燃剂提取的优良溶剂。在优化的实验条件下，提取液中溴化阻燃剂可通过添加铜粉实现有效脱溴，双酚 A 是主要脱溴产物，塑料样品基本结构保持不变，并且溴化阻燃剂的残留量低于 0.1%，在资源化处理废旧含卤塑料方面具有明显优势。

选择不同性状的含溴化环氧树脂的印刷线路板为研究目标，采用 NaOH 为催化剂，配合低毒聚乙二醇为溶剂，溴化环氧树脂在溶剂热体系中的催化降解结果表明，线路板经处理后由于溴化环氧树脂的降解，固体残渣主要由金属和玻璃纤维组成，印刷线路板金属铜箔层和非金属玻璃纤维层出现剥离分层，实现了铜箔和玻璃纤维完好回收，铜箔纯度为 96.6%，回收率为 98.1%。分离所得的金属组分可进一步回收处理，玻璃纤维可用作重金属的吸附剂或保温隔热材料。

14.4.5　机械化学技术

利用机械化学法降解聚氯乙烯，氧化钙、二氧化硅、氧化锌、氧化铁等金属氧化物作为还原剂的脱氯效果优于铁、锌等金属单质的脱氯效果，在优选的条件下，机械化学处理实现了聚氯乙烯的完全脱氯。聚氯乙烯在机械化学过程中发生断链与氧化反应，碳氯键断裂，氯从聚氯乙烯上脱除由有机氯转化为无机氯，长链断裂为短链并形成小分子物质，并随着处理时间的延长而逐渐碳化。

14.5　电子废弃物处理及资源化利用项目案例

国内年处理 600t 废弃印刷线路板金属回收示范线主要工艺流程如图 14.3 所示：①先将已拆卸表面元器件的废弃印刷线路板置于改性加热炉中；②关闭改性炉门开始加热并调节炉内气氛，同时开启抽风机处理尾气；③热改性处理后的印刷线路板冷却后送到锤式破碎机中破碎；④破碎后的物料先通过皮带式除铁机脱除铁后再送到混料机中，利用搅拌机将印刷线路板粉料与介质混合均匀，随后进行分选，得到金属和非金属组分。本技术适用于多种类型废弃线路板的回收利用，主要代表类型为玻纤布-环氧覆铜板（FR-4 计算机主板）和酚醛树脂覆铜板（FR-1 电视机主板）。本技术回收 FR-4 计算机主板的主要原理是：将线路板在适当的温度下处理，使其中的树脂类脆化、失去黏结能力，同时利用铜箔与玻璃纤维导热系数差异导致的受热后膨胀程度不均一的特点，将不同组分解离回收。与传统分离技术相比，本技术的优势在于：①回收得到高纯度的铜；②达到贵金属富集的目的，为进一步回收贵金属提供良好的原材料；③热处理后的线路板不同组分自动分层，能够大大降低对破碎设备的磨损程度；④回收的玻璃纤维经简单净化处理后可以资源化利用到其他领域，如建材增强材料、树脂增强材料和催化剂载体等。

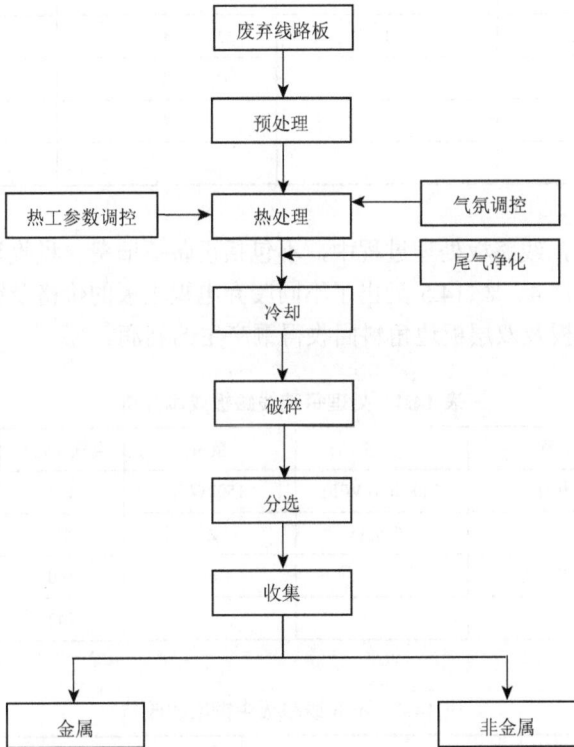

```
                    ┌──────────┐
                    │  废弃线路板  │
                    └──────────┘
                         │
                         ▼
                    ┌──────────┐
                    │   预处理   │
                    └──────────┘
                         │
┌──────────┐        ┌──────────┐        ┌──────────┐
│ 热工参数调控 │──────→│   热处理   │←──────│  气氛调控  │
└──────────┘        └──────────┘        └──────────┘
                         │     ↑         ┌──────────┐
                         │     └─────────│  尾气净化  │
                         ▼               └──────────┘
                    ┌──────────┐
                    │   冷却    │
                    └──────────┘
                         │
                         ▼
                    ┌──────────┐
                    │   破碎    │
                    └──────────┘
                         │
                         ▼
                    ┌──────────┐
                    │   分选    │
                    └──────────┘
                         │
                         ▼
                    ┌──────────┐
                    │   收集    │
                    └──────────┘
                    │         │
              ┌──────────┐  ┌──────────┐
              │   金属    │  │   非金属  │
              └──────────┘  └──────────┘
```

图 14.3　电子废弃物处理及资源化技术路线工艺流程

　　本技术的另一个显著特点是特别适合处理不含玻璃纤维的废弃线路板，如FR-1 电视机主板等。普通电视机线路板中不含玻璃纤维增强材料，只含有树脂和铜箔，铜箔被牢固地粘在树脂上面。如果直接采用机械破碎，铜箔则会随着树脂一同被破碎成粉末，粉末状的金属与树脂很难分离，大大降低了铜的回收率。本技术仅需很短的破碎时间就能将不同组分完全解离，同时又能防止主板的过粉碎现象，保证了铜的高效回收。

　　以 FR-1 电视机主板为例，日处理量为 2t。线路板处理量主要受到改性炉处理速度的限制，从室温升到 300℃大约需要 1h，然后改性处理 30min，再加上装填物料和取料时间，处理一炉大约需要 2h，一炉能够处理 500kg，处理每吨线路板需要 2 炉，运行时间 4h。本工艺处理过程中，运营成本主要为电力消耗，详情见表 14.2。

表 14.2　处理每吨线路板电耗成本

设备	功率（kW）	运行时间（h）	运行耗电（kW·h）
热改性炉	25	4	100
锤式破碎机	37	1	37
水力混料机	1	1	1
水力分选摇床	1	4	4
抽浆泵	1	4	4
清水泵	1	4	4
总计			150

根据表 14.3，线路板处理过程中，不包括设备折旧费、税收等，总运营成本为 242 元/t。表 14.4、表 14.5 列出了不同废弃电视主板的价格及铜回收收益，由此计算了电视主板及双层板边角料回收得铜产生的利润。

表 14.3　处理每吨线路板成本分析

序号	名称	价格	数量	金额（元）	备注
1	电力	0.88 元/(kW·h)	150kW·h	132	
2	水	5 元/t	2t	10	循环利用
3	员工工资	—	—	100	
	合计			242	

表 14.4　不同线路板中铜回收收益

序号	种类	含铜率（%）	回收率（%）	铜价格（元/t）	回收得铜收益（元/t）
1	废弃电视主板	8～12	98	35000	2744～4116
2	双层板边角料	20～25	98		6860～8575

表 14.5　不同废弃线路板光板价格

序号	名称	价格（元/t）
1	废弃电视主板	2000
2	双层板边角料	5000

（1）废弃电视主板回收铜利润

年处理 600t 废弃电视主板，回收得铜收益为 2744～4116 元/t，电视主板回收铜收益：600t×(2744～4116)元/t = 164.6 万～247.0 万元

处理每吨线路板成本为 242 元/t，处理成本：600t×242 元/t = 14.5 万元

废弃电视主板价格为 2000 元/t，原料成本：600t×2000 元/t = 120 万元

年利润：(164.6～247.0)万元–14.5 万元–120 万元 = 30.1 万～112.5 万元

（2）双层板边角料回收铜利润

年处理 600t 双层板边角料，回收得铜收益为 6860～8575 元/t，双层板边角料回收铜收益：600t×(6860～8575)元/t = 411.6 万～514.5 万元

处理每吨线路板成本为 242 元/t，处理成本：600t×242 元/t = 14.5 万元

双层板边角料价格为 5000 元/t，原料成本：600t×5000 元/t = 300 万元

年利润：(411.6～514.5)万元–14.5 万元–300 万元 = 97.1 万～200 万元

思 考 题

1. 论述电子废弃物的价值与危害。
2. 论述国内电子废弃物回收处理现状及主要问题。
3. 铅酸蓄电池和锂离子电池工作原理有何不同？
4. 超临界水和超临界 CO_2 在贵金属资源回收方面的原理有何不同？
5. 机械化学技术在电子废弃物处理方面有哪些应用？
6. 电子废弃物中溴化阻燃剂的污染控制技术包括哪些？

第 15 章　废弃生物质资源循环

内容提要与主要知识点

　　本章主要介绍生物质能的特点、废弃生物质热化学处理与资源化技术原理及产物特性。要求了解生物质主要的化学组成以及热化学资源化目标产物特性。热解处理技术要求掌握热解产品包括液相、固相和气相产物的主要组成、特性以及潜在的应用前景；气化处理技术要求掌握常用的气化剂类型、气化技术涉及的主要反应、气化炉类型以及气化焦油的消减/去除方法。炭化材料化技术要求掌握生物质基炭材料与化石能源基炭材料的主要特性差异。

15.1　概　　述

　　以煤、石油、天然气为代表的化石能源具有有限性和不可再生性，同时化石能源的过度使用向大气中释放了大量的能量和碳素，已经造成臭氧层破坏、全球气候变暖、酸雨等严重的环境污染。开发可再生的新能源逐步取代或部分取代化石能源是缓解能源危机和环境污染的必由之路。生物质能是唯一一种可提供含碳实物产品的可再生能源，在可再生能源研究中占有重要的地位。生物质能的开发和利用已经越来越受到重视，世界上许多国家都出台了相应的国家级开发研究计划，如日本实施的阳光计划、印度的绿色能源工程、美国实施的能源农场和巴西实施的酒精能源计划等，其他包括德国、法国、加拿大、芬兰等国也开展了相应的生物质能研究与体系开发，拥有各自独特的技术优势。

　　生物质概念的内涵和外延非常宽泛，并没有统一的定义。目前普遍接受的定义是 2005 年《联合国气候变化框架公约》提出的生物质的定义：一切来源于植物、动物和微生物的非化石和可生物降解的所有有机物质，包括农业、林业和相关行业的产品、副产品、残余物和废弃物，以及工业和城市废弃物的非化石和可生物降解的有机组分。其中化学组成稳定、储量丰富的农林业植物生物质废弃物是当前生物质能转化利用研究的主要对象。

15.2　理　论　基　础

15.2.1　生物质热解理论

生物质热解过程通常指：在绝氧或限氧的条件下将生物质加热至一定温度并停留一定时间从而制备非冷凝气体、固体产物（生物炭）和液相产物的过程，主要是将生物质大分子有机物断链为小分子有机物以及中间产物小分子化合物之间二次反应的过程。液相产物生物油和固相产物生物炭是热解技术的主要目标产物，液相、固相和气相热解产物的理化特性、产率与热解工艺包括温度和反应时间等反应参数密切相关。热解初始产物主要包括可冷凝气体和固体生物炭。可冷凝气体可进一步热解为非冷凝气体，主要包括 CO、CO_2、H_2、CH_4 以及液相生物油和固相产物生物炭。热解反应过程包括气相均相反应以及气固异相反应。热解产物分为液相产物（主要组分为焦油、碳氢化合物、水等）、固相产物（主要为生物炭）和气相产物（主要组分为 CO_2、H_2O、CO、C_2H_2、C_2H_4、C_2H_6、C_6H_6 等）。

15.2.2　生物质气化理论

气化技术是将固体或液体生物质原料转化为可燃烧释放能量的气体燃料或化学品原料的技术。典型的生物质气化过程包括干燥、热解、部分气体燃烧、水蒸气和焦炭的部分燃烧和分解产物的气化等一系列过程。这些反应尽管通常被串联在一起，但各反应之间并不存在严格界限且互相重叠。图 15.1 是生物质典型气化过程所涉及的反应过程。生物质首先被加热（干燥），然后经历热分解或者热解阶段。热解产物（如气体、固体和液体）彼此之间发生反应或与气化剂发生作用，形成最终的气化产物。

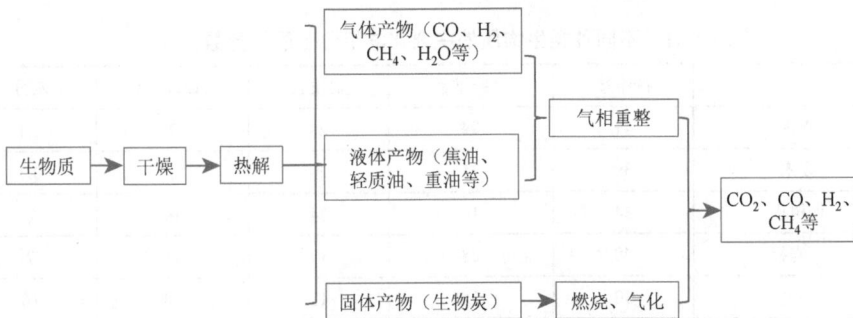

图 15.1　生物质气化顺序及转化路径

15.2.3 生物质水热气化理论

生物质水热气化是最新发展的气化技术，即生物质在超临界水介质中发生的气化转化，转化过程中媒介水既作为反应介质又作为氢源参与反应。传统的热解气化对于水分要求高，对于高含水率生物质来说非常低效，而生物质通常含有比煤炭等化石燃料更多的水分，因此热解气化之前必须去除生物质中的大部分水分，水分的去除是一个高耗能的过程。与热解气化不同，生物质的水分含量对水热气化效率影响不明显，特别适合高含水生物质的气化。生物质水热气化通常在 500～750℃下进行，催化剂的加入会进一步降低气化温度，使得气化在更低（350～500℃）的温度下进行。

15.2.4 生物质炭化理论

生物质中主要含有碳、氢、氧等元素，在限氧或绝氧的条件下生物质会发生脱羧、脱水、脱甲烷等反应导致氢、氧元素不同程度脱除，实现碳元素的富集和芳香性的提高。根据原料、炭化条件的不同，通过对生物质炭化过程条件的控制，可以得到成分、结构、性质不同的炭材料。

15.3 生物质组成与结构特点

植物生物质是复杂的高分子有机化合物组成的复合体，其化学组成主要包含纤维素、半纤维素和木质素，另外还含有少量包括单宁、香精油、色素、果胶淀粉等小分子有机化合物。无机物质在生物质中的含量极低，其种类主要包括钙、钾、镁、铁等元素。不同生物质的典型化学组成如表 15.1 所示。

表 15.1 不同种类生物质的主要化学组分（质量分数，%）

	纤维素	半纤维素	木质素	可提取组分	灰分
软木	41	24	28	2	0.4
硬木	39	35	20	3	0.3
松树皮	34	16	34	14	2
小麦秆	40	28	17	11	7
稻壳	30	25	12	18	16

15.3.1　纤维素

　　纤维素是自然界中最丰富的天然生物高分子，是植物细胞壁的主要组成成分。从化学成分分析，纤维素是以脱水 D-吡喃葡萄糖通过相邻糖单体 1 位和 4 位的 β-糖苷键连接而成的一类线形大分子，其聚合度一般介于 2000～14000 之间。由于单体葡萄糖之间通过 β-1→4 糖苷键连接，所以纤维素链与链之间能够产生很强的氢键，通过氢键作用纤维素中存在长程有序的空间结构即"晶体结构区"（图 15.2）。由于一般的溶剂很难进入到"晶体结构区"，所以纤维素难溶于一般的溶剂。

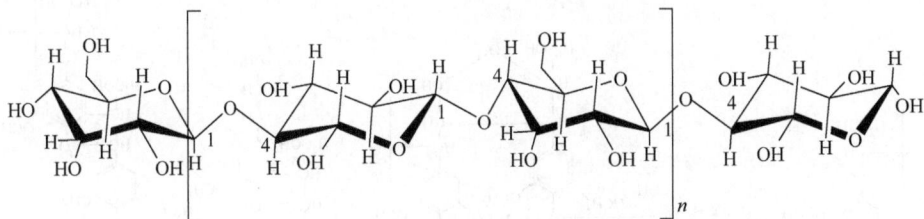

图 15.2　纤维素的化学结构

15.3.2　半纤维素

　　半纤维素单体除葡萄糖外还包括半乳糖、甘露糖、木糖和树胶醛糖（图 15.3）。半纤维素的聚合度比较低，分子结构除存在分支外，还经常含有乙酸化片段。半纤维素中不存在氢键作用即不存在长程有序的空间结构，所以半纤维素比纤维素具有更好的溶解性。

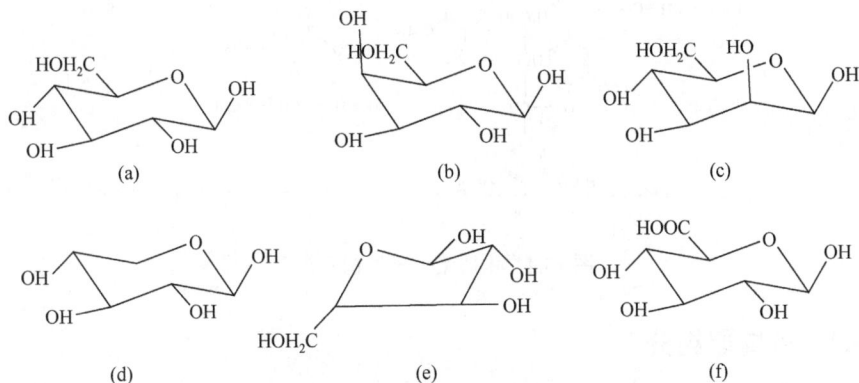

图 15.3　半纤维素的组成成分

（a）葡萄糖；（b）半乳糖；（c）甘露糖；（d）木糖；（e）树胶醛糖；（f）葡萄糖醛酸

15.3.3　木质素

木质素是自然界中含量仅次于纤维素的天然高分子，主要是由酚基丙烷通过醚键或 C—C 键连接而成，分子结构见图 15.4。一般认为木质素中存在三个酚基丙烷单体即愈创木基丙烷、紫丁香基丙烷和对羟苯基丙烷，各单体分子结构见图 15.5。由于木质素会对某些微生物活性产生抑制作用，所以在生物转化利用之前首先要进行预处理将生物质中的木质素除去。

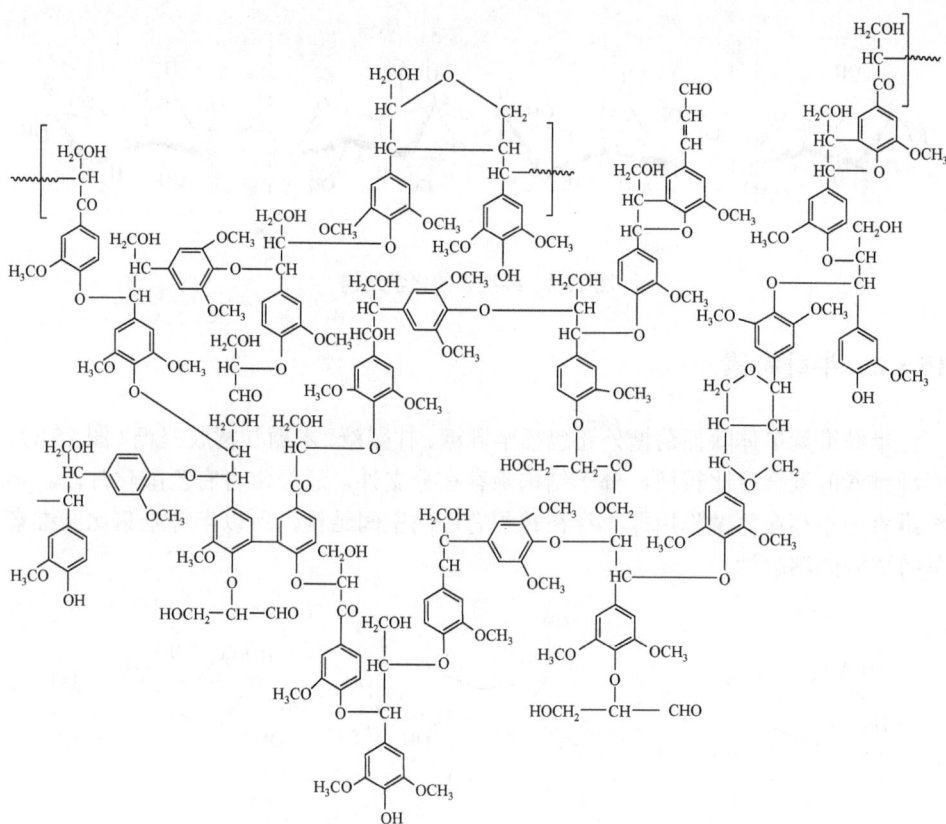

图 15.4　木质素分子结构示意图

15.3.4　可提取组分

可提取组分主要包括萜类化合物、类固醇、蛋白质、脂肪和蜡等一些小分子有机化合物，这些组分可溶于一般的有机溶剂和水。典型成分结构见图 15.6。

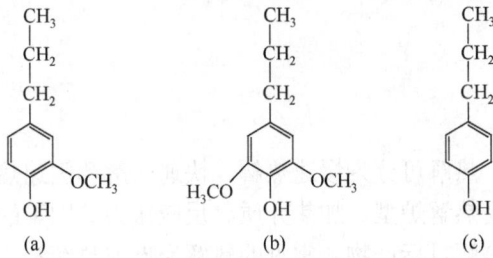

图 15.5　木质素的结构组成单元

（a）愈创木基丙烷；（b）紫丁香基丙烷；（c）对羟苯基丙烷

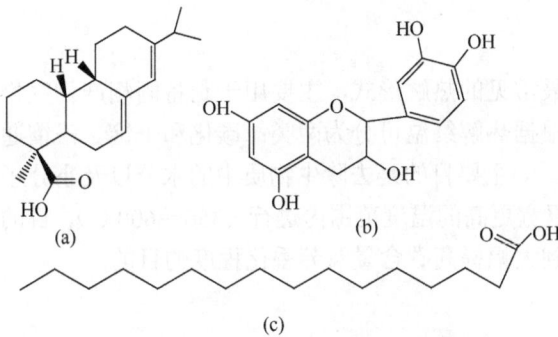

图 15.6　植物生物质中可提取组分中的典型成分

（a）松香酸；（b）类黄酮；（c）棕榈酸

15.3.5　灰分

灰分的成分为无机盐类，主要来自植物细胞壁中含有的金属盐，如叶绿素中的镁等。一般来讲植物中含量最大的金属元素为钙，其次是钾和镁。不同生物质的灰分含量相差极大，即使同一生物质不同部位含量也并不相同。

15.4　废弃生物质热化学循环利用技术

废弃生物质具有化石能源无法比拟的可再生性和低污染排放特性，并且生物质能的使用可以实现 CO_2 的近零排放，有效缓解日益严重的气候变化问题。从碳中性生物质获取"绿色化学品"和"绿色燃料"已经成为重要的研究方向。热化学转化技术因具有转化效率高、速率快等特点发展迅速，其中气化和热解是代表性的热化学能源转化技术，而碳化技术可将废弃生物质转化为炭基功能材料实现高值资源化利用的目的。

15.4.1 热解类型

按照加热速率,热解可分为慢速热解、快速热解和闪速热解。除了加热速率以外,热解过程还受热解炉型、加热介质、反应压力等因素的影响,不同的工艺参数可获得不同的热解目标产物。常见的热解为慢速热解和快速热解,闪速热解需要特定的设备以及特定的反应介质以达到闪速加热的目的,即使实验室研究也非常少见。

1. 慢速热解

慢速热解是最常见的热解形式,主要用于制备固相产物生物炭,气相和液相产物相对较少。根据热解终温可分为两类:碳化和干馏。干馏通常在较低的温度范围(200~300℃),主要目的是去除生物质中的水分以及小分子有机物从而提高热值。碳化则在更宽更高的温度范围内进行(350~600℃),目的是通过生物质的高效脱氧从而达到大幅提高碳含量及芳香化程度的目的。

2. 快速热解

快速热解通常指加热速率达到 1000~10000℃/s 条件下的热解,目标产物为生物油和生物燃气。如果目标产物是生物油,则加热温度通常低于 650℃;如果目标产物是生物燃气,则加热温度需达 1000℃以上。另外,停留时间也是影响生物油和生物燃气组分及产率的重要因素。较长的停留时间能够提高生物燃气的产率,而较短的停留时间可以实现生物油产率的最大化。

3. 闪速热解

闪速热解是指生物质在极快的加热速率条件下进行热解,热解产生的可冷凝气和非冷凝气体通常在极短时间(30~1500ms)内逸出反应器。其中一种方式是采用传热介质来提高生物质加热的升温速率,然后快速冷却并收集热解产物,采用气-固分离装置将传热介质从气体产物和非冷凝气体中分离并返回混合器。通常加热介质在独立燃烧室中单独加热,然后非氧化气体将加热的传热介质运送至混合器中,为了最大化气相产物的产率,热解终温通常超过 1000℃,而为了最大化液相产物的产率,热解终温通常为 650℃左右。闪速热解可显著增加液相产物生物油产率,降低固相产物生物炭的产率。闪速热解过程中生物油产率一般可占总热解产物的 70%~75%。

15.4.2　热解产物

1. 液相产物

废弃生物质热解的液相产物也被称作热解油、生物油或生物原油，为黑色黏稠状液体，含水率约为 20%。生物原油中含有大量酚类以及碳氢化合物，且含有一定量的氧和氢元素。生物油通常包括纤维素、半纤维素和木质素聚合物的分子碎片，有机组分主要分为多羟基醛、多羟基酮、糖类和脱水糖、羧酸类和酚类。生物油中除水分外还含有一定量的氧，高的氧含量导致生物油活性高、热值低（低位热值基本在 13～18MJ/kg）。目前，除直接燃烧之外，生物油尚无其他高值化利用途径。通过筛选合适的加氢脱氧催化剂实现生物原油向高品位燃料转化是生物油研究的重要方向之一。

2. 固相产物

生物炭化学组成除碳元素，还包含一定量的氧、氢以及少量的无机组分。生物炭的热值远高于原生生物质和生物油，且具有较高的比表面积。生物炭的应用具有诸多优势：作为可再生燃料利用可以实现碳捕集、替代化石燃料、减少碳排放从而降低气候变化的影响；作为土壤改良剂，可以减少土壤中营养元素损失，减少化肥使用等。生物炭对减少温室气体排放具有显著作用，可以达到与碳捕集类似的固碳效果。农业和林业废弃物制备生物炭，超过 50%的惰性碳元素可以通过生物炭的土壤应用而固定在土壤中。目前生物炭作为土壤改良剂/调理剂已经得到工程化应用，显示出较好的生态固碳、提升土壤生态的应用前景。

3. 气相产物

废弃生物质热解过程中产生的可冷凝气体主要为大分子有机物，冷凝后形成液相产物。最终的气体产物组分主要为非冷凝小分子气体，包括 CO_2、CO、CH_4、C_2H_4、C_2H_6 等。

15.4.3　热解反应器

为了得到不同的目标产物，需要根据加热速率、热解终温以及热解停留时间等参数选择热解反应器类型。现代热解反应器的设计更多关注气相和液相产物的制备，而且要求连续式生产。基于气-固混合模式，目前热解反应器主要可分为：固定床、流化床以及极速反应床热解炉。

1. 固定床热解反应器

间歇式生产模式的固定床热解反应器是最古老的热解反应器类型。供生物质热解的热量来自外部或者内部炉膛里部分原料的燃烧供热。热解过程中反应炉内气体体积增加，部分热解产物会从热解反应器逸出，而固相产物停留在反应器中。在一些设计理念中，通过惰性且无氧化性气体的气相吹扫可有效捕获反应器中逸出的气相产物。该类型热解器的主要产物为固相生物炭，这也是由其较低的加热速率以及产物在热解区域较长的停留时间所决定的。

2. 鼓泡床热解反应器

鼓泡床与固定床最大的区别是床料与生物质能够进行快速的热交换。惰性床料是指通过惰性气体吹扫进行流动的流态化介质，床料（一般采用沙砾）与原料充分混合可以快速提供热量，同时可以与生物质颗粒进行较快的热传递来达到快速热解的目的。热解所需热量可以由部分气体的燃烧或者在另外炉膛中燃烧固相产物所得热量来提供。

3. 循环流化床（circulating fluidized bed，CFB）

循环流化床热解反应器与鼓泡床热解反应器的区别在于前者将流态化的固相颗粒通过外环式循环密封系统进行回收。反应器的主体提升段是一个热力学区域，该区域可以提供稳定的温度控制以及均匀的混合物料。CFB 中的物料循环速率要远高于鼓泡流化床的速率，较高的流化速率以及混合物料能力使得 CFB 成为生物质热解产能提升的重要选择。在 CFB 内部，气相产物和固相颗粒快速提升，并部分进行返流，因此，生物质颗粒在反应器内部的停留时间要比气相产物更长。CFB 主要特点是反应器内部的生物炭很容易进行分离并且在流化床外部进行燃烧，燃烧产生的热量可以用于 CFB 内部循环使用的床料的加热，这样实现了一个物质和能量的闭环循环。

4. 极速反应床热解反应器

极速反应床最大的特点是生物质在热解区可以实现高升温速率和短停留时间。极速反应床热解反应器可以提供极短的混合时间（10~20ms）、停留时间（70~200ms）以及冷却时间（20ms）。由于反应器温度相对较低（约650℃），该反应器可以最大限度提高热解过程的液相产物生物油的产率和品质，液相生物油产率可达 90%左右。目前，极速反应床热解反应器还处于实验室研究阶段。

15.5 生物质热解气化技术

15.5.1 气化介质

将固体原料气化转化为气体或液体燃料，需要水蒸气、空气或氧气这样的气化介质来重新排列分子结构。介质在气化过程中必不可少，气化介质（也称"气化剂"）与固体碳和较重的碳氢化合物反应，将它们转化成低分子的气体如 CO 和 H_2。气体产物的热值和组成很大程度上取决于所采用的气化剂。常见的气化剂主要包括氧气、水蒸气和空气。氧气是常用的气化剂，通常以纯氧或空气的形式用于气化反应。氧用量低时气化产物以 CO 为主，用量高时为 CO_2。当氧气的用量超过一定值时（氧化反应理论配比），气化反应将转变成燃烧反应。以空气替换纯氧，空气中的大量氮气会稀释气体产物，从而降低气体产物的热值。在所有的气化介质中，氧气为气化剂时气化产物热值最高，其次是水蒸气，最后是空气，表 15.2 给出了不同气化介质中燃气的热值。

表 15.2 不同气化介质下生成气的热值

气化介质	气化燃气热值（MJ/Nm^3）
空气	4～7
水蒸气	10～18
氧气	12～28

15.5.2 气化催化剂

生物质气化转化中催化剂具有非常重要的作用，使用催化剂可以实现最大限度去除焦油和气化重整的目的。气化催化分为原位催化气化反应和气化后催化重整。前者在气化前将催化剂浸渍在生物质中，这种原位催化在减少焦油方面非常有效，但对减少生成气中的甲烷作用非常有限。在气化催化重整反应中，催化剂是放置在气化炉下游的一个二级反应器中，以催化降解形成的焦油和转化其中的甲烷。因为第二个反应器独立于气化炉，所以可以在最佳重整反应温度下运行，从而最大限度提高生成气中氢气的含量。

目前生物质气化的催化剂主要包括 3 类。

1）矿石催化剂：如白云石（$CaCO_3$、$MgCO_3$ 等）这类催化剂对于焦油的去除非常有效，并且价格便宜，使用后无须再生，已被广泛应用。这类催化剂既可以作为原位催化剂，也可以作为催化重整的二级催化剂。但是该类催化剂不能催化转化甲烷，所以无法获得甲烷含量低的气化燃气。

2）碱金属催化剂：如碳酸钾、碳酸钠为生物质气化中重要的一级催化剂，碳酸钾比碳酸钠更为有效。与矿石类催化剂不同，碱金属催化剂可以通过重整反应抑制甲烷的生成，降低生成气体中的甲烷含量。该类催化剂最大的问题是熔点较低，仅适合在较低温度下的气化转化。

3）镍基催化剂：镍基催化剂能降低焦油的产率，也可以通过转化甲烷有效调节 CO/H_2 比。该类催化剂可作为原位催化剂使用，但为了提高催化效率通常在二级床的气化器中使用。这类催化剂规模化应用存在的主要问题是价格昂贵以及碳沉积物等容易导致催化剂失活。

15.5.3　焦油的产生及去除

焦油是生物质气化转化过程中不可避免的副产物。目前，焦油没有统一的定义，国际能源署（IEA）和美国能源部（DOE）将分子量高于苯的所有气体产物定义为焦油。生物质气化焦油是一种可冷凝有机混合物，主要包括含氧烃类、1～5 环的芳香烃类及复杂的多环芳烃。生物质气体焦油产量与生物质种类有关，也取决于气化温度和气化炉的设计等。对于特定的气化炉，焦油产率（占生物质干基百分比）一般随温度升高而降低。

1. 焦油还原去除

焦油的去除是设计生物质气化炉的主要考虑因素。目前已经发展了两类技术用于焦油的去除：①气化后（或二次）还原，即将产物气体从已经产生的焦油中分离出来；②原位（或初级）焦油还原，即最大限度减少焦油的形成。

原位焦油还原可通过各种方式进行，气化炉中产生的焦油较少，从而大大降低下游焦油去除的需求。影响焦油形成和转化的运行参数主要包括气化温度、气化压力、气化介质、当量比和停留时间。另外，催化剂的使用可促进初级反应器（气化炉）或下游反应器中焦油的还原去除。目前通常采用的 3 种催化剂类型分别为：①白云石和橄榄石，这类催化剂相对容易得到，也很方便地与石英砂等一起应用于流化床气化炉中；②碱金属催化剂可以还原气体产物中的甲烷，但使用后很难再生循环，常用的碱金属催化剂催化有效性为 $K_2CO_3 > Na_2CO_3 > Na_3H(CO_3)_2 > Na_2B_4O_7$；③镍催化剂，市场上有许多可用于焦油还原的商业化镍催化剂。例如，Haldor Topsøe 的催化剂 R-67-7H，是指在 Mg/Al_2O_3 载体上有 12%～14% 的 Ni，具有非常好的焦油去除效果。镍催化剂在二级反应器中的催化活性很高，且效果最好，但价格昂贵以及碳沉积和颗粒生长导致的失活是需要解决的问题。

2. 气化炉设计

气化炉炉型对生物质气化产物特别是焦油产率有非常显著的影响。上吸式、下吸式和流化床气化炉是三大主要气化炉类型，存在不同的焦油生成模式。

（1）上吸式气化炉

生物质在上吸式气化炉中的气化过程见图 15.7，生物质从顶部进料，气化介质（如空气）从底部引入。位于最底部的生物质进行燃烧供热，促进与燃烧区相邻的生物质进行气化，生成的气化燃气继续上升，高温的燃气引发气化区相邻的生物质发生热解而燃气温度下降，燃气继续上升，降低温度的燃气进一步干燥与热解区相邻的生物质。在该逆流反应器中，气化燃气最终从顶部排出，而固体从底部排出。上吸式气化炉中气化燃气上行穿过温度较低的区域，因此，气化燃气中焦油的含量较高。

（2）下吸式气化炉

生物质在下吸式气化炉中的气化过程见图 15.8。气化介质由炉中间位置引入，中部的生物质燃烧使燃烧区的温度最高。焦油在温度相对较低（200～500℃）的进料干燥区产生，空气中的氧气和焦油一起向温度更高的下游区域流动。由于氧气的氧化性和高温，焦油容易被氧化燃烧消耗，使气体温度升高至 1000～1400℃。

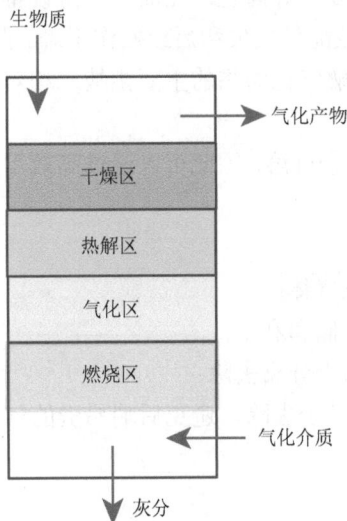

图 15.7　上吸式气化炉中的气化过程　　　图 15.8　下吸式气化炉中的气化过程

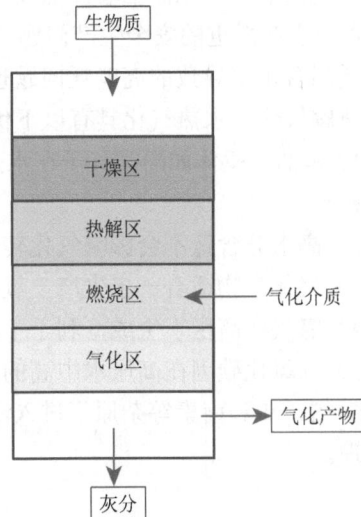

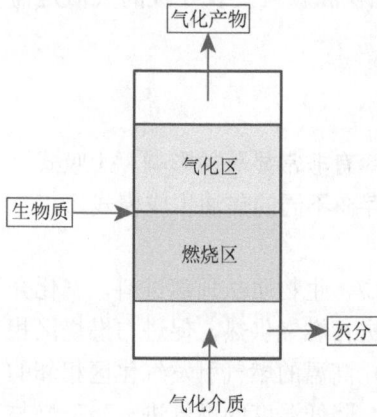

图 15.9　生物质在鼓泡流化床中的
气化过程

燃烧发生在底物颗粒之间的温度为 $500 \sim 700℃$ 的空隙中。当经过最高温度燃烧区域时，热解产物和焦油会接触并发生氧化反应，焦油转化为不可冷凝的气体，最终气化燃气从较高温度的气化区离开气化炉。因此，下吸式气化炉的焦油含量较低。

（3）流化床气化炉

生物质在流化床中的气化过程见图 15.9。典型流化床中气化介质从底部进入，加入的生物质与高温的床料快速混合完成热交换。热解气化产生的焦油在流化床上向上移动并随气体产物从相对高温的气化区一起离开气化炉。因此，流化床气化炉中的焦油含量介于上吸式和下吸式气化炉之间。

15.6　生物质的水热气化技术

15.6.1　水热气化的优点

传统的热解气化面临着高焦油产率和焦炭堵塞等问题。焦油在下游设备上发生冷凝，引起严重的安全生产问题。焦炭会导致能量损失和后续操作困难。此外，生物质高含水率导致的高能耗问题也是传统热解气化面临的主要挑战。相对于传统的热解气化，水热气化具有以下优点：

1）焦油前驱体如酚类分子在水热条件下完全可溶，因此可以通过高效重整而去除；

2）高水分含量不会影响气化转化效率；

3）气化产物适合一步生产一氧化碳的富氢气体；

4）氢气在高压下生成，利于下游氢气的存储和利用；

5）二氧化碳因在高压水中高的溶解度而易于分离去除；

6）S、N 和卤素等杂原子进入液相产物而易于去除，避免后端昂贵的气体净化处理。

15.6.2　生物质水热气化技术的主要挑战

作为一种新兴的气化技术，水热气化要实现大规模应用需要克服以下主要挑战：

1）水热气化需要大量的热量输入用于反应吸热和维持较高的反应温度。除非从反应产物的热交换中能回收大部分热量，否则这种热量需求会大大降低整体能量转换效率。因此，热交换器效率极大地影响了水热气化应用的可行性。

2）生物质原料的纤维性和成分差异性是另一个主要挑战。料浆泵无法将纤维组成及成分差异大的生物质浆料输送到具有超高压的超临界反应器中。

3）随着进料中干基含量的增加，气化效率和气体产量显著下降也是水热气化的主要障碍。

4）由于在预热阶段产生焦油和焦炭，热交换器和反应器中生物质浆料的加热可能会导致结垢或堵塞，从而影响气化工艺的连续性。

5）高温高压下反应器壁的腐蚀也是需要解决的问题。生物质中的硫、氯等在水热气化过程中会转化为相应的酸，高压下对反应器的腐蚀是必须要考虑的因素。

15.7　生物质炭化材料化利用

15.7.1　热解炭化制备活性炭材料及炭基功能材料

人类通过生物质热解制备炭基材料历史悠久，最初生物质炭化主要是制备作为燃料和用于金属冶炼时使用的木炭。但随着化石燃料的开采和普及，这种利用逐渐减少。近年来，炭基材料特别是复合炭基功能材料制备与应用成为生物质炭化材料化领域研究的热点，不同功能的炭基复合材料如木陶瓷、木质吸油材料、木质保鲜材料、保健材料等已经被开发和利用。另外，生物质炭化也是生物质能源替代化石能源、沉积大气中过量 CO_2 的重要负碳技术。

农林植物废弃物数量巨大，并且由于这类废弃物中灰分含量比较低且硬度适中，利用废弃植物生物质中含量丰富的碳，通过物理或化学活化的方法已经成功制备了高性能的炭材料，其中包括微孔、中孔活性炭以及复合炭化功能材料。

当前大量研究集中在利用废弃生物质制备结构以及性能简单的微孔活性炭，主要用于气体分离及重金属离子和小分子有机物污染水体的净化。农业废弃物制备活性炭过程中的影响因素研究表明制备条件显著影响活性炭的孔结构、化学组成以及表面官能团，可以通过改变实验条件来实现特性活性炭的制备，如比表面积大于 $2500m^2/g$ 的高性能活性炭可通过优化实验条件以农林废弃物为碳源来成功制备。稻糠、稻壳、椰子壳、核桃壳、桉树木料等典型农林废弃物通过不同的处理方法已经成功制备了相应的活性炭材料并根据其性能在实际中进行了环境应用，研究证实农林废弃物衍生的活性炭的性能可与商品煤基活性炭不相上下，特定参数甚至超过了商品活性炭的性能。

活性炭材料中中孔结构除了可以通过发生毛细现象吸附吸附质外，还可作为吸附质进入微孔的通道。中孔炭材料广泛应用于催化反应、电池电极、电容器材料、储气材料、生物材料以及大分子的吸附研究中。中孔结构丰富的特殊性能的炭材料制备过程复杂烦琐，对实验操作要求较高（纯化学试剂结合模板合成）造成其制备成本较高，价格非常昂贵。通过对实验条件的选择性控制以及添加合适的化学试剂，利用废弃生物质为原料已经实现了这类炭材料的制备。如以椰子壳为原料，结合物理活化（活化剂 CO_2）和化学活化（活化剂 $ZnCl_2$）得到了高比表面积（>2000m²/g）、高孔容（>1.9cm³/g）的中孔活性炭（其中中孔占 71%），并通过对水相中大分子有机污染物的去除证明了其具有优异的吸附性能。利用海藻中高含量钠、钾元素的自催化作用，在不加入任何活化剂的情况下以海藻为原料进行直接热解，得到了高性能的中孔活性炭。由于海藻中的氧氮元素含量较高，通过 XPS 谱图证明热解条件下海藻衍生的活性炭的表面存在大量的含氮和含氧的官能团，并且通过改变热解条件可以实现对活性炭孔道结构和官能团含量的调节。此外，以稻壳为原料，通过磷酸活化的方法制备的中孔活性炭，其比表面积介于 344～438m²/g 之间，该活性炭对水溶液中苯酚的最大吸附能力高达 2.35×10^{-4}mol/g。

15.7.2　水热炭化制备炭基材料

1913 年 Bergius 发现纤维素在水热条件下可以得到炭状材料，由此开始了水热炭化的研究。丰富的表面含氧官能团是水热炭化产物水热炭与热解炭化产物热解炭的显著区别。另外，由于介质水的存在，水热炭和热解炭的化学组成及孔结构也存在较大差异。当前开展的大部分工作主要集中在以纯的化学试剂（生物质模型化合物）在水热条件下制备结构新颖的炭功能材料，而以原生废弃生物质为原料的报道相对较少。水热炭的物理化学性质受诸多因素的影响，包括生物质原料的种类、水/生物质原料的比率和水热炭化的反应条件（反应介质、反应温度、自生压力、处理时间等）。由于水热炭化过程是在水媒介中进行的，所以生物质原料的水分含量对水热炭的形成过程的影响非常有限。因此，水热炭通常具有较大的比表面积、丰富的表面官能团（主要是含氧官能团）、较高的孔隙度、好的热稳定性等特性而使其对于重金属离子、有机染料、农药、多环芳烃、大气污染物等多种污染物均表现出较好的吸附性能。另外，水热炭化技术的优点是生物质中碳利用效率非常高（接近 100%），相比自然过程炭化的速度提升 10^6～10^9 倍。

近年来，科学研究者采用不同类型的原生生物质为原料，在不同的水热条件下进行炭化处理，得到了一系列性能不同的水热炭材料。如利用藻类丰富的氮源通过与木质纤维素生物质共水热处理得到了表面富含氮、氧官能团的氮氧双掺杂水热炭材料，该材料对水体中铜离子的最大吸附量高达 29.11mg/g。另外，废弃生物质通过一步碱式水热法制备了具有经济、高效、快速提升土壤肥力等特点的水热炭重金属钝化材料，该水热炭材料对水体中重金属铅离子的吸附能力可高达92.80mg/g；对于复合污染土壤中重金属，水热炭材料表现出了超强的钝化能力，对于复合污染土壤重金属铅和镉的钝化效率分别高达 95.1%和 64.4%；土壤中重金属铅和镉的生物毒性分别降低了 54.0%和 27.0%。重金属的钝化机理研究表明水热炭材料主要通过表面官能团配位（主要是含氧官能团）、表面沉淀及 π 电子配位作用实现对重金属的固定稳定化，多种钝化耦合机制使水热炭在土壤污染修复方面具有重要的工程应用前景。另外，耦合利用水热炭化技术以废弃生物质为原料制备了纳米金属/金属氧化物负载的炭材料，该工艺制备条件温和、环境友好，并可对催化活性中心的形貌、尺寸和晶型进行精准调控。催化研究表明水热炭载体的多孔道核壳结构作为分子通道强化了反应物与纳米活性中心的接触，同时，水热炭壳层丰富的官能团提高了纳米金属晶粒与载体之间的相互作用，从而有效抑制纳米金属高温催化过程的烧结和失活。制备的纳米金属催化剂具有非常高的反应活性、稳定性和选择性，对生物质气化焦油难降解组分去除效率高达 95%。另外，在单金属炭负载催化体系的基础上通过进一步精准调控，制备了系列纳米双金属负载炭催化剂并将其应用于废弃生物质的催化气化，制备的催化剂均表现出非常高的催化活性和稳定性。

相对于高温热解炭化，水热炭化是在一个相对温和的条件下进行。因此，炭材料形貌、化学组成等易于调控，并且炭化过程放出的热可以有效地加速炭化的进程，从而降低制备过程的能耗。因此，目前水热炭化技术已经被广泛应用于特性炭材料的定向制备。

思　考　题

1. 废弃生物质哪些特性适用于能源化转化和材料化转化应用？
2. 生物质气化涉及的主要反应有哪些？
3. 为了实现富氢燃气的制备，生物质气化过程中应该选择哪些气化剂？
4. 生物质基炭材料和煤基炭材料最大的区别是什么？

第16章　城镇生活垃圾智慧管理体系

内容提要与主要知识点

　　本章主要介绍城镇生活垃圾的数字化管理、行政管理、信息化管理的理论、特点及实践，阐述城镇生活垃圾政策管理的发展与应用。要求了解大数据理论、云计算理论、物联网原理、区块链原理、人工智能原理的范畴与特征，熟悉不同数字新技术的内在关系，认识数字化精细管理的内涵。了解城镇生活垃圾的公私合营、全生命周期管理等理论，熟悉城镇生活垃圾国内外政策管理的发展史。

16.1　概　　述

　　自 20 世纪 30 年代，英国政府将城镇生活垃圾集中收运至郊区填埋成为人类近代史最早的垃圾填埋记录以来，城镇生活垃圾管理体系先后经历了萌芽、发展、成熟等三个主要阶段。1896 年和 1898 年德国汉堡和法国巴黎先后建立了世界最早的生活垃圾焚烧处理厂，成为城镇生活垃圾处理与资源化利用的萌芽；从 20 世纪初到 60 年代末，世界范围内城镇生活垃圾填埋、焚烧、堆肥技术获得了快速发展；自 70 年代，大气、水、土污染防治需求，对城镇生活垃圾处理提出了更高要求。基于"可持续发展"理念，世界各国逐步将城镇生活垃圾定位为资源，并建立了一系列垃圾废物立法管理体系，对促进城镇生活垃圾减量化、无害化和资源化起到了积极作用。纵观世界各国城镇生活垃圾管理发展史，从废弃物到可利用资源的巨大转变，为我国城镇生活垃圾管理体系的建立与完善提供了丰富经验。

　　城镇生活垃圾管理体系指责任机构对城镇生活垃圾开展从源头减量、收集、运输到最终处理处置等环节的全生命周期监督与管理。在我国，政府是生活垃圾管理的唯一供给主体，通过资金投入、基础设施建设等方式开展生活垃圾收集、运输以及处理处置等相关管理活动。早在 1993 年，我国已专门颁发了《城市生活垃圾管理办法》，为规范管理城镇生活垃圾的分类、清扫、收集、运输和处理过程作出了重要贡献。近年来，随着计算机、互联网理论与技术的不断发展，作为未来数字城市发展的重要方向之一，以大数据、云计算、物联网、区块链、人工智能等数字新技术为载体的智慧管理体系正逐步深入到人类社会生产生活的诸多领域，以惊人速度改变生产、工作、学习和生活方式，成为人类社会不可或缺的资源，而城镇生活垃圾管理及循环利用也将不可避免地走上智慧化、数字化、信息化之路。

16.2　数字化精细管理的理论基础

数字新技术理论包括大数据、云计算、物联网、区块链与人工智能。

16.2.1　大数据理论

1. 大数据内涵及特点

大数据指在获取、存储、管理、分析等方面远超传统数据库软件工具能力范围的数据集合，具有数据规模海量、数据流转迅速、数据类型多样和价值密度低等四大特征。面对海量、高增长率和多样化的数据，大数据技术通过专业化分析和挖掘，将隐匿于海量数据中的信息通过可视化呈现以获得新认知，创造新价值，并预测发展趋势，其关键技术涵盖：数据采集、数据预处理、数据存储、数据管理、数据分析、数据挖掘、模型预测、数据可视化、数据安全以及数据应用。基于上述特征，大数据应用领域主要包括政府决策、商业金融、公共服务、智慧交通以及智慧医疗。

2. 大数据在城镇生活垃圾智慧管理体系中的应用

基于大数据技术开展智能分类是城镇生活垃圾智慧管理的重要途径，可有效阻控垃圾面源污染并促进垃圾资源循环利用。主要工作分为三个阶段。

1）前端智能化收集分类：利用智能化监管平台，基于视频摄像、射频识别技术（RFID）、全球定位系统（GPS）、5G无线传输等技术将不同生活垃圾组分进行前端分类；

2）中端分类收运智能化监管：由配置 GPS 导航定位、智能称重、数据分析与统计的专用运输车辆将前端分类垃圾运至指定垃圾回收点，并将垃圾清运车运输数据实时上传监测系统以避免垃圾非法外运和偷运；

3）末端基地分化处理全覆盖：构建节能、高效、环保的先进垃圾处置基地，通过对厨余垃圾分离、废旧家具家电拆解、低值可回收物分拣等流程，形成分类垃圾末端处理全覆盖模式。

16.2.2　云计算原理

1. 云计算内涵及特征

根据美国国家标准与技术研究院（NIST）定义，云计算指以互联网技术为基础，根据需求将可配置的计算资源共享池（包括网络资源、服务器资源、存储资源、应用软件及服务）提供给指定用户的一种计算模式，服务类型包括基础设施即服务（IaaS）、软件即服务（SaaS）和平台即服务（PaaS）。

云计算具有六大特征：①虚拟化。将底层硬件基础设施层（包括服务器、存储器、计算设备、网络客户端等）进行虚拟以建立虚拟资源池，并允许用户实时获取各种云端服务资源。②通用性。云计算平台中各层面功能都可作为服务提供给用户，包括 IaaS、PaaS、SaaS。③规模化。云计算规模可随系统用户规模而动态变化，可通过对基础设施层升级改造并升级数据存储容量，进而提升云计算的负载能力。④可靠性。通过自动检测失效节点将故障节点排除以确保系统整体运行的可靠性，从而避免因服务器局部故障或数据库存储错误而导致的整个系统宕机。⑤按需提供服务。根据用户需求，云计算平台作为一个大规模资源池，可随时向用户提供一系列计算、存储和网络服务，且服务申请者与服务提供者之间不再具备特定合约关系。⑥高性价比。基于虚拟化技术对可利用资源进行集成形成通用资源池，可显著降低用户在硬件及软件资源的经济成本，只需简单接入即可获取云端各种服务。

2. 云计算在城镇生活垃圾智慧管理体系中的应用

城镇生活垃圾收集—运输—处置的全链条管理过程涉及海量数据，依托云计算技术，将采集数据进行充分挖掘，打通各数据源之间的壁垒，为城镇生活垃圾智慧管理决策提供依据，助力生活垃圾全链条处置的数字化与智能化。

1）城镇生活垃圾智能分类收运环节，产生包括投放量、投放种类、运输路线、清运记录等海量数据，利用云计算对数字化信息采集各环节数据信息关联性优化分析，实现全链条各环节协同优化，从而将以生活垃圾为核心的传统业务链条转型为以数据为核心的数字化链条。

2）城镇生活垃圾无害化处置单元涉及设备较多、数据庞大，人工管理和分析无法满足需求，利用云计算与主流工业控制系统打通对接，通过数据存取、数据分析以及数据训练构建生产决策优化模型，实现基于系统自判断的主动监控模式。此外，针对生活垃圾无害化处置中的焚烧炉、粉碎机、余热回收等高耗能、易损坏设备，通过云计算为设备运行状态评分，并提供耗能分析、故障预警、大修编排等决策信息，从而提高设备使用寿命、降低生产成本。

16.2.3　物联网原理

1. 物联网内涵及特点

物联网是互联网范畴的延伸，指实现"物物相连"的互联网。国际电信联盟

（ITU）最早在《ITU 互联网报告 2005：物联网》中将物联网定义为"通过射频识别、二维码识读设备、红外感应器、全球定位系统、地理信息系统（GIS）、激光扫描器、气体感应器等信息传感设备，按照约定协议把任何物品与互联网连接起来进行信息交换和通信，以实现智能化识别、定位、跟踪、监控和管理的网络形式"。随着互联网、手机、个人计算机的广泛应用，物联网被重新定义为可利用任何新信息技术，与计算机、互联网相结合以实现物体与物体之间环境及状态信息实时共享以及智能化的收集、传递、处理与执行。从广义上讲，当下任何新信息技术应用都可纳入物联网范畴。物联网的主要技术特点是智能化、全面化和动态化。生活垃圾的分散性、复杂性和多样性导致生活垃圾分类收运模式和处理方式的多元化，因而提高了生活垃圾管理难度，而物联网监管技术则为生活垃圾智能化管理提供了重要媒介。

2. 物联网在城镇生活垃圾智慧管理体系中的应用

生活垃圾物联网监管体系分为感知层（sensing layer）、网络层（network layer）和应用层（application layer）等三个部分（图 16.1）。感知层通过垃圾分类收运及处理处置设备上的 RFID、GPS、GIS、传感器等完成生活垃圾从产生到最终处理处置全过程的数据信息采集工作并接入网络信息平台；网络层通过互联网、移动网络和专用网络相结合实现对感知层收集数据信息的转换与传输，直接服务于应用层；应用层通过云计算平台、数据交换平台等应用为用户的设备管理、车辆调度、决策等提供支撑。引入企业研发的智能垃圾分类容器和实时监测平台，管理部门可利用该系统的软件数据来实时跟踪居民的垃圾分类行为，从而提高垃圾分类管理效率。

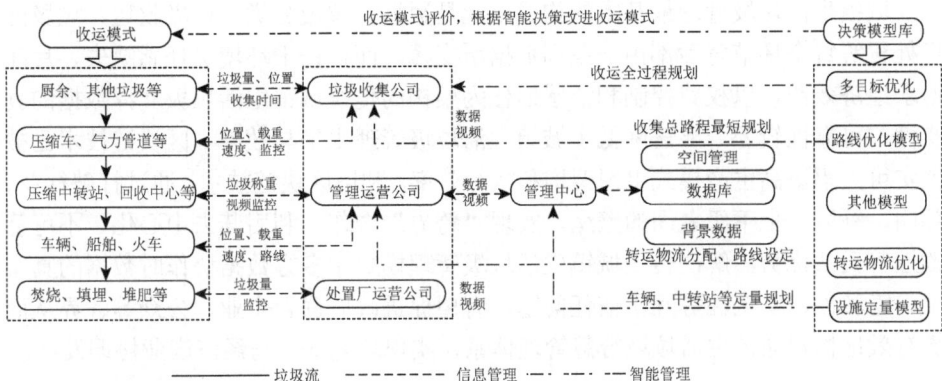

图 16.1　生活垃圾物联网监管体系

物联网监管技术对生活垃圾进行全过程跟踪监管，将垃圾分类、收运到处理处置的各个节点有序整合为一个整体，可有效解决垃圾管理繁杂无序问题，促进生活垃圾循环利用。目前我国已有部分城市积极实施生活垃圾物联网监管技术。例如，深圳盐田区已构建餐厨垃圾收运物联网监管体系，上海市静安区已建成基于物联网的可视化生活垃圾运输信息化系统，覆盖生活垃圾压缩清运整个流程，实现了城镇生活垃圾的精细化管理。

16.2.4　区块链原理

1. 区块链内涵及特征

区块链是利用块链式结构储存数据，通过密码学、自动化脚本代码保证数据传输和访问安全的分布式账本，其本质是去中心化的数据库。区块链具备五个主要特点：①去中心化。采用分布式核算和存储以确保所有节点的权利和义务均等，无需中心化硬件即可实现点对点直接交互，从而显著降低中心系统的存储成本。②匿名性。所有节点依据编码算法进行交易，双方无须公开身份以获取信任，故可实现匿名交易。③不可篡改性。经验证后信息被嵌入区块链系统后将被永久储存，除非控制超过51%的节点，篡改任何单个节点信息将无法影响整个数据库。④开放性。除私有信息被加密，区块链其他数据信息都可公开，用户可通过公开接口查询数据。⑤自治性。所有节点只基于编码算法规范协议进行合作，不受个体干预支配。

2. 区块链在城镇生活垃圾智慧管理体系中的应用

城镇生活垃圾管理最基本的构成单元是数据，垃圾分类、垃圾收运、垃圾处理处置等每个环节背后都由一系列数据所支撑，而桎梏于环境责任感缺失、片面追求经济效益，以权威控制和情感信任为架构的传统城镇生活垃圾支撑数据的真实性、可靠性较差，显著降低了城镇生活垃圾管理水平与效率。区块链技术已被证实可大幅提高生产模式组织架构和执行效率。利用区块链技术，通过打破行业、部门、领域、上下级之间的壁垒，实现"跨界"合作。利用其去中心化、不可篡改性等天然优势，解决传统城镇生活垃圾管理模式中多方数据协作时数据的真实性、隐私性、安全性等互不信任问题，有望促进政府联合企业、公众等各界从而更有效地构建城镇生活垃圾智慧管理体系，实现环境保护与经济产业协调发展。

3. 城镇生活垃圾智慧管理的区块链实践

在社区、垃圾收运、垃圾资源化利用企业、政府环境监管部门等各级责任主体之间构建生活垃圾全流程精细化管理的区块链模式，有望解决城镇生活垃圾分类难题，国内外利用区块链技术已进行了成功探索。

（1）案例一：北京市建国门街道

北京市建国门街道运用区块链技术原理，采取"一户一卡一投一刷"的投放服务模式，将每户的生活垃圾流转数据全部上传区块链架构的市级垃圾排放登记系统，包括生活垃圾溯源、组分、含量、去向等基础数据信息。基于区块链的不可篡改性、开放性等特征，该登记系统为后续垃圾收运车清运、投放主体身份识别、奖惩等决策和管理提供科学依据。

（2）案例二：加拿大 Plastic Bank 公司

为解决塑料垃圾污染问题，加拿大 Plastic Bank 公司与 IBM 公司合作开发了一个区块链应用程序，通过收集塑料瓶积攒数字货币以兑换商品，通过个人收集数量、质量记录转化个人信用积分来申请贷款业务，而回收的塑料瓶则通过 3D 打印等技术制成各种生活用品，用于扶持社会公共事业或贫困家庭。

（3）案例三：挪威 Empower 公司

挪威 Empower 公司发布了"EMP Token"的区块链电子货币，居民每投放一份可回收垃圾即可获得等值为 1 美元的电子货币用于支付购买商品，而回收的垃圾被集中收运进行资源化处理。

16.2.5　人工智能原理

1. 人工智能内涵及特征

人工智能（AI）是计算机科学的分支，是模拟、延伸和扩展人类智能的理论、方法、技术及应用系统的新技术，其主要目标是通过训练使机器能够胜任常规人类智能才能完成的复杂工作，实现感知与分析、理解与思考、决策与交互三大功能。

人工智能的构成单元包括基础设施层、算法层、技术层和应用层，其中基础设施层包括计算机硬件、大数据、计算能力等；算法层包括机器学习、深度学习等；技术层包括计算机视觉、自然语言处理、规划决策系统等；应用层包括消费级产品和行业解决方案。人工智能应用领域涉及机器人、语言识别、图像识别、自然语言处理和专家系统等，应用于城镇生活垃圾智慧管理的技术层主要涉及计算机视觉，包括图像识别检测、图像处理和分析理解。

2. 人工智能在城镇生活垃圾智慧管理体系中的应用

近年来，人工智能在城镇生活垃圾分类领域应用日趋广泛，已贯穿城镇生活垃圾分类的整个生态产业链（图16.2）。人工智能技术按照垃圾分拣主体分为两类应用模式。

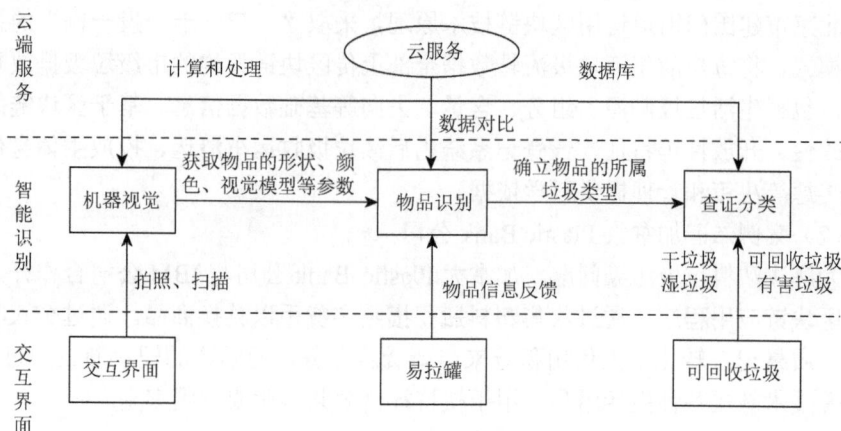

图 16.2 人工智能进行垃圾分类的示意图

（1）用户分拣模式

生活垃圾 AI 智能识别：通过对生活垃圾图像采集和识别，智能提示分类投放。如果投放错误，可通过智能处理单元识别并警报提醒，并可通过智能学习增加垃圾识别种类。

生活垃圾 AI 智能分类：利用数据训练构建 AI 生活垃圾智能分类系统，通过控制自动分类机器人或智能抓斗，识别不同类型垃圾并分类置于回收系统中。此外，基于图像识别技术及质量测定系统，对分类后垃圾进行二次检查以避免疏漏。

生活垃圾 AI 智能回收：对不方便自行投放垃圾的住户，可利用 APP 通知小区机器人，利用 GPS 及运动传感器定位住户指定地点，居民将垃圾投入机器人口袋，由机器人自动将垃圾分类投放不同垃圾桶。

生活垃圾 AI 智能清运：基于智能识别系统，垃圾清运车可识别垃圾桶类型并进行分类收运。通过车载摄像机图像传感设备，可实况记录垃圾分类收集过程。

（2）机器人分拣模式

根据感知单元类型，机器人分拣模式可分为视觉系统与非视觉系统两类。目前，绝大多数机器人分拣模式基于视觉系统。例如加拿大 Intuitive AI 公司开发了面向垃圾智能分类的 OSCAR 系统，通过机器学习算法和机器视觉系统，识别客户物品并指导客户将其有序分类，并基于已回收垃圾的数据分析向企业提供用户消费习惯数据流，可应用于机场、学校、小区、企业园区等场所。芬兰 ZenRobotics 公司研发了 ZenRobitcs Recycler 垃圾分类机器人，通过视觉传感器识别垃圾表面结构、形状与材质以判断种类，进而通过机械臂自动分拣。该系统主要用于建筑垃圾分类处理，但通过图像识别与深度学习技术，可进一步拓展分拣垃圾种类，有效降低分拣设备成本。日本 FANUC 公司开发了 W.A.R.废旧物品自动回收技术，以 LRMate 200iD 型机器人为主体，通过视觉分析系统，根据垃圾的成分、大小、质量和位置对特定垃圾进行分拣。美国 Bulk Handling Systems 公司研发的 Max-AI 机器人由视觉系统、人工智能及分拣机械臂三部分组成。视觉系统用于获取视觉信息，人工智能通过多层神经网络判定不同物品分拣优先级，分拣机械臂完成终端分拣任务。与上述基于视觉系统的机器人分拣模式不同，美国麻省理工学院研发的 Rocycle 机器人并不依靠视觉分析系统，而是利用机械手臂的压力传感器通过测量被抓取物体的刚度以区分纸张、金属和塑料，并将其投入相应的垃圾桶。

16.2.6　数字新技术的交叉融合与应用

1. 数字新技术的内在联系

根据数字化生产要求，大数据技术用于数字资源，云计算技术支持数字设备，物联网技术实现数字传输，区块链技术管理数字信息，而人工智能技术赋予数字智能，五大数字新技术是一个整体，相互融合且呈指数级增长，共同推动数字新经济的高速发展。

大数据与云计算：大数据和云计算密切相关。大数据需要利用分布式架构以处理海量数据，因此依赖云计算的分布式数据库、分布式处理、云存储和虚拟化技术。

云计算与物联网：云计算与物联网也密切相关。云计算是一种服务交付模式，通过物联网提供动态可扩展的虚拟化资源以支持互联网相关服务。

物联网与区块链：物联网技术将用户层面的互联扩展到物品层面的彼此信息交换与通信，但存在隐私被泄露、数据被篡改等问题。区块链技术利用去中心化数据库构成分布式共享总账，可有效解决物联网的安全信任问题。

区块链与人工智能：区块链-人工智能可实现数据的安全存储和高效共享，而人工智能可基于数据分析进行智慧决策，起到引擎作用。将区块链与人工智能相结合，不仅能增强区块链的基础架构，还能提升人工智能的应用潜力。

2. 数字新技术在城镇生活垃圾智慧管理体系中的应用

（1）生活垃圾逆向供应链信息平台

传统生活垃圾逆向供应链系统存在供应链上下游协调失灵、责任主体缺乏信任、流转信息不可追溯等弊端。依靠物联网与区块链技术构建垃圾分类驱动的垃圾逆向供应链信息平台（图16.3），一方面能利用物联网与垃圾逆向供应链匹配性强的特点，通过传感器、监视器等物联设备在城镇生活垃圾流转的重要节点进行信息采集并接入信息平台，确保数据的及时、可靠传输；同时利用区块链技术去中心化、不可篡改性等特点，确保城镇生活垃圾管理各环节数据的客观性、准确性，从而实现前端分类、中间转运和终端处理等多环节联动，进而实现城镇生活垃圾的高效智慧管理。

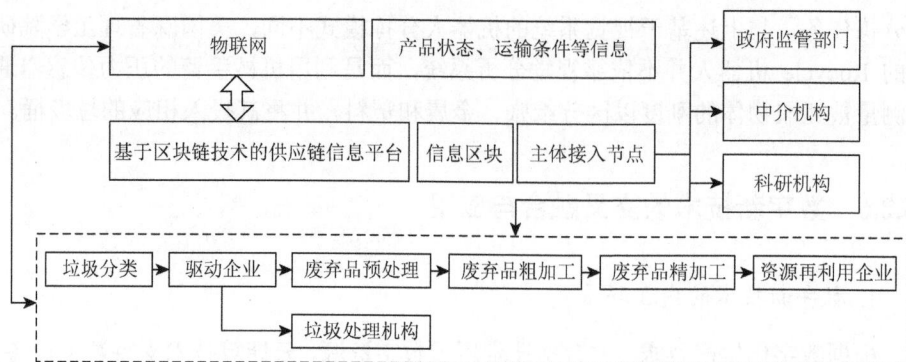

图 16.3　垃圾逆向供应链信息平台概念模型

（2）生活垃圾智能分类输运系统

随着"互联网＋"的兴起，基于物联网、人工智能、大数据等数字新技术的"互联网＋智能分类回收"新模式已成为城镇生活垃圾智慧管理的新方向。该模式以生活垃圾气力输送系统为基础，是一类密闭输送、自动控制、绿色高效的新型垃圾收运方式。生活垃圾气力输送系统主要采用负压技术，通过运输管道系统，将生活垃圾传送至垃圾收集站。生活垃圾气力输送系统分为收集站系统、管网系统、物业网系统、废气处理系统以及空气压缩系统等五个主要部分。收集站系统主要负责通过风机提供管道输送动力，通过垃圾分离器实现固气分离以及通过压机、集装箱等完成垃圾运输；管网系统主要负责传送垃圾，承担连接物业网与收集站作用；物业网系统主要覆盖该系统服务区的地下区域；废气处理系统主要对废气进行除尘除臭等净化处理后排放；空气压缩系统主要提供空气动力。生活垃圾气力输送系统具有密闭输送、杜绝二次污染，可全天候自动化运行降低人力、物力成本，垃圾收集率高，交通压力小等特点。目前，全世界 30 多个国家共有1000～1200 套垃圾气力运输系统处于运行状态，其中我国约有 50～100 套，主要分布在香港、广州金沙、海南三亚、上海泰晤士小镇、北京通州新城等。我国垃圾气力运输系统覆盖率目前仍然较低，因此具有巨大的市场潜力。2009 年我国成功建立首个"智能分类＋生活垃圾气力输送系统"，初步形成了"分类垃圾袋＋垃圾分类加分卡＋智能回收终端＋垃圾气力输送系统＋积分兑换商店"的垃圾分类管理链条，将单一气力运送系统进一步多元化，提升了居民垃圾分类参与度，优化了城市环境，助力城市生活垃圾智慧管理。

16.3 城镇生活垃圾公私合营的政府管理模式

公私合营（public-private-partnership，PPP）模式指围绕政府基础设施建设、运营项目，利用政府与其他公共部门、企业之间相互合作关系形式，以合同的形式明确彼此权利与义务，实现项目共同开发、收益共享、风险及责任共担，以获得比单独由政府或机构预期更为有利的开发模式。PPP 模式一方面缓解了政府的财政压力且分摊了项目风险，另一方面，投资主体向多元化方向发展，可促进私有资金和技术加入基础设施和公共服务，有利于更好地满足公众需求。因此，在基础设施和公共服务领域，PPP 模式成为政府采用的重要手段之一。按照美国政府会计处分类标准，PPP 模式主要包括 17 种，如建设-运营-移交（BOT）、建设-移交-运营（BTO），以及移交-运营-再移交（TOT）等模式。

我国传统生活垃圾管理模式仅由政府部门提供公共服务，存在资金缺口大、管理模式落后、运行效率低等不足。将公私合营管理模式引入市场机制，增加资本、技术以及管理的多元化，有望解决上述问题，成为现阶段较热门的生活垃圾管理模式。结合生活垃圾管理及循环利用的特征以及现有 PPP 模式分类，我国生活垃圾管理的 PPP 模式通常包括公有私营、公私合资以及特许经营等三类模式（表 16.1）：①公有私营模式指政府部门投资建设后，经合同协议，将经营权和维护权外包给私营企业，但项目产权仍由政府部门持有。现阶段我国已有采用该模式对生活垃圾进行有效管理的成功案例。②公私合资模式指政府与私人企业合作，共同创建新公司，或对原有的国有公司进行股份制改组以成立混合所有权公司，上述公司以市场方式运营，政府与企业按股权比例共担风险并共享收益。③特许经营模式指政府通过特许权授权私人企业参与部分或全部投资，通过一定合作方式与政府共同分担项目的商业风险并共享项目，主要包括建设-运营-移交（BOT）模式、建设-移交-运营（BTO）模式，以及移交-运营-再移交（TOT）模式。

表 16.1 我国生活垃圾管理 PPP 模式

	公有私营			公私合资模式	特许经营		
	服务合同	管理合同	租赁合同		BOT	BTO	TOT
资产所有权	政府	政府	政府	共同拥有	企业移交政府	企业-政府	政府-企业-政府
经营维护	政企分工	企业	企业	共同负责	企业	企业	企业

	公有私营			公私合资模式	特许经营		
	服务合同	管理合同	租赁合同		BOT	BTO	TOT
经营权	政府	企业	企业	共同享有	企业	企业	企业
投资	政府	政府	政府	共同出资	企业	企业	企业
商业风险	企业	企业	企业	共同承担	企业	共同承担	企业

16.4　城镇生活垃圾全生命周期的信息化管理

生活垃圾管理体系是一个复杂系统，涵盖环境、经济及社会等诸多要素，从全生命周期角度诠释生活垃圾管理体系，可有效促进我国生活垃圾处理技术创新、管理系统创新设计及决策支持系统升级。生命周期评价（life cycle assessment，LCA）被认为是 21 世纪最具生命力的环境管理方法。根据国际标准化组织（ISO）定义，生命周期评价是一种综合评估某产品（或服务）体系在整个生命周期中的所有输入及输出过程诱发潜在环境影响的分析方法。

生命周期评价是生活垃圾管理领域的重要分析工具。生活垃圾的生命周期评价分析指通过对其从产生到处置的各个阶段（包括垃圾清运、运输、中转、回收再利用和最终处置）过程中物质和能量利用以及相应的环境排放进行识别和量化，并对其环境影响进行评价。目前我国已针对焚烧发电、堆肥、卫生填埋等三种典型生活垃圾循环利用技术的生命周期评价开展了大量研究，然而与国外相比，针对生活垃圾的 LCA 分析仍处于起步阶段，需要结合我国国情和地区特征开展生活垃圾 LCA 理论和实践研究，构建并完善我国本土化 LCA 数据库，并注重 LCA 与其他研究工具[如生命周期可持续分析（LCSA）、生命周期成本分析（LCC）、成本效益分析（CBA）、物质流分析（MFA）、生命周期清单（LCI）等]的集成，实现从特定区域生活垃圾组分的微观层面扩展到多区域经济范围的宏观层面广谱研究，这些研究将有助于垃圾循环利用技术的优化提升，并为生活垃圾资源化的可持续管理提供决策支持。

16.5　城镇生活垃圾的政策管理

16.5.1　国外生活垃圾的相关法律法规

美国涉及生活垃圾的相关法规可追溯至 20 世纪 70 年代。1976 年颁布的《资源保护与回收法》是美国生活垃圾减量化的基本法，明确指出城市生活垃圾是一种可回收利用资源，并对废弃物从排放、运输到最终处理全过程进行监督与管理。1990 年，美国联邦政府通过了《污染预防法》，将生活垃圾源头消减上升为国家战略。除了联邦立法外，美国各州也拥有立法权，各州通过法律手段提高生活垃圾分类回收利用水平，例如 2003 年加州制定的《电子废料回收法》，主要针对计算机、电视以及其他电子设备的回收利用。目前，美国已形成了较完善的生活垃圾处理处置法律体系。

20 世纪 70 年代以前，德国的生活垃圾呈无序管理状态。直到 1972 年德国颁布《废弃物处理法》，将生活垃圾从无序管理变为集中处理。随着循环经济的兴起以及垃圾减量化、资源化利用的日益重视，1986 年德国颁布了《废弃物避免及处理法》以替代原来的《废弃物处理法》。德国政府一直鼓励企业参与到生活垃圾处理过程中。1991 年，德国正式通过《废弃物分类包装条例》，确立了包装垃圾的生产者责任制，要求包装的生产者和分销者对产生的废旧包装负有回收责任。2005 年德国出台了禁止原生垃圾直接填埋的声明。2012 年出台的《循环经济法》则明确规定生产过程要避免废弃物产生，必须对材料或能源进行充分利用，以促使垃圾从源头进行减量化。

日本首部关于生活垃圾管理的法律是 1900 年颁布的《污染物扫除法》，明确提出废弃物的收集以及卫生填埋等处理处置方法。然而，生活垃圾产量不断增加导致了卫生填埋的处理能力不能满足需求，1954 年《清扫法》应运而生，提出增加焚烧处理比重。但随着日本经济的快速发展，现有的处理处置量仍不能消纳日益增长的生活垃圾产生量，1970 年《废弃物处理法》替代原有的《清扫法》，将废弃物分为工业和一般废弃物，旨在有效规范废弃物的排放和处理。随着可持续发展理论的提出以及循环经济学的兴起，日本于 1991 年颁布了《资源有效利用促进法》，提出了资源回收利用。2000 年日本颁布了《循环社会形成推进基本法》，旨在坚持走可持续发展、循环经济之路，进而建立循环型社会。此外，日本还颁布了诸多更为细致有针对性的法律法规（表 16.2）。随着居民环保意识的提高，日本生活垃圾管理运行良好有序。

表 16.2　日本颁布的相关法律法规

颁布时间	法律名称	基本内容
1900 年	《污染物扫除法》	日本最早有关生活垃圾的法律
1954 年	《清扫法》	替代《污染物扫除法》，处理处置污染物
1970 年	《废弃物处理法》	替代《清扫法》，旨在规范废弃物的排放和处理，保全生活环境
1991 年	《资源有效利用促进法》	旨在促进资源再利用

续表

颁布时间	法律名称	基本内容
1995 年	《容器包装再利用法》	明确市街村政府、消费者及经营者在容器包装再利用方面的职责,三方一体共同推进容器包装的回收和再利用
1998 年	《家电再生利用法》	明确家电零售商和厂家在废弃家电再利用过程中的义务,确保废弃物的有效利用
2000 年	《循环社会形成推进基本法》	推动建立循环型社会
2000 年	《建筑再生利用法》	确保建筑垃圾的处理和有效利用
2000 年	《食品再利用法》	明确规定了政府、大型企业、家庭部门、垃圾回收公司各个主体的责任和义务
2000 年	《绿色采购法》	明确规定所有中央政府所属的机构都必须制定和实施年度绿色采购计划;地方政府要尽可能地制定和实施年度绿色采购计划
2001 年	《多氯联苯废物妥善处置特别措施法》	确保多氯联苯废物的处理处置
2002 年	《汽车资源再生利用法》	明确了汽车制造商、进口商、销售商、修理企业、汽车所有者等各方必须承担的责任
2004 年	《家禽排泄物法》	强调对家禽排泄物进行合理处置
2013 年	《小型家电再生利用法》	明确由地方政府和认定企业回收手机、数码相机、游戏机、电话机及传真机等各种小型家电产品,然后进行回收利用

16.5.2　我国生活垃圾的相关法律法规

1989 年颁布的《中华人民共和国环境保护法》是我国第一部有关环境保护的法律法规,体现了我国对保护环境的基本要求。1995 年颁布的《中华人民共和国固体废物污染环境防治法》是为了防治固体废弃物污染而设立的法律法规。2008年颁布的《中华人民共和国循环经济促进法》以及 2012 年修正的《中华人民共和国清洁生产法促进法》则强调从源头削减污染,在生产、销售、购买使用过程的减量化,旨在提高资源利用效率,减少垃圾产量,为生活垃圾的处理处置提供依据。这四部法律法规均由全国人民代表大会常务委员会发布,是目前我国生活垃圾管理的基本法。

立法是推动垃圾管理及循环利用有效实施的重要保障。为加强生活垃圾管理及循环利用,中央以及地方各部门出台了一揽子规定。例如 1992 年国务院发布的《城市市容和环境卫生管理条例》、2007 年建设部批准的《城市生活垃圾管理办法》、2013 年环境保护部发布的《农村生活垃圾分类、收运和处理项目建设与投资指南》等。基于政策文献量化分析,自 1949 年至今,我国中央、地方机构颁布的生活垃圾政策文献已达 1422 件，现行有效共 1309 件，包括法律、条例、通知等。在各地方颁布政策件数中（图 16.4），广东、河南、贵州三省份颁布件数居于前列。

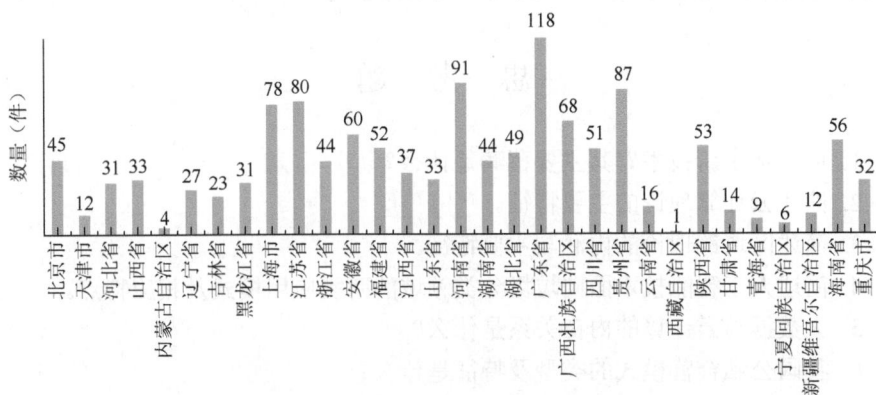

图 16.4　我国各地方颁布生活垃圾相关法规

美国、德国、日本等发达国家生活垃圾管理相关法律法规的特点主要在于：①健全的垃圾管理法律法规。通过法律法规推动生活垃圾管理与循环利用，发达国家已建立较完善的从生活垃圾分类回收到最终处理处置的法律法规体系，明确规定政府、生产商、销售商以及消费者的主体责任，实现有法可依，充分发挥法律法规的规范性和强制性。②严格的管控手段。政府部门采取严格监督与管理方式，如对未进行垃圾分类的居民实施罚款等。③完善的产业化体系。发达国家重视与经济手段相结合，积极开展政府企业合作模式，将社会资本引入生活垃圾管理，实施市场化运作模式，促进生活垃圾管理与循环利用的多元化。④全面的环保宣传。发达国家强调从源头减少生活垃圾，重视宣传生活垃圾管理知识，促进居民从小养成垃圾分类意识及习惯。

与发达国家相比，我国生活垃圾管理尚存在诸多问题，需要进一步探索：①建立健全我国垃圾管理相关法律法规。虽然我国已颁布了系列垃圾管理法律法规，但仍未形成明确的法律体系。应建立健全生活垃圾法律法规体系，并逐步将农村生活垃圾纳入生活垃圾管理体系。②强化监管体制，加大执行力度。明确法律法规具体考核细则及政府各部门间的权责，结合现代化监管手段，加强监督与管理，切实做到有法可依，执法必严，加大政策落地实施。③改进垃圾处理处置技术和设备，注重源头消减。在信息时代，知识、技术更新换代频率加快。为紧跟时代步伐，必须加大研发投入，注重绿色高效的生活垃圾运输、处理处置技术和设备推广，提高生活垃圾再生利用水平。通过生产者责任延伸制等手段，鼓励社会从源头减少垃圾产生，走循环经济之路，努力建设节约型社会。④加强宣传教育，提高环保意识。生活垃圾分类源头在于居民，要加强宣传力度，拓展宣传方式，扩大宣传覆盖面，不断提高居民垃圾分类及再利用意识，并可通过奖惩措施引导居民参与生活垃圾分类及再利用过程，提高居民实际参与度。

思 考 题

1. 何谓数字新技术？其主要范畴是什么？
2. 简述云计算理论的主要特征。
3. 简述区块链理论的内涵与主要特征。
4. 简述人工智能技术面向垃圾分类领域的两类应用模式及相应特点。
5. 大数据与云计算的内在关系是什么？
6. 我国公私合营模式的类型及特征是什么？
7. 如何利用生命周期评价指导城镇生活垃圾管理？
8. 简述日本城镇生活垃圾政策管理发展史。
9. 发达国家城镇生活垃圾管理相关法律法规特点是什么？
10. 简述城镇生活垃圾智慧管理的发展趋势。

第 17 章 "无废城市"废弃资源数字管理体系

内容提要与主要知识点

本章主要介绍"无废城市"的基本内涵和国际、国内实践,从可持续物质管理、"7R"废弃物优先管理策略及基于大数据的废弃物管理理论框架和方法入手,阐明"无废城市"的基本概念。通过实际案例,介绍国内外典型的"无废城市"指标体系和建设模式。要求了解可持续物质管理理论,认识"无废城市"的内涵。了解日本《循环型社会形成推进基本计划》和中国"无废城市"建设指标体系的主要内容。认识城市产业发展和废弃物产生情况对"无废城市"建设内容的影响,了解发展现状与实施方案之间相辅相成的必然联系,能够针对不同种类废弃物采用对应的策略。初步掌握利用大数据辅助城市废弃物高效管理的基本方法,了解管理体系在我国"无废城市"建设过程中的重要作用。

17.1 概　述

随着经济社会发展、废弃物管理水平提高,建立"无废城市"成为越来越多的国家或城市的目标,典型的代表性国家和地区有日本、新加坡和欧盟等。从2000 年开始,日本通过持续推进循环经济社会建设,在固体废弃物综合管理方面已经开展了三个阶段 20 多年的积极探索。2014 年,新加坡提出了以废物减量、再利用和再循环为目标的"新加坡可持续蓝图"和"零废弃物"国家愿景。欧盟在其环境与气候行动计划的支持下,建立了"零废欧洲"国际联盟,并于 2020 年发布了"新循环经济行动计划",提出了废弃物高效减量化 50%的目标和计划。

"无废城市"是一种先进的城市管理理念,与我国一直在持续推动的循环经济和绿色发展具有密切的联系。2018 年 12 月 29 日,《国务院办公厅关于印发"无废城市"建设试点工作方案的通知》,对"无废城市"作出了明确的定义:"以创新、协调、绿色、开放、共享的新发展理念为引领,通过推动形成绿色发展方式和生活方式,持续推进固体废物源头减量和资源化利用,最大限度减少填埋量,将固体废物环境影响降至最低的城市发展模式。"

我国关于"无废城市"的定义专门强调了"无废"并不是指不再产生固体废弃物,也不意味着能完全资源化利用固体废弃物,而是旨在发展一种先进的城市管理理念，以最终实现整个城市范围内废物产生量的最小化、资源利用的最大化和污染物的安全处置。

1. "无废"的基本内涵

1973 年，耶鲁大学物理化学博士保罗·帕尔默（Paul Palmer）首次使用了"无废"（zero waste）一词，用于从化学品中回收原料，并创立了一家名为"无废系统"的公司。自二十世纪九十年代以来，"无废"的概念就引起了公众的广泛关注。世界各地的许多组织都采用了"无废"的概念。日本成立了"无废研究院"（Zero Waste Academy）、欧洲国家成立了"无废欧洲组织"（Zero Waste Europe）、国际社会成立了"无废国际联盟"（Zero Waste International Alliance）等组织。

部分国家还设定了无废填埋处置的目标。2015 年美国市长会议（U.S Conference of Mayors）发布了"支持城市无废原则（zero waste principles）"的决议，2018 年全球 23 个城市联合发布了"建立无废城市"的宣言。澳大利亚堪培拉市政当局于 1995 年提出了首个"无废"法案，到 2010 年实现"无废"，堪培拉成为世界上第一个采用官方"无废"目标的城市。

2002 年，新西兰无废基金会（Zero Waste New Zealand Trust）将"无废"定义为："……一个新的目标，试图以一种'整体系统'的方法重新设计资源和物质在社会中流动的方式。它既是最大化回收利用和废弃物最小化的'管道末端'解决方案，又是确保将产品制成可重复使用、维修或循环回自然或市场的设计原则。无废设计对工业系统进行彻底的重新设计，因此我们不再将自然视为无限的材料供应。"

2004 年，无废国际联盟将"无废"定义为负责任的生产、消费、再利用和回收模式。2009 年和 2018 年又将该定义进一步发展为不焚烧，不进行大气、水或土壤排放，保护所有资源，不威胁环境及人类健康。

目前，"无废"的概念已经广泛拓展到采矿、工艺技术、工业设计和生产、废弃物处理和管理以及可持续消费等多个研究领域。"无废"的核心和重点在不同领域有所不同，"无废"的概念得到了进一步外延，如"无废"社会、"无废"社区、"无废"生活、"无废"校园、"无废"场所及"无废"实践、计划和策略等。同时，基于大自然无废原则的闭环物料流也被应用于"无废"社会系统，促进了循环经济的发展。

2. "无废城市"的国际和国内实践

近年来，发达国家和地区普遍重视和发展循环经济，对经济社会发展模式的研究不断深入，日本、美国、欧盟、新加坡等相继提出构建"无废国家"、"循环型社会"等重大计划，将固体废弃物减量化、资源化作为转变经济发展模式的重要途径，并取得了积极成效。

（1）日本北九州市

北九州市的"无废城市"模式受到了全球的广泛关注，被联合国表彰为环境治理的典型城市。北九州市主要通过官、产、学、民合作机制，推动形成了环境局指导、北九州市环保公司规范处理、废弃物管理网络化共治、公民积极参与的"北九州无废城市模板"。

多年来，北九州市积极推行 3R（即减量化、重复使用、循环利用）来促进城市的物质循环。重点通过制定重点领域的政策法规来推进"无废城市"的持续建设，具体措施包括采用分体式废弃物收集和使用专门的生活垃圾袋等，同时积极宣传环境保护和废弃物管理理念、重视环保科研及人才培养、打造北九州市零碳社区和北九州市的生态镇中心等废弃物管理示范项目、加强废弃物管理国际合作和对外宣传。以上措施的高效实施，也持续提升了日本北九州市在环境治理方面的国内国际影响力。

（2）美国旧金山

旧金山市作为废弃物管理卓有成效的典范，于 2011 年被经济学人智库（Economist Intelligence Unit）评为北美最环保城市。2003 年，旧金山市就确定了"2020 年实现无废弃物"的目标，"无废弃物"是指对所有废弃物都不进行焚烧或填埋处理，而是进行回收利用和生物处理。

旧金山市废弃物管理具有悠久的历史。从二十世纪四十年代开始，旧金山市政府就通过强有力的领导力和执行力，依托于丰富的信息资源、灵活的激励措施、有效的公私合作和积极的居民意识，推进实施严格的废弃物相关政策，为实现"无废城市"奠定了坚实的基础。旧金山市简单易用的三色垃圾桶系统等基础设施减少了废弃物的产生、提高了资源的重复及循环使用率，而禁令实施、强制措施、征收费用等也为"无废"模式的广泛实施提供了强力的法律支撑。

（3）意大利卡潘诺里

意大利卡潘诺里被誉为欧洲无废城市的领军者，市内的垃圾回收率已经达到80%以上，并且仍在持续提高。卡潘诺里市从先"试点"到"普遍推进"的方式，依托垃圾管理主体间的共同协作及政府与企业的合作来实施科学的管理理念和"无废城市"管理机制。

意大利废弃物管理法律法规建立在欧盟相关框架指令之上，法律法规体系比较全面，分类也较细，包括生活垃圾、产品包装废弃物、工业废弃物、危险废物等。卡潘诺里靠无废计划（现在的垃圾转化率已超过 80%）已经实现了自给自足，当地采用"门到门"的垃圾回收策略和积极预防废弃物产生。卡潘诺里建起了欧洲首个无废弃研究中心，减少了产品设计造成的浪费。

（4）新加坡

新加坡素有"花园城市"的美称，在生态城市建设、环境质量改善和城市生物多样性保护等方面积累了丰富的经验。2011年新加坡提出"永续城市"的概念，"建设人民买得起的好房子"和"花园中的城市"被列为首要任务。2017 年，新加坡政府推出"未来城市计划"，投资推进宜居环境、永续发展和韧性城市建设。

　　新加坡遵循可持续发展的主导思想，将生态环境保护作为国家发展规划的重要组成部分，坚持在绿化环境、保护生态的前提下规划建设合理、舒适、具有活力和吸引力的城市空间和居住环境，为全世界城市环境保护实践提供了可供参考和借鉴的宝贵经验。

17.2　"无废城市"的理论基础

　　无废理念的核心是对于废弃物价值的重新定义，需要意识到废弃物是潜在的资源。无废理念要求的是应用一种系统整体性的方法，以全方位削减废弃物，降低废弃物管理过程中的风险，关注的不仅是废弃物产生后的管理，其所涵盖的范畴还包括预防废弃物产生、废弃物源头减量，供应链下游各环节的废弃物削减，减少废弃物填埋和焚烧。代表性的"无废城市"废弃物管理的基本理论有可持续物质管理（sustainable materials management）理论、基于"7R"的废弃物优先管理理论和基于大数据的废弃物管理理论。

1. 可持续物质管理理论

　　随着世界人口和经济的增长，全球对有限资源的竞争将加剧，如何使用物质是当今社会经济发展和环境保护的基础。可持续物质管理是一种系统的方法，可以在整个生命周期内实现物质更有效地利用和重复使用。可持续的物质管理代表着人类社会对自然资源使用和环境保护看法的变化。在资源有限的情况下，可持续的物质管理有助于提高生产效率和减少物质使用，有助于国家保持经济竞争力，同时实现社会繁荣和环境保护。

　　通过分析物质在整个生命周期中的使用方式，可持续的物质管理致力于：①以最有生产力的方式使用材料，减少物质的使用；②在产品的整个生命周期中少用有毒化学物质并减少环境影响；③确保有足够的资源来满足当今和未来社会的发展需求。

　　可持续物质管理超越了目前"废品回收"的行业模式，其目标是着眼于全社会的利益重新定义经济增长，在系统设计中充分考虑废弃物的物质流，逐渐使经济活动与资源消耗脱钩。可持续物质管理的系统框架如图 17.1 所示，要求产品在其生命周期内应具有多种用途，使其可以使用更长的时间，可以更经济地再用或回收，以减少成本和浪费并尽量避免废弃后进入垃圾填埋场处置。

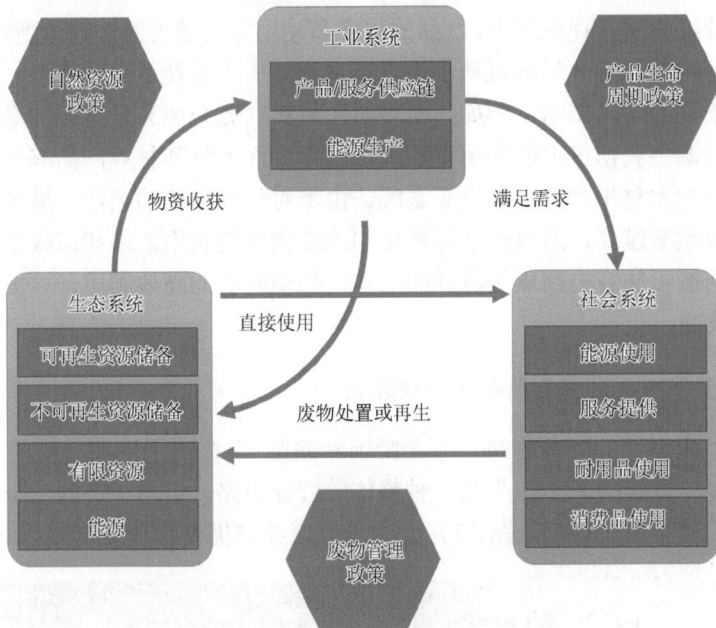

图 17.1 可持续物质管理的系统框架

可持续物质管理能够系统地解决从物料开采到产品报废的整个经济和环境过程。全流程物质管理涉及了工业系统、生态系统和社会系统之间复杂的相互作用。生态系统提供了驱动工业系统的原材料输入，为工业系统和社会系统提供各类服务，而工业系统和社会系统产生的废弃物可以通过回收、使用或处置返回生态系统。物质在整个生命周期的各个组成部分之间存在许多联系，因此，也存在着许多潜在的政策干预点。可持续物质管理的概念对于减少环境影响，并确保有足够的资源满足当今和未来社会发展的需求至关重要。在产品和服务的整个生命周期中，所有从自然界提取或衍生的无机或有机物质都应该纳入物质管理框架。水和空气被视为资源，除非将它们纳入产品，一般不会包含在物质的定义中。但是，材料的使用确实会直接影响空气和水的质量以及稀缺性。

可持续物质管理鼓励减少从自然界提取物料，并酌情选择使用可再生资源替代不可再生资源，鼓励对产品设计进行更改，以使用更少的材料、减少毒性并提高产品的可重复使用性和/或可回收性。从消费者的角度来看，可持续物质管理鼓励对环境影响最小的产品和服务消费。在该系统中，人们不但需要识别物质的真实价值，而且需要考虑与物质使用相关的环境影响，废弃物的概念发生了巨大变化。当前被认为可以丢弃的废弃产品和材料将越来越被认为是有价值的。曾经是"废弃物"的材料可被重新利用或成为新产品和新工艺的原料。未被再利用的可生物降解材料也将返回地球，在自然界实现循环。

在可持续物质管理框架下,产品的生产和使用方式随着时间的流逝逐渐变化,物质将以可持续的方式循环流动,用以丰富滋养而不是耗尽地球资源。不同的物质将需要不同的管理策略。例如,不可再生材料(如金属)最重要的是从每个有限单位的资源中获得最大的利用率和再利用率,而木材和林业产品等可再生能源必须包括保护木材生产的自然生态系统。由于对气候变化的关注,减少温室气体排放的要求越来越高,所以社会需要更加关注物质的利用效率和回收效率。解决气候变化问题可能会提高碳基能源的成本,推动物质的高效利用,并促进使用能耗较低的物质。

2. 基于"7R"的废弃物优先管理理论

针对"无废"的管理思路,"无废国际联盟"提出了更加严格的"7R"废弃物管理优先性策略。"7R"是一种整体的管理思路,考虑了产品从资源开采到最终处置的整个生命周期。图17.2是"7R"废弃物优先管理系统的示意图。

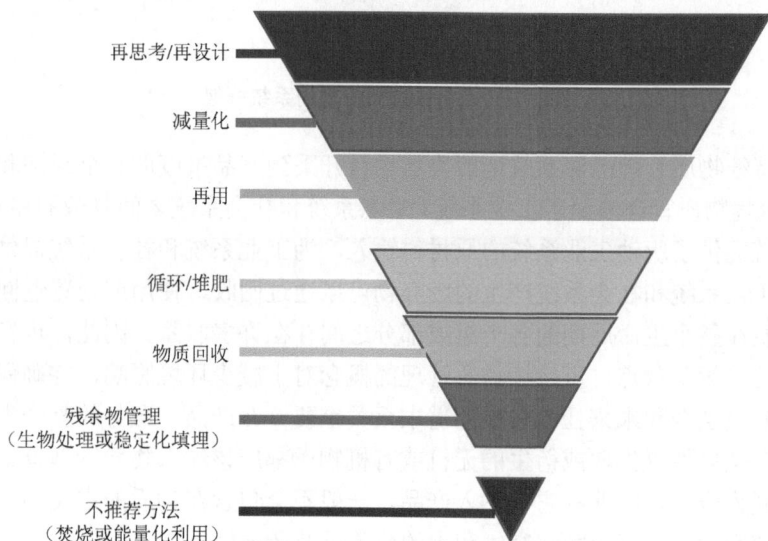

再思考/再设计

减量化

再用

循环/堆肥

物质回收

残余物管理
(生物处理或稳定化填埋)

不推荐方法
(焚烧或能量化利用)

图17.2 基于"7R"的废弃物优先管理系统

(1)再思考/再设计

再思考产品的设计,促进其可重复使用、可回收或可再生,并且易于拆卸。设计中使用无毒、耐用、可修复、可重复使用、可回收或可堆肥的材料。

构建促进物质循环的制造系统,以"无废"原则考虑产品的整个生命周期,并朝着更具可持续性的产品和过程发展。生产者和消费者遵循"7R"管理其废弃产品和包装物。

提供信息以进行明智的决策,识别并淘汰阻碍物质循环的"问题"材料,注意并避免那些导致不必要的系统消耗。制定新的激励措施抑制浪费,促进材料的循环使用。通过财务和金融政策激励措施来支持循环经济,减少对自然资源的消耗。

促进和实施鼓励支持地方经济的政策和制度,促进商品和服务的提供方式从"商品所有权"向"共享"的转变。重新考虑购买需求,寻找替代商品所有权的方法。

（2）减量化

实施可持续消费,支持社会、环境及地方市场目标的实现,有计划地购买和消费易腐物品,以最大程度地减少由于其腐败变质而造成的废弃。

最大限度地减少有毒材料的使用数量,减少产品生产、产品使用和服务提供所需的生态足迹。

选择可最大限度延长使用寿命和可持续重复使用的产品,选择由易于回收和连续再用材料制成的产品。

（3）再用

最大限度地重复利用材料和产品,通过维护、修理或翻新以保持其使用价值和功能。促进零件再制造,拆卸并保留"备用"零件,用以维修和保养在用产品或重新利用产品作其他用途。

（4）循环/堆肥

构建促进物质循环的再生系统,将物料保留在其原始产品的循环中,并保护物料的全部用途。维护多样化的转移系统,以最大程度充分地利用包括有机物在内的所有材料。尽可能地回收和利用再生材料,开发有弹性的当地市场,促进再生材料的收集和循环。

提供激励措施促进清洁堆肥和物料再生的循环流动,支持并扩展堆肥系统,使其尽可能靠近废弃物产生源（优先或尽可能在现场或本地进行堆肥）。当无法进行家庭/分散式堆肥时,再考虑进行工业堆肥,或者在条件允许的情况下进行厌氧消化。

（5）物质回收

通过充分的源头分类,最大程度地从混合废弃物中回收物质。在条件允许的情况下,使用常温常压系统进行物质回收。

（6）残余物管理

针对无法回收的残余物管理,通过完善信息系统,对再设计、减量化、再用和物质回收系统进行持续改进,以进一步减少和防止产生废弃残余物。规划相关系统和基础设施,以减少残余物总量并改变其组成,通过责任延伸管理来控制有毒残渣的产生。

通过生物处理方法确保可发酵残余物环境影响的最小化,鼓励资源保护并阻止残余物的破坏性处置，最大程度上避免有害气体的产生和释放，实现最大程度的有害气体收集。充分利用现有的垃圾填埋场容量，对垃圾填埋场实施责任管理，使其使用寿命最大化。

（7）不推荐方法

通过政策减少或避免使用焚烧方法处置有机物和可回收废物，不支持会产生废弃物的能源化处理系统，不允许有毒残留物进入消费产品或建筑材料。

3. 基于大数据的废弃物管理理论

固体废弃物的本质属性是污染性，但也具有一定的资源性，具有二元性的特点。固体废弃物虽然可以在一定技术和市场条件下转换为资源，但是这种转化过程存在着潜在的环境风险。一般来说，固体废弃物管理的整个周期涉及了多个环节，涵盖了废物的产生、贮存、收集、转运、利用、回收和处置等，伴随的环境风险也具有隐蔽性和可移动性的特点。传统的管理手段容易形成条块分割，很难掌握固体废弃物全生命周期各个环节的准确信息，不利于废弃物资源的充分利用和环境风险的高效防控。

大数据等信息技术的发展，促进了原有固体废弃物管理模式逐步向数字化和信息化转变。应用大数据进行固体废弃物管理具有明显的优势。首先，近年来城市固体废弃物的产生量激增，废弃物的产生、贮存、转运、利用和处置等环节正在产生海量的数据。其次，固废行业相关的企业数量众多，大数据物联网技术可以通过数据的快速和动态管理，对这些企业的废弃物处理全过程进行实时监管。另外，固体废弃物管理过程的信息，如各类传感器的采集数据、污染排放的点位数据、实时采集的音频和视频数据等，大多数是非结构化的复杂数据，非常适于大数据系统的处理模式。大数据平台建成后，不但可以为管理部门提供决策支持，还可以支持固体废弃物的高效网上交易，从而产生巨大的数据价值。

基于大数据的固体废弃物管理符合信息时代的发展趋势。大数据的应用重点如图17.3所示，主要体现在以下几个方面：一是提供可靠的数据平台，实现信息充分共享和公开，服务于社会需求；二是提供积极的辅助决策支持，促进管理部门简政放权和智慧管理，服务于固体废弃物管理需求；三是整合应急的环境资源，采集和分析固体废弃物产生、贮存、转移、利用和处置等环节的实时数据，服务于环境风险应急救援。

传统的条块分割管理是一种亡羊补牢式管理思维，其管理路径为出现问题、分析问题、提出方案和解决问题。而基于大数据的管理是一种智能化的主动管理思维，其管理路径是风险避免优先思维，通过大数据模式，进行数据收集、分析量化、找出关系、优化方案，从而实现最大程度的风险防控。

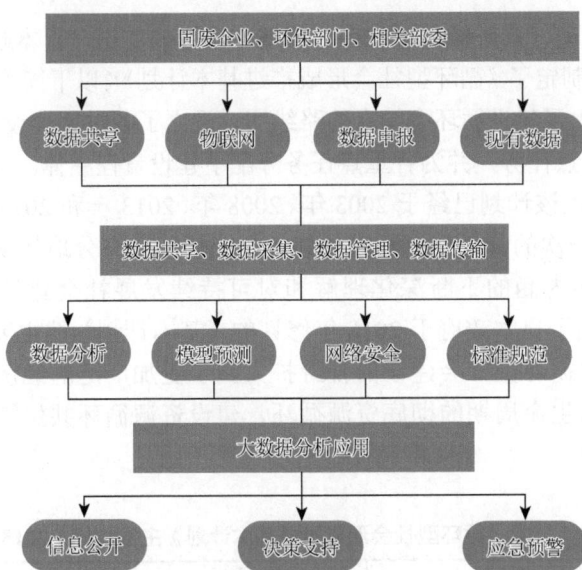

图 17.3 固体废弃物管理大数据应用概念框架

同时，现代物联网技术具有全面感知、可靠传递、智能控制的特征，已成为数据采集和实时监管的重要手段，可以为稳定、可靠、安全和可扩展的固体废弃物数据网络体系平台构建提供技术支撑。物联网技术可以通过废弃物产生到处置的全过程实时动态数据采集，实现废弃物全生命周期高效监管。应急管理部门则可以通过物联网大数据平台，掌握废弃物的基本属性和存放情况，并实时监管废弃物的实时点位、转移路线、配套措施，了解废弃物处置的情况和周边环境敏感区域的实时信息，为高效的环境风险防控奠定扎实的数据基础。

17.3 "无废城市"管理指标体系

17.3.1 日本《循环型社会形成推进基本计划》指标体系

第二次世界大战后日本在工业和经济领域迅速发展，生活垃圾的产生量随着生活水平的提高迅速增加，但处理设施的增长速度明显落后于垃圾产生量的增加速度，大量城市生活垃圾非法堆放，造成了很大的环境问题。日本由于土地资源和能源供给的匮乏，难以建设大量的废弃物最终填埋场，因此政府不得不开展了加强资源节约和环境保护的行动。2000 年，日本政府出台了《循环型社会形成推进基本法》，通过国家和地方积极引领、推动产业界和民众的积极参与，坚持推动循环型社会建设已经超过了 20 年，取得了积极和明显的成效。

为全面地推动《推进循环型社会形成基本法》的实施，日本政府研究了针对性的相关对策，制定了《循环型社会形成推进基本计划》（以下简称《基本计划》）。《基本计划》提出了建设循环型社会的路线图，设立了各时期建设要完成的目标，明确了建设的重点任务，并为各重点任务分配了建设责任主体。随着循环型社会建设进度的推进，该计划已经于 2003 年、2008 年、2013 年和 2018 年进行了 4 次修订。每 5 年一次的计划修订和具体任务相应调整，充分地体现了日本政府对建设循环型社会内涵的不断深化理解和对可持续发展社会建设资源的整合调整。表 17.1 列出了日本政府于 2018 年修订的《基本计划》的主要指标，可以看出，日本已经将循环型社会建设的视野扩大到了更加广泛的经济、社会层面，拟通过整个产品生命周期的彻底资源循环，建设资源循环共生圈，给整个地区的发展提供动力。

表 17.1　日本《循环型社会形成推进基本计划》主要指标（2018 版）

指标种类	指标	数值目标	目标年	备注
物质流入口侧	**资源生产率**	**约 49 万日元/t**	**2025 年**	—
	剔除非金属矿物资源投入以后的资源生产率	约 70 万日元/t	2025 年	—
	初次资源等价换算的资源生产率	—	2025 年	—
	※天然资源消耗量		2025 年	与 SDGs 指标的比较验证
	人均初级资源等价换算的资源生产率	—	2025 年	与 SDGs 指标的比较验证
物质流循环	**入口侧循环利用率**	**约 18%**	**2025 年**	—
	出口侧循环利用率	**约 47%**	**2025 年**	—
	一般废弃物出口侧循环利用率	约 28%	2025 年	废弃物处理基本方针
	※产业废弃物出口侧循环利用率	约 38%	2025 年	废弃物处理基本方针
物质流出口侧	**最终填埋量**	**约 1300 万 t**	**2025 年**	—
	※一般废弃物的排放量	约 3800 万 t	2025 年	废弃物处理基本方针
	※一般废弃物的最终填埋量	约 320 万 t	2025 年	废弃物处理基本方针
	※产业废弃物的排放量	约 3.9 亿 t	2025 年	废弃物处理基本方针
	产业废弃物的最终填埋量	约 1000 万 t	2025 年	废弃物处理基本方针

加粗字体：代表性指标；未加粗字体：辅助指标；※：补充的新指标。

17.3.2　中国"无废城市"建设指标体系

2019 年 5 月 8 日，生态环境部发布了《"无废城市"建设指标体系（试行）》，该指标体系参考了中国生态文明建设评价目标框架体系,借鉴了发达国家经验和中国循环经济发展指标体系及绿色发展指标体系等统计指标体系,设定了固体废物源头减量、资源化利用、最终处置、保障能力、群众获得感等 5 个一级指标,并在其下设计了 18 个二级指标和 59 个三级指标。2021 年生态环境部对相关指标进行了更新,最终确立了 5 个一级指标、17 个二级指标和 58 个三级指标(表 17.2)。

表 17.2 中国生态环境部"无废城市"建设指标体系(2021 年版)

序号	一级指标	二级指标	三级指标
1	固体废物源头减量	工业源头减量	一般工业固体废弃物产生强度★
2			工业危险废物产生强度★
3			通过清洁生产审核评估工业企业占比★
4			开展绿色工厂建设的企业占比
5			开展生态工业园区建设、循环化改造、绿色园区建设的工业园区数占比
6			绿色矿山建成率★
7			城市重点行业工业企业碳排放强度降低幅度
8		农业源头减量	绿色食品、有机农产品种植推广面积占比
9			畜禽养殖标准化示范场占比
10		建筑业源头减量	绿色建筑占新建建筑的比例★
11			装配式建筑占新建建筑的比例
12		生活领域源头减量	生活垃圾清运量★
13			城市居民小区生活垃圾分类覆盖率
14			农村地区生活垃圾分类覆盖率
15			快递绿色包装使用率
16	固体废物资源化利用	工业固体废物资源化利用	一般工业固体废弃物综合利用率★
17			工业危险废物综合利用率★
18		农业固体废物资源化利用	秸秆收储运体系覆盖率★
19			畜禽粪污收储运体系覆盖率
20			秸秆综合利用率★
21			畜禽粪污综合利用率★
22			农膜回收率★
23			农药包装废弃物回收率
24			化学农药施用量亩均下降幅度
25			化学肥料施用量亩均下降幅度
26		建筑垃圾资源化利用	建筑垃圾资源化利用率★

续表

序号	一级指标	二级指标	三级指标
27	固体废物资源化利用	生活领域固体物资源化利用	生活垃圾回收利用率★
28			再生资源回收量增长率
29			医疗卫生机构可回收物资源回收率★
30			车用动力电池、报废机动车等产品类废物回收体系覆盖率
31	固体废物最终处置	危险废物安全处置	工业危险废物填埋处置量下降幅度★
32			医疗废物收集处置体系覆盖率★
33			社会源危险废物收集处置体系覆盖率
34		一般工业固体废物贮存处置	一般工业固体废弃物贮存处置下降幅度★
35			完成大宗工业固体废弃物堆存场所（含尾矿库）综合整治的堆场数量占比
36		农业固体废物处置	病死畜禽集中无害化处理率
37		生活领域固体废弃物处置	生活垃圾焚烧处理能力占比★
38			城镇污水污泥无害化处置率★
39	保障能力	制度体系建设	"无废城市"建设地方性法规、政策性文件及规划制定★
40			"无废城市"建设协调机制★
41			"无废城市"建设成效纳入政绩考核情况
42			开展"无废城市细胞"建设的单位数量（机关、企事业单位、饭店、商场、集贸市场、社区、村镇）
43		市场体系建设	"无废城市"建设项目投资总额★
44			纳入企业环境信用评价范围的固体废弃物相关企业数量占比
45			危险废物经营单位环境污染责任保险覆盖率
46			"无废城市"绿色贷款余额
47			"无废城市"绿色债券存量
48			政府采购中综合利用产品占比
49		技术体系建设	主要参与制定固体废物资源化、无害化技术标准与规范数量
50			固体废物回收利用处置关键技术工艺、设备研发及成果转化
51		监管体系建设	固体废物管理信息化监管情况★
52			危险废物规范化管理抽查合格率
53			固体废物环境污染刑事案件立案率★
54			涉固体废弃物信访、投诉、举报案件办结率
55			固体废物环境污染案件开展生态环境损害赔偿工作的覆盖率
56	群众获得感	群众获得感	"无废城市"建设宣传教育培训普及率
57			政府、企事业单位、非政府环境组织、公众对"无废城市"建设的参与程度
58			公众对"无废城市"建设成效的满意程度★

注：★必选指标。

一级指标主要体现了"无废城市"建设中将固体废弃物环境影响降至最低的理念，主要通过综合引领，促进新发展理念的落实、长效机制的建立和全民参与，持续推进固体废弃物源头减量和资源化利用，最大限度减少填埋量。

二级指标主要针对固体废弃物管理制度体系、技术体系、市场体系和监管体系建设等进行设置，属于具有典型带动意义的专项指标，拟通过推动形成绿色发展方式和生活方式，针对性地解决我国固体废弃物领域的突出问题。二级指标分别在工业、农业、建筑业、生活等领域，从源头减量、资源化利用、最终处置三个方面均针对性地设置了指标。同时，还在保障能力方面也设定了相关指标。

三级指标主要是为统计和评估设定的指标，分为三类。第一类指标筛选自现有的国民经济统计调查指标体系，用于衔接和比较历史和现状数据；第二类指标主要来源于各类国家专项规划、方案等重大战略部署任务的专项调查指标，用于连接"无废城市"建设和其他国家重点任务；第三类指标主要根据试点任务进行设定，服务于调查评估。

其中，三级指标只有 26 项为必选，32 项为可选。这种指标设定方式正是为了鼓励试点城市结合自身特点，实事求是地根据城市的发展水平进行设定。"无废城市"的必选指标主要由现有统计调查制度中的已有指标构成，所有试点城市都是目前调查统计系统已经涵盖的指标，有助于各试点城市落实"无废城市"建设核心目标，并进行各城市间的横向比较。

此外，《"无废城市"建设指标体系（试行）》还纳入了自选指标。试点城市可在三级指标中增设自选指标，以充分体现城市发展阶段、试点城市特色、重点和亮点。自选指标可以结合城市自身的发展定位、发展阶段、资源禀赋、产业结构和经济技术基础等要素的实际情况。"无废城市"建设自选指标的设置也可以为完善我国固体废弃物统计制度提供有益的经验探索。

17.4 日本北九州"无废城市"模式

北九州市是受气候变暖影响的一个重点区域，在全球加强气候治理和低碳发展的时代机遇下，推动本市低碳发展，加强环境保护，以及推动"无废城市"不断发展是必须采取的行动。

17.4.1 北九州城市经济社会发展情况

北九州市位于日本九州的经济中心福冈县，全市面积约 490 平方千米，人口约 97 万，是日本九州人口规模第二大的城市、全日本第十三大城市。北九州市是日本行政区制中为数不多的 20 个政令指定都市之一，其在行政上享受高度自治权。北九州是日本明治时代工业革命的起点，也是日本最主要的工业城市和港口城市之一，当地的工业非常发达，钢铁、化学、机械化工、食品加工、陶瓷等诸多产业都闻名于整个国家。北九州市 2014 年的全市生产总值为 35358 亿日元（约人民币 2141 亿），"三产"比例为 0.4%、35.9%、63.7%，服务业占比最大。

17.4.2　北九州"无废城市"的管理机制

北九州市环境局要求企业实施严格、科学的废弃物分类，按流程规范化处理都市固体废物。北九州市环境局提供废弃物管理监管和监测，并指导企业减少工业废弃物产生和进行适当的回收与处置（图 17.4）。此外，市政府相关机构检查工业活动，全面使用处置确认单（清单）确保废弃物的可追溯性和按规范彻底处置。此外，北九州市会定期进行实地调查，了解本市工业废弃物生产和处置情况。日本《基本计划》中的长期远景和战略方针也从地方政府的角度表达其政治意愿，为不同利益攸关方之间建立共识和协议提供了机会，有助于北九州市精心地策划和执行新的废弃物管理系统。

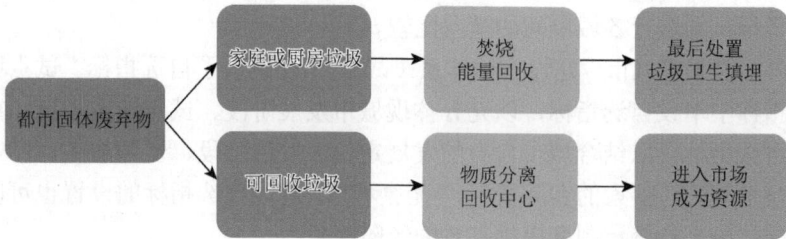

图 17.4　日本北九州市都市固体废弃物管理系统

日本的自然资源较为匮乏，分类回收是废弃物资源化的重要手段。因此日本的公共场所，如自动售卖机旁、停车场、机场、火车站、风景区都有废弃物分类回收箱。城市的废弃物分类为生活废弃物、工业废弃物两大类。其中，生活废弃物分为可燃废弃物、不可燃废弃物、大件废弃物和资源废弃物等 4 大类，具体的分类体系及投放方式如下。

第一类为可燃废弃物，需要放入市指定的垃圾袋，进行定时定点投放，其中包括厨余、报纸、纸箱、纸盒、杂志、旧布料和包装容器等。

第二类为不可燃废弃物，需要放入透明或半透明的塑料袋定时定点投放，其中包括金属、玻璃、破碎的家电制品、陶瓷和塑料等。

第三类为大件废弃物，需要测量大小，当废弃物最长部分的长度为 50cm 以上时即被认定为大型废弃物。这类废弃物需要按照长度交完大件废弃物处理费用，才能接收和处理。对于 2m 以上以及 70kg 以上的物品，不能进行常规收集，需要预约大件废弃物受理中心进行专门处理。相应的废物包括电视机、冰箱/柜、洗衣机、空调机等白色家电及金属类、家具类、陶瓷器类、不规则形状的罐类、被褥、草席和自行车等。

第四类为资源废弃物，需要将其清空后冲洗，放入透明或半透明的塑料袋投放，主要包括饮料瓶、无色透明瓶、茶色瓶和其他可直接再利用的瓶类等。

北九州市从 1998 年就引入了收费的垃圾袋收集系统，这是日本规模较大的城市首次尝试使用这种收费系统。居民被要求购买指定的彩色塑料袋，把他们的家庭废弃物进行分类和分别投放。指定的彩色塑料袋价格是基于支付要处理的废弃物的成本制定的，取得较好的效果。三类塑料袋的价格和大小分别为 15 日元（45L）、12 日元（30L）、8 日元（20L）。北九州市规定市民需将生活废弃物装入专用垃圾袋（指定袋）并在指定日期投放至指定地点。对未按规定扔出的生活废弃物将不予回收。

关于废弃物的投放规定，北九州市分别有英语、中文、韩语、越南语等四国语言标注的详细信息，以便让居民牢记规范，在投放废弃物的时候共同遵守。北九州市废弃物回收点用蓝色网状物覆盖，以防止狗、乌鸦等动物翻啄破坏。同时，社区居民会采取志愿的方式打扫卫生，并管理和监控回收点。整个城市使用三种不同的车辆进行废弃物收集，然后由专业的环保公司进行科学、规范和有序的处理。

北九州市搭建了官、产、学、民共同参与的网络化的废弃物管理共治体制。北九州生态工业园区的建设以地方为主体，中央和地方政府进行行政辅助和管理。通过企业、研究机构、行政部门积极参与和高效合作，形成了多领域一体化的生态工业园区管理和运作模式。政府、企业以及社会各界在二十世纪七十年代纷纷联合起来，引入了新兴产业和高端研究机构，以高科技改善北九州的环境治理，推进工业领域的循环经济发展和限制污染物排放，重塑环保、干净、宜居的城市形象。

北九州市实施了以公众参与为中心的治理机制，公众参与已经成为北九州市环境管理中最广泛、最有力的一股社会力量，在政府、企业、公众的"三元结构"中发挥着巨大的作用。政府向社会和市民公开环境风险方面的信息，以加强与市民之间信息沟通。企业也要求制定风险管理与风险评价的方法，降低和避免相关环境和社会风险，并做到信息和设施公开，与市民共享信息，尽力消除市民的不安与不信任。

17.4.3　北九州"无废城市"的相关法律法规

早在 1971 年，北九州市在国家尚未设置环境厅之前，就设立了公害对策局（现为北九州市环境局），陆续制定了比国家法律更为严格的《北九州市公害防治条例》，并与市内主要企业签订公害防治协定。北九州市在 1993 年首次提出了"废弃物治理及循环利用代替处理"的基本政策，以推动实施清洁环保的焚烧方式，该政策不仅减少了废弃物对环境的破坏，还可以为居民供热、供电，使废弃物成为有价值的工业原料。

随后，日本政府针对各类废弃物的收集和处理，建立了相关的法律体系。其中，《循环型社会形成推进基本法》是废弃物管理法律的基本框架，《资源有效利用促进法》主要为了促进 3R 的总体实施。针对废弃后不易处理的特殊物品，还制定了《个别回收利用法》。北九州市根据国家的相关法律，将固体或者液体废弃物品、大件废弃物品、燃烧渣、污泥、粪尿、废酸、废碱、动物尸体及其他废弃物全部纳入了废弃物法律的管理范围。

近年来，北九州市进一步推行技术改造和循环利用政策，其基本行为内容是：通过各种方式减少生活废弃物的产生量，利用可以重复使用或循环利用的生活废弃物，对不可利用的废弃物进行适当的处理转换成资源或能源，以降低资源消耗并减轻环境负荷。政府提出了要建设高水平的物质循环社会，通过 3R 行动在推进物质循环社会的建设过程中起到了领导作用，降低对资源的消耗，减轻对环境的污染。

17.4.4　北九州"无废城市"具体措施和方案

1. 将促进环保行动作为城市居民必须学习的内容

这些活动的重点是通过开展宣传和各种环境活动，建立一个关心 3R 资源和废弃物管理的原则。在环境保护理念指导下，北九州市最先建立了生态工业园区即生态镇（eco-town），目标是经济环保化和环保经济化，以实现资源的循环利用。在生态镇，人们可以了解塑料的回收利用及制作再生产品的流程，了解汽车拆解回收的过程，提高居民对资源回收再利用和清洁能源开发的认识和环保意识。

北九州政府还组织开展了如汽车"无空转活动"、"家庭记账本"和"清洁城市活动"等各类宣传活动，其中，"无空转活动"组织城市居民制作宣传标志，控制汽车尾气排放；"家庭记账本"组织家庭自发将家庭的生活与削减二氧化硫联系起来，以减少污染物排放；"清洁城市活动"以美化环境为主题，组织社区开展环境卫生清理活动。

2. 出台政策和财政支持废弃物收集管理

北九州市政府建立了生态工业园区补偿金制度。对于进入园区的具有先进技术的企业，政府最高会补助其企业建设经费的 1/3～1/2。同时，政府还会对废弃物相关的科研机构和检验机构进行科研补助。政府对入驻园区企业的补助，主要体现在土地、选址、建设项目立项等方面。例如，入园企业属于自购土地的，新建项目最多可补助 10%；而扩建项目的企业，最多可补助 6%；属于租赁土地的企业，可在项目运行的第一年免除一半的租金。为促进废弃物的减量化和资源化，北九州政府还制定了针对性的征税优惠的条例。

在投资和融资政策方面，北九州的环保产业相关的项目，如 3R 相关事业或废弃物处理设施建设等，也都可以得到税收优惠。环保产业一般是指企业向社会提供环境保护技术或产品的产业总称，涵盖了环保产品制造、环保服务、工程建设、排放控制、污染清理和废弃物处理等。环保是一个产业，要想长期维持下去，就不能只投入不产出，环保企业只有盈利才能生存下去，才能使环保工作获得长期良性发展。北九州市环保产业发展已经成为重要的支柱产业，形成了包括废弃物回收利用、污水处理、新能源、智能电网等在内的新型产业集群和产业优势。

3. 高度重视环境科研及人才培养

百年的工业化历史为北九州市积累了丰富的产业技术及人才优势。为发展循环经济相关科学和技术，早在 1994 年北九州市就开始组建"北九州学术研究城"。目前的北九州生态工业园已经有几十家知名大学和企业研究机构进驻，如早稻田大学、北九州大学、英国克兰菲尔德大学和新日铁公司研究机构等。政府、企业和多所大学在生态工业园建立了多个联合试验基地，吸收了大量人才进行高水平科学研究和实证示范。大学和研究所的进驻为工业园的人才培养与科技发展营造了良好的环境，也促进了最尖端的高新技术在第一时间就能应用于企业和创造利润。

4. 示范"零碳社区"和"生态镇中心"的废弃物管理

北九州市的"生态镇中心"是为了支撑北九州"生态镇"事业建设的综合核心设施，也可以作为居民第一个有关垃圾处理厂的环境学习设施。"生态镇中心"向参观者介绍和展示生态镇事业、再生工厂和研究设施，除了配备可以进行研修的会议室和废弃物研究设施，还有展示生态镇内的废旧资源再生工厂和研究设施。北九州市的生态城市工程将废弃物作为资源来循环使用，并创造了几千个就业机会。

5. 加强国际合作和对外宣传，积极推广废弃物分类宣传

为了进一步推进城市间的合作活动，北九州市通过建设低碳社会、构建资源循环、培养市政人才等，在环保领域与多个城市建立合作关系，并以此为目的缔结城市间协定。环保友好城市（green sister city）是北九州特有的一项制度，旨在有效推

动发展、扩大双方利益。通过城市间的网络建设，加强加盟城市间的环境合作事业。目前，各加盟城市均以实现"环境先进城市"为目标，展开各自城市建设。

17.5　中国绍兴市"无废城市"试点模式

17.5.1　绍兴市城乡发展概况

绍兴市地处浙江省中北部、杭州湾南岸。东连宁波市，南临台州市和金华市，西接杭州市，北隔钱塘江与嘉兴市相望，全境域东西长 130.03km，南北宽 116.86km，陆域总面积为 8279km^2，是具有江南水乡特色的文化、生态旅游城市。

绍兴市辖越城区、柯桥区、上虞区、诸暨市、嵊州市及新昌县，常住人口 503.5 万人。2021 年全市生产总值（GDP）6795 亿元，比上年增长 8.7%。其中第一产业增加值 227 亿元，增长 2.5%；第二产业增加值 3228 亿元，增长 10.7%；第三产业增加值 3340 亿元，增长 7.4%。人均生产总值 127875 元，比上年增长 7.9%。

在城市总体发展方面，《绍兴市国民经济和社会发展第十四个五年规划和二〇三五年远景目标纲要》提出，到 2025 年全市生产总值达到 8500 亿元，人均生产总值达到 15 万元，率先走出争创社会主义现代化先行省的市域发展之路。

在城市产业发展方面，绍兴市的工业化以绿色、高端、智能、高效为亮点，突出大产业、大平台、大企业、大项目带动效应。针对目前绍兴市产业分布和发展情况（图 17.5），市政府制定了《中国制造 2025 绍兴实施方案》和《加快推进互联网应用的实施计划》，重点提升发展"八大"产业，统筹产业布局，加快形成三次产业融合发展。

在生态环境保护方面，绍兴市以"建设生态绍兴，共享品质生活"为总体目标，着眼于进一步提升市域的环境承载力和竞争力，促进"美丽绍兴"建设。绍兴市坚持以重大问题和重大需求为导向，为全面改善市域生态环境质量和提升生态保护水平、污染防治效果和环境管理能力，政府全面实施了治水、治气、治土和保障辐射安全战略，组织开展了生态保护修复、工业污染整治、农业污染防治、城乡环境整治和管理能力建设等重大工程。

17.5.2　绍兴市固体废弃物概况

1. 一般工业固体废弃物

绍兴市的一般工业固体废弃物主要来自采矿、环境治理、印染等行业，主要的一般工业固体废弃物种类有工业污泥、粉煤灰和炉渣、尾矿和脱硫石膏等（图 17.6）。2021 年，绍兴市的一般工业固体废弃物产生总量为 426.72 万 t，其中综合利用、填埋、制备建材、焚烧等方式利用或处置量约为 425.84 万 t，综合利用率达到 90%，规范化利用处置率超过 99.9%。

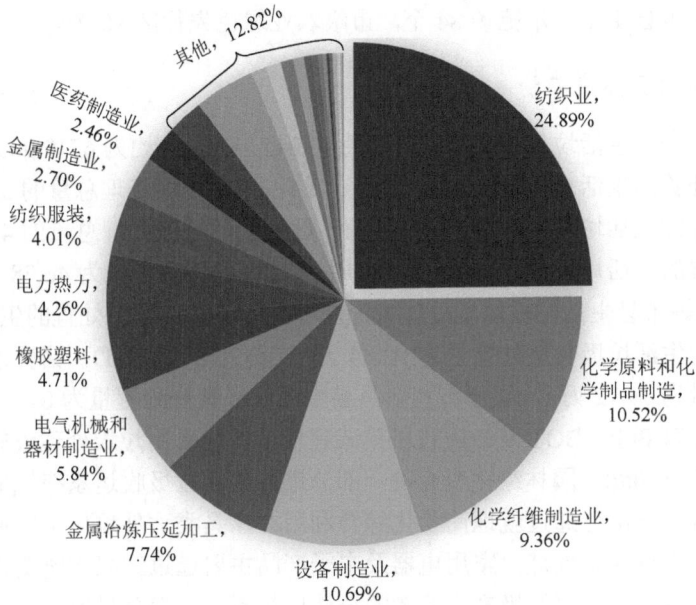

图 17.5 绍兴市产业分布和发展概况

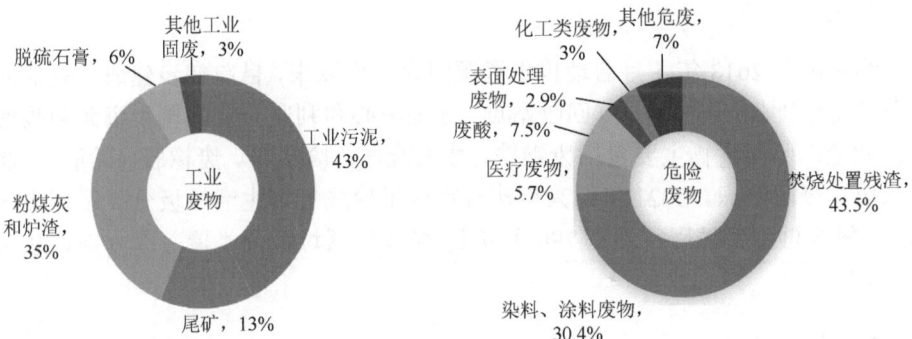

图 17.6 绍兴市一般工业固体废弃物和危险废物产生情况

2. 农业源固体废弃物

绍兴市的农业源固体废弃物主要包括畜禽粪污、农业秸秆、废旧农膜、农药废弃包装物。通过全面实施"肥药两制"改革，开展"无废农业"建设，在全省率先探索建立农膜回收"以旧换新"和财政补贴制度。全市畜禽粪污综合利用率达 92.01%，农作物秸秆综合利用率达 96.67%，农村清洁能源利用率达 83%，农药废弃包装物处置率为 100%。积极开展农业绿色示范创建，累计建成省级农业绿色先行县 4 个、农业绿色先行区 18 个、"肥药两制"改革示范农资店 31 家、水产健康养殖示范县 1 个、示范场 84 个，市级农业绿色先行区 90 个。

3. 生活源固体废弃物

绍兴市全市生活垃圾收集与处理总量约 245.28 万 t（约为 6719.90t/d）。其中，通过填埋处置的生活垃圾量约 126.72 万 t，约占生活垃圾处理总量的 51.67%，通过焚烧处置的生活垃圾量约为 118.56 万 t，约占生活垃圾处理总量的 48.33%。通过填埋处置的生活垃圾量中，市区本级的生活垃圾填埋处置量为 46.78 万 t，诸暨、嵊州、新昌等市县生活垃圾填埋处置量为 79.94 万 t；通过焚烧处置的生活垃圾中，市区本级的生活垃圾焚烧处置量为 98.84 万 t（约为 2707.9t/d），诸暨市生活垃圾焚烧处置量为 19.72 万 t，嵊州市和新昌县生活垃圾焚烧处置量为 0。

绍兴市以 PPP、BOT 及政府投资模式建成了 5 座餐厨垃圾处理设施，厨余垃圾处理规模 500t/d。园林绿化废弃物一部分进入生活垃圾收运系统，最终经焚烧或填埋处置，一部分通过就地简易化综合利用。家具类大件垃圾主要通过再生资源回收体系进行收集处理，家用电器及电子产品主要通过绍兴市物资再生利用有限公司进行收集。建筑垃圾产生总量的统计口径不一，但总量巨大。建筑装修垃圾由各小区物业公司统一收集后处理，以填埋处置为主。

4. 可回收物

绍兴市自 2018 年 5 月启动再生资源回收工作以来，目前初步建成了涵盖回收车/智能回收站/居民自送、回收站点、分拣中心和利废企业的再生资源回收四级产业链；可回收物主要包括废钢铁、废旧金属、废塑料、废橡胶（轮胎）、废旧家电、废旧纺织。2021 年绍兴市建设完成了建成省级生活垃圾分类示范小区 60 个、村级再生资源回收站点 790 个以上，城乡生活垃圾分类覆盖率分别达 95% 和 100%。

5. 危险废物

2021 年，绍兴市全市各类危险废物产生总量约 44.61 万 t，安全处置量 45.01 万 t。其中，染料（涂料）废弃物、表面处理废弃物和医药废弃物的综合利用率相对较低。全市贮存 0.99 万 t 危险废物。绍兴市全市已建成焚烧、填埋、物化及水泥窑协同处置设施能力为 35.6 万 t/年。

17.5.3　绍兴市"无废城市"建设目标

2022 年 10 月 11 日，绍兴市人民政府办公室发布了《绍兴市全域"无废城市"建设实施方案（2022—2025 年）》。该方案依据绍兴市的自身发展定位、发展阶段、资源禀赋、产业结构和经济技术基础，提出的"无废城市"建设目标涵盖了固体废弃物全过程管理与多部门协同、大宗工业固体废弃物贮存处置总量、农业废弃物全量利用、生活垃圾减量化资源化、危险废物全面安全管控等多个方面，用以促进形成"无废"的固体废弃物管理新模式，具体的措施包括健全规章制度、促进技术创新、推进市场机制和强化监管能力等。

目标是到 2025 年全面完成"十四五"时期"无废城市"建设任务并通过国家评估，市及各区、县（市）完成全域"无废城市"建设。全市固体废物产生强度明显下降，资源化利用水平明显提升，无害化处置得到有效保障，环境风险得到有效防范，减污降碳协同增效作用充分显现，多跨协同、整体智治体系基本建成，固体废物治理体系和治理能力得到明显提升，"无废"理念得到广泛认同，群众满意程度不断提高，以全民生态自觉，推动"无废城市"向"无废社会"跃升。

17.5.4　绍兴市"无废城市"实施方案

绍兴市的"无废城市"实施方案包括强化源头减量、提升分类意识、规范收集体系、完善资源化利用体系、提升基础设施处置水平、推进数字监管、强化问题发现机制、加大扶持力度和建立长效格局等九个方面。

（1）强化源头减量

以削减固体废物产生量为目标，全面实施以"三线一单"为核心的生态环境分区管控体系，有效遏制高能耗、高排放项目盲目发展，优化能源结构和产业结构，加快淘汰落后产能，从严控制固体废物产生量大、处置难的项目上马。

实现印染、化工等传统产业升级式集聚、集约化发展，到 2025 年，全面完成印染化工跨区域集聚提升。打造"无废印染"产业模式，提升印染行业固体废物减量化和资源化利用水平。全面实施纺织印染、化工、金属加工三大传统制造业和黄酒、珍珠两大历史经典产业绿色化、智能化改造。深入推进轴承、袜业、电机、厨具等省级传统产业改造提升分行业试点，打造一批具有标识度的传统产业改造提升示范地。加快制造业数字化、网络化、智能化升级和工业互联网平台建设，建成 3～5 个省级工业互联网平台。

推动园区企业内、企业间和产业间物料闭路循环，实现固体废物循环利用，全市具备条件的省级以上园区（包括经济技术开发区、高新技术产业开发区等各类产业园区）全部实施循环化改造。强化集团公司内部固体废物资源化利用，以行业龙头企业为代表，努力打造"无废集团"。

推动实施危险废物、一般工业固体废物源头减量项目，一般工业固体废物产生强度持续保持负增长。实施绿色开采，建设绿色矿山，提升尾矿等大宗工业固体废物资源化利用水平，减少尾矿库贮存量。

高标准完成政府采购支持绿色建材，促进建筑品质提升国家试点建设。推行全装修交付，减少施工现场建筑垃圾产生。结合未来社区建设，开展绿色低碳生态城区、高星级绿色零碳建筑、（近）零能耗建筑示范创建，全市二星级及以上绿色建筑占新建民用建筑比例达到 45%以上，三星级比例达到 7%以上。推广应用装配式建筑，全市装配式建筑占新建建筑比例达到 40%以上。

深化肥药减量行动。重点推广应用"刷脸"、"刷卡"等农药化肥实名购销技术，全面实施种植业肥药减量增效、畜牧业抗菌药减量化和饲料环保化行动，从严管控肥药使用量，推动农业绿色优质发展，化肥农药使用量实现逐年负增长。

（2）提升分类意识

规范设置居民区、党政机关、企事业单位、社会团体、公共场所、道路沿线等分类收集容器和投放点。建成一批省级高标准示范小区和示范片区。构建城乡融合的生活垃圾治理体系，全市城乡生活垃圾分类覆盖率持续保持 100%。

督促产废企业建设规范的贮存场所，对产生的固体废物实施分区分类贮存，落实固体废物台账管理制度。强化医疗卫生机构固体废物源头分类管理，医疗卫生机构可回收物回收率持续保持在 99%以上。

（3）规范收集体系

完成小微源危险废物精细化管理和服务体系建设试点。逐步将实验室、汽修行业等社会源危险废物纳入小微企业危险废物收运体系服务范围，到 2025 年，全市小微源危险废物收运实现动态全覆盖。

持续推进医疗废物"小箱进大箱"收运模式，建立健全与疫情响应级别相适应的涉疫固体废物应急收集运输响应机制，强化涉疫固体废物应急运输能力保障，确保医疗废物、涉疫固体废物及时收运。加快动物医疗废弃物集中收集体系建设，形成较为完善的动物医疗废弃物回收处置体系，到 2023 年，全市动物医疗废物无害化处置率达到 100%。

完成垃圾中转站和清运车辆提档升级，所有老旧中转设施完成提标改造。所有分类运输车辆实现车载定位、转运实时监控等设备全覆盖。扩大"定时定点"收集覆盖面，在居民小区、商业街（含沿街商铺）普遍推行。加快推进农村生活垃圾集置点建设、改造，确保设施齐全、功能完备、管理规范。

合理布局城镇回收网点、分拣中心和交易市场，2022 年底前，区、县（市）

各建成 1 座及以上再生资源标准化分拣中心，着力培育一批规模大、技术强、装备优的再生资源回收龙头骨干企业。

优化农药废弃包装物回收网点设置，实现回收点和规范化仓库全市域覆盖。构建由政府、企业、农户共同参与的废旧农膜回收利用体系，到 2025 年，废旧农膜回收率达到 85%以上，农药废弃包装物回收率达到 95%以上，农药废弃包装物处置率达到 100%。

（4）完善资源化利用体系

聚焦粉煤灰、工业副产石膏、尾矿、炉渣等大宗工业固体废物，进一步拓宽综合利用渠道，全市一般工业固体废物综合利用率达到 98%以上。持续提升工业污泥处置能力，全力解决工业污泥季节性涨库问题。初步建立废旧纺织品循环利用体系。

编制危险废物综合利用攻坚方案，加快建设生活垃圾焚烧飞灰、工业废盐综合利用等项目。规划建设活性炭再生中心，探索中小企业活性炭"分散吸附—集中再生"治理模式，破解中小企业活性炭利用难题。持续开展工业废盐、废酸等特定类别危险废物"点对点"利用，全市危险废物填埋处置占比逐年下降，到 2025 年，全市危险废物基本实现"趋零填埋"。

将符合标准的建筑垃圾资源化产品列入新型墙材、绿色建材等目录，推动经处理后的建筑垃圾在土方平衡、林业用土、环境治理、烧结制品及回填等领域的应用。将建筑垃圾再生产品应用纳入"绿色建筑"、"绿色建造"等评价体系。到 2025 年，建筑垃圾综合利用率达到 90%以上。

通过肥料化、饲料化、基料化、燃料化等形式，推动秸秆资源化利用。实施农牧对接还田，提升畜禽粪污资源化水平，规模养殖场粪污处理设施装备实现全覆盖。到 2025 年，全市畜禽粪污资源化利用和无害化处理率达到 92%以上，秸秆综合利用率达到 96%以上。

（5）提升基础设施处置水平

将固体废物处置设施纳入城市基础设施和公共设施范围，布局新建一批工业固体废物、医疗废物、建筑垃圾和生活垃圾处置设施。区、县（市）各拥有 1 个及以上建筑垃圾处置设施，到 2025 年，全市建筑垃圾产消能力基本平衡。

统筹危险废物、生活垃圾等处置设施，建立涉疫废物和医疗废物处置"平战"快转机制，提升应急处置能力。鼓励以新汰老、合小建大，提高危险废物利用处置行业技术工艺水平，到 2025 年，全市 50%以上危险废物利用处置企业完成提档升级，力争打造一批具有全国影响力的危险废物利用处置领跑企业。

实施生活垃圾填埋场综合治理行动，到 2025 年，全面完成全市生活垃圾填埋场封场和生态修复治理任务。开展历史存量建筑垃圾治理，对堆放量较大、集中的堆放点，经治理评估后达到安全稳定要求的进行生态修复。

建立健全工业固体废物、生活垃圾等固体废物非正规填埋场（倾倒点）和非正规回收、利用、处置点排查清理和长效监管机制，开展动态排查与分类整治，有效消除污染隐患。

（6）推进数字监管

迭代升级各类场景应用，高水平建设"无废大脑"，提升预测、预警和战略管理支撑能力，推动"无废场景"向"无废大脑"跃升。严格落实"无废指数"管理要求，提升全市"无废指数"。

全面应用"浙固码"、打造"浙固链"，实行"产生赋码、转移扫码、处置销码"管理模式，"浙固码"应用实现联网企业智能化动态全覆盖。深度对接"浙运安"、"浙里净"，配合做好固体废物审批智能速办、产运处风险预警等应用场景的探索开发，提升危险废物闭环监管能力。

扩大生活垃圾闭环监管场景应用覆盖面，到2025年，基本实现生活垃圾、建筑垃圾全生命周期数字化监管体系。

（7）强化问题发现机制

进一步健全村镇网格化巡查机制。建立危险废物环境风险区域联防联控机制，强化跨区域、跨部门信息共享、监管协作和联动执法机制，形成工作合力。强化行政执法与刑事司法、检察公益诉讼的协调联动，严厉打击非法排放、倾倒、收集、贮存、转移、利用或处置各类固体废物等违法犯罪行为，加大对违法企业和个人惩戒力度，实行生态环境损害赔偿制度，形成高压震慑态势。

开展塑料污染治理联合专项行动。健全环保信用评价体系，推动将一般工业固体废物重点产生单位和利用处置单位纳入环保信用管理。加快开展一般工业固体废物和危险废物治理排污单位排污许可证核发，督促和指导企业全面落实固体废物排污许可事项和管理要求。

（8）加大扶持力度

推动《绍兴市工业固体废物污染防治条例》立法。根据低价值可回收物名录，制定回收利用专项政策制度。深化固体废物分级分类管理、生产者责任延伸、再生资源绿色采购等制度创新，提高综合管理效能。

推动企业、高校、科研院所开展产学研创新合作和协同技术攻关，重点突破废水、废气污染防治过程中的固体废物减量化问题，力争在飞灰、工业废盐、易腐垃圾等资源化利用方面取得积极成效，为碳达峰碳中和提供技术支撑。

优化市场营商环境，鼓励各类市场主体参与"无废城市"建设，建立完善多元化投入渠道，保障固体废物集中处置等重大公共基础设施建设。落实固体废物资源化利用和无害化处置税收、价格和收费等政策。鼓励金融机构加大金融支持力度。在危险废物经营行业全面推行环境污染责任保险。加大资源综合利用产品的政府采购支持力度。

（9）建立长效格局

督促危险废物产生和经营单位制定"一厂一策"清零方案，做好赛前、赛中环境隐患排查，切实防范环境安全风险。科学制定会期危险废物运输路线，避绕比赛场馆和人员密集场所等环境敏感区域，加强危险废物赛中转运监管。涉疫生活垃圾和医疗废物安全处置率达到100%。

以"无废工厂"、"无废学校"、"无废医院"、"无废小区"、"无废公园"、"无废景区"、"无废饭店"、"无废超市"、"无废机关"、"无废园区"、"无废乡村"、"无废工地"等十二大类为主体，开展"无废细胞"创建，鼓励各地丰富细胞种类。完成省级"无废工厂"标准化试点建设。

增强全民节约意识、环保意识、生态意识，倡导简约适度、绿色低碳的生活方式，通过各类媒体和公共设施，面向学校、社区、家庭、企业等，宣传"无废理念"，全面提升公众知晓率、参与度和满意度，努力将"无废理念"转化为全体公民的行动自觉。

思 考 题

1. 简述"无废"的发展情况及内涵。

2. 简要分析基于"7R"的废弃物优先管理策略在我国的适用性。

3. 简述日本《循环型社会形成推进基本计划》主要指标的构成和特点。

4. 简述我国生态环境部"无废城市"建设指标体系的构成和特点。

5. 解释我国"无废城市"建设指标体系中"一般工业固体废弃物产生强度"的定义。

6. 解释我国"无废城市"建设指标体系中"一般工业固体废弃物综合利用率"的计算方法。

7. 解释我国"无废城市"建设指标体系中"建筑垃圾资源化利用率"的定义。

8. 解释我国"无废城市"建设指标体系中"医疗废物收集处置体系覆盖率"的计算方法。

9. 对比分析日本北九州和我国绍兴"无废城市"模式的特征。

第18章　城市矿产管理与资源循环

内容提要与主要知识点

　　本章主要介绍城市矿产的产生、发展和特性，分析城市矿产研究的科学理论基础，阐释城市矿产的研究方法，讲述城市矿产与现代化信息技术的联系。要求了解生命周期评价理论、物质流分析理论和城市代谢理论，能够阐述城市矿产的内涵，了解城市矿产产生的必然性和中国对城市矿产发展的主要贡献，认识城市矿产的特点，能够区分城市矿产与循环经济、再生资源、二次资源和固体废弃物之间的差异，同时了解它们之间相辅相成的必然联系。掌握城市矿产的研究分析方法，学会利用生命周期评价法和物质流分析法评价不同类型的城市矿产资源。熟悉城市矿产的主要发展模式，掌握利用大数据研究城市矿产的方法。

18.1　概　　述

　　由于长期的规模化开采，地球上大部分已经探明的可工业化开采利用的矿产资源已经从地下转移到地上，由矿区转移到城市，并以多种形式赋存于人们的生产生活用品和固体废弃物中，其总量高达数千亿吨。因此，我们居住的城市，相当于一座座矿山，矿产资源富集在生产生活用品和固体废弃物中，"城市矿山"比天然形成的真正矿山蕴藏着更丰富的矿产资源，将这些矿产资源加以开发利用，可以为经济社会的可持续发展开辟新的途径。

　　城市矿产作为二次资源，具有载能性、循环性、战略性的特点，是世界各国快速发展推进工业化、城镇化进程的产物。各种自然界中原生资源经挖掘开采、生产加工、工业制造等环节之后，以产品和材料的形式在城市中高度集中与有序运行，为社会经济发展和人类生产生活提供了多种多样的服务与功能。与此同时，伴随着这些产品和材料的废弃、报废、回收及利用，形成了城市矿产的源泉。

　　我国在城市矿产开发方面已系统开展了大量研究工作，特别是城市矿产示范基地建设初具规模，并取得了丰硕的成果。从宏观层面上讲，城市矿产类逆向物流产业的发展能够极大降低对原生矿产的高度依赖，并且其开采资源的成本要远低于天然矿产，同时开发城市矿产能够显著降低对大气、水体、土壤等环境介质的污染，有利于实现保护环境的目的。从微观层面上讲，发展城市矿产对于生产商同样具有重要的价值，生产商通过分析回收的报废产品，能够跟进了解消费者对产品的反馈，及时发现产品存在的问题，进而改进和完善产品的生产流程和内在设计，提升对产品的质量管理，增强企业的核心竞争力。此外，生产商经过回收、检验、拆卸、再加工、资源化等过程后，可以将报废产品转换成可再利用的零部件或者原材料，并重新流入正向物流中，从而极大减少再生产品的生产成本。可见，城市矿产的开发实际上就是对城市中废弃生产生活用品的回收和加工利用，这样既能够解决大量固体废弃物堆积造成的环境污染问题，也可以缓解工业化和城镇化进程中的原生资源短缺问题，因此开发城市矿产对于节约资源、保护环境、节约社会成本具有积极的推动作用。据调查，全球约有 30% 的锌、40% 的铅、45% 的钢以及 62% 的铜来自废弃再生资源的回收和循环利用。

根据模型估算，在未来三十年，城市矿产为全球提供的资源替代量将由目前的 30% 提高到 60% 左右，新增就业人数 3.5 亿人。开展城市矿产的研究与开发利用，在世界各国备受关注。

18.2 理 论 基 础

18.2.1 生命周期评价理论

生命周期评价（life cycle assessment，LCA）来源于生物学，主要用来表示生物的出生、成长、兴盛、老年直至死亡的生命历程。无论是生物还是消费产品或服务都有开始到终止的过程，差别是规模、时间和空间上的不同。所以，生命周期评价可以应用于生产、生活、消费、政治、经济各个领域，也可以应用于环境经济学中评价产品或服务的全过程。将 LCA 作为环境管理工具，可以对环境冲突进行有效的定量分析和评价，评价范围包括产品或服务的整个过程，通过评价，给出某一产品或服务在各个环节的物质和能量输入与输出，为企业的产品开发或服务设计的改进提供科学指导，同时为政府的环境监管部门提供支撑。另外，利用 LCA 的评价功能，通过明确的标识，可以为消费者提供有价值的环境信息，从而影响其消费行为。

18.2.2 物质流分析理论

物质流分析（material flow analysis，MFA）源于代谢理论和投入产出分析理论，它是对一个系统的物质输入、迁移、转化、输出进行定量化分析和评价的一种方法，因其在经济社会中资源、能源的流动和集聚等定量分析方面具有显著优势，广泛应用于资源与能源管理和科学决策。物质流分析涉及的系统可以是原料系统、产品系统、经济系统、环境系统、生态系统、社会系统等。物质流分析的核心是通过定量分析社会经济活动中的物质流动，对整个社会经济体系中物质的流向和流量进行跟踪掌握，并综合考虑整个过程中的资源消耗、污染排放等环境影响。基于物质守恒定律，系统的物质输入量等于系统产出产品的物质量、废弃物的物质量、系统排放物质量的总和，其分析的物质不仅包括原材料、化学元素、产品，也涵盖废弃物以及向环境中的排放物。物质流分析包括两个方面：①物质总量分析，用于分析一定的经济规模所需要的总物质投入、消耗和总循环量；②物质使用强度分析，重点关注一定生产或消费规模下，物质的使用、消耗和循坏强度。因此，物质流分析主要通过研究特定物质的输入、输出、贮存等过程，确立经济系统中物质流动与资源利用、环境效应之间的量化关系，为资源环境优化管理提供理论支撑。

18.2.3　城市代谢理论

代谢的概念起源于生命科学。最早出现于 1857 年莫尔肖特的著作《生命的循环》中，他提出能量和物质与周围环境的交换过程就是生命，生命本身就是代谢现象的综合体，由此形成了生命代谢和生态代谢两个代谢理论分支。城市代谢的理论最先由 Wolman 于 1965 年提出，认为城市系统的运作是城市系统内部连续不断的物质流动和交换，并向外界输出产品和废弃物的过程，本质上即为城市物质的代谢过程。从生态学的角度上讲，城市化过程中固体废弃物引发的资源环境问题可以归纳为城市物质代谢在时间和空间上的失衡或错位。

18.2.4　城市矿产管理平台的运行原理

城市矿产管理平台是利用电子政务系统的技术手段，将行政控制的垄断性资源交给市场进行配置，以公共资源交易为基础构建的平台。平台的建立一方面可以平衡废弃资源市场的供求关系，保证废弃资源无法通过平台之外的手段消纳，杜绝偷倒乱倒等不规范行为的发生，另一方面拓展居民的利益诉求渠道，以便监督处置企业，同时可以让居民参与到政策的制定中，从而影响政府部门的决策。

18.3　城市矿产的内涵

城市矿产是在城市工业化和现代化发展过程中产生的、蕴藏在废旧机电设备、通信工具、家用电器、电子产品、交通工具、生产工具、各类包装物、电线电缆和生产废料等物资中可循环利用的有色金属、钢铁、稀贵金属、有机高分子材料、无机非金属材料等资源。城市矿产是对废弃资源循环再生利用规模化发展的形象比喻，其赋存特性和开发利用方式有别于自然界的原生矿产资源，但可开发利用量并不比原生矿产资源逊色。

城市矿产（urban mining）又称"城市矿山"、"城市矿藏"、"都市矿山"，其定义大致分为狭义和广义两种。狭义的城市矿产主要指城市居民生活中产生的废弃金属资源，如废杂金属和废家电、废计算机、废手机等电子废弃物中的有价金属和稀贵金属，包括铜、铁、金、银、钯、铂、锂、钴、钛等。广义的城市矿产指城市废弃物中所有蕴含可循环再生利用的钢铁、有色金属、稀贵金属、塑料橡胶等资源的金属矿产、有机高分子矿产、无机非金属矿产，通常包括以下两类城市矿产：①废旧机电、设备、电线电缆、通信工具、汽车、家电、电子产品等进入社会领域终结生命周期的各种制品；②塑料、橡胶、玻璃、陶瓷等城市生产及建设过程中产生的具有较高利用价值的各种物料。

城市矿产包括三个方面的含义：①成矿场所。"城市"表明城市矿产的产生地和聚积地主要是城市，是人类社会经济活动的产物。②成矿成因。城市矿产并不是自然发生的过程，在成矿条件和机理上完全不同于天然矿地质成矿规律，而是主要取决于经济社会的发展程度、技术水平和居民的消费行为等。③产生环节。城市矿产包括生产端和消费端两类产生环节，其中消费端是最主要的产生环节。

城市矿产比自然界的天然矿山具有更高的开发价值，可以作为一种优良的矿产资源。与此同时，城市矿产与传统的再生资源也具有一定的差异，主要表现在侧重点不同，城市矿产更多立足于强调资源的战略性及开发的环保价值社会属性，传统再生资源则强调废旧资源能够被二次利用的自然禀赋属性。

18.4　城市矿产产生的经纬

城市矿产最早可以追溯到二十世纪六十年代，美国的著名城市规划学家简·雅各布斯（Jane Jacobs）首次提出除了从有限的自然资源中获得资源外，也可以从城市废弃物中回收很多资源，即"城市是未来的矿山"。1970 年到 2010 年是城市矿产产生并得到迅猛发展的关键时期。

1971 年，美国学者斯潘德洛夫提出了"在城市开矿"的口号，涌现了一大批各种金属回收新工艺及粉碎机、筛分器、磁力分离器等新设备。

我国学者杨显万等于 1985 年首次在国内提出使用"城市矿山"这一术语，并转载了斯潘德洛夫的观点，他们以废电池中的有色金属为回收对象，阐述了再生金属回收利用的潜力，为我国城市矿产产业发展提出了建议。但其发表的论文仅从金属角度论述了再生有色金属的回收利用，并未进一步界定城市矿山概念。

日本学者南条道夫于 1988 年从金属资源循环利用的角度出发，首次定义了城市矿山的概念，他把城市比喻成可以开采二次资源的矿山，把蕴含再生资源的废旧机电设备、电子电器产品等聚积场所称为城市矿山，这一理念迅速获得学者的广泛认可。南条道夫等日本学者对城市矿产的构成成分、储量测定、效益分析、开发技术等进行了深入的研究，并把回收处理与循环利用废弃物的产业称为静脉产业。

1999 年，Newman 扩展了"城市代谢"的概念，他提出应综合考量人为因素，进而有力地促进了社会经济系统物质代谢的研究。

2006 年，白鸟寿一等提出"人工矿床"的理念，把可回收的资源聚积形象比喻为"矿床"。

2010 年，山莫英嗣等将汽车、电器、建筑物等单独废弃物品视为"城市矿石"，并指出从资源高效循环利用的角度而言，"城市矿石"的概念对于资源贫乏的国家具有重要意义。

表 18.1 归纳了城市矿产概念的形成过程。

表 18.1　城市矿产概念的形成过程

时间	国籍	学者	成果
1969 年	美国	雅各布斯	首次提出城市作为未来矿山的设想，提出从城市废弃"污染物"中开采需要的原材料
1971 年	美国	斯潘德洛夫	提出"在城市开矿"的口号，促进各种金属回收处理工艺设备的研发应用
1985 年	中国	杨显万等	首次在国内评述了"城市矿山"相关技术的研究应用状况，并对中国"城市矿山"产业发展提出了政策建议
1988 年	日本	南条道夫等	提出"城市矿产"是指蓄积在废旧电子电器、机电设备等产品和废料中的可回收金属
1989 年	中国	张汉民	将"城市矿山"比喻成为"静脉"，提出城市是实施资源再循环的理想场所
2006 年	日本	白鸟寿一等	提出"人工矿床"的设想，把可回收的资源蓄积均视为"矿床"，讨论资源回收的各种可能性同时尽可能降低对环境的影响

18.5　城市矿产的发展

18.5.1　国外城市矿产的发展

欧盟国家中，德国是最早开展城市矿产开采并取得巨大成效的国家之一，每年为德国创造的价值超过 410 亿欧元，其城市矿产资源的平均回收利用率超过了 50%，其中塑料等包装物、报废汽车以及废旧电池的回收利用率分别达到了 90%、80% 和 70%。在北美，美国每年回收的城市矿产产值高达 2360 亿美元，回收的铝（>500 万 t/年）相当于原生铝的产量，开发铝再生资源产业被视为铝产业未来发展的必然趋势。日本基于城市矿产策略逐渐由资源贫瘠的国家转变成稀贵金属储量大国，据估算，日本的诸多城市矿产中黄金储量已经超过南非跃居世界前列，银和铟的储量分别达到世界天然储量的 23% 和 38%，稳居世界之首。

美国城市矿产发展模式主要包括三个层次：①企业内部循环的微观模式。微观模式是二十世纪八十年代末美国化学工业巨头杜邦公司以循环经济理念完成的实验，也称杜邦模式。杜邦公司结合了循环经济理念与"3R 制造法"，在企业内部通过实施物质与能源循环，减少资源消耗总量和废弃物排放量，同时延伸企业产业链，实现了资源的最大化利用和利润的提升，最终促使废弃物排放量和空气污染物排放分别减少 25% 和 70%。②现代生态工业园区建设的中观模式。美国作为最早提出和实现现代生态工业园区发展模式的国家之一，通过企业之间各种资源集成，构建各产业间的共生耦合和代谢关系，即园区内的一家企业产生的废弃物或副产品（输出）是另一家企业的能源或原材料来源（输入），形成园区内部资源的良性循环利用，大大减少企业的运输成本和对生态环境的破坏，也是实现可持续发展的一项重要举措。③社会循环型生产和消费的宏观模式。目前循环型生产已在美国的传统和新兴产业实现基本普及，主要是将生产废弃物及废弃产品回收再利用，重新作为生产原料进入生产环节。循环消费在美国非常普及，主要是指一件物品直到物尽其用时再作为"垃圾"处理掉，包括周末庭院买卖市场、美国慈善二手店（Goodwill Corp.）以及二手买卖网站（e-Bay）等多种形式。

18.5.2 国内城市矿产的发展

我国于 2006 年开始创建静脉产业园，并把再生资源产业作为发展循环经济的重要内容列入了国家"十一五"规划中，作为我国经济社会发展的战略任务。以静脉产业园区为切入点，以资源回收试点城市为中心，许多地区逐步形成了"回收-转运-分拣-处理"的立体式产业链条，国家城市矿产开采和产业发展格局初步建立。

2010 年 5 月，国家发展改革委等部门为了推动城市矿产资源的迅速发展，完善再生资源回收利用体系，联合发布了《关于开展城市矿产示范基地建设的通知》，正式首次在中央文件中出现了"城市矿产"这一术语。当时的目标是在 2010～2015 年间，在全国建设 30 个具有规模效益、环保效益、经济效益和辐射效益的城市矿产示范基地，随后又将目标增加至 50 个示范基地。

国务院于 2012 年发布了《"十二五"节能环保产业发展规划》，提出将城市矿产示范工程建设列为节能环保领域的八大重点工程之一，进一步加快建设 50 个国家级城市矿产示范基地，支持回收体系、资源再生利用产业化、污染治理设施和服务平台建设，推动再生资源的循环利用、规模利用和高值利用。

截至 2015 年，国家累计批复 5 批共计 49 个城市矿产示范基地。

国务院于 2016 年发布了《"十三五"国家战略性新兴产业发展规划》，明确将"城市矿产开发"作为战略性新兴产业之一，提出"到 2020 年，力争当年替代原生资源 13 亿 t"。《"十三五"国家科技创新规划》也明确将城市矿产精细化高值利用技术列为重点突破领域。《矿产资源规划（2016～2020）》则进一步提出要开展钢铁、有色金属、稀贵金属等城市矿产的循环利用，缓解原生矿产资源利用的瓶颈约束。

国家发展改革委、财政部于 2020 年开始组织对城市矿产示范基地进行验收，并公示了第一批验收结果；两部委于 2023 年联合组织对城市矿产示范基地进行了第二批验收，同期公示了验收结果。

我国城市矿产资源种类丰富，既包括废塑料、废木质、废玻璃等低值废弃物，也包括大量稀贵金属、有色金属以及非金属材料等高附加值废弃物。总结起来，主要涵盖八大类再生资源，包括废钢铁、废塑料、废有色金属、废弃电子电器产品、报废汽车、废旧轮胎、废纸及报废船舶。从资源结构来看，废纸、废钢铁两类资源所占比重最高，加起来达到资源总量的 80% 左右，其余种类的资源之和所占比重则基本在 20% 左右，除废塑料外，大部分资源所占比重均在 5% 以下。

18.6　城市矿产的特征

18.6.1　城市矿产的区分

城市矿产与循环经济、再生资源、固体废弃物等均存在一定的差异，具体表现如下。

1. 城市矿产与循环经济

循环经济本质上是一种生态经济，是把清洁生产和废弃物综合利用融为一体的经济，要求运用生态学规律指导人类社会的经济活动，按照自然生态系统物质循环和能量循环规律重构经济系统，将经济系统和谐地纳入到自然生态系统的物质循环中，建立起一种物质闭环流动性的新形态经济。城市矿产是循环经济的重要组成部分，循环经济研究的废弃物利用部分与城市矿产的研究内容在很大程度上相互重叠，因此，关于城市矿产的研究很多存在于以"循环经济"为关键词的相关研究中。

2. 城市矿产与再生资源

再生资源是指在社会生产和生活消费过程中产生的、已经丧失或部分丧失原有使用价值，经过回收、加工处理，能够使其重新获得使用价值的各种废弃物。城市矿产与再生资源的概念十分相似，二者的区别在于：①两个概念侧重的性质不一样。再生资源概念强调的是废旧资源可以被二次利用的自然禀赋属性；城市矿产概念更多着眼于强调资源战略性及开发环保价值的社会属性。②两个概念侧重的原料不一样。再生资源的开发，主要以工业废弃物为原料；而城市矿产的提出正值城市化进程中城市居民消费结构发生重大改变，大量的城市生活废弃物产生，因此城市矿产更强调居民的生活废弃物。

3. 城市矿产与固体废弃物

固体废弃物是一种形态，指人类在生产、消费、生活等活动过程中产生的固态、半固态废弃物质，多以垃圾的形式体现。城市矿产是具有经济、社会和环境价值的资源，并不是所有固体废弃物在已有的技术条件下都能作为城市矿产资源开发利用。随着科学技术的进步，将会有更多的固体废弃物能够转变为城市矿产。

18.6.2　城市矿产的特性

1. 城市矿产的蓄积特性

城市矿产的蓄积具有数量大、品位高、构成复杂、形态多样的显著特征。相较日趋枯竭的天然矿产，城市矿产是高品位的富矿，蓄积量大并且日益增加。据测算，每年全球范围内从地下转移到地上的物质材料已接近 60 亿 t。

2. 城市矿产的回收特性

城市矿产具有可回收特征，主要体现在回收种类的偏好性、回收时间的周期性、回收距离的约束性和回收体系的网络性。城市矿产的回收种类偏好性主要集中于回收物品的经济价值和体积大小上。回收商偏好于经济价值大的矿产资源，而用户更加偏好于回收体积大的报废产品。受回收渠道、物流成本等因素影响，城市矿产的回收距离一般限制在一定的半径范围内，如中国电子废弃物的回收半径为 300km 左右，远大于报废汽车的回收半径，呈现出回收距离的约束性。随着通信技术和信息技术的迅速发展和普及，城市矿产回收体系的网络构建和运行维护显得越来越重要。

3. 城市矿产的处理特性

技术依赖性及垄断性是城市矿产处理的最大特征。遵照物质守恒定律，完整提取城市矿产中的有价元素并形成闭环循环是符合客观实际的，有价物的提取与恢复程度主要依赖于技术水平。此外，因为城市矿产的开发利用专业性强、技术含量高，正规并且集中处理不仅有利于提高资源利用率，形成规模经济效应，而且能够显著降低二次污染，因此当前城市矿产的正规处理一般都是交由具有资质的正规处理企业承担，具有垄断性特征。但并非所有的城市矿产回收处理均有经济性，因此政府会补贴具备资质的企业以提高其回收处理的经济效益，如中国设立的废弃电器电子产品处理基金。但是，这种基金的补贴资质具有稀缺性，是行业兼并购的首要诱因，进而能够形成区域垄断。

18.7　城市矿产的研究方法

18.7.1　成矿机制研究

成矿机制是城市矿产研究的理论基础。开展城市矿产成矿机制研究，需要以城市矿产物质流动为主线，聚焦城市经济代谢，通过研究成矿要素、成矿过程及驱动因素、流动格局、演化规律，揭示城市矿产的成矿机理，通过解析城市矿产形成的过程和规律，回答城市矿产是如何形成的，当前格局是什么，哪些因素影响了城市矿产成矿等问题。

城市矿产成矿机制研究重点需要从以下方面开展研究：①城市矿产构成要素分析。采用抽样调查法和物理化学分析法，定量分析城市矿产的主要成分，明确城市矿产主要结构、组成及含量特征。②城市矿产成矿作用过程及驱动因素分析。采用全生命周期分析方法和元素流分析方法，按照"资源开采—生产加工—消费—废弃"的产业链，研究城市矿产主要构成要素的流动状况，阐述城市化、工业化进程中人口集聚、技术变革、产业升级、消费升级等因素对城市矿产成矿机制的影响，揭示因素间的互动及各主要因素的作用机理。③城市矿产资源流动格局。识别城市矿产的输出源地和输入汇地，运用物质流分析方法从区域、行业尺度对城市矿产流向、流量开展系统研究，明确城市矿产资源流动的时空过程和格局。④城市矿产成矿演化规律。对不同发展阶段城市矿产成矿特征进行动态分析，解析演变动力和机制。

18.7.2　开发战略研究

城市矿产中蕴含着丰富的高科技矿产，是伴随着技术革命所形成的现代工业以及未来新兴战略产业所必需的矿产。城市矿产战略性筛选应立足于满足战略性新兴产业发展的需要，以"资源—技术—环境"为主轴，构建城市矿产战略性筛选体系，并以新兴产业发展的资源保障为出发点，回答哪些城市矿产需要重点开发的问题。

城市矿产开发战略重点要从以下方面开展研究：①城市矿产战略性筛选。界定城市矿产来源与终端的范围，制定城市矿产重点开发目录，构建"资源—技术—环境"的三维立体战略性筛选模型。②城市矿产战略性筛选的时序演化。以中国制造强国三步走战略为时间节点，动态筛选城市矿产，构建城市矿产动态管理系统。③城市矿产战略性筛选的国际比较。构建与欧盟、美国、日本、韩国等地区和国家城市矿产筛选的比较框架，阐述产业结构、经济发展等对城市矿产开发重点的影响。

18.7.3　开发潜力测算

城市矿产开发潜力测算是城市矿产研究的重点，包括以下两个方面：①对城市矿产社会蓄积量进行定量测度和评价，回答国家或者地区到底有多少城市矿产可以开发、在哪里开发、什么时机开发等问题；②明确城市矿产的社会存量和时空分布，以城市矿产流量与存量关系刻画为主线，对重点城市矿产进行分类评估，分析其时空格局历史演变模式，预测未来发展趋势，测算其开发潜力，绘制城市矿产潜力时空图谱。

城市矿产蓄积量研究使用的方法主要是物质流分析方法：通过对经济活动中物质流动的流量和路径的分析，建立物质投入和产出账户。具体的计算方法又分为：①"由上至下"计算（top-down estimation）方法，是指通过估计流入量与流出量的差来计算蓄积量的方法。②"由下至上"计算（bottom-up estimation）方法，是指先确定某资源的主要用途，通过估计最终产品中资源的含量，最后加和以确定社会的资源总蓄积量。

城市矿产开发潜力测算重点从以下方面开展研究：①存量与流量关系刻画。根据城市矿产在社会经济系统中的存量和流量，绘制社会存量与流量的平衡表，明确城市矿产来源、流向和渠道，建立流量与存量的关系模型。②分类潜力测算。分析消费者行为、消费升级对产品使用寿命的影响，融合物联网、大数据优化城市矿产蓄积量测算模型，依据城市矿产开发的经济性、可行性，将其分为在用存量、隐伏存量、耗散存量、填埋与焚烧存量、实际处理量，分别进行测算。③时空图谱绘制。分类测算城市、地区、国家尺度的城市矿产存量，结合情景分析，明确未来演变趋势，通过可视化模拟绘制城市矿产储量空间分布地图。

影响城市矿产开发潜力的因素主要是废弃物的回收量和回收处理能力。废弃物的报废量与回收率决定着废弃物回收量，根据产品的报废量可以估算出废弃物回收后生产再生资源的潜力。对废弃物报废量的影响因素主要是：①产品使用寿命。产品的使用寿命直接影响着产品更新的速率。②经济发展水平。人均国民收入、人均社会消费总额与产品的产量、销售量存在着相关性，间接影响着产品的更新换代速度。一般来讲，经济发展水平较高的地区，产品的销售量较大，报废量也较大。

18.7.4　经济价值研究

影响城市矿产资源开发经济性的因素主要包括以下四个方面：①回收网络因素。回收利用产业链分为回收和加工利用阶段，回收阶段一般只是废弃物从产生源到加工厂的空间转换，并不创造价值，回收阶段的费用要靠加工利用阶段的利润来补偿，回收阶段费用的降低关键在于创建回收共生网络。②经济因素。投资、废弃物转化效率、二氧化碳的价格、电力价格和运营费用都会影响回收的经济性；回收工厂的初始投资越大，产品附加值越高，经济效益越好。③政策因素。政策对城市矿产回收的经济性影响很大，政策的变动，会左右城市矿产的发展方向，调控参与企业的积极性。④技术因素。处理技术水平越高，越能从回收过程中获益。

18.7.5　综合效应评估

城市矿产开发综合效应评估是城市矿产研究的关键，主要回答城市矿产开发能够替代多少天然矿产、海外矿产，降低多少能耗和污染的问题。以城市矿产与原生矿产、海外矿产的关系为主线，通过分析城市矿产开发利用的资源效应、环境效应和文化效应，评估城市矿产开发利用的综合效应。

城市矿产开发综合效应评估重点从以下方面开展研究：①资源效应。用系统动力学的方法分析城市矿产与天然矿产、海外矿产的耦合关系，探明城市矿产对天然矿产和海外矿产的替代时机和替代效应。②环境效应。估算城市矿产开发所产生的能源成本和生态环境影响，核算相对于天然矿产开采所能节省的能耗和降低的环境污染。③文化效应。运用问卷调查法、实验法等研究城市矿产回收、再制造产品消费对居民绿色消费行为的影响。

18.7.6 管理与政策研究

城市矿产管理与政策是城市矿产研究的目标，其研究目的是要加强城市矿产开发利用的管理体系与顶层设计，需要根据国情和移动互联网时代特征，完善城市矿产开发利用的政策体系，回答如何对现行政策进行检讨与反思、如何结合现实情况设置合理的管理体系与政策等问题。同时，以城市矿产全生命周期管理为主线，研究城市矿产政策演变、对政策效果进行评价，充分发挥市场、政府、社区的作用，并融合移动互联网时代特征进行管理和政策设计。

城市矿产管理与政策研究重点包括以下方面：①城市矿产顶层设计。根据中国国情、借鉴国际经验，从战略层面构建"两种资源"统筹使用的制度框架、组织架构、政府推进和市场引导机制。②城市矿产政策演变。系统理清国家城市矿产政策，构建政策数据库，采用文本量化方法分析城市矿产政策特征，查明演变趋势，揭示演变动力和机制。③城市矿产政策效果评价。依托严谨的计量经济学方法，实证检验城市矿产相关政策对产业绩效和发展的真实影响。④城市矿产开发利用价值流转与补偿机制。采用价值流分析方法，探明城市矿产开发利用中的价值流转规律，提出科学设计价值补偿方案，充分发挥市场在资源配置中的决定性作用，更好发挥政府推动作用，构建城市矿产开发利用的实现条件。

18.8 城市矿产的评价方法

18.8.1 生命周期评价法

二十世纪八十年代末，西方发达国家开始关注固体废弃物处理处置对环境的影响效应，此时生命周期评价法开始被很多咨询机构采用，进行资源与环境的分析。随着研究的深入，相继开发了多种评价方法和模型，广泛使用的有全过程生命周期评价（process-based LCA，PLCA）、投入产出生命周期评价（input-output LCA，I-OPLCA），后来又派生出了综合以上两种方式的混合生命周期评价（hybrid LCA，HLCA）。根据生命周期评价的结果，管理者可以对周期内环境、物质或经济的影响进行有效决策或改进，用户可以深入了解产品和服务的各个环节，选择合适的产品或服务，进一步提升用户体验效果。

城市矿产的生命周期评价主要是对生命周期的各个环节进行定量分析，涵盖原料获取、设计、加工、制造、销售、使用、报废、回收、处理、循环利用、最终处置等所有环节，进而评价产品实际的资源消耗和产生的环境负荷。城市矿产

LCA 一般由四个部分相互组合构成一个完整的生命周期评价系统：①目标定义和范围界定是整个生命周期评价过程的基础，需要明确相关研究的背景和需要评价的方向，并说明生命周期的详细过程；②清单分析是统计范围内所有过程的资源输入和资源输出项目，基于经验数据或实际数据，计算各个过程的能量和物质输入；③影响评价是根据清单分析中得出的各个过程对环境的排放数据，对相关产品或服务从原料获取到消费或最终处置这一周期内造成的环境影响进行分析，并定性描述或定量分析影响程度；④改善评价是概述生命周期评价的分析结果，分析差异的原因，从而提出改进方案。

18.8.2　物质流分析评价法

城市矿产的物质流分析是指在一定的时间和空间范围内，系统性评价矿产中不同组分的物质流动和储存特点，将物质流动的源、路径、中间过程以及最终去向关联起来，形成一个整体链条。城市矿产的物质流分析常用的两种模型包括：物质总量分析模型和物质使用的强度模型。从研究层次上看，包含宏观、中观和微观三个层次，分别对应着经济系统的物质资源平衡分析、产业部门的物质流动分析和产品生命周期评价。

城市矿产的物质循环是物质流分析的重要组成部分，关注的重点是资源有效利用，减少资源消耗，降低污染物排放，解决长期以来环境保护与经济发展之间的尖锐矛盾。城市矿产的研究以城市矿产的价值流转为基础，构建物质流与价值流循环一体化的理论分析框架，揭示城市矿产的成矿规律，判断开发利用的重点品种、规模和战略时机。城市矿产开发利用，可以明确市场与政府在城市矿产开发利用中的角色和作用边界，把握城市矿产开发利用对国家金属、高分子、无机非金属等资源安全的影响趋势，因此，城市矿产的物质流分析对于国家矿产资源安全和供给渠道拓展具有重要的支撑作用。

18.9　城市矿产企业的发展模式

城市矿产从业企业的发展模式主要有家电制造型、材料科技型、渠道型和第三方平台型四种类型。

18.9.1　家电制造型

家电制造型企业本来是电器电子产品的生产商，具有广阔的网络、信息、物流、资源等渠道。这类企业涉足城市矿产的动机来源于生产者责任延伸制的压力，国家要求其回收废旧家电并对其进行处置，由此在城市矿产领域形成独特的发展模式。这类企业既掌握了产品终端，又可将销售网络转化为逆向物流，有望建立智能家电产品全生命周期管理系统，具有良好的发展前景。

18.9.2 材料科技型

材料科技型企业强调城市矿产双重属性中的自然属性，一般是由采矿冶金等领域进入到城市矿产领域，注重城市矿产的高端循环再造和精深加工技术的科研投入，其产品的附加值更高。比利时优美科集团属于这种类型，它可以从工业残渣到废弃原料等众多废弃物中回收接近 20 种价值不菲的金属，实现废弃资源价值的最大化。

18.9.3 渠道型

渠道型企业依靠自身强大的回收网点、配送中心和运输能力，形成了独特的优势。中国再生资源开发集团有限公司属于这种类型，该公司是以再生资源回收处理为主业的央企，公司自建渠道在回收总量中的占比约为 20%~25%，而业内其他企业自建渠道回收量占比通常在 10%以下。

18.9.4 第三方平台型

在"互联网＋"时代，越来越多的企业根据城市矿产资源分散的特点，积极构建网上回收平台，通过网络平台集聚供给双方，实现资源共享，这样可以有效缓解城市矿产小、散、乱的行业局面，通过线上平台、线下物流仓储的协同发展，形成信息流、资金流与物流的闭环发展模式，这种模式充分体现了城市矿产的网络型特征，在未来城市矿产的发展中起着重要作用。

18.10 大数据指导城市矿产

大数据是一种新型资源，近年来世界各国政府、科研机构、高等院校、跨国公司、高新企业纷纷投入大量资金和人力，对大数据开展了各个层面、各种方式的深入探索和研究，迄今大数据正在快速渗透到各行各业，成为重要的生产要素。

城市矿产资源管理及利用具有量大、分散、异构、实时、复杂等特征，运用大数据思维和分析方法对城市矿产资源进行管理和开发利用是今后城市矿产发展的重要方向，具体体现在以下五个方面：

1) 结合城市矿产的行业特点，利用大数据对城市矿产相关行业的产业发展进行统筹规划、建立高效和专业的加工基地、物流网、电子交易网、回收网络、再生资源交易市场、再生原料交易市场和再生产品交易市场等，优化发展城市矿产上下游产业链。

2) 利用物联网对城市矿产进行追踪监控，从运输车辆出入库称重、可回收材料称重废弃资源存储、存储仓库智能管理，到运输车辆定位、操作人员监控等多方面进行全程在线管理。

3) 利用智能传感系统等人工智能手段，对城市矿产处理过程中产生的废水、废气、废渣、废热等信息进行实时采集、分析研究、及时处理，为作业区域的环境保护提供科学依据，推动城市矿产的清洁发展。

4) 利用城市矿产的大数据，为政府不断完善城市矿产相关法律、财税、政策等决策层面提供数据、事实依据，为城市矿产发展提供政策保障。

5) 集成利用多学科研究成果，通过大数据处理，提出技术创新途径，推动城市矿产的可持续发展。

思 考 题

1. 何谓城市矿产？其主要内涵是什么？
2. 简述城市代谢理论。
3. 何谓物质流分析法？如何用物质流分析法指导城市矿产的循环利用？
4. 简述城市矿产与循环经济的差异与必然联系。
5. 城市矿产与再生资源的主要区别表现在哪些方面？
6. 城市矿产有哪些特性？简述各种特性的主要体现方式。
7. 如何对城市矿产开发潜力进行测算？
8. 城市矿产从业企业的主要发展模式有几种？简述每种模式的内涵。
9. 如何利用大数据指导城市矿产的开发利用？
10. 以废旧手机为例，简要阐述城市矿产的研究方法。

第19章 建筑垃圾管理与资源循环

内容提要与主要知识点

　　本章主要介绍建筑垃圾的特性、处理、处置、管理和资源化利用技术与工艺，并结合实际案例介绍了建筑垃圾再生利用的方法。要求掌握建筑垃圾的组成特点、环境影响和产量的估算方法，从国家政策和相关标准等方面认识建筑垃圾的管理过程，了解建筑垃圾产业的发展趋势，掌握建筑垃圾的主要资源化技术以及相应的再生产品及其主要应用方向。

19.1 概　　述

　　改革开放后的四十多年来，我国的城镇化建设得到了飞速的发展。在城市建设中房地产开发、旧城改造等过程排放了巨量的建筑垃圾。根据 2022 年的数据统计，我国建筑垃圾年排放量为 20 亿 t 左右，在城市固体废物总量中的比重高达 30%～40%。建筑垃圾的危害主要体现为侵占土地和影响环境，同时加重垃圾围城困局。因此在当前背景下，建筑垃圾处理和资源化利用工作十分重要，其有利于保护环境和节约资源，是建立循环经济和实现可持续发展的必然要求。

19.1.1 建筑垃圾的内涵

　　建筑行业固体废弃物一般简称建筑垃圾。标准《建筑垃圾处理技术标准》（CJJ/T 134—2019）明确提出了建筑垃圾的定义：建筑垃圾指在新建、改建和拆除各类建筑物、构筑物以及在装饰、装修房屋等过程中所产生的弃土、弃料及其他废弃物。建筑垃圾主要包括工程渣土、工程泥浆、建造工程垃圾、拆除垃圾和装修垃圾等五类固体废物。值得注意的是，建筑垃圾概念不包括任何种类的危险废物。

　　工程渣土指建筑物、构筑物、管网等工程基础挖掘过程中产生的弃土。工程泥浆指钻孔桩、地下连续墙、泥水盾构、水平定向钻及泥水顶管等施工过程产生的泥浆。建筑工程垃圾指建筑物、构筑物等建造过程中产生的弃料。拆除垃圾指建筑物、构筑物拆除过程中产生的废弃物。装修垃圾指装饰、装修房屋过程中产生的废弃物。

　　在我国现阶段情况下，拆除垃圾因其排放量巨大，所以是被重点关注的建筑垃圾种类。拆除垃圾的组成与被拆的建筑物的种类有关。拆除低层民居建筑时，渣土、砖块、混凝土块、瓦砾约占80%，其余为木料、玻璃、石灰、金属、塑料制品等；拆除高层建筑时，混凝土块约占50%～60%，其余为金属、砖块、玻璃、塑料制品等。目前不同来源的建筑垃圾在运输转移、贮存、处理以及最终处置过程中一般采取混合堆放的方式，由此导致建筑垃圾的组分非常繁杂。表19.1列出了有代表性的国内某城市建筑垃圾的主要组分及质量分数。

表 19.1　国内某城市建筑垃圾成分组成表

成分	碎砖块	混凝土	渣土	砂浆	陶瓷	塑料	金属	玻璃	废木材	纸类	布类	其他
含量	28%	20%	12%	4.5%	4.5%	4%	5.5%	4.5%	5.5%	2%	2%	7.5%

19.1.2　建筑垃圾对环境的影响

　　目前，我国的建筑垃圾资源化利用率较低，很大一部分建筑垃圾未得到妥善处理处置。建筑垃圾露天堆放或简易填埋的情况较多，所以造成了许多环境问题，具体包括以下几个方面。

　　建筑垃圾侵占大量土地，造成垃圾围城和垃圾与人争地等困局。例如，北京奥运工程建设过程中产生了大量建筑垃圾，为此每年需要设置20～30个建筑垃圾消纳场，造成占地压力。

　　建筑垃圾中有毒有害物质可造成环境污染。例如，建筑垃圾中不但含有胶、涂料、油漆等有机污染物，还含有铅、锰、锌等重金属元素。在雨水淋溶冲刷或地表/地下水浸泡的作用下，这些有毒有害物质从建筑垃圾中释放，进而造成环境中水、大气以及土壤等环境要素的污染。

　　建筑垃圾堆放和清运过程中容易造成粉尘遗撒、灰砂飞扬等问题，影响空气质量，甚至会加重城市的雾霾现象。

　　建筑垃圾可造成天然土壤破坏。建筑垃圾中大块物料（如混凝土块、碎砖块等）进入土壤后会改变土壤的物质组成，破坏土壤结构，降低土壤的生产力。此外，建筑垃圾填埋区域的地表容易产生沉降和下陷。

　　建筑垃圾对环境的影响是一个量的积累过程，随着建筑垃圾堆积量增加，其生态环境问题会逐渐凸显。另外，建筑垃圾中有害物质的释放也是长期过程。因此，建筑垃圾的环境危害性表现为建筑垃圾堆积量和有害物质释放量的积累渐进过程。综上所述,建筑垃圾的环境危害具有潜在性、模糊性和滞后性等特点,因此容易被忽视或低估。

19.1.3 建筑垃圾产量估算分析

建筑垃圾产量是建筑垃圾管理规划的重要依据。一个地区的建筑垃圾产量可根据实际统计数据确定,但由于精确数据的获取往往比较困难,可以通过估算的方式得出建筑垃圾的产量数据。不同来源的建筑垃圾的产生方式差异性较大,因此其产量的估算方法显著不同。以下主要介绍建筑工程垃圾和拆除垃圾的估算方法。

1. 建筑工程垃圾产生量

建筑工程垃圾产生量可按下式进行估算:

$$M_g = R_g \cdot m_g \cdot k_g \tag{19-1}$$

其中,M_g 是一定区域内建筑工程垃圾的日产生量(t/d);R_g 是一定区域内新增加的建筑面积(10000m²);m_g 是单位面积下建筑垃圾产生量的基数(t/10000m²),一般情况下取 $m_g = 500$;k_g 是建筑工程垃圾产生量的修正系数,经济高增速区域取 1.10~1.20,经济发达区域取 1.00~1.10,普通区域取 0.8~1.00。

2. 拆除垃圾产生量

拆除垃圾产生量可按下式进行估算:

$$M_c = R_c \cdot m_c \cdot k_c \tag{19-2}$$

其中,M_c 是一定区域内拆除垃圾的日产生量(t/d);R_c 是一定区域内拆除的建筑面积(10000m²);m_c 是单位面积下建筑垃圾产生量的基数(t/10000m²),一般情况下取 $m_c = 13000$;k_c 是拆除垃圾产生量修正系数,经济高增速区域取 1.10~1.20,经济发达区域取 1.00~1.10,普通区域取 0.8~1.00。

19.1.4 我国建筑垃圾产生与处理现状

近年来随着我国城市建设的快速推进,建筑垃圾的年产生量增长很快。表 19.2 列出了 2012~2017 年我国建筑垃圾年产生量。数据显示建筑垃圾年产生量逐年增长,平均增长率为 4.5%。到 2017 年,建筑垃圾产生量已达 19.3 亿 t,建筑垃圾处理处置的行业规模已达到 600 亿元以上。

表 19.2　2012～2017 年我国建筑垃圾产生量（亿 t）

年份	2012	2013	2014	2015	2016	2017
产生量	15.46	16.02	16.89	17.45	18.01	19.30

尽管我国建筑垃圾产生量巨大，但目前建筑垃圾相关产业发展比较滞后，主要体现在以下两个方面。

1. 建筑垃圾循环利用率偏低

很多城市建筑垃圾的收运、处理以及处置过程尚处于简单化、无序化的状态，建筑垃圾资源化利用率偏低。具体表现如下：①建筑物的建造与拆除工程仍采用传统粗放型方式，建筑垃圾的减量化措施没有得到足够重视，因此建筑垃圾产生量很大；②产生的建筑垃圾未实现有效的分类回收和资源化利用。建筑垃圾的消纳处理严重滞后，造成资源化利用率偏低的局面。目前建筑垃圾的困境已经影响到城市的可持续发展，因此提高建筑垃圾的处理能力，扩大处理规模是当前紧迫需求。

2. 不完善的行业产业链

目前我国大多数城市还没有建立起成熟的建筑垃圾资源化产业链。建筑垃圾资源化管理工作还缺少政策和法律法规等方面的支撑。建筑垃圾简易填埋或直接倾倒的情况较多。因此许多已建成的建筑垃圾处理企业处于生产原料匮乏的尴尬境地。

19.2　建筑垃圾的管理

19.2.1　建筑垃圾的相关政策

建筑垃圾产业发展主要涉及五个方面：政策、法规、标准、技术、装备，它们相互关联、相辅相成。其中政策和法规可以在宏观层面影响和调控建筑垃圾处理行业。为了发挥"理念先行、政策先行"的优势，我国颁布了一系列的政策法规来促进建筑垃圾产业的快速发展，遴选重要条目列出如下。

2015 年 8 月，我国工业和信息化部、住房城乡建设部联合发布了《促进绿色建材生产和应用行动方案》，提出今后将要以建筑垃圾处理和再利用为重点，加强再生建材生产技术和工艺研发，提高固体废弃物消纳量和产品质量。

2016 年 12 月，我国工业和信息化部发布了《建筑垃圾资源化利用行业规范条件（暂行）》，该文件明确了建筑垃圾资源化利用项目所需满足的标准，并规定相关企业必须实现至少 95% 的资源化利用率。此外，文件还确立了建筑垃圾资源化企业的资质要求，为行业设定了明确的准入标准。

2017 年 4 月，国家发展改革委发布《循环发展引领行动》，将建筑垃圾资源化利用的要求列入绿色建筑、生态建筑评价体系，并计划到 2020 年以前将城市建筑垃圾资源化处理率提升至 13%。

2017 年 5 月，我国住房和城乡建设部、国家发展和改革委员会联合发布了《全国城市市政基础设施建设"十三五"规划》，强调了建筑垃圾源头减量与控制，提升建筑垃圾资源回收利用设施及消纳设施建设。

2018 年 4 月，我国住房和城乡建设部发布了《关于开展建筑垃圾治理试点工作的通知》，提出在全国 35 个城市进行建筑垃圾治理的试点工作，并通过试点城市将建筑垃圾资源化技术方案在全国范围内进行推广。

2020 年 4 月，新版《中华人民共和国固体废物污染环境防治法》修订通过，其中明确提出完善建筑垃圾污染环境防治制度，建立建筑垃圾分类处理、全过程管理制度。

2021 年 7 月，在国家发展改革委发布的《"十四五"循环经济发展规划》将建筑垃圾资源化利用示范工程列入重点任务和重点工程，明确提出到 2025 年，建筑垃圾综合利用率达到 60%。

19.2.2　建筑垃圾处理及再生的相关标准

建筑垃圾产业包括众多环节，如源头减量、分类回收、收运调配、加工处理、产品应用等，每个环节都需要明确的标准来指导规范。我国建筑垃圾的相关标准体系尚处于建设过程中。目前我国关于建筑垃圾的行业标准和地方标准的启动较早，起到了引导产业发展方向和规范行业秩序的关键作用。目前建筑垃圾行业中影响较大、应用较多的标准主要如下。

1. 《建筑垃圾处理技术标准》（CJJ/T 134—2019）

该标准的主要目的是规范建筑垃圾处理全过程，提升建筑垃圾减量化、资源化和安全处置水平。该标准涵盖了建筑垃圾行业的相关术语、产量和特性、收运、处理、填埋处置等方面的内容，是目前关于建筑垃圾比较全面综合的技术标准。

2. 《再生混凝土结构技术标准》（JGJ/T 443—2018）

该标准主要目的是规范再生混凝土在建筑结构中的应用，保证再生混凝土结构安全。该标准适用于再生混凝土房屋建筑结构的设计、施工及验收。

3.《建筑垃圾再生骨料实心砖》（JG/T 505—2016）

该标准规定了建筑垃圾再生骨料实心砖的术语和定义、规格、分类和产品标记、原材料、技术要求、试验方法、检验规则、标志、包装、贮存和运输等。该标准适用于以水泥和建筑垃圾再生骨料等为主要原料制备的实心非烧结砖。

4.《道路用建筑垃圾再生骨料无机混合料》（JC/T 2281—2014）

该标准规定了道路用建筑垃圾再生骨料无机混合料的术语和定义、分类、原材料、技术要求、配合比设计、制备、试验方法、检验规则，适用于城镇道路路面基层及底基层用建筑垃圾再生骨料无机混合料的生产、设计、施工验收。

5.《工程施工废弃物再生利用技术规范》（GB/T 50743—2012）

该标准主要目的是促进工程施工废弃物的回收和再生利用，并充分体现技术先进、安全适用、经济合理，适用于建设工程施工过程中的废弃物管理、处理和再生利用。

6.《再生骨料地面砖和透水砖》（CJ/T 400—2012）

该标准主要涉及再生骨料地面砖和透水砖的术语定义、原材料、试验方法、检验规则、运输和贮存，适用于再生骨料地面砖和透水砖的生产和检验。

7.《再生骨料应用技术规程》（JGJ/T 240—2011）

该标准适用于建筑垃圾再生骨料在建筑工程中的应用，主要技术内容包括再生骨料的技术要求、质量验收、运输和储存。其中重点内容是再生骨料混凝土、再生骨料砂浆、再生骨料砌块和再生骨料砖等方面的技术规定。

8.《混凝土用再生粗骨料》（GB/T 25177—2010）

该标准主要涉及混凝土对建筑垃圾再生粗骨料的技术性能要求。标准涵盖了再生粗骨料的常规性能指标，其中包括粗骨料的颗粒级配、泥块含量、针片状颗粒含量、有害物质、坚固性、压碎指标、表观密度、堆积密度、空隙率、碱集料反应、再生粗骨料的吸水率、氯离子含量和杂物含量等。

9.《混凝土和砂浆用再生细骨料》（GB/T 25176—2010）

该标准主要涉及混凝土和砂浆对建筑垃圾再生细骨料的技术性能要求。标准涵盖了再生细骨料的常规性能指标，其中包括细骨料的颗粒级配、泥块含量、针片状颗粒含量、有害物质、坚固性、压碎指标、表观密度、堆积密度、空隙率、碱集料反应、再生细骨料的再生胶砂需水量比、再生胶砂强度比等。

19.2.3　建筑垃圾管理及产业的发展趋势

建筑垃圾处理与利用是反映一个城市的绿色经济和可持续发展的重要环节。目前我国许多地区都颁布了建筑垃圾处理的相关政策法规，并积极寻找更加节能环保的建筑垃圾处理和资源化利用技术。建筑垃圾产业发展未来可期，其发展趋势主要如下。

1. 完善相关法律制度建设

完善且系统的法律法规可以有效降低建筑垃圾产生量，并可以规范建筑垃圾收运、处理等行为。通过法律制度可以限制建筑垃圾的乱排乱放，鼓励建筑垃圾的回收利用。根植于相关法律制度，可以建立起规范科学的建筑垃圾减排指标、考核、监测体系，落实"谁产生、谁负责"的原则，运用法律工具来促进建筑垃圾行业的健康发展。

2. 加强政府产业扶持力度

建筑垃圾处理产业是具有公益性质的环保产业。政府应该通过制定相应的产业政策，为建筑垃圾行业提供产业扶持，以此来促进建筑垃圾的再生利用。政府部门可以通过财政手段鼓励研发建筑垃圾处理技术，建立建筑垃圾研发中心。通过财政补贴、税收优惠等政策措施，来鼓励建筑垃圾处理工厂的建立和运营，并积极引导建筑垃圾资源化产品进入市场。例如，2019 年北京市城市管理委员会等多部门联合发布《建筑垃圾分类消纳管理办法（暂行）》，提出将建筑垃圾实行强制分类处置，并指定市政、交通、园林、水务等建设工程中建筑垃圾再生产品的使用比例不得低于 10%。

3. 完善建筑垃圾资源化利用的相关标准

我国建筑垃圾相关的标准体系仍不完善。为促进建筑垃圾产业的快速发展，标准体系建设可围绕以下方面进行：①完善建筑垃圾资源化技术规范和标准；②制定建筑垃圾再生产品的评价与应用标准；③制定绿色施工标准，促进建筑行业向低碳、利废方向发展；④完善建筑垃圾资源化企业的评价标准。

4. 开展试点示范，推广先进经验

建立建筑垃圾资源化利用试点，以龙头企业为依托，培育建筑垃圾综合利用示范基地。积极推广试点地区的先进经验，发挥示范效应。例如，截至 2019 年，北京市累计建成建筑垃圾资源化项目 103 个，年处置能力约 8500 万 t。建筑垃圾再生产品已在机场建设、市政道路等公共设施项目中得到应用。北京等城市的试点效应将推动建筑垃圾资源化处理行业的蓬勃发展。

5. 引入社会资本，实行特许经营

地方政府引入社会资本，采用 PPP 模式进行建筑垃圾资源化利用设施的建设。政府根据当地建筑垃圾的产生量以及处理需求，通过招投标方式将建筑垃圾运输企业和处理企业授予特许经营权。这样的做法可以更好地管理建筑垃圾，并促进资源的有效利用。

6. 物联网技术应用于建筑垃圾管理

物联网技术的应用对于建筑垃圾管理具有重要的意义，建筑垃圾物联网管理平台可以实现对建筑垃圾产生、收运、资源化利用等环节的科学管控。利用建筑垃圾行业大数据，可以科学合理地规划设计建筑垃圾的产业布局，优化收运路径，实现建筑垃圾产业各环节的规范管理。

19.3　建筑垃圾的收集运输与转运调配

19.3.1　建筑垃圾的收集运输

建筑垃圾在产生时就应该分类存放，尽量实现建筑垃圾的就地利用，这样有利于源头减量。无法就地利用的建筑垃圾可以采用预约方式收集，也可以由产生方自行送至建筑垃圾调配站。针对建筑垃圾分类情况采用不同的收运费用标准，这样可促进建筑垃圾产生地的有效分类。

为了提高收运效率，应根据实际需要对建筑垃圾进行破碎和压缩等预处理。为减少因建筑垃圾散落、扬尘等造成的环境影响，最好采用密闭厢式货车进行运输，或者在散装车厢表面进行有效苫盖，避免建筑垃圾裸露。

19.3.2　建筑垃圾的转运调配

收集的建筑垃圾应首先进入转运调配场存储。建筑垃圾调配场主要起中转站的作用。可根据后端处理处置设施的要求，配备相应的预处理设施。总调配量在 5000m³ 以上的转运调配场可根据需要增设资源化利用设施。转运调配场选址应根据当地建筑垃圾产量及资源化利用的具体要求确定。优先选用自然或人工形成的坑地，同时应避免造成环境危害。建筑垃圾转运调配场的规模应依据当地建筑垃圾产生量、场址自然条件、经济合理性等因素综合确定。

转运调配场内的建筑垃圾可按照拆除垃圾、渣土、建筑工程垃圾等种类进行分类堆放，为了有效地防尘和降噪，建议采用封闭车间进行建筑垃圾专业调配。如果现场条件只能采用露天堆场，那么建筑垃圾应遮盖防尘，并通过地坪标高和排水沟来避免土壤和地下水污染。

19.4　建筑垃圾的预处理

19.4.1　建筑垃圾的破碎

破碎指依靠机械力作用将物料由大块碎解为小颗粒的过程。建筑垃圾中的废旧混凝土、砖石等需要破碎才能有效实现资源化利用，因此破碎过程是建筑垃圾预处理核心手段之一，建筑垃圾破碎的主要目的如下：①减小颗粒尺寸可有效减少物料空隙，进而提高贮存时的空间效率，也有利于提高运输效率；②破碎后的建筑垃圾形状均匀度好，流动性增加，可显著提高分选效率；③对于需要填埋处置的建筑垃圾来说，破碎是高密度填埋的必要前处理工艺。

根据各地政策和实际环境不同，建筑垃圾处理过程大致可分为两种：①集中处理；②分散处理。集中处理是指把建筑垃圾集中到特定地点，统一进行分选和处理加工。因此集中处理一般选用固定式破碎设备。分散处理通常是指建筑垃圾产生现场的就地处理，一般采用移动式的破碎设备。物料的破碎设备和方法主要根据物料的物理机械性质、入料尺寸和所要求的破碎比来选择。

1. 建筑垃圾破碎设备

建筑垃圾破碎机按照作业对象的颗粒尺寸可分为以下三种。①粗碎机：常用于大块物料的初级破碎，破碎比较小（一般小于 6），建筑垃圾初碎过程一般采用颚式破碎机；②中碎机：将约数厘米的原料破碎成数毫米到数百微米的破碎机称为中碎机，主要以击碎或压碎的方式进行破碎，破碎比较大，一般可达 10 以上，常用的中碎机主要有圆锥式破碎机、反击式破碎机、锤式破碎机等；③细磨机：属于粉料加工设备，进料颗粒尺寸一般为 2~60mm，出料一般为 0.1~0.3mm，建筑垃圾常用的细磨机主要有球磨机、雷蒙磨等。

2. 建筑垃圾破碎工艺

图 19.1 为常见的建筑垃圾破碎的工艺流程。首先建筑垃圾通过振动给料机输

送至颚式破碎机，初次破碎后经过除铁器，除去裸露出来的钢筋等铁器。然后利用反击式破碎机进行二次破碎，破碎后的产物经过振动筛后，分成不同粒径的颗粒以备后续利用。

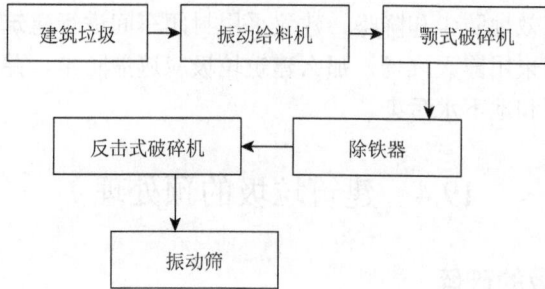

```
┌─────────┐     ┌─────────┐     ┌─────────────┐
│ 建筑垃圾 │ →   │ 振动给料机│ →   │  颚式破碎机   │
└─────────┘     └─────────┘     └─────────────┘
                                       │
                                       ↓
┌─────────────┐     ┌─────────┐
│ 反击式破碎机  │ ←  │  除铁器  │
└─────────────┘     └─────────┘
      │
      ↓
┌─────────┐
│ 振动筛  │
└─────────┘
```

图 19.1　建筑垃圾破碎工艺流程

19.4.2　建筑垃圾分选

分选是固体废物处理中重要的单元操作，其目的是将固体废物中可回收利用的或不利于后续处理、处置工艺要求的物质分离出来。分选包括人工分选和机械分选。建筑垃圾的分选过程有重要意义，通过分选可以将有用组分选出加以后续处理或利用，也可以在某一工艺过程前将有害组分分离出来。建筑垃圾的处理和资源化利用过程中一般需配置多个分选过程，其中最常用到的分选技术是筛分和磁选。

1. 筛分

筛分是用带孔的筛面把固体物料分成各种粒度级别的过程。在建筑垃圾处理过程中筛分常与破碎相配合，使粉碎后的物料按颗粒大小分级，并可避免过度粉碎。筛分在建筑垃圾资源化，尤其是再生骨料生产技术中利用广泛。筛分的功能一般体现在两个方面：一是用于建筑垃圾中渣土等杂物的分离；二是用于破碎后骨料的分级。常用的筛分设备主要包括固定筛、滚轴筛、滚筒筛、振动筛等。

2. 磁选

磁选在建筑垃圾处理中的作用主要有两方面，第一，磁选可以从建筑垃圾中回收铁磁性材料；第二，磁选可以去除建筑垃圾中的大块铁器，防止损坏破碎设备。磁选设备主要有永磁式圆筒式磁选机、磁力滚筒、悬吊磁铁器等。磁力滚筒和悬吊磁铁器主要用于建筑垃圾的破碎过程前，可除去废物中的大块铁器。永磁式圆筒式磁选机一般用于建筑垃圾破碎后，可用来回收粒度小于 0.6mm 的强磁性颗粒。

19.4.3　移动式的建筑垃圾处理设备

移动式的建筑垃圾处理设备适用于建筑垃圾分散处理，可随时随地到拆迁现场对建筑垃圾进行就地破碎及分选。移动式处理设备可集进料、破碎、分选、传送等工艺设备于一体，如图 19.2 所示。通过移动式处理设备，可实现建筑垃圾的破碎、除铁、骨料分级等过程，并可将再生骨料产品中的废布料、塑料、木板等杂物分离。移动式处理设备使用灵活，并可以显著降低运输成本，经济效益显著。

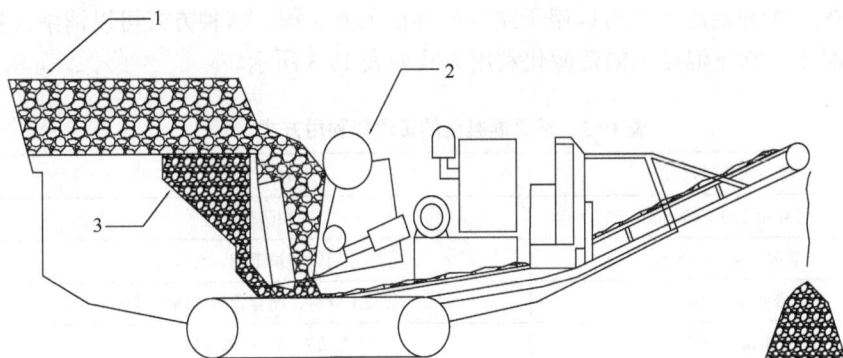

图 19.2　移动式多功能建筑垃圾处理装置

1-建筑垃圾入料端；2-颚式破碎机；3-振动筛

19.5　建筑垃圾的资源化利用

19.5.1　建筑垃圾资源化利用概述

建筑垃圾资源化是指采用工程技术方法和管理措施，从建筑垃圾中回收有用资源的过程。建筑垃圾资源化既可以缓解建筑垃圾的环境影响，又可以回收有用的材料并产出有价值的产品，因此建筑垃圾资源化有环境和经济两方面的意义。

建筑垃圾资源化带来的好处如下：①减少自然资源的消耗；②减少运输及生产过程中的能量消耗；③减少进入填埋场的废物总量，减小建筑垃圾的环境影响。建筑垃圾资源化和我国当前的一些重大方针也可以很好地结合，例如在"一带一路"建设中，共建国家基础设施建设过程中不可避免会产生大量的建筑垃圾，而建筑垃圾资源化既可以消纳产生的建筑垃圾，又可以为建设过程提供大量建筑材料，实现了建筑垃圾和建筑材料的内循环。建筑垃圾"就近运输、就近生产、转化回填、循环利用"，可实现建筑垃圾的华丽转身，变废为宝。建筑垃圾资源化除了可以产生经济效益外，还能节约自然资源、增加就业，从而产生社会效益和环境效益，因此是当前方兴未艾的朝阳产业。

建筑垃圾中主要组分及其资源化利用方式如下。

1. 混凝土

废弃混凝土经过破碎筛分等处理后，可以作为再生骨料来替代天然骨料。再生骨料用于配制混凝土时，为了避免力学性能的大幅下降，再生骨料替代率一般小于 30%。废弃混凝土也可以用于路基或其他土方工程，这种方式可以消纳大量废弃混凝土。常见混凝土的资源化利用方式如表 19.3 所示。

表 19.3　常见混凝土的资源化利用方式

混凝土颗粒尺寸	利用方式
打碎至 200～400mm	堤坝防护工程
破碎至 40～50mm	路基层、回填工程、地基材料
破碎至 <40mm	混凝土骨料、沥青骨料、路基材料
混凝土碎粉	沥青填充物、土壤稳定材料

2. 砖块

在建筑拆除过程中产生的砖块往往附带有水泥浆体、石膏等物质，并且经常和木材、混凝土等其他材料混合在一起。通常情况下分离整砖比较困难，因此在实际的回收过程中，砖块通常被破碎，然后被用作骨料或填充材料。

3. 沥青

沥青废物经过破碎后可用作沥青骨料，在使用过程中沥青骨料可与沙子、黏结剂混合在一起，用于生产新沥青。在荷兰，50%的沥青废物用于生产新沥青，其中废沥青的掺入量为 10%～15%。但是，含有废沥青骨料会降低整体材料的使用性能，因此在一些高等级路面的应用中，废沥青的掺入量需要严格控制。

4. 钢铁

钢铁目前是最具有回收价值的材料之一，因此废钢铁材料的回收市场发展较为成熟。废钢铁的回收过程往往在建筑物拆除的现场得以实现。废钢铁最理想的利用方式是直接利用，如果不便于直接利用，可以在钢厂重新熔炼生产新钢材。

19.5.2　建筑垃圾制备再生骨料

建筑垃圾中组分众多，木材、钢铁、塑料等成分经分选后都可以直接作为材料回收。因此本节的建筑垃圾资源化过程主要以废弃混凝土和碎砖等无机非金属材料为主。同时，废弃混凝土和碎砖主要有两种资源化利用途径：①作为填充材料用于工程回填。这种回收利用的优点是成本低、消纳速度快、技术要求低且利用率高。缺点是建筑垃圾潜在价值没有被充分挖掘。②经过加工成为再生骨料，可用于商品混凝土骨料、建筑砌块集料、道路填铺料等不同方向。随着自然资源枯竭现象的加剧和环境保护要求的提高，我国对砂石矿山开采的限制日益严格，同时也导致了砂石骨料的大量短缺。如果用建筑垃圾骨料代替天然砂石骨料，将极大地缓解当前困境。综上所述，建筑垃圾制备骨料产品附加值较高，是当前有发展前景的资源化方式。

1. 再生骨料制备技术

建筑垃圾的化学性质比较稳定，适宜作为再生骨料得到应用。建筑垃圾制备再生骨料的生产过程如图 19.3 所示，主要过程如下：①通过分拣去除建筑垃圾中的杂物；②物料进入破碎机中进行初次破碎；③破碎后的物料经除铁器回收废金属，经轻物质分离器去除塑料等轻物质；④物料由皮带输送机进入初次筛分机，粒径小于 5mm 的经风力分级后成为细骨料，粒径大于 5mm 的进入二次破碎机再次破碎；⑤二次破碎后的产物经二次筛分后得到粒径 0.15～5mm 的细骨料、粒径 5～25mm 的粗骨料以及粒径＜0.15mm 的微粉。

2. 骨料整形强化

经过破碎、筛分等工艺过程生产出的再生骨料具有如下不利特征：①颗粒形状不规则，许多具有尖锐轮廓；②部分颗粒表面包裹水泥砂浆；③颗粒内部存在大量微裂纹。正是因为具有以上不利特征，在使用过程中再生骨料与天然骨料相比具有如下劣势：①再生骨料的吸水率和吸水速率较高；②再生骨料的表面粗糙度较大；③再生骨料的内部缺陷较多。再生骨料在使用过程中的不利因素会影响最终产品的力学性能。如果对再生骨料有较高的强度要求，则需要对骨料进行整形强化处理。

目前被广泛采用的骨料整形强化方法是物理强化法。在物理强化过程中通过使用机械设备使骨料之间发生撞击、磨削等机械作用，进而使骨料颗粒形状变得圆整并有效去除表面的水泥砂浆。经整形强化后的再生骨料力学性能得到大幅提升、吸水率下降、稳定性得到改善，有利于实现再生骨料的质量控制和推广应用。

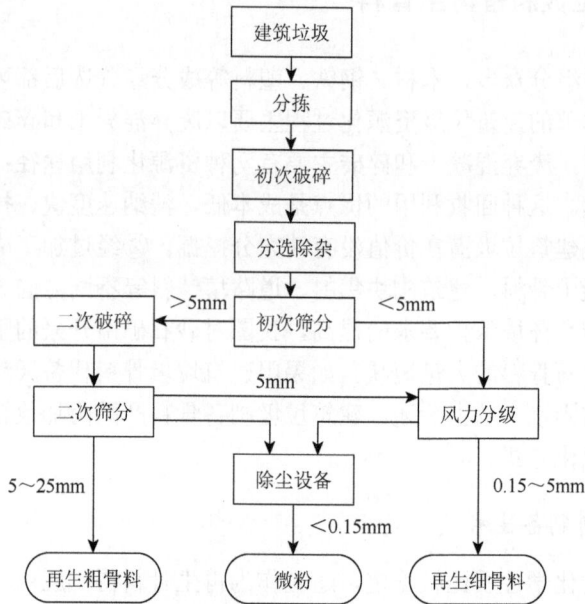

图 19.3　建筑垃圾再生骨料生产流程

3. 再生骨料的评价

再生骨料的表观密度、吸水率、杂质含量等是骨料应用中的主要评价指标。不同来源的再生骨料性质差异较大，大多数国外标准按来源将再生骨料进行分级。例如在国际材料与结构研究试验联合会（RILEM）发布的相关标准中，将再生骨料的来源分为：①废砌筑材料；②废弃混凝土；③混合材料。目前我国的建筑垃圾经过处理后，可以根据《混凝土用再生粗骨料》（GB/T 25177—2010）和《混凝土和砂浆用再生细骨料》（GB/T 25176—2010）对再生骨料性能进行检测，符合指标要求的产品可以进行相应品级的利用。

19.5.3　建筑垃圾再生骨料应用

建筑垃圾再生骨料可以用于制备多种再生产品，如再生骨料混凝土、再生骨料砌块、再生骨料砖等。再生骨料制品的生产过程中需要考虑两方面的问题：①再生产品需要充分利用再生骨料；②再生产品需要满足行业技术要求。

1. 再生骨料混凝土

再生骨料混凝土是使用再生骨料替代天然骨料，将再生骨料、水泥、外加剂以及水按比例混合搅拌而成。再生骨料混凝土的研究和应用起步较早，第二次世界大战后由战争破坏产生的大量建筑垃圾成为再生骨料混凝土发展的契机。目前，在德国、日本、美国等国家有很多再生骨料混凝土应用于建筑工程的成功案例。我国上海、邯郸等城市也有利用再生骨料混凝土的建筑工程案例。

再生骨料混凝土在公路工程中可以用于路基作业施工和路面建设；在建筑工程中可用于基础工程、填充墙工程的非结构构件。然而由于再生骨料混凝土均匀性和稳定性不足，在建筑工程中的房屋结构梁、柱等主要部件中一般不予应用。

2. 再生砖

建筑垃圾再生骨料可以用于制备再生免烧砖。再生免烧砖的制备工艺流程如图 19.4 所示：①将再生骨料、胶凝材料、矿物掺合料和水等混合搅拌制成浆料；②将浆料送至液压砖块机成型；③按照需求条件进行养护。

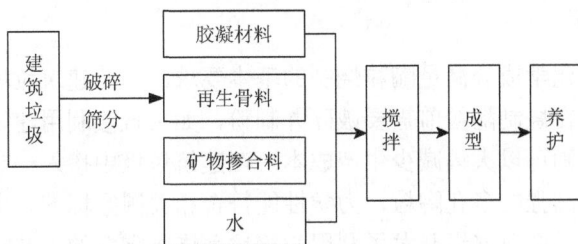

图 19.4　再生免烧砖的生产工艺流程

再生骨料再生砖可代替普通砖用于市政、道路及房屋建设。目前我国实施"限黏禁实"政策，为再生砖的发展提供了有利契机。

3. 公路工程

建筑垃圾再生骨料可用于公路筑基，其最小强度应满足《公路路基设计规范》（JTG D30—2015）中的相关规定。将颗粒尺寸＜100mm 的建筑垃圾再生骨料与水泥拌合，并对拌合料的灰剂量、含水量和骨料配比进行批次检验。合格后的混合料便可以进行摊铺、碾压施工。施工过程应参照《公路路基施工技术规范》，并依照《公路工程质量检验评定标准　第一册　土建工程》（JTG F80/1—2017）进行质量检验评定。

19.5.4　建筑垃圾再生微粉的资源化利用

建筑垃圾破碎后，可以通过筛分得到三种粒径的产品：粗骨料、细骨料、微粉。再生微粉一般由粒径小于 0.15mm 的颗粒组成。

1. 水泥制品掺合料

建筑垃圾微粉达到一定细度后具有水化活性，因此可以作为掺合料得到应用。建筑垃圾再生微粉的主要化学成分为：SiO_2、CaO、Al_2O_3、Fe_2O_3 等。不同来源的建筑垃圾微粉成分略有不同。例如，混凝土再生微粉中的 CaO 含量偏高，而砖微粉中的 SiO_2 含量较高。再生微粉的活性可以通过以下途径得到提高：①将再生微粉进行 600～700℃ 的煅烧；②利用粉磨设备将微粉的粒径进一步降低。

综合再生微粉及其制品的性能研究来看，建筑垃圾微粉的应用还处于研究探索阶段。目前还没有再生微粉产品标准和性能测试方法，因此建立制定相应标准体系是当前亟待解决的问题。

2. 烧制陶粒

建筑垃圾的化学成分满足陶粒烧制的基本要求，因此建筑垃圾可以用于烧制陶粒。建筑垃圾在烧制陶粒前需要破碎并制粉，如果直接利用建筑垃圾骨料制备中筛除的微粉，则可以大幅减少生产成本。在建筑垃圾中掺入一定量的造孔剂，可以烧制出轻质高强的多孔陶粒，力学性能符合相关国家标准。中国科学院生态环境研究中心张付申研究组开发了利用建筑垃圾烧制陶粒的工艺技术，并已获得专利授权《建筑垃圾生产多孔陶粒的工艺与成套设备》（CN201010248270.6）。

19.6　建筑垃圾处理及资源化利用项目案例

本节列举了国内一条典型建筑垃圾资源化生产线，其资源化产品主要包括：①再生粗细骨料；②环保砌块；③干粉砂浆。主要生产流程如图 19.5 所示。

预处理工段 → 分拣处理及破碎筛分工段 → 粗细骨料再生工段 → 成品输送、存储及输出工段

图 19.5　建筑垃圾处理及资源化工艺流程

1. 建筑垃圾预处理工段

建筑垃圾首先进行人工简单分拣，去除大块轻质杂物；利用颚式破碎机将体积较大的物质破碎至 55cm 以下；破碎后的物料进入砖石分选机，按照粒径大小筛分出砖块和混凝土块。

2. 破碎筛分工段

破碎筛分工艺分为混凝土块处理和砖块处理两部分。①混凝土块处理：通过一级破碎、分拣除杂、二级破碎、成品骨料筛分等工序，最终产出粒径分别为 0~5mm、5~10mm、10~25mm 的三种再生骨料；②砖块处理：通过分拣除杂、二级破碎、成品骨料筛分，最终产出粒径分别为 0~5mm、5~10mm、10~37.5mm 的三种骨料。

3. 细骨料生产工段

上述工艺中 0~5mm 的骨料可以通过进一步筛分得到 0~3mm 或 3~5mm 的细骨料。在上述所有的工艺中，可以利用除尘设备得到粒径 0.075mm 以下的细粉。综上，此生产线可产出粒径分别为 <0.075mm、0~3mm、3~5mm 的三种细骨料。

4. 成品输送、存储及输出工段

通过以上工艺过程，可以得到不同粒径的粗细骨料。骨料作为初级产品可以直接输入市场。初级产品可以进一步制备深加工产品，如粗骨料可以用于生产环保砌块，细骨料可以用于生产干粉砂浆和水稳材料。

思　考　题

1. 简述建筑垃圾定义和主要组成。
2. 在建筑垃圾产量估算中主要把建筑垃圾分为哪两类？如何对每一类进行产量估算？
3. 简述建筑垃圾的环境影响。
4. 建筑垃圾的相关标准主要有哪些？分别从哪些方面对建筑垃圾做出规范要求？
5. 简述建筑垃圾产业的主要发展趋势。
6. 建筑垃圾的运输和转运调配过程应遵循哪些原则？
7. 简述建筑垃圾破碎和筛分的主要目的。
8. 简述建筑垃圾再生骨料的生产流程。
9. 简述建筑垃圾破碎的主要工艺流程。
10. 简述建筑垃圾资源化的主要产品及其应用。

第20章 危险废物管理与处理处置

内容提要与主要知识点

　　本章主要介绍危险废物管理的基础理论和主要技术要求，阐释危险废物全过程风险防控和环境无害化管理的科学理论。重点分析了我国危险废物的特性鉴别、申报登记、经营许可和应急响应等基本法律框架和要求及其医疗废物管理的相关规定。在介绍危险废物填埋和焚烧基本管理要求的基础上，重点阐述了具有我国特色的危险废物水泥窑协同处置和医疗废物非焚烧处置技术的基本情况。要求熟悉《国家危险废物名录》和《医疗废物分类目录》。初步掌握危险废物环境无害化管理的基本原则、全过程风险评估和防控原理及分级管理模式、危险废物水泥窑协同处置的特点和医疗废物非焚烧处置技术的适用范围。学会危险特性鉴别的基本流程、相关标准和要求，了解危险废物全过程管理的主要环节和法律规定。

20.1 概　　述

　　随着全球工业化的不断发展，工业生产过程中产生和排放的固体废物日益增多。这些废物有相当一部分属于对环境、人类存在威胁的危险废物。据估计，全世界每年产生的工业废物达数十亿吨，其中的危险废物超过 3 亿 t。危险废物不但会破坏生态环境，而且会影响人类健康，不规范的危险废物处理处置还会带来更加严重的大气、水源、土壤等污染，公众对危险废物的污染和健康问题十分敏感。在西方一些工业发达国家，由于危险废物带来的严重污染和潜在环境和社会影响，公众会极力反对在社区周边地区建设危险废物处置设施和填埋场及发展危险废物的相关产业，危险废物有时甚至被称为"政治废物"。加强危险废物的管理已经成为世界各国改善环境质量、维护环境安全和保障人民健康的重要内容。

　　我国对危险废物的管理起步于 20 世纪 90 年代。经过 30 多年的发展，危险废物管理已取得了长足的发展和进步。《2020 年全国大、中城市固体废物污染环境防治年报》数据显示，2019 年我国 196 个大、中城市的一般工业固体废物、工业危险废物和医疗废物产生量分别为 138000 万 t、4499 万 t 和 84 万 t。工业危险废物的综合利用量、处置量和贮存量分别为 2491.8 万 t、2027.8 万 t 和 756.1 万 t，其中综合利用量占利用处置和贮存总量的 47.2%，综合利用和处置是目前工业危险废物处理的主要途径。

20.1.1　危险废物管理发展史

美国在 20 世纪 50～60 年代就开始了危险废物管理立法，国会批准的《固体废物处置法》（以下简称《SWDA 法》）详细规定了当地垃圾填埋场的最低安全要求，当时的《纽约时报》称废物为"第三类污染"。但 1950～1960 年，美国的废物管理并未得到足够重视，废物和垃圾的产生总量急速增加，导致已有垃圾填埋场和堆放点难以容纳。大量的垃圾到处堆放，不仅破坏了乡村和水路，而且污染了土壤和地下水，成为疾病的传播媒介。

20 世纪 60 年代，另一个维度的废物——危险废物问题也愈演愈烈。1965 年，美国已经生产超过 400 万种化学品，而合成化学品制造业仍在快速增长。制造这些化学品通常会产生有毒副产品需要处理，而这种处理在很大程度上是不受管制的。1970 年，美国环境保护署（EPA）的成立扩大了联邦政府在废物管理方面的作用。该机构与各州和工业界合作，收集和分析有关废物类型、数量和资源回收的信息，研究危险废物的风险，以及对人类健康和环境可能造成的损害。EPA 发现《SWDA 法》不够有力，无法解决固体和危险废物数量增加所带来的危险。

1976 年《资源保护与循环利用法》（以下简称《RCRA 法》）的批准从根本上改变了美国的废物管理。《RCRA 法》结束了以前末端控制的污染控制理念，旨在进行废物的污染预防。废物的管理采用了联邦和州的联合管理，联邦仅提出基本要求，而各州实施自己的废物管理方案，以便能够设计出符合其需求、资源和经济的方案。《RCRA 法》对危险废物的处理、储存和处置提出了严格的要求，以尽量减少目前和未来的风险。在签署《RCRA 法》时，当时的美国总统杰拉尔德·福特（Gerald Ford）指出，"危险废物处置是美国需要解决的最优先环境问题"。经过 40 多年的发展，美国已经建立了相对成熟完善的危险废物管理体系。同时，EPA 制定和出台了相应的管理条例和指南，用于指导《RCRA 法》的实施。这些内容翔实的指南构成了危险废物管理法律法规实施的基础。

中国危险废物管理的相关法律制度基本与国际接轨，与美国类似。《中华人民共和国固体废物污染环境防治法》（以下简称《固废法》）于 1996 年 4 月 1 日施行，标志着我国危险废物法治化管理体系开始建立。为适应我国固体废物管理形势的快速变化，《固废法》于 2004 年和 2020 年及 2013 年、2015 年和 2016 年分别进行了两次修订和三次修正，为危险废物的环境管理奠定了重要的工作基础。1998 年发布的《国家危险废物名录》也分别于 2008 年、2016 年、2020 年和 2024 年进行了四次修订。最高人民法院和最高人民检察院《关于办理环境污染刑事案件适用法律若干问题的解释》的特别发布，为强化危险废物的法治化管理、惩治危险废物环境污染犯罪提供了更加强有力的刑事法律依据。

2016 年 12 月 25 日，《中华人民共和国环境保护税法》在十二届全国人大常委会第二十五次会议上获表决通过，并于 2018 年 1 月 1 日起施行。危险废物被列为环境保护税税目的重要内容。"十四五"以来，生态环境部在已出台《危险废物规范化管理指标体系》、《危险废物产生单位管理计划制定指南》、《全国危险废物规范化管理督查考核工作方案》和《建设项目危险废物环境影响评价指南》管理政策的基础上，进一步出台了《强化危险废物监管和利用处置能力改革实施方案》、《"十四五"全国危险废物规范化环境管理评估工作方案》等多项管理政策和技术指南，体现了我国危险废物污染防治工作正在不断向精细化管理方向迈进。

20.1.2　危险废物的来源

2020 年的《固废法》对于危险废物的定义是"指列入国家危险废物名录或者根据国家规定的危险废物鉴别标准和鉴别方法认定的具有危险特性的固体废物"。从定义可以看出，我国的危险废物定义主要采用了组分法和性质包含法。其中，危险废物名录就是按图索骥，只要是列入目录的固体废物就是危险废物；而鉴别方法是按照专门的程序、方法和相关标准进行检测，根据检测结果进行筛选和认定。

危险废物按照产生源划分，可以分为工业源危险废物和生活源（家庭源）危险废物。工业源危险废物是指工农业生产过程中产生的危险废物，目前占危险废物总量的 70% 以上。生活源（家庭源）危险废物是指从生活垃圾中分类并集中收集的有害垃圾中属于危险废物的固体废物，如日常生活中产生的废荧光灯管、废温度计、废血压计、废药品及其包装物、废镍镉电池和氧化汞电池、废胶片及废相纸、废杀虫剂和消毒剂及其包装物、废油漆和溶剂及其包装物、废矿物油及其包装物以及电子类危险废物等。

工业源危险废物主要包括废碱、废酸、石棉废物、有色金属冶炼废物、无机氯化物、废矿物油和其他危险废物等。根据《中国生态环境统计年报》，我国 2022 年工业危险废物利用处置量排名前五的行业依次为化学原料和化学制品制造业，有色金属冶炼和压延加工业，石油、煤炭及其他燃料加工业，黑色金属冶炼和压延加工业，电力、热力生产和供应业。五个行业工业危险废物的利用和处置量分别为 6040.90 万 t 和 6948.30 万 t，分别占全国工业危险废物利用和处置量的 71.4% 和 73.6%。

20.1.3　危险废物的迁移释放

虽然从数量上讲危险废物产生量仅占固体废物的较小部分，但危险废物种类繁多、成分复杂，并具有毒害性、爆炸性、易燃性、腐蚀性、化学反应性、传染性、放射性等一种或几种以上的危害特性，如果处理处置不当，危险废物的有害组分极易通过各种途径对大气、水体和土壤造成污染。

首先，危险废物中的细颗粒、粉末在运输、储存、利用、处理处置过程中，容易随风飘逸和扩散到空气中，造成大气污染。其次，危险废物产生的渗滤液可能会随着天然降水迁移，径流流入江、河、湖、海，污染地表水和地下水。同时，危险废物在存放、运输和处置过程的洒漏会导致有害物质进入土壤；危险废物的直接堆存和掩埋也会导致有毒有害组分随渗滤液进入地下和混入土壤。

危险废物的危害具有长期性、潜伏性和滞后性。一旦其危害性质爆发出来，产生的灾难性后果将不堪设想。拉夫运河事件就是 1978 年发生在美国纽约州的一起影响颇大的危险废物污染事件。拉夫运河在 1920～1952 年间倾倒和填埋了约 21000t 的危险废物。1955 年该地被开发，建设了学校和公寓。1978 年，这些掩埋多年有害物质的释放最终导致上百户家庭受到污染，引发了严重的环境灾难。

20.1.4　危险废物的识别标志

危险废物产生单位要在盛装危险废物的容器和包装物，危险废物产生、收集、贮存、处置场所和运输工具处设置危险废物识别标志。这些标志和符号用于提醒人们危险废物产生、转移、贮存和处置利用过程中可能存在或造成危害。危险废物标志主要分为废物种类识别标签和危险警告标志，其中废物种类识别标签用于标明废物的主要成分和危险属性，而危险警告标志主要起到警示提醒作用，独立摆放或悬挂于危险废物收集、运输、贮存、处置设施和场所处。

20.2　危险废物管理的理论基础

20.2.1　危险废物全过程风险评价和防控理论

危险废物的风险评价是进行废物管理和风险防控的基础。危险废物具有多种危害特性，对生态系统和人体健康存在着潜在威胁。这些危害性质又可以大致分为与环境安全有关和与人体健康有关两类，第一类包括腐蚀性、爆炸性、易燃性、反应性；第二类包括毒性、传染性、刺激性、放射性、致癌性、致畸变性和致突变性。

1. 危险废物的风险评价

危险废物风险评价是通过评估人体或生态受体在相关环境中暴露引起的负面影响，来定量估算危险废物环境风险值的过程。风险评价过程一般分为危险评价、暴露程度毒性评估、剂量效应评价和风险表征等4个步骤（图20.1），其原理是首先对污染物的危险性进行初步评价，然后通过环境行为研究和环境浓度模拟确定人体的暴露程度，结合污染的剂量效应评价，将风险类型和严重程度与人体暴露联系起来，最后通过风险系数计算评估相关人群当前的和潜在的健康风险。

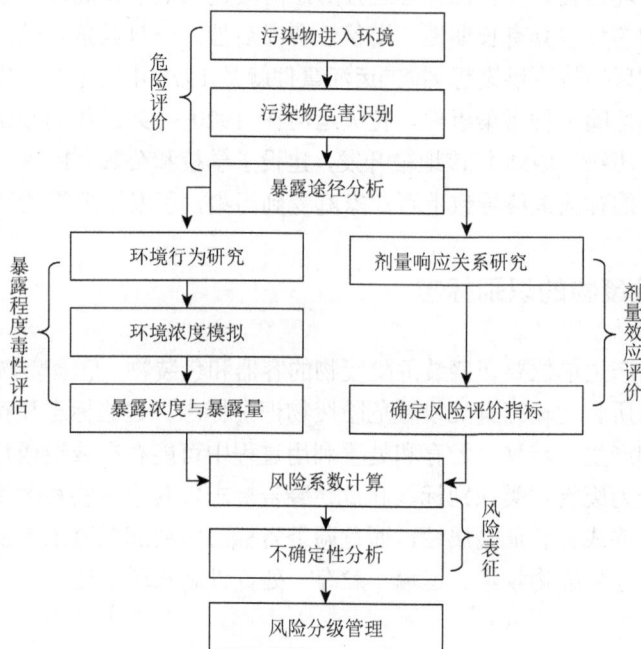

图 20.1　危险废物风险评价过程

各类危险废物的存在形态各异，因此对环境和人体健康的危害程度受多个因素的影响，对不同废物采用相同程度的管理是不科学的。危险废物管理中首先要确定危险废物的产生特点和赋存现状，考虑和分析废物产生量、活性、暴露方式和暴露程度等管理中的各个因素，综合运用风险评价方法确定其危害等级，从而制定针对性的管理措施进行高效管理。

2. 危险废物的风险防控

完善的法律制度是危险废物的全过程风险防控的法治化管理依据。只有建立了全过程、多层级的防控管理体系，才能保障危险废物风险防控管理的有章可循。同时，风险防控需要立足于各地危险废物管理的现状水平，实事求是地制定风险等级和风险管理标准。相关部门需要科学评估和管控相关企业生产过程中涉危的原料、产品和废物，设置专门的管理部门和制度规范，明确各部门的责任与工作内容，并针对全过程中的各个环节进行高效防控。

产废企业是危险废物的产生、利用、处理的责任主体，因此全过程防控管理应将管理重点落实到各个企业。管理部门要强化落实责任制度，引导协助产废企业从被动防控向主动管理与控制转变，只有这样才可能从源头就实现危险废物管理的高效风险防控。危险废物管理部门与产废企业需要分别建立相应的责任制度，产废企业还需要建立风险自查与信息公开制度，自觉接受相关部门的定期检查与公众的社会监督。一旦企业出现危险废物违法问题，必须为其自身的行为承担相应的法律责任。

20.2.2　危险废物的分级管理理论

分级管理是指根据危险废物的环境风险而进行分别管理，相关的分级标准一般会考虑特性分级、毒性分级和易燃性分级，例如美国根据危险废物的危害特性和产生量，实施了分级管理的理念。美国 EPA 按照危险废物的危害程度大小和产生量大小对产生源划分了等级，针对各个等级分别采取不同程度的管理措施，并且制定了相应的产生者的责任。按照危险废物的月产生量不同，EPA 将产生源分为三类：第一类为大量产生者（LQG），指产生源的危险废物产废量每月大于 1000kg，或者急性危险废物每月产生量大于 1kg；第二类为小量产生者（SQG），指产生源的危险废物产生量每月介于 100~1000kg；而第三类为豁免小量产生者（CESQG），这类源每月危险废物产生量小于 100kg，且急性危险废物的产生量不大于 1kg。

欧盟对于危险废物分级管理是从危害特性和含量两个方面着手的，管理部门划定了不同等级后，对其采取不同程度的管理措施。欧盟运用环境风险与安全评价的方法，对危险废物的特性进行了详细的规定，分别是 H1（爆炸性）、H2（氧化性）、H3A（极易燃性）、H3B（易燃性）、H4（刺激性）、H5（有害性）、H6（毒性）、H7（致癌性）、H8（腐蚀性）、H9（感染性）、H10（致畸性）、H11（致突变性）和 H14（生态毒性）。特别的，H12 是指废物或其混合物与水、空气或酸接触后，会产生剧毒或有毒气体；H13 是指废物经处置后，可能以任何方式产生另一种物质具有上述任何特性。

相比于美国和欧盟，虽然我国对危险废物在国家层面还没有制定产生量和危险物质含量相关的标准，但已经在危险化学品和农药行业建立了详细的分级标准，相关的经验可以逐步推广到危险废物领域。同时，地方省市如广东省在 2008 年发布了《广东省高危废物名录》，其中详细列出了高危废物的编号、名称、危险特性、主要行业来源、典型工序和主要有毒有害成分等，尝试对危险废物开展分级管理。危险废物分级管理的好处有多个方面，首先，分级管理可以进一步加强对高危废物的专门监管，特别是对其处理处置设施的充分监管，防止因不当处置产生二次污染；其次，危险废物分级管理有利于科学分配管理资源，有助于当地固管部门强化对高危废物和具有"三致"特性的废物的严格管控。

20.2.3　危险废物环境无害化管理理论

危险废物的环境无害化管理最初是由《控制危险废物越境转移及其处置巴塞尔公约》提出的，该公约第 2 条中将"环境无害化"定义为"危险废物或其他废物的环境无害化管理是指采取一切可行措施，以确保在危险废物和其他废物的管理中能保护人类健康和环境，避免废物造成的负面影响"。环境无害化管理工作框架由一个 30 名专家组成的技术专家组（TEG）负责，该小组由联合国五个区域集团缔约方根据地域代表性公平提名组成。

1. 环境无害化管理基本原则

在实施危险废物的环境无害化管理时，一般遵循以下原则：①污染者付费的核心原则；②预防原则；③就近原则；④最少越境转移原则；⑤可持续的消费和生产的原则；⑥环境正义的原则。

此外，在实施环境无害化管理时各利益相关方应遵循废物管理的优先层次：预防，减量化，再利用，再循环，其他类型的回收（包括能量回收）和最终处置。建议在实施过程中根据各层次结构的优先性分配资源和工具。防止废物产生在任何废物管理政策中都应是较好的选择。不产生废物或确保其危险性较小，这样做可以将废物管理中的风险和成本降低。然而，预防难以解决所有与废物管理相关的问题。有些废物是已经存在或将不可避免地产生，则这些废物应该实现环境无害化管理。当废物预防和减少的可能性已经用尽时，鼓励按照最佳可行技术（BAT）、最佳环境实践（BEP）和生命周期的评价再利用、再循环和回收技术来提供最佳的整体环境效益。

各国政府和当局在实施环境无害化管理中发挥主导作用，通过在其立法中设置相关要求，来实施和执行环境无害化管理原则。然而，参与废物管理的所有利益相关方都应发挥重要作用，应在他们的活动中利用以下政策工具：①预防和减少；②生产和消费过程中资源的可持续利用；③将废物重新作为一种资源（如适用）；④基于生命周期的方法；⑤生产者延伸责任（EPR）和/或其他产品政策；⑥创新的生产和提供的服务。

伙伴关系、合作和协同作用在促进 ESM 的实施中具有关键作用。环境无害化管理实施该框架所采取的措施不应与国家在国际法框架内所承担的法律责任和义务相冲突。

2. 环境无害化管理框架

在对环境无害化管理建立了一个共同的理解后，需要一定的工具和方法以支持并促进其落实。这些工具可能包括立法和监管工具、政策指南、认证计划、自愿协定、合作伙伴机制、培训宣传以及激励。在适当情况下，作为进一步的步骤，这些方案应被定制以满足特定废物流管理。

（1）政策法规

相关的政策法规应使环境无害化管理具有可操作性，并包括如下内容：关键利益相关者的责任、技术和组织的要求、职业安全卫生和环保要求、环境责任和保险；生产者延伸责任计划和其他的产品政策、允许和许可经营制度、对不符合规定的民事和刑事处罚、公众信息的获取。

（2）指南/准则

使用平易的普通语言来编写指南，以提高关键利益相关者对于环境无害化管理操作所涉及的认识和了解。

（3）自愿认证

创建符合适用的国际规则，符合标准制定机构和符合认证程序的规范和标准。

（4）自愿协定

为确保遵守无害环境管理方面的条款而订立的各项计划和非立法自愿协定（如包括生产者延伸责任计划、责任关怀计划和收回计划在内的产品政策）；推动环境创新和设计的生态标签和奖励制度。

（5）合作机制

确保国际、区域、国家和地方各级，包括与业界合作；通过建立执法网络，实现/确保环境无害化管理；通过贸易/产业协会和学术机构促进对于环境无害化管理知识的了解。

（6）意识提高

提高认识以鼓励环境无害化的活动和沟通策略；创造有利的环境，研究与开发，创新和技术转让；人员培训计划。

（7）报告机制

利益相关者的问责制和报告机制。

（8）激励措施

通过经济和非经济激励措施，如减税一段时间或环境无害化处理设施延长许可期限促进和带动产生源分类。

20.3　危险废物管理的法律框架

我国危险废物管理工作起步相对较晚，从 1996 年开始实施《固废法》，正式将危险废物纳入法治化管理轨道，在立法机构、政府部门和企业的共同努力下，进行了多次修订和修正，目前已经逐渐形成完善的体系。2004 年的第一次修订，加入了谁污染谁举证、举证责任倒置制和危险废物利用也需要申请经营许可证的要求。2013 年的修正，将生活垃圾设施关闭、闲置或者拆除的核准权从县级的人民政府环境卫生行政主管部门和环境保护行政主管部门调整至市级。2015 年的修正将固体废物"自动许可进口"修改为"非限制进口"。2016 年的修正直接取消了危险废物跨市转移审批。

最新一版《固废法》修订的内容主要包括：①统筹把握减量化、资源化和无害化的关系；②明确各方责任促进固体废物协同治理；③为生态文明体制改革提供法律支撑；④综合运用手段深化固体废物管理。修订涉及相关内容 50 条，新增14 条，删除 4 条。其中的改革固体废物进口管理制度、强化农业固体废物管理规定、设立生活垃圾分类制度和健全危险废物管理制度对于目前完善危险废物的利用从法律层面提供了良好的指引。

20.3.1　国内法律

目前我国已经发布的与危险废物相关的主要法律和规章见图 20.2。2013 年6 月 17 日《最高人民法院 最高人民检察院关于办理环境污染刑事案件适用法律若干问题的解释》（以下简称《两高解释》）发布。《两高解释》对危险废物违法过程中的刑法适用总量作出了明确规定，例如，非法排放、倾倒、处置危险废物 3t以上的行为应当被认定为"严重污染环境"，根据刑法第三百三十八条规定可以处三年以下有期徒刑或者拘役。

《两高解释》还指出：无危险废物经营许可证从事收集、贮存、利用、处置危险废物经营活动，严重污染环境的，按照污染环境罪定罪处罚；同时构成非法经营罪的，依照处罚较重的规定定罪处罚。其中的"非法处置危险废物"是指"无危险废物经营许可证，以营利为目的，从危险废物中提取物质作为原材料或者燃料，并具有超标排放污染物、非法倾倒污染物或者其他违法造成环境污染的情形的行为"。企业即使具有危险废物经营许可证，如果违反国家相关规定，进行有放射性的废物、含传染病病原体的废物、有毒物质或者其他有害物质的排放、倾倒、处置，也应当进行从重处罚。

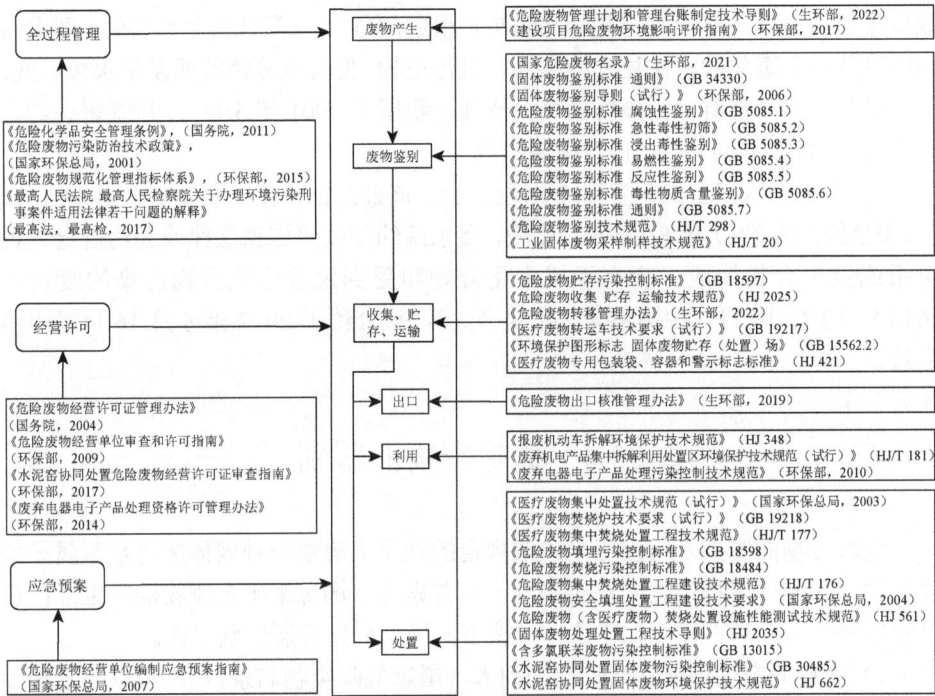

图 20.2 我国危险废物环境管理法规性文件及标准现状

20.3.2 国际公约

我国目前已经缔结或者参加的与固体废物污染环境防治及危险废物管理直接相关的公约主要有《防止倾倒废物及其他物质污染海洋的公约》、《控制危险废物越境转移及其处置巴塞尔公约》、《关于持久性有机污染物的斯德哥尔摩公约》和《关于汞的水俣公约》等。

《防止倾倒废物及其他物质污染海洋的公约》于 1975 年 8 月 30 日生效，又被称为《伦敦公约》，主要是为了控制倾倒行为，避免海洋环境受污染。《伦敦公约》要求缔约国减少并在可行时消除废物或其他物质向海洋倾倒，消除海上焚烧废物及其造成的海洋污染。我国于 1985 年 9 月 6 日决定批准加入《伦敦公约》，该公约自 1985 年 12 月 15 日正式对我国生效。

《控制危险废物越境转移及其处置巴塞尔公约》，旨在遏止越境转移危险废料，特别是向发展中国家出口和转移危险废料。公约要求缔约国把危险废物的产生量减到最低限度，同时采用最有利于环境保护的方式对废物进行环境无害化处理。我国于 1990 年 3 月 22 日签署公约，该公约于 1992 年 5 月对我国正式生效。

《关于持久性有机污染物的斯德哥尔摩公约》简称《斯德哥尔摩公约》，旨在减少化学品尤其是有毒有害化学品和废物引起的危害。《斯德哥尔摩公约》要求缔约国以环境无害化的方法处理持久性有机污染物，使其成分销毁或发生永久质变，不再显示出持久性有机污染物的相关特性。我国于 2001 年 5 月 23 日签署公约，该公约于 2004 年 11 月 11 日对中国生效。

《关于汞的水俣公约》简称《水俣公约》，该公约旨在控制和减少全球汞排放。《水俣公约》于 2017 年 8 月 16 日生效，要求缔约国按照国家法律或公约规定处置由汞或汞化合物构成、含有汞或汞化合物和受到汞或汞化合物污染的废物。2013 年 10 月 10 日，中国签署《水俣公约》，该公约于 2017 年 8 月 16 日对中国生效。

20.4　危险废物的鉴别

危险废物的鉴别是指按照名录或规定的程序来确定一种固体废物是否属于危险废物。当固体废物产生源不明确时，应首先进行溯源来确定废物的产生源；在确定废物产生源后，依照如下次序，按不同情形分别开展鉴别工作。

1）废物的产生行业和名称明确列入《国家危险废物名录》，则可以确定固体废物属于危险废物；

2）废物的相关属性符合《危险废物鉴别标准　通则》（GB 5085.7）中相应的判定规则，可以直接判定固体废物属于危险废物；

3）废物未列入《国家危险废物名录》，且其属性无法根据《危险废物鉴别标准　通则》（GB 5085.7）进行直接判别，可以通过主要成分、原辅材料、生产工艺和产生环节综合分析，如果均不具有危险特性的，则可判定固体废物不属于危险废物；

4）对于废物具有《危险废物鉴别标准　通则》（GB 5085.7）所列范围之外的危险特性，则需通过采样和检测分析确定其具体的危险特性，根据分析结果鉴别。

20.4.1　《国家危险废物名录》

我国于 1998 年首次印发实施《国家危险废物名录》。为支撑和指导危险废物的环境管理，2024 年生态环境部第四次就名录进行修订。修订版名录将危险废物调整为 50 大类，470 种。《国家危险废物名录（2025 年版）》附录《危险废物豁免管理清单》，特别提出了在环境风险可控的前提下，根据省级生态环境部门确定的方案，实行危险废物"点对点"定向利用，利用过程不按危险废物管理。相关的豁免原则和内容规定，非常有利于各地结合实际实行更加灵活的利用危险废物豁免管理。

《国家危险废物名录（2025 年版）》对每一类危险废物进行了编码。废物代码由 8 位数字构成，其中：第 1～3 位依据《国民经济行业分类》（GB/T 4754）制定，是危险废物的行业代码；第 7～8 位标明了危险废物的类别；第 4～6 位代表的是危险废物在本类别中的顺序编码。例如"263-001-04"是指氯丹生产过程中六氯环戊二烯过滤产生的残余物；氯丹氯化反应器的真空汽提器排放的废物。"263"表明该类废物产生于农药制造行业，"04"表明该类废物属于危险废物的第 HW04 类，"001"表明该类废物列于 HW04 的第 1 位。

名录的危险废物豁免管理清单，有利于强化危险废物的分类管理，提高危险废物的监管效率。例如，对于家庭源危险废物，如果未能分类收集，全过程不按危险废物管理；如可以分类收集，则收集过程不按危险废物管理，但后续运输和处置过程仍按危险废物管理。对于生活垃圾焚烧炉产生的焚烧飞灰，如果其属性满足《生活垃圾填埋场污染控制标准》（GB 16889）中相关标准的限定要求，则可进入生活垃圾填埋场进行最终处置；如果满足《水泥窑协同处置固体废物污染控制标准》（GB 30485），则可使用水泥窑协同处置，且这两种处置过程均不按危险废物管理。对于医疗废物焚烧飞灰，如果满足《生活垃圾填埋场污染控制标准》，则也可以进入生活垃圾填埋场填埋。铬渣的利用在满足《铬渣污染治理环境保护技术规范（暂行）》（HJ/T 301）第 11.5 条规定用于烧结炼铁时，利用过程不按危险废物管理。

20.4.2　废物的危险特性鉴别

固体废物的危险特性主要包括腐蚀性（C）、毒性（T）、易燃性（I）、反应性（R）和感染性（In）五类。废物的危险特性鉴别应遵循《危险废物鉴别标准　腐蚀性鉴别》（GB 5085.1）、《危险废物鉴别标准　急性毒性初筛》（GB 5085.2）、《危险废物鉴别标准　浸出毒性鉴别》（GB 5085.3）、《危险废物鉴别标准　易燃性鉴别》（GB 5085.4）、《危险废物鉴别标准　反应性鉴别》（GB 5085.5）和《危险废物鉴别标准　毒性物质含量鉴别》（GB 5085.6）的要求（图 20.2）。如上标准共涵盖了 335 项指标，包括腐蚀性 2 项、易燃性 3 项、反应性 3 项、急性毒性 3 项、浸出毒性 50 项和毒性物质含量 274 项。

《危险废物鉴别标准　通则》（GB 5085.7）对鉴别程序、危险废物混合后判定规则和危险废物处理后判定规则进行了规定，是危险废物鉴别标准体系的基础。《危险废物鉴别技术规范》（HJ/T 298）对固体废物的危险特性鉴别中样品的采集和检测，以及检测结果的判断等过程的技术要求进行了规定，是规范鉴别工作的基本准则。危险特性的鉴别单位应具备相关危险特性检测能力，相关的分析检测能力需要获得中国计量认证，否则应将分析检测工作委托给具有计量认证的检测单位。

20.5　危险废物的全过程管理

危险废物的全过程管理是指其产生、收集、贮存、转移、处置利用的全过程均应受到相关环境管理部门的严格监管。

20.5.1　危险废物的申报登记

危险废物的产生单位，必须按照《危险废物管理计划和管理台账制定技术导则》制定本单位的危险废物管理计划，并向当地的环境保护行政主管部门申报危险废物的有关信息。目前我国已经建立了国家级的全国危险废物信息管理系统，并鼓励有条件的情况下通过电子地磅、视频监控、电子标签等手段加强危险废物的环境监管，因此产废单位可以与国家危险废物信息管理系统联网，直接通过系统线上如实记录和申报危险废物的种类、产生量、流向、贮存、利用和处置等情况。

根据产生危险废物的数量和环境风险，依据分类管理的原则，目前危险废物产废单位被分为环境重点监管单位、简化管理单位和登记管理单位等三类。其中，同一生产经营场所危险废物年产生量100t 及以上的单位、或具有危险废物自行利用处置设施的单位、或持有危险废物经营许可证的单位属于危险废物环境重点监管单位；同一生产经营场所危险废物年产生量 10t 及以上且未纳入危险废物环境重点监管单位的单位属于危险废物简化管理单位；而同一生产经营场所危险废物年产生量 10t 以下且未纳入危险废物环境重点监管单位的单位属于危险废物登记管理单位。各类危险废物的产生单位均应当于每年 3 月 31 日前，通过信息管理系统进行在线填写和提交当年度的危险废物管理计划，并由该系统自动生成备案编号和回执，以完成备案。

鉴于危险产生量是产废单位分类的基本依据，《危险废物管理计划和管理台账制定技术导则》对如何确定产生量也进行了规定。其中，产废单位运营满 3 年的，其危废年产生量按照近 3 年的年最大产生量为分类基数；运营满 1 年但不满 3 年的，危废年产生量按投运期间的年最大量为分类基数；对于未投运、投运不满 1 年或间歇产生危险废物的产废单位，依据环境影响评价文件、排污许可证副本中较大的危废核算量确定其分类基数。

20.5.2 危险废物的转移管理

为了适应新形势，不断加强对危废转移活动的监督管理，生态环境部于2021年废止了《危险废物转移联单管理办法》，依据新修订的《固废法》专门制定和颁布了《危险废物转移管理办法》（以下简称《办法》）。《办法》指出，危险废物的转移，将直接通过国家危险废物信息管理系统填写，并基于该系统运行危险废物电子转移联单和公开危险废物转移的相关污染环境防治信息。

为防止危险废物转移过程污染环境，避免废物的扬散、流失、渗漏，危险废物移出人、承运人和接受人均不得擅自倾倒、堆放、丢弃、遗撒废物，并对其转移过程造成的环境污染及生态破坏依法承担责任。移出人应当按照国家有关要求开展危险废物鉴别，填写、运行危险废物转移联单（表20.1）。其中，移出人不能将危废以副产品等名义提供或者委托给无危废经营许可证的单位进行收集、贮存、利用和处置；承运人负责填写、运行危险废物转移联单，按相关规定运输危险废物，记录运输轨迹，防止危险废物丢失、泄漏，避免引发环境突发事件；接受人负责核实拟接受危废相关信息与危险废物转移联单的一致性，按相关规定对接受的危废进行贮存、利用或者处置。

表20.1 危险废物转移联单
（样式）

联单编号： （二维码）

第一部分 危险废物移出信息（由移出人填写）							
单位名称：				应急联系电话：			
单位地址：							
经办人：		联系电话：		交付时间：年___月___日___时___分			
序号	废物名称	废物代码	危险特性	形态	有害成分名称	包装方式	包装数量	移出量（t）
第二部分 危险废物运输信息（由承运人填写）							
单位名称：				营运证件号：			
单位地址：				联系电话：			

续表

驾驶员：	联系电话：
运输工具：	牌号：
运输起点：	实际起运时间：年__月__日__时__分
经由地：	
运输终点：	实际到达时间：年__月__日__时__分

第三部分 危险废物接受信息（由接受人填写）

单位名称：	危险废物经营许可证编号：
单位地址：	

经办人：	联系电话：	接受时间：年___月___日__时__分			
序号	废物名称	废物代码	是否存在重大差异	接受人处理意见	拟利用处置方式	接受量（t）

跨省转移危险废物的流程要更加复杂，危险废物移出人应向移出地省级生态环境主管部门提出申请，移出地省级生态环境主管部门商经接受地省级生态环境主管部门，得到同意并批准该危险废物转移时，才能实施转移。为此，危险废物移出人需要专门填写《危险废物跨省转移申请表》（表20.2），并须提交接受人的危废经营许可证复印件，危险废物贮存、利用或者处置方式的说明，移出人与接受人之间的委托协议、意向或者合同及危险废物移出地管理要求的其他材料。在不超过移出人申请的时间期限和接受人危废经营许可证剩余有效期限的前提下，危险废物跨省转移批准决定的有效期为十二个月。

表20.2 危险废物跨省转移申请表

（样式）

一、移出人信息	
单位名称：（加盖公章）	统一社会信用代码：
单位地址：	
联系人：	联系电话：
二、接受人信息	
单位名称：	统一社会信用代码：
单位地址：	
危险废物经营许可证编号：	许可证有效期：年__月__日至__年__月__日

续表

联系人：		联系电话：	
三、危险废物信息（涉及多种危险废物的，可增加条目）			
废物名称：	废物代码：		拟移出量（t）：
有害成分名称：			
形态：固态□　半固态□　液态□　气态□　其他□_____			
危险特性：毒性□　腐蚀性□　易燃性□　反应性□　感染性□			
拟包装方式：桶□　　袋□　　罐□　　其他□_____			
拟利用处置方式：贮存□　　利用□　　处置□　　其他□_____			
四、转移信息			
拟转移期限：___年___月___日至___年___月___日（转移期限不超过十二个月）			
拟运输起点：		拟运输终点：	
途经省份（按途经顺序列出）：			
五、提交材料清单			
随本申请表同时提交下列材料： （一）危险废物接受人的危险废物经营许可证复印件 （二）接受人提供的贮存、利用或处置危险废物方式的说明 （三）移出人与接受人签订的委托协议、意向或者合同 （四）危险废物移出地的地方性法规规定的其他材料			
我特此确认，本申请表所填写内容及所附文件和材料均为真实的。我对本单位所提交材料的真实性负责，并承担内容不实之后果。 　　法定代表人/单位负责人：（签字）　　　　　　日期：年___月___日			

20.5.3　危险废物的经营许可

为加强对危险废物经营活动的监督规范，避免危险废物收集、贮存和处置活动造成环境污染，国务院于 2004 年 5 月 30 日公布了《危险废物经营许可证管理办法》，并根据《国务院关于修改部分行政法规的决定》，在 2013 年和 2016 年对其进行了两次重要修订。

依据《危险废物经营许可证管理办法》，国家对危险废物的经营许可证实行了分级审批的管理制度。对于医疗废物集中处置单位的经营许可证，由处置设施所在地设区的市级环境保护主管部门审批和颁发；对于危险废物收集的经营许可证，由县级环境保护主管部门审批和颁发；其他类的危险废物经营许可证，由省、自治区、直辖市环境保护主管部门审批和颁发。

按照经营方式的不同，危险废物经营许可证又分为危险废物收集经营许可证及收集、贮存、处置综合经营许可证。其中，申领危险废物收集经营许可证的单位要求具备防雨、防渗的运输工具，符合要求的包装工具及中转和临时存放设施、设备。对于申领危险废物综合经营许可证的单位，要求具备的条件包括：①环境工程专业人员 3 名以上，且至少 1 名技术人员有 3 年以上固废治理经历；②符合要求的运输工具；③符合要求的包装工具，中转和临时存放设施、设备以及合格的贮存设施、设备；④危险废物处置设施符合国家或者省、自治区、直辖市的建设规划；⑤匹配的危险废物处置技术和工艺；⑥完备的规章制度、污染防治及应急救援措施；⑦取得经营场所的土地使用权（填埋方式处置危险废物）。

20.5.4　危险废物的应急响应

《固废法》明确规定：产生、收集、贮存、运输、利用、处置危险废物的单位，应当依法制定意外事故的防范措施和应急预案。为指导危险废物经营单位制定合格的应急预案，国家环境保护总局于 2007 年发布了《危险废物经营单位编制应急预案指南》，规定了应急预案所要遵循的原则要求和保证措施及其编制步骤、基本框架和文本格式等。

《危险废物经营单位编制应急预案指南》指出，应急预案应当在火灾、爆炸或其他意外的突发或非突发事件发生时，最大程度上避免危险废物或危险废物组分泄漏，并降低泄漏事件对空气、土壤或水体的污染及对人体健康和环境的危害。根据事故的影响范围和可控性，应急响应一般分为三级：完全紧急状态、有限的紧急状态和潜在的紧急状态。应急预案应明确各类事故的响应级别及其启动的条件和标准，即发生或即将发生危险废物突发事故时，如何触发和启动相应等级的应急预案。

应急机构和过程的组织是应急预案编制的重要内容，至少应包括：①应急组织机构、人员与职责分工；②外部应急和救援力量保障的支持方式和能力；③事故发现及报警救援的程序、方式、时限要求；④紧急状态控制阶段，事故控制的具体行动措施；⑤明确事故得到控制后的应急响应终止程序；⑥现场急救、安全转送、人员撤离等人员安全救护措施等。

为保证应急预案能够在紧急状态期间顺延启动并发挥应有的作用，必须对全体员工，特别是对应急工作组进行定期的培训和演练。针对事故易发环节，每年至少开展一次应急预案演练。危险废物经营单位应当建立应急队伍、安排应急专项资金、将应急预案报政府相关主管部门备案，与周围社区和邻近企业、外部应急/救援力量建立必要的定期沟通机制，并在事故应急期间，按照地方政府的要求，做好各项衔接和配合工作。

20.6　危险废物的填埋和焚烧

20.6.1　危险废物的填埋处置

危险废物填埋在填埋场选址、废物入场、设计施工和运行管理方面相比生活垃圾填埋场有更加严格的要求。相关部门于 2001 年就首次发布了《危险废物填埋污染控制标准》，并于 2019 年进行了详细修订。修订后的标准进一步规范了危废填埋场场址选择的技术要求；收严了危险废物填埋的入场标准和废水排放控制要求，完善了填埋场的监测技术及运行规范并提出了封场后填埋场的环境管理要求。

首先，危废填埋场的场址选择、工程建设和废物入场选择均应避免填埋场渗漏导致的地下水污染。在填埋场选址方面，要求填埋场场址天然基础层的饱和渗透系数不应大于 1×10^{-5}cm/s，要求选址地没有泉水出露，对于一些特定的地质条件须采用刚性填埋结构建设。在强化设计和施工质量保证方面，增加了渗滤液导排层渗透系数不小于 0.1cm/s 和坡度不小于 2% 的技术要求，并提出了可接受渗漏速率计算方法和相关规定，新增了设计寿命期后废物处置方案的制定要求。在废物入场填埋要求方面，细化和明确了进入柔性填埋场和刚性填埋场的各自要求的污染物控制限值、水溶性盐总量和有机质含量等技术参数要求。

其次，危险废物填埋运行管理要求更加严格，强化了环境风险控制的三重屏障，即地质屏障、防渗屏障和预处理屏障。其中地质屏障主要通过选址进行保障，而防渗屏障和预处理屏障都结合在填埋场的日常运行管理要求中。危险废物填埋场运行过程中需要定期监测渗滤液产生量、污染物组分和浓度及渗漏检测层的渗漏量，并通过地下水监测数据对填埋场的环境风险进行综合评价，以确保填埋场运行过程中的环境安全。

同时，在危险废物填埋的入场标准方面，考虑到废盐等水溶性物质可能破坏填埋的稳定性，因此对水溶性盐总量较高的废物进入柔性填埋场作出了具体限定。对于刚性填埋结构的填埋场，鉴于其环境风险控制水平和便于日后回取，其废物入场标准较柔性填埋场有所放松。

根据标准要求，当废物浸出液中的有害成分浓度不超过表 20.3 中允许填埋控制限值且浸出液 pH 值在 7.0～12.0 之间时，允许进入填埋场。但以下危险废物不准进入填埋场：①医疗废物；②与填埋场衬层不相容的废物；③液态废物；④含水率大于等于 60% 的废物；⑤水溶性盐总量大于等于 10% 的废物。对于砷含量大于 5% 和预处理后不再具有反应性、易燃性的废物可进入刚性填埋场，但不能进入柔性填埋场。

表 20.3　危险废物允许进入填埋区的控制限值

序号	项目	稳定化控制限值（mg/L）	
		2001 年标准	2019 年标准
1	有机汞（烷基汞）	0.001	不得检出
2	汞及其化合物（以总汞计）	0.25	0.12
3	铅（以总铅计）	5	1.2
4	镉（以总镉计）	0.5	0.6
5	总铬	12	15
6	六价铬	2.50	6
7	铜及其化合物（以总铜计）	75	120
8	锌及其化合物（以总锌计）	75	120
9	铍及其化合物（以总铍计）	0.2	0.2
10	钡及其化合物（以总钡计）	150	85
11	镍及其化合物（以总镍计）	15	2
12	砷及其化合物（以总砷计）	2.5	1.2
13	无机氟化物（不包括氟化钙）	100	120
14	氰化物（以 CN 计）	5	6

　　填埋场运行管理要求方面，要求企业在填埋场投入运行之前，制订运行计划和环境事件应急预案。柔性填埋场运行过程中，严格禁止外部雨水进入，且每日工作结束时，填埋完毕后的区域必须采用人工材料覆盖。运行期间，至少两年一次进行填埋场环境安全性评估，如发生安全性变差情况，需修改后续的填埋运行计划并采取必要的应急处理措施。

　　填埋场封场管理要求方面，要求柔性填埋场作业容量达到设计容量后，及时进行封场和覆盖。封场结构自下而上为：①导气层。由沙砾组成，厚度不小于 30cm。②防渗层。采用 1.5mm 以上的聚乙烯防渗膜或厚度不小于 30cm 的黏土。③排水层。渗透系数不应小于 0.1cm/s 且与填埋库区四周的排水沟相连。④植被层。压实的覆盖支持土层厚度大于 45cm，且营养植被层厚度应大于 15cm。对于刚性结构填埋场，则每个刚性填埋单元填满后须及时对该单元进行封场，封场结构采用 1.5mm 以上高密度聚乙烯防渗膜和抗渗混凝土。

20.6.2　危险废物的焚烧处置

　　《危险废物焚烧污染控制标准》为强制性标准，规定了危险废物焚烧设施在选址、运行、监测方面的技术要求，并对废物贮存、配伍及焚烧处置过程的环境保护、实施与监督提出了明确要求。标准首次发布于 1999 年，后经 2001 年和 2020 年两次修订。修订后的标准补充了在线自动监测装置设置和运行的有关要求,配合了《污染源自动监控管理办法》管理政策的要求,为危险废物焚烧炉大气污染物排放烟气在线监测的全面和规范使用提供了技术依据。

危险废物焚烧场选址方面,要求各类焚烧厂不得建设在自然保护区、风景名胜区和地表水环境质量和环境空气质量功能区。集中式危废焚烧厂不允许建在人口密集区、商业区和文化区,更不允许建设在居民区上风向地区。鼓励危险废物焚烧设施入驻循环经济园区等市政施集中的区域,且规定在此区域内可依据环境影响评价报告或相关研究对各功能布局进行相关调整。

危险废物焚烧技术指标方面,修订后的标准对焚烧处置过程的危险废物贮存、配伍作出了明确规定,并对于进料装置、焚烧炉、烟气净化装置和排气筒等具体设备的设置进行了更高的要求,如焚烧炉高温段温度≥1100℃,烟气停留时间≥2.0s,燃烧效率≥99.9%,焚毁去除率≥99.99%,焚烧残渣的热灼减率<5%,烟气 CO 浓度的 24h 均值或日均值≤80mg/m^3。

危险废物焚烧污染排放控制方面,修订后的标准对大气减排重点污染物和重金属污染物的排放限值进行了更加严格的要求(表 20.4)。值得注意的是新标准的二噁英排放限值依然保持在 0.5ng TEQ/Nm^3,高于国内现有生活垃圾焚烧炉二噁英排放 0.1ng TEQ/Nm^3 的标准限值。部分原因是,危险废物焚烧过程中二噁英控制难度更大,且我国实际运行的危险废物焚烧炉有相当部分的二噁英排放值在 0.1～0.5ng TEQ/Nm^3 之间。考虑到危险废物焚烧量相对较小,其二噁英排放贡献远小于生活垃圾焚烧,因此维持了 0.5ng TEQ/Nm^3。

表 20.4　危险废物焚烧标准修订前后污染物排放浓度限值对比(mg/m^3)

序号	污染物项目	GB 18484—2001 标准限值			GB 18484—2020 标准限值	
		≤300 kg/h	300～2500 kg/h	≥2500 kg/h	限值	取值时间
1	颗粒物	100	80	65	30	1h 均值
					20	24h 均值或日均值
2	一氧化碳(CO)	100	80	80	100	1h 均值
					80	24h 均值或日均值
3	二氧化硫(SO$_2$)	400	300	200	100	1h 均值
					80	24h 均值或日均值
4	氟化氢(HF)	9.0	7.0	5.0	4.0	1h 均值
					2.0	24h 均值或日均值
5	氯化氢(HCl)	100	70	60	60	1h 均值
					50	24h 均值或日均值

续表

序号	污染物项目	GB 18484—2001 标准限值			GB 18484—2020 标准限值	
		≤300 kg/h	300~2500 kg/h	≥2500 kg/h	限值	取值时间
6	氮氧化物（NO$_x$）		500		300	1h 均值
					250	24h 均值或日均值
7	汞及其化合物（以 Hg 计）		0.1		0.05	测定均值
8	铊及其化合物（以 Tl 计）		—		0.05	测定均值
9	镉及其化合物（以 Cd 计）		0.1		0.05	测定均值
10	铅及其化合物（以 Pb 计）		1.0		0.5	测定均值

危险废物焚烧环境监测方面，焚烧厂运行企业应按照要求建立企业监测制度，制定监测方案，并向环境保护行政主管部门备案。焚烧厂运行企业每月至少开展 1 次烟气中重金属类污染物监测，每年至少开展 2 次烟气中二噁英类的监测，其浓度值为连续 3 次测定值的平均值。而焚烧烟气在线监测被列为焚烧厂的必备项目，其中包括运行工况的实时参数。水污染物的在线监测及设备的设置也须按相关标准和国家地方要求严格执行。

20.7 危险废物水泥窑协同处置

危险废物的水泥窑协同处置是一种基于水泥熟料窑高温过程的危险废物无害化处置过程，入窑处置前一般需要对危险废物进行预处理，入窑后危险废物随着水泥熟料生产同时完成无害化和资源化。水泥窑协同处置温度高、停留时间长，不但适用于危险废物，而且适用于包括废塑料、废橡胶、废纸、废轮胎等在内的生活垃圾，水泥窑协同处置后无二次残渣的特点使其在污水处理污泥、受污染土壤和应急事件废物处理方面也得到了广泛的应用。为规范水泥窑协同处置固体废物的水泥窑的运行控制，2013 年发布的《水泥窑协同处置固体废物污染控制标准》和《水泥窑协同处置固体废物环境保护技术规范》，对协同处置的设施技术、入窑废物的特性、运行技术、污染物排放限值、监测和监督管理及水泥产品污染物控制提出了明确的要求。

20.7.1 协同处置水泥窑要求

《水泥窑协同处置固体废物污染控制标准》要求水泥窑协同处置固体废物的相关设施要满足以下条件：

1）窑体为新型干法水泥窑，单线熟料生产能力不小于 2000t/d；

2）熟料生产模式为窑磨一体化；

3）烟气除尘设施采用高效布袋除尘器；

4）处理过程中污染物的焚毁去除率不小于 99.9999%；

5）水泥窑拟改造用于固体废物协同处置，其改造之前原有设施须连续两年达到《水泥工业大气污染物排放标准》的要求；

6）协同处置设施需配备专用的固体废物贮存设施和投加设施。

20.7.2　入窑协同处置废物要求

水泥窑协同处置固体废物在本质上仍属于高温热处理过程，对于有机类废物有比较好的销毁作用，同时也比较适用于处理处置具有一定热值的废物，便于熟料生产过程中的节能减排。《水泥窑协同处置固体废物污染控制标准》规定，禁止下列固体废物入窑进行处置：①爆炸物及反应性废物；②放射性废物；③未经拆解的废电池、废家用电器和电子产品；④铬渣；⑤温度计、血压计和荧光灯管等含汞废物；⑥未知特性的固体废物。

为避免对水泥生产产生不利影响，入窑固体废物应具有相对稳定的组成和属性。另外，废物中重金属以及氯、氟、硫等有害元素的含量也要控制在一定范围内，确保不会对处置过程的污染控制产生明显的不利影响。以焚烧飞灰为例，其中的氯元素超过 10%，既不满足《通用硅酸盐水泥》原料氯离子含量≤0.06%的要求，也远高于《水泥窑协同处置固体废物环境保护技术规范》建议的入窑物料中氯离子含量≤0.04%，因此飞灰必须进行脱氯处理才能添加到水泥窑进行协同处置（图 20.3）；对于一些含氯较高的农药或持久性有机污染物类废物，其投加量也必须控制在合理的范围内。

20.7.3　污染物排放限值

利用水泥窑协同处置固体废物时，水泥窑排放应同时满足《水泥窑协同处置固体废物技术规范》、《水泥工业大气污染物排放标准》和《危险废物焚烧污染控制标准》等标准的要求。当水泥窑协同处置生活垃圾，若其掺烧生活垃圾量超过入窑物料总质量的 300%时，还应执行《生活垃圾焚烧污染控制标准》。常见焚烧处置技术大气污染物排放浓度限值比较情况见表 20.5。从表中数据可以看出，大部分大气污染物最高允许排放浓度限值要求中，水泥窑协同处置比危险废物焚烧和生活垃圾焚烧控制得更严格。

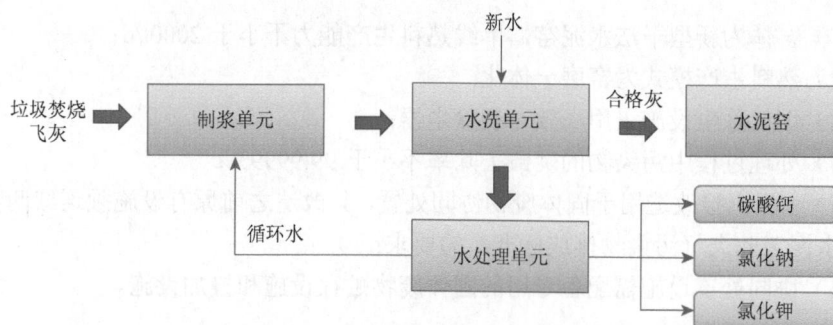

图 20.3　水泥窑协同处理焚烧飞灰的脱氯预处理流程

表 20.5　常见焚烧处置技术大气污染物排放浓度限值比较（二噁英除外）

污染物（单位）	水泥窑协同处置	危险废物焚烧	生活垃圾焚烧
氯化氢（mg/m^3）	10	50	50
氟化氢（mg/m^3）	1	2.0	—
汞及其化合物（mg/m^3）	0.05	0.05	0.05
铊、镉、铅、砷及其化合物（mg/m^3）	1	1.1	0.1
铍、铬、锡、锑、铜、钴、锰、镍、钒及其化合物（mg/m^3）	0.5	2.5	1.0
二噁英类（ng TEQ/Nm^3）	0.1	0.5	0.1

20.7.4　水泥产品污染物控制

　　毫无疑问，用于协同处置固体废物的水泥窑生产出的熟料水泥产品，其质量必须符合《硅酸盐水泥熟料》和《通用硅酸盐水泥》的要求。同时，《水泥窑协同处置固体废物污染控制标准》要求，如果利用一般工业固体废物作为替代原料和替代燃料（如粉煤灰、煤矸石、高炉矿渣、钢渣和硫酸渣等）生产水泥产品，其中污染物的浸出浓度应满足相关的国家标准要求。

20.8　医疗废物的管理和处置

　　医疗废物是一类特殊的危险废物，是指医疗卫生机构在医疗、预防、保健以及其他相关活动中产生的具有直接或者间接感染性、毒性以及其他危害性的废物。为加强医疗废物的安全管理，防止疾病传播和保护环境，国务院于 2003 年发布了《医疗废物管理条例》，并于 2011 年进行了相关修订。条例要求县级以上各级卫生行政主管部门，负责监督和管理医疗废物收集、运送、贮存、处置过程中的疾病防治；环境保护行政主管部门，负责监督和管理医疗废物处置全过程中的环境污染防治工作。为配合条例的实施，卫生部门制定和发布了《医疗卫生机构医疗废物管理办法》，环保部门制定和发布了《医疗废物集中处置技术规范》和《医疗废物处理处置污染控制标准》。

20.8.1　医疗废物分类目录

医疗废物的分类管理是实现医疗废物处置无害化、减量化、科学化的基础。国家卫生健康委和生态环境部修订的《医疗废物分类目录（2021 年版）》将医疗废物分为感染性、损伤性、病理性、药物性和化学性废物等五类。

感染性医疗废物可能携带病原微生物，具有引发感染性疾病传播的危险，因此收集时采用专门的医疗废物包装袋，主要包括被患者血液、体液、排泄物等污染的废物（锐器除外）和废弃的病原体培养基、标本和容器等。对于隔离传染病患者（包括疑似传染病患者）产生的医疗废物须使用双层医疗废物包装袋收集盛装（《医疗废物专用包装袋、容器和警示标志标准》）。

损伤性医疗废物主要是指诊疗过程产生的废弃针类、刀类和钉类等金属类锐器和盖玻片、载玻片、安瓿瓶等玻璃类锐器，能够刺伤或者割伤人体，因此收集时采用专门的利器盒，并且不能装得太满，在利器盒达到 3/4 满时就进行严密封闭。

病理性医疗废物主要是指诊疗和手术过程中产生的医学实验动物尸体和人体废弃物等，包括 16 周胎龄以下或质量不足 500g 的胚胎组织及携带传染病病原体的产妇胎盘。病理性废物需要使用专用医疗废物包装袋并进行防腐或低温保存，但对于患者截肢的肢体以及引产的死亡胎儿，须纳入殡葬管理。

药物性医疗废物是指过期、淘汰、变质或者被污染的废弃的药品，可按《国家危险废物名录》的 HW03 类危险废物进行处置。少量的药物性废物可以并入感染性废物中，但对于批量废弃的药物性废物，收集后应交由具备相应资质的医废或危废处置单位进行处置。

化学性医疗废物是指具有毒性、腐蚀性、易燃易爆性的废弃的化学物品，包括含汞血压计、体温计和废弃的牙科汞合金材料及列入《国家危险废物名录》的废弃危险化学品，可按《国家危险废物名录》的 HW49 类危险废物进行处置。这类废物一般要标明主要成分，收集于容器中，交由具备相应资质的医废或危废处置单位进行处置。

20.8.2　医疗废物的贮运和交接

医疗废物具有特殊的感染性和损伤性，医疗废物集中处置过程的暂时贮存、运送、交接需要满足《医疗废物集中处置技术规范》的要求，而且相关人员的培训与安全防护、突发事故的预防和应急措施、重大疫情期间医疗废物管理都有具体的特殊要求。

收集和临时贮存方面，医疗卫生机构须建立医疗废物的暂时贮存设施、设备，不得露天存放医疗废物，采用专门的包装物、容器收集医疗废物，并设有明显的警示标识和说明。一般来说，医疗废物的暂时贮存时间不超过 2 天，且应当进行定期消毒和清洁。医疗废物的暂时贮存宜远离医疗区、食品加工区和人员活动区，实现与生活垃圾存放场所的分隔，并设置一定的防儿童接触、防鼠、防蟑螂、防蚊蝇、防渗漏、防盗等安全措施。

医疗废物交接方面，废物应盛装于周转箱内，不得打开包装袋取出医疗废物。医疗卫生机构应当使用防渗漏、防遗撒的运送工具，按照本单位确定的内部医疗废物运送时间、路线，将医疗废物收集、运送至暂时贮存地点。医疗废物从暂时贮存地点到处置点的运输由集中处置单位负责。医疗废物集中处置单位须按照预定路线安全转运医疗废物，并执行危险废物转移联单管理制度，由处置单位医疗废物运送人员和医疗卫生机构医疗废物管理人员交接时共同填写，医疗卫生机构和处置单位分别保存。

医疗废物的运送专用车辆需要符合《医疗废物转运车技术要求（试行）》。运送过程中，禁止丢弃和遗撒医疗废物、禁止将医疗废物混入其他废物、禁止在非贮存地点倾倒、堆放医疗废物。运送车辆的厢体应密闭且与驾驶室分离；厢体内壁光滑平整，具有气密性，易于清洗消毒；厢体材料防液体渗漏、耐腐蚀，且底部设清洗水排水收集装置。医疗废物运送专用车辆宜在车辆明显部位设置专用的警示标识。

20.8.3　医疗废物的集中处置

我国推行医疗废物集中无害化处置，医疗废物集中处置设施建设由县级以上地方人民政府负责组织实施，医疗卫生机构根据就近集中处置的原则，将医疗废物交由适宜的医疗废物集中处置单位处置。在当地尚未建成医疗废物集中处置设施期间，地方政府应当组织制定过渡性医疗废物处置方案，确定医疗废物的处置单位。

为推行医疗废物集中处置，2003 年环保部门出台了《医疗废物集中处置技术规范（试行）》，规范推荐采用高温焚烧、高温热解焚烧及其他类似的技术进行医疗废物集中处置。高温热处理技术可以实现医疗废物中传染源和有害物质的高效破坏，适用于除化学性废物以外的所有医疗废物。规范要求医疗废物焚烧及热解焚烧炉应符合以下要求：①不损坏包装的自动投料；②温度、炉压自动控制且超温自动保护；③运行工况自动在线监测和记录；④控制系统能确保医疗废物不能绕过焚烧程序；⑤符合卫生与安全标准。规范还要求，医疗废物在进入高温炉之前，任何人不得打开医疗废物包装袋或取出医疗废物，医疗废物除尘设备产生的焚烧飞灰必须密闭收集贮存，记录最终残余物处置情况并定期上报。

2005 年环保部门进一步发布了《医疗废物集中焚烧处置工程技术规范》，并于 2023 年进行了相关修订，就医疗废物集中焚烧处置工程的设计、施工、验收、运行与维护等过程提出了明确的技术要求。规范要求医疗废物集中焚烧处置工程的焚烧炉由一燃室和二燃室组成，一燃室实现热解和燃烧，二燃室进一步助燃实现未完全燃烧气体充分燃烧，整个焚烧炉高温段温度≥850℃，焚烧烟气停留时间≥2s。医疗废物焚烧后的残渣热灼减率应<5%。焚烧炉应设置辅助燃烧系统和紧急烟气排放装置，在保证满足实际生产需要的同时实现应急状态下的烟气排放。焚烧炉烟气中的二噁英和重金属去除可采用活性炭或其他多孔性吸附剂，且可与布袋除尘器联合使用提高污染物去除效率。

20.8.4　医疗废物的非焚烧处置

为推进全国危险废物、医疗废物和放射性废物的安全贮存和处置能力建设，国务院于 2003 年批复实施了《全国危险废物和医疗废物处置设施建设规划》，规划在技术要求部分提出了因地制宜建设小型医疗废物的非焚烧处置设施，指出："小于 10t/d 的医疗废物处置设施，也可采用其他处理技术，但必须做到杀菌、灭活、毁形和无害化，防止二次污染。积极发展和鼓励其他新技术的开发和示范。"基于此，很多小的处置点选择了非焚烧处理技术作为当地的医废处置技术，常用的医疗废物非焚烧处理技术包括高压蒸汽处理技术、微波处理技术和化学处理技术。

根据《医疗废物高温蒸汽消毒集中处理工程技术规范》（HJ 276）的定义，高温蒸汽消毒是利用高温蒸汽杀灭医疗废物中病原微生物，适用于处理感染性废物、损伤性废物及病理性废物。高温蒸汽可以消除医疗废物潜在的感染性危害，其优点是灭菌迅速彻底、需求空间较小、工艺设备简单和操作较方便。医疗废物高温蒸汽消毒过程中，过热蒸汽需要与医疗废物进行直接的充分接触，消毒温度≥134℃且压力≥0.22MPa，消毒时间超过 45min，保证医疗废物的病原微生物被彻底杀灭。消毒处理后的残余物应破碎毁形，经判定如不属于危险废物，则可以进入生活垃圾焚烧厂进行焚烧处置、进入生活垃圾填埋场填埋处置或进入水泥窑进行协同处置。

根据《医疗废物微波消毒集中处理工程技术规范》（HJ 229）的定义，微波消毒是利用单独微波作用或微波与高温蒸汽组合作用杀灭医疗废物中病原微生物的处理方法。微波消毒与高温蒸汽消毒技术类似，可适用于处理感染性废物、损伤性废物以及病理性废物，使其消除潜在感染性危害，但不适用于处理药物性废物、化学性废物。微波辐射对微生物有较强的杀灭作用，同时通过微波激发预先破碎且润湿的医疗废物会放热产生大量蒸汽，这些蒸汽可以进一步强化微生物的消毒杀灭。因此，微波功率、适量水分、产生热量是进行灭菌的基本条件。与高温蒸汽消毒相比，微波消毒技术需要更低的温度和压力，采用单独微波消毒处理工艺时，消毒温度≥95℃，消毒时间≥45min 即可完成医疗废物的高效消毒。微波消毒处理后的残余物，经判定如不属于危险废物，也可以进入生活垃圾焚烧厂、生活垃圾填埋场填埋和水泥窑进行无害化最终处置。

根据《医疗废物化学消毒集中处理工程技术规范》（HJ 228）的定义，化学消毒是一种利用化学消毒剂杀灭医疗废物中病原微生物的处理方法，使其消除潜在感染性危害。化学消毒在消毒和灭菌方面有着较长的历史，可选择干化学消毒、环氧乙烷消毒等处理工艺，其中干化学消毒处理工艺可与破碎同时进行，而环氧乙烷工艺需要先消毒后破碎。化学消毒工艺的处理效果检测须采用枯草杆菌黑色变种芽孢（ATCC 9372）作为生物指示物，保证杀灭对数值≥4.00。化学消毒后的医疗废物也需要进入生活垃圾焚烧厂、生活垃圾填埋场填埋和水泥窑进行无害化最终处置。

高温蒸汽消毒、微波消毒和化学消毒三类非焚烧处置技术均属于消毒类技术，可适用于感染性废物、损伤性废物以及病理性废物的消毒灭菌。其主要的优点是建设成本及运行成本低，所涉及的管理和技术过程较焚烧过程简单和容易达成；同时，处理过程不易产生二噁英和重金属等污染物，公众可接受程度与焚烧相比要容易得多。

思　考　题

1. 何谓危险废物？如何鉴别一种废物是不是危险废物？

2. 简述危险废物环境无害化管理基本原则。

3. 何谓《国家危险废物名录》？简述《国家危险废物名录》的出台和修订情况。

4. 简述危险废物特性鉴别的主要标准和要求。

5. 简述危险废物转移联单制度的基本内容，分析其对废物全过程管理的作用。

6. 简述我国加入的危险废物管理相关的国际公约。

7. 分析危险废物水泥窑协同处置与危险废物焚烧处置技术的相同点和不同点。

8. 简述医疗废物的分类。

9. 分析医疗废物非焚烧处置技术的优点和对各类医疗废物的适用性。

参 考 文 献

白远洋,郭志达,李金宇.2019. 建设"无废城市"路径选择与推进策略[J]. 环境保护科学,45（4）:
　　7-9，54.

贝新宇,鞠美庭,陈书雪.2008. 电子废弃物中贵金属的回收技术[J]. 环境科技,21（Z2）:114-117,
　　124.

曹丽华,吴军,周伟,等.2009. 生活垃圾填埋场的开采及资源化利用[J]. 河南科学,27（2）:
　　236-239.

曹永成,董猛.2018. 建筑废弃物超细粉的研究现状[J]. 四川水泥,（8）:25,89.

曹云霄,于晓东,姚芝茂,等.2021. 《危险废物焚烧污染控制标准（修订）》解读[J]. 环境保
　　护科学,47（2）:45-50.

常前发.2010. 我国矿山尾矿综合利用和减排的新进展[J]. 金属矿山,（3）:1-5,61.

陈吉春.2005. 矿业尾矿微晶玻璃制品的开发利用[J]. 中国矿业,14（5）:83-85.

陈家珑.2014. 我国建筑垃圾资源化利用现状与建议[J]. 建设科技,（1）:9-12.

陈进利,吴勇生.2008. 有色冶金废渣综合利用现状及发展趋势[J]. 中国资源综合利用,26（10）:
　　22-25.

陈俊峰.2012. 煤气化技术的发展现状及研究进展[J]. 广州化工,40（5）:31-33.

陈梦君.2009. 废弃 CRT 玻璃无害化处理技术研究[D]. 北京:中国科学院生态环境研究中心.

陈伟,王燕,廖新俤.2015. 生物质炭在有机废弃物好氧堆肥中的应用研究进展[J]. 中国家
　　禽.37（19）:44-50.

陈扬,王开宇,刘富强.2005. 医疗废物非焚烧处理技术应用及发展趋势探讨[J]. 环境保护,（7）:
　　57-58,63.

陈瑛,滕婧杰,赵娜娜,等.2019. "无废城市"试点建设的内涵、目标和建设路径[J]. 环境保
　　护,47（9）:21-25.

陈颖,田宫伟,梁宇宁,等.2018. 污油泥絮凝机理及其研究进展[J]. 精细化工,35（7）:1081-1086,
　　1096.

丛晓强,张一,王海燕,等.2012. 油田含油污泥的处理及修复技术进展[J]. 广东化工,39（7）:
　　106-107.

戴艳阳.2013. 钨渣中有价金属综合回收新清洁工艺研究[D]. 长沙:中南大学.

邓慧,杨梦佳,姜文选,等.2015. 沸石分子筛与地聚合物比较研究[J]. 粉煤灰综合利用,（5）:
　　53-56.

邓珊,刘立国.2014. 绿色经济理念下的建筑垃圾处理研究[J]. 建筑经济,35（7）:98-100.

董涛.2012. 钢渣在水泥生产中的应用研究[D]. 济南:济南大学.

董志灵,张夫道.2011. 金属尾矿无害化农业再利用前景分析[C]. 中国尾矿综合利用产业发展
　　2011 高层论坛,北京.

杜金颖. 2017. 锰渣废弃物在建筑材料上的应用研究[J]. 中国锰业, 35 (4): 130-132, 143.

杜木伟, 刘晨敏, 刘锡霞. 2013. 我国建筑垃圾处理设备现状及发展趋势[J]. 工程机械文摘, (1): 77-80.

杜雪晴, 廖新俤, 吴银宝, 等. 2014. 有机废弃物好氧堆肥系统中氨氧化微生物的研究进展[J]. 家畜生态学报, 35 (9): 1-7, 13.

范洪刚, 袁浩然, 林镇荣, 等. 2017. 可燃固体废弃物热解气化技术及工程化模拟研究进展[J]. 新能源进展, 5 (3): 204-211.

范锦忠. 2008. 利用煤矸石生产人造轻骨料 (陶粒) 技术要点[J]. 砖瓦, (9): 133-136.

范玉晶. 2015. 煤矸石制烧结砖的发展现状[J]. 福建建材, (2): 21-22.

范跃强. 2016. 煤矸石制备铝系化工产品技术研究[J]. 煤, 25 (11): 67-69.

冯成海, 谢欣馨, 魏生海, 等. 2019. 煤加氢液化残渣利用研究进展[J]. 应用化工, 48 (11): 2733-2738.

冯朝朝, 韩志婷, 张志义, 等. 2010. 煤矿固体废物—煤矸石的资源化利用[J]. 煤炭技术, 29 (8): 5-7.

付克明, 路迈西, 朱虹. 2006. 煤矸石制备 4A 分子筛研究[J]. 中国煤炭, 32 (5): 52-54, 57.

顾炳伟, 王培铭. 2009. 不同产地煤矸石特征及其火山灰活性研究[J]. 煤炭科学技术, 37 (12): 113-116, 74.

郭海军, 尚宏志, 刘希文, 等. 2000. 油墨用氧化铝合成方法[J]. 辽宁化工, (5): 274-275.

郭小夏, 刘洪涛, 常志州, 等. 2018. 有机废物好氧发酵腐殖质形成机理及农学效应研究进展[J]. 生态与农村环境学报, 34 (6): 489-498.

郭晓潞, 施惠生, 夏明. 2016. 不同钙源对地聚合物反应机制的影响研究[J]. 材料研究学报, 30 (5): 348-354.

郭雪婷, 孟凡钰, 刘晓红. 2019. 某金矿氰化尾渣无害化处理试验研究[J]. 黄金, 40 (5): 77-79.

郭志达, 白远洋. 2019. "无废城市" 建设模式与实现路径[J]. 环境保护, 47 (11): 29-32.

韩德奇, 张忠和, 杜兰英, 等. 2000. 石蜡白土精制中掺加废催化剂的工艺研究[J]. 石化技术与应用, 18 (5): 266-268.

郝永利, 胡华龙, 金晶, 等. 2016. 论我国危险废物分级管理的紧迫性[J]. 中国环保产业, (3): 21-23, 27.

郝永利, 金晶, 胡华龙, 等. 2015. 我国危险废物处置利用现状分析[J]. 中国环保产业, (12): 28-31.

郝永利, 温雪峰, 罗庆明, 等. 2009. 我国矿业固体废弃物分类分级管理研究初探[J]. 环境与可持续发展, 34 (6): 34-36.

何艺, 徐双, 靳晓勤, 等. 2018. 中国钨渣产生特性及资源化利用技术研究现状[J]. 中国钨业, 33 (5): 51-56.

贺敏岚, 李伟, 苏鑫, 等. 2015. 光伏发电技术的研究进展[J]. 化工新型材料, 43 (3): 4-5.

胡刚, 江浩, 徐振标. 2016. "城市矿产" 视角下建筑废弃物的开发与利用——以广州市为例[J]. 城市问题, (1): 47-51, 57.

胡海杰, 李彦, 屈撑囤, 等. 2017. 含油污泥热解技术的研究进展[J]. 当代化工, 46 (11): 2303-2305, 2319.

华锡昌. 2009. 垃圾卫生填埋场选址与勘察设计技术综述[J]. 资源环境与工程, 23 (1): 52-56.

黄启飞，王菲，黄泽春，等. 2018. 危险废物环境风险防控关键问题与对策[J]. 环境科学研究，31（5）：789-795.

黄世栋. 2006. 垃圾焚烧处理及二次污染的控制[J]. 引进与咨询，（6）：48-49.

黄婷，庄毅璇，林楚娟. 2012. 垃圾填埋气体处理和利用的可行性研究[J]. 当代化工，41（3）：298-301.

黄瑶瑶. 2017. 农业废弃物作为生物质吸附剂对废水处理的研究进展[J]. 应用化工，46（2）：368-372.

贾艳萍，宗庆，张兰河，等. 2015. 粉煤灰絮凝剂的制备及其在印染废水处理中的应用进展[J]. 硅酸盐通报，34（3）：733-737.

蒋家超，招国栋，赵由才. 2007. 矿山固体废物处理与资源化[M]. 北京：冶金工业出版社.

蒋训雄. 2017. 高铝粉煤灰提取氧化铝技术现状与发展趋势[J]. 有色金属工程，7（1）：30-35.

蒋业浩，姜艳艳，吴书安，等. 2014. 建筑垃圾再生骨料清洁生产及工程应用研究[J]. 施工技术，43（24）：37-39，100.

金石，高美玲，谭鹏程，等. 2018. 粉煤灰在功能涂料中应用研究进展[J]. 涂料工业，48（8）：84-87.

金帅，贾庆明，陕绍云，等. 2018. 废弃物制备钙基二氧化碳吸附剂的研究进展[J]. 硅酸盐通报，37（11）：3475-3480.

康晓，唐永忠. 2018. 基于公私合营管理模式在城市生活垃圾处理中的应用研究[J]. 环境科学与管理，43（3）：19-22.

雷瑞，付东升，李国法，等. 2013. 粉煤灰综合利用研究进展[J]. 洁净煤技术，19（3）：106-109.

李洪国，邹君峰，李政，等. 2017. 污泥干化技术综述及方案选择[J]. 当代化工，46（6）：1186-1189.

李辉，吴晓芙，蒋龙波，等. 2014. 城市污泥制备成型衍生燃料技术综述[J]. 新能源进展，2（1）：1-6.

李家镜. 2012. 利用铝灰制备 Sialon 材料的研究[D]. 上海：上海交通大学.

李金惠，刘丽丽，蔡晓阳，等. 2021. 2020 年固体废物处理利用行业发展评述及展望[J]. 中国环保产业，（4）：25-28.

李俊杰，何德文，周康根，等. 2019. 钨渣综合利用研究现状[J]. 矿产保护与利用，39（3）：125-132.

李琴，蔡木林，李敏，等. 2015. 我国危险废物环境管理的法律法规和标准现状及建议[J]. 环境工程技术学报，5（4）：306-314.

李全明，张红，李钢. 2017. 中国与加拿大尾矿库安全管理对比分析[J]. 中国矿业，26（1）：21-24，48.

李世刚，王万福，孟庭宇，等. 2018. 工业污泥超临界水氧化处理的研究进展[J]. 工业水处理，38（1）：1-5.

李婷. 2011. 金银精矿氰化尾渣中铜锌等有价金属综合利用研究[D]. 赣州：江西理工大学.

李文涛，高庆先，王立，等. 2015. 我国城市生活垃圾处理温室气体排放特征[J]. 环境科学研究，28（7）：1031-1038.

李晓光，丁书强，卓锦德，等. 2018. 粉煤灰提取氧化铝技术研究现状及工业化进展[J]. 洁净煤技术，24（5）：1-11.

李煜. 2014. 我国城市生活垃圾焚烧处理发展分析[J]. 中国环保产业，（7）：36-38.

李贞，王俊章，申丽明，等. 2021. 煤制油工艺及煤制油残渣综合利用综述[J]. 环境工程，39（5）：135-141，149.

李志仁. 2014. 氯碱盐泥综合回收工艺技术研究[D]. 西安：西安建筑科技大学.

梁玄晔. 2015. 城市生活垃圾收运智能管理研究——以大连市为例[D]. 大连：大连理工大学.

梁勇，李博，马刚平，等. 2013. 建筑垃圾资源化处置技术及装备综述[J]. 环境工程，31（4）：109-113.

廖奇丽，江伟辉，彭永烽. 2013. 利用太阳能多晶硅片生产过程中产生的固体废弃物合成莫来石晶须[J]. 中国陶瓷工业，20（6）：19-21.

林剑，何清平，黎春祥. 2010. 一种从稀土熔盐电解废料中分离回收稀土元素的方法：CN201010505807.2[P]. 2012-07-04.

林伟帮，蒋伟芬，郑刚. 2013. 油泥处理技术研究新进展[J]. 广州化工，41（15）：14-15，26.

凌江，王波，温雪峰. 2016. 以大数据驱动固体废物管理创新的思考[J]. 中国环境管理，8（4）：29-32，36.

刘畅，梁东花，陈冰. 2016. 国外经验对我国农村垃圾处理的启示[J]. 小城镇建设，（8）：23-27.

刘国涛，夏璇，李蕾，等. 2018. 生物炭对有机废物好氧堆肥化过程的影响研究进展[J]. 安全与环境学报，18（4）：1523-1526.

刘航. 2018. 中国城市矿产资源开发利用现状、问题及对策[J]. 中国矿业，27（9）：1-6，15.

刘红红，廖立军. 2007. 广州市李坑生活垃圾焚烧发电厂规划设计[J]. 工业建筑，37（11）：16-19，31.

刘建伟，夏雪峰，葛振. 2015. 城市有机固体废弃物干式厌氧发酵技术研究和应用进展[J]. 中国沼气，33（4）：10-17.

刘康. 2016. 电子废弃物中稀贵金属的超临界流体回收方法与机理研究[D]. 北京：中国科学院大学.

刘可高，朱慧，蒋元海. 2004. 煤矸石作水泥混合材的活化方法研究[J]. 粉煤灰综合利用，（6）：3-6.

刘立，张朝升，赵美花. 2018. 生物炭对好氧堆肥化处理影响的研究进展[J]. 环境科学与技术，41（9）：170-175，182.

刘丽珍，向家富. 2003. 用冶炼炉渣研制水稻专用硅肥及其肥效试验[J]. 云南化工，30（4）：50-52.

刘荣厚，牛卫生，张大雷. 2005. 生物质热化学转换技术[M]. 北京：化学工业出版社.

刘圣勇. 1997. 煤矸石制取聚合氯化铝原理及工艺[J]. 环境保护科学，23（1）：43-45.

刘守新. 2015. 新型生物质基多孔炭[M]. 北京：科学出版社.

刘璇，李如燕，孙可伟，等. 2015. 尾矿资源综合利用的必要性及对策[J]. 再生资源与循环经济，8（12）：30-32.

刘学敏，张晨阳. 2016. 中国"城市矿产"开发潜力研究——以报废汽车、家电、电子产品为例[J]. 开发研究，（4）：121-127.

龙亮，刘国荣，张悦，等. 2015. 污油泥处理研究现状及其进展[J]. 过滤与分离，25（4）：32-35.

路朝阳，汪宏杰，于景民，等. 2015. 农村废弃物厌氧干发酵技术研究进展[J]. 河南化工，32（2）：7-11.

吕翠翠. 2017. 氰化渣中有价元素资源化高效回收的应用基础研究[D]. 北京：中国科学院大学.

马刚平，岳昌盛，王荣，等. 2013. 建筑垃圾再生骨料生产工艺及应用研究[J]. 环境工程，31（3）：116-117，143.

马丽丽，刘晓超. 2006. 垃圾填埋场渗沥液处理技术综述[J]. 环境卫生工程，14（1）：32-35，39.

毛宇，马丽萍，崔夏，等. 2012. 垃圾焚烧烟气中重金属污染控制研究[J]. 化学世界，53（10）：

629-633，640.

梅娟. 2014. 园林废弃物好氧堆肥处理技术的研究进展[J]. 化工时刊，28（12）：29-32.

蒙天宇，汪万发，蓝艳. 2020. 无废城市国际案例分析报告[R].生态环境部对外合作与交流中心.

孟刚，王宁，曹永杰，等.2016. 建筑垃圾资源化及再生骨料混凝土研究进展[J]. 商品混凝土，（1）：33-35，29.

孟宪民，仇是胜，高西峰. 1999. 从煤矸石中提取氧化铝[J]. 中国物资再生，17（5）：12-13.

孟跃辉，倪文，张玉燕. 2010. 我国尾矿综合利用发展现状及前景[J]. 中国矿山工程，39（5）：4-9.

宁永安，段一航，高宁博，等. 2020. 煤气化渣组分回收与利用技术研究进展[J]. 洁净煤技术，26（S1）：14-19.

牛莉慧，杜佩英，贾国安，等. 2017. 除尘技术研究进展[J]. 山东化工，46（19）：75-76，79.

彭富昌，王青松. 2016. 我国煤矸石的综合利用研究进展[J]. 能源环境保护，30（1）：17-20.

彭绍洪，陈烈强，蔡明招. 2004. 含卤废旧塑料的脱卤技术研究进展[J]. 塑料工业，32（11）：4-7.

彭岩，李强，郭晓倩，等. 2008. 我国煤矸石应用现状及发展方向[J]. 矿业快报，24（11）：8-11.

祁星鑫，王晓军，黎艳，等. 2010. 新疆主要煤区煤矸石的特征研究及其利用建议[J]. 煤炭学报，35（7）：1197-1201.

钱汉卿，徐怡珊. 2007. 化学工业固体废物资源化技术与应用[M].北京：中国石化出版社.

邱启文，温雪峰. 2020. 赴日本执行"无废城市"建设经验交流任务的调研报告[J].环境保护，48（1）：57-60.

任军哲，黄晔，黄澎. 2018. 煤化工废催化剂利用技术现状与展望[J]. 煤质技术，33（1）：20-22，27.

任庆华，赵明琦. 2005. 利用高炉渣生产硅肥技术综述[J]. 安徽冶金，（1）：54-59.

任咏. 2020.5G 技术在生活垃圾处置全链条中的应用探索[J]. 环境卫生工程，28（4）：6-10.

邵奇峰，金澈清，张召，等. 2018. 区块链技术：架构及进展[J]. 计算机学报，41（5）：969-988.

沈婧丽，王彬，许兴. 2016. 脱硫石膏改良盐碱地研究进展[J]. 农业科学研究，37（1）：65-69.

沈志刚. 2014. 燃煤电厂烟气脱硫石膏制备硫酸钙晶须研究进展[J]. 化工新型材料，42（11）：23-24，38.

生态环境部. 2020. 2020 年全国大、中城市固体废物污染环境防治年报[R]. https://www.mee.gov.cn/hjzl/sthjzk/gtfwwrfz/.

施惠生，杜晶，郭晓潞. 2012. 资源化利用垃圾焚烧飞灰的湿法预处理技术研究进展[J]. 粉煤灰综合利用，26（5）：49-52，56.

石德智，张金露，胡春艳，等. 2017. 超临界水氧化技术处理污泥的研究与应用进展[J]. 化工学报，68（1）：37-49.

史达，张建波，杨晨年，等. 2020. 煤气化灰渣脱碳技术研究进展[J]. 洁净煤技术，26（6）：1-10.

史瑞. 2018. 航天废弃物中氧的水热回收方法与污染物控制机制研究[D]. 北京：中国科学院大学.

史志新，刘锦燕，王春梅. 2015. 不同碱度钢渣显微形貌及物相变化分析研究[J]. 冶金分析，35（11）：16-22.

宋瑞领，蓝天. 2021. 气流床煤气化炉渣特性及综合利用研究进展[J]. 煤炭科学技术，49（4）：227-236.

宋薇，蒲志红. 2017. 美国生活垃圾分类管理现状研究[J]. 中国环保产业，（7）：63-65.

宋瑶. 2019. 硫酸亚铁还原的铬渣中六价铬的释放机制及提取机理研究[D]. 广州：华南理工大学.

孙道胜，苏文君，王爱国，等. 2016. 以煤矸石为硅铝质原料制备水泥熟料的试验研究[J]. 材料导报，30（16）：130-134.

孙冬石，郭笛. 2020. 基于区块链技术的垃圾逆向供应链信息平台构建[J]. 物流科技，43（4）：132-135.

孙亮. 2012. 废旧锂离子电池回收利用新工艺的研究[D]. 长沙：中南大学.

孙朋，郭占成. 2014. 钢渣的胶凝活性及其激发的研究进展[J]. 硅酸盐通报，33（9）：2230-2235.

孙朋，于云江，李定龙，等. 2008. 电子垃圾中塑料成分的回收利用研究现状[J]. 环境科学与技术，31（1）：51-56.

孙士超，卢宏玮，任丽霞，等. 2015. 北京市垃圾填埋气体排放模拟及 CDM 现状分析[J]. 环境工程学报，9（7）：3361-3367.

孙昕，金龙，宋立杰，等. 2009. 城市生活垃圾焚烧灰渣资源化利用的研究进展[J]. 污染防治技术，（2）：61-63.

孙燕，刘和峰，刘建明，等. 2009. 有色金属尾矿的问题及处理现状[J]. 金属矿山，（5）：6-10，15.

孙颖. 2018. 萃取法资源化回收钒铬废渣的应用基础研究[D]. 天津：天津大学.

唐珏，周永生，贺正楚. 2016. 美国与中国"城市矿产"发展比较[J]. 社会科学家，（6）：78-82.

唐兰，黄海涛，郝海青，等. 2015. 固体废弃物等离子体热解/气化系统研究进展[J]. 科技导报，33（5）：109-114.

唐宇，汤红妍. 2014. 城市生活垃圾填埋场渗滤液处理工艺综述[J]. 工业技术创新，1（3）：362-373.

仝坤，张以河，侯连栋，等. 2011. 粉煤灰制备含硫絮凝剂的研究进展[J]. 环境工程，29（S1）：405-408.

汪发红，李宁. 2011. 建筑垃圾生产免烧砖技术研究[J]. 混凝土与水泥制品，（12）：56-58.

汪加军，王晓辉，黄波，等. 2013. 废钨渣中钽、铌、钨高效共提新工艺研究[J]. 有色金属科学与工程，4（5）：91-96.

汪平，王召，王爱芹. 2012. 钢铁产业工业固体废弃物在新型建材工业中的应用途径探讨[J]. 建材发展导向，10（6）：45-46.

王昶，孙桥，左绿水. 2017. 城市矿产研究的理论与方法探析[J]. 中国人口·资源与环境，27（12）：117-125.

王昶，徐尖，姚海琳. 2014. 城市矿产理论研究综述[J]. 资源科学，36（8）：1618-1625.

王丹妮. 2014. 粉煤灰提取氧化铝技术发展综述[J]. 中国煤炭，40（S1）：58-60.

王栋民，左彦峰，李俏，等. 2006. 煤矸石的矿物学特征及建材资源化利用[J]. 砖瓦，（6）：17-23.

王国新. 2008. 高炉矿渣制作新型墙体材料的应用研究[D]. 西安：西安建筑科技大学.

王红民，孙炎军. 2015. 垃圾填埋气的资源化利用[J]. 当代化工，44（1）：110-113.

王菁，王苗捷，杨凤玲，等. 2015. 煤矸石酸浸废渣制白炭黑工艺中杂质影响研究[J]. 无机盐工业，47（10）：57-60，73.

王军. 2010. 高炉渣生产绿色建材的基础研究[D]. 西安：西安建筑科技大学.

王军龙，胡鹏刚，杨冰凌，等. 2018. 煤矸石和气化渣在水泥生料配料中的应用及比较[J]. 水泥，（4）：

23-25.

王俊兰, 丁文华, 安卫国. 2003. 对稀土酸法冶炼污染治理的探讨[J]. 内蒙古环境保护, 15（4）: 16-21.

王丽杰. 2018. 粉煤灰提取氧化铝工艺进展[J]. 安徽化工, 44（4）: 6-8.

王琳瑞, 柴淼, 卢晗, 等. 2016. 绿色导向下的光伏产业环境污染控制进展研究[J]. 环境科学与管理, 41（8）: 63-65, 110.

王罗春, 赵由才. 2004. 建筑垃圾处理与资源化[M]. 北京: 化学工业出版社.

王萌萌. 2016. 废旧锂电池中锂和钴的机械化学回收方法与机制研究[D]. 北京: 中国科学院大学.

王琪, 黄启飞, 段华波, 等. 2006. 我国危险废物特性鉴别技术体系研究[J]. 环境科学研究, 19（5）: 165-179.

王仁南. 2017. 加氢精制催化剂器外再生及应用情况分析[J]. 炼油与化工, 28（4）: 14-16.

王瑞, 赵辉, 王永旺, 等. 2018. 粉煤灰提取白炭黑研究进展[J]. 矿产综合利用, （6）: 32-36.

王伟, 严捍东. 2013. 工业污泥烧制陶粒的工艺研究进展[J]. 工业用水与废水, 44（1）: 1-4.

王永卿, 张均, 王来峰. 2016. 我国矿山固体废弃物资源化利用的重要问题及对策[J]. 中国矿业, 25（9）: 69-73, 91.

韦兴. 2013. 从包头稀土生产废渣中提取稀土的研究[D]. 沈阳: 东北大学.

魏彦林, 吕雷, 杨志刚, 等. 2015. 含油污泥回收处理技术进展[J]. 油田化学, 32（1）: 151-158.

魏永宽. 2016. 污油泥处理研究现状及进展[J]. 中小企业管理与科技（下旬刊）, （30）: 66-67.

文华, 李晓静. 2015. 建筑垃圾在道路工程领域的研究现状及发展趋势[J]. 施工技术, 44（16）: 81-84.

吴小武, 刘荣厚. 2011. 农业废弃物厌氧发酵制取沼气技术的研究进展[J]. 中国农学通报, 27（26）: 227-231.

吴玉锋, 王宝磊, 章启军, 等. 2014. 固体废弃物在催化合成领域中的应用与发展[J]. 现代化工, 34（11）: 32-36.

吴元锋, 仪桂云, 刘全润, 等. 2013. 粉煤灰综合利用现状[J]. 洁净煤技术, 19（6）: 100-104.

武立波, 宋牧原, 谢鑫, 等. 2021. 中国煤气化渣建筑材料资源化利用现状综述[J]. 科学技术与工程, 21（16）: 6565-6574.

席江, 梅自力, 李淑兰, 等. 2016. 预处理对餐厨垃圾厌氧消化的影响研究进展[J]. 环境工程, 34（6）: 140-145.

肖敏. 2017. 难处理稀土电解熔盐废渣高效回收利用研究[D]. 赣州: 江西理工大学.

谢晓霞. 2014. 炼钨矿渣的综合利用[D]. 青岛: 青岛科技大学.

邢明飞. 2013. 电子废弃物中典型持久性有毒物质热变化研究[D]. 北京: 中国科学院大学.

修福荣. 2010. 超临界流体与电动技术联用法资源化利用废弃印刷线路板的研究[D]. 北京: 中国科学院大学.

徐春萍. 2003. 浅谈城市生活垃圾综合处理工程的总体规划设计[J]. 四川环境, 22（4）: 71-73.

徐会超, 袁本旺, 冯俊红. 2017. 煤化工气化炉渣综合利用的现状与发展趋势[J]. 化工管理, （18）: 35-36.

徐敏. 2008. 废弃印刷线路板的资源化回收技术研究[D]. 上海: 同济大学.

徐文龙. 2000. 从德国垃圾卫生填埋处理看我国卫生填埋技术对策[J]. 环境卫生工程, 8（3）: 130-136.

徐晓军，张艮林，白荣林. 2010. 矿业环境工程与土地复垦[M]. 北京：化学工业出版社.

徐振佳，张雪英，周俊，等. 2018. 城市污水厂剩余污泥脱水技术综述[J]. 净水技术，37（2）：
　　38-44.

阎利，郑强，邓辉. 2010. 废弃 CRT 玻璃生产建筑材料若干问题探讨[J]. 四川建筑科学研究，36（3）：
　　198-200，207.

颜廷山，范晓平，康振同，等. 2010. 垃圾填埋场封场景观与生态恢复工程设计应用[J]. 环境工
　　程，28（S1）：431-433.

杨成禹，杨世辉，杜文亚. 2014. 生活废弃物焚烧中二噁英的生成机理和控制方法[J]. 重庆环境
　　科学，（3）：56-59.

杨丹. 2004. 几种工矿废渣在水稻土中硅素肥料效应的研究[D]. 沈阳：沈阳农业大学.

杨俊，胡晨，汪浩，等. 2018. 铅酸电池失效模式和机理分析研究进展[J]. 电源技术，42（3）：
　　459-462.

杨磊锋，杨非，李加文，等. 2017. 垃圾气力输送系统组成及关键技术的研究[J]. 机电产品开发
　　与创新，30（2）：1-3.

杨世祥，李岩. 2009. 含卤废旧塑料回收利用的研究进展[J]. 中国环境管理丛书，（1）：35-39.

杨禹. 2015. 山岳型风景区生活垃圾分类收运处理系统多目标多级优化研究[D]. 武汉：华中科技
　　大学.

杨云飞. 2014. 江苏省稀土废渣放射性水平调查与危害降低措施初探[D]. 南京：南京理工大学.

杨志泉，周少奇. 2005. 广州大田山垃圾填埋场渗滤液有害成分的检测分析[J]. 化工学报，56（11）：
　　2183-2188.

姚珺. 2014. 浅谈稀土低放废渣相关法规标准和处理处置[J]. 中小企业管理与科技（下旬刊），（12）：
　　138-139.

叶美锋，吴飞龙，林代炎. 2014. 农业固体废物堆肥化技术研究进展[J]. 能源与环境，（6）：57-58.

叶小梅，常志州. 2008. 有机固体废物干法厌氧发酵技术研究综述[J]. 生态与农村环境学报，24（2）：
　　76-79，96.

俞华栋. 2018. 粉煤灰地聚合物材料性能及应用的研究进展[J]. 山西建筑，44（16）：81-83.

袁文祥，陈善平，邰俊，等. 2016. 我国垃圾填埋场现状、问题及发展对策[J]. 环境卫生工程，
　　24（5）：8-11.

詹路. 2011. 破碎-分选废弃印刷线路板混合金属颗粒中 Pb，Zn，Cd 等重金属的真空分离与回收[D].
　　上海：上海交通大学.

翟巧龙，徐俊明，苏秋丽，等. 2018. 木质生物质在不同溶剂作用下的液化反应研究进展[J]. 生
　　物质化学工程，52（5）：46-54.

张朝晖，莫涛. 2006. 高炉渣综合利用技术的发展[J]. 中国资源综合利用，24（5）：12-15.

张春飞，王希，谢斐. 2014. 城市生活垃圾气化技术研究进展[J]. 东方电气评论，28（2）：14-19.

张大洲，卢文新，陈风敬，等. 2018 粉煤灰水热合成沸石分子筛及其应用进展[J]. 化肥设计，56（1）：
　　1-4.

张丰. 2011. 从氰化渣中回收金银的试验研究[D]. 西安：西安建筑科技大学.

张付申，王磊，夏冬，等. 2017. 废弃高分子聚合物再生转化环境功能材料的研究进展[J]. 环境
　　工程学报，11（1）：12-20.

张国桥，周朋朋，张立欣. 2009. 煤矸石回填采空区的工艺方法及建议[J]. 煤炭加工与综合利用，（4）：

45-47.

张海滨,孟海波,沈玉君,等.2017.好氧堆肥微生物研究进展[J].中国农业科技导报,19(3):1-8.

张含博.2019.电解铝厂铝灰处理工艺现状及发展趋势[J].有色冶金节能,35(2):11-15.

张建川,张前峰,蔡红军.2012.风力发电复合材料叶片废弃物的几种处理方法分析[J].材料科学与工程学报,30(3):473-482.

张晶,李华民,丁一慧.2014.煤矸石发电发展趋势探讨[J].煤炭工程,46(2):103-105.

张丽颖,黄启飞,王琪,等.2006.风险评价在危险废物分级管理中的应用研究[J].环境科学与管理,31(7):1-2,6.

张倩,徐海云.2012.生活垃圾焚烧处理技术现状及发展建议[J].环境工程,30(2):79-81,89.

张庆长,周志刚.2016.固体废弃物磷石膏制备新材料研究进展[J].城市建设理论研究,(10):3979-3979.

张绍强.2008.发展煤矸石电厂抓好煤炭企业节能减排[J].中国高校科技与产业化,(Z1):114-116.

张拓,韩卿,李新平.2017.造纸污泥生物精炼和填料化利用的研究进展[J].造纸科学与技术,36(4):86-92.

张晓华,孟云芳,任杰.2013.浅析国内外再生骨料混凝土现状及发展趋势[J].混凝土,(7):80-83.

张雪,张承龙,杨义晨,等.2015.机械化学法降解聚氯乙烯实验研究[J].环境科学与技术,38(11):190-193,210.

张亚洲.2016.利用硫铁矿渣制备铬离子吸附剂的研究[D].济南:山东建筑大学.

张瑶,任耘,刘佰龙,等.2015.烧结脱硫石膏的综合利用现状[J].硅酸盐通报,34(12):3563-3566,3570.

张耀明,李巨白,姜肇中.2001.玻璃纤维与矿物棉全书[M].北京:化学工业出版社.

张以河,王新珂,吕凤柱,等.2016.赤泥脱碱及功能新材料研究进展[J].环境工程学报,10(7):3383-3390.

张永,龙良平.2009.煤矸石的组成和特性与综合利用[C].重庆:矿山地质灾害成灾机理与防治技术研究与应用:464-469.

张云国.2010.尾矿综合利用研究[J].有色金属(矿山部分),62(5):48-52.

张志剑,李鸿毅,朱军.2014.废弃物生物质液化制取生物油的研究进展[J].环境污染与防治,36(3):87-93.

章文锋.2022.以生活垃圾焚烧发电项目为核心的静脉产业园规划设计——以华东某市为例[J].四川环境,41(3):200-205.

赵静立.2014.硫铁矿烧渣为原料合成磷酸铁锂的工艺研究[D].武汉:华中科技大学.

赵林.2019.利用电石渣制备水泥的工艺优化研究[D].北京:北京化工大学.

赵腾震,马晓燕.2008.清洁发展机制及其在垃圾填埋气体项目的发展[J].环境卫生工程,16(4):35-37,40.

赵永彬,吴海骏,张学斌,等.2016.煤气化残渣基多孔陶瓷的制备研究[J].洁净煤技术,22(5):7-11.

赵宇明,谷小兵,刘海洋,等.2018.燃煤电厂脱硫石膏综合利用进展[J].建材技术与应用,(1):

20-24，26.

郑川江，舒政，叶仲斌，等. 2013. 含油污泥处理技术研究进展[J]. 应用化工，42（2）：332-336，340.

郑文忠，邹梦娜，王英. 2019. 碱激发胶凝材料研究进展[J]. 建筑结构学报，40（1）：28-39.

中国国土资源经济研究院. 2015. 中国矿产资源节约与综合利用报告（2015）[R].

中华人民共和国生态环境部. 2020. 无废城市国际案例分析报告[R]. http://www.mee.gov.cn/home/ztbd/2020/wfcsjssdgz/bczc/wfcsgjjy/.

钟斌，孙绍锋. 2008. 美国危险废物管理实践[J]. 环境保护，（22）：74-76.

钟永铎. 2013. 氯碱盐泥生产晶须[J]. 氯碱工业，49（11）：41-42.

周爱民. 2004. 中国充填技术概述：矿业研究与开发第八届国际充填采矿会议论文集[C]. 北京：中国有色金属学会：1-7.

周冯琦，张文博. 2020. 垃圾分类领域人工智能应用的特征及其优化路径研究[J]. 新疆师范大学学报（哲学社会科学版），41（4）：135-144.

周继豪，沈小东，张平，等. 2017. 基于好氧堆肥的有机固体废物资源化研究进展[J]. 化学与生物工程，34（2）：13-18.

周旭，罗成俊，周圣庆，等. 2016. 建筑垃圾再生骨料制备透水砖的研究[J]. 砖瓦世界，（10）：51-53，57.

周扬民. 2014. 铝灰的无害化处理及综合利用研究[D]. 昆明：昆明理工大学.

周珍雄，邵倩，余姮蓉等. 2021. 垃圾焚烧飞灰水洗脱氯资源化研究[J]. 广东化工，48（6）：106-107，116.

朱继英，李伟，王相友，等. 2012. 有机固体废弃物厌氧干发酵机制研究进展[J]. 环境科学与技术，35（9）：61-67，76.

朱晓波，李望，管学茂，等. 2014. 拜耳法赤泥脱碱研究现状[J]. 硅酸盐通报，33（9）：2254-2257，2263.

竹涛，舒新前，贾建丽. 2012. 矿山固体废弃物综合利用技术[M]. 北京：化学工业出版社.

Abdullah, Sianipar R N R ，Ariyani D，et al. 2017. Conversion of palm oil sludge to biodiesel using alum and KOH as catalysts[J]. Sustainable Environment Research，27（6）：291-295.

Aremu A S. 2013. In-town tour optimization of conventional mode for municipal solid waste collection[J]. Nigerian Journal of Technology，32（3）：443-449.

Arman，Okada A，Takebe H. 2016. Density measurements of gasified coal and synthesized slag melts for next-generation IGCC[J]. Fuel，182：304-313.

Arora R，Paterok K，Banerjee A，et al. 2017. Potential and relevance of urban mining in the context of sustainable cities[J]. IIMB Management Review，29（3）：210-224.

Berge N D，Ro K S，Mao J D，et al. 2011. Hydrothermal carbonization of municipal waste streams[J]. Environmental Science & Technology，45（13）：5696-5703.

Das S，Bhattacharyya B K. 2015. Optimization of municipal solid waste collection and transportation routes [J]. Waste Management，43：9-18.

Donato D B，Nichols O，Possingham H，et al. 2007. A critical review of the effects of gold cyanide-bearing tailings solutions on wildlife[J]. Environment International，33（7）：974-984.

Duan P，Yan C J，Zhou W，et al. 2016. Development of fly ash and iron ore tailing based porous geopolymer for removal of Cu（Ⅱ）from wastewater[J]. Ceramics International，42（12）：13507-13518.

Ebrahimi A，Saffari M，Hong Y，et al. 2018. Mineral sequestration of CO_2 using saprolite mine tailings in the presence of alkaline industrial wastes[J]. Journal of Cleaner Production，188：686-697.

Fan Y，Zhang F S，Feng Y N. 2008. An effective adsorbent developed from municipal solid waste and coal co-combustion ash for As（Ⅴ）removal from aqueous solution[J]. Journal of Hazardous Materials，159（2-3）：313-318.

Fan Y，Zhang F S，Zhu J X，et al. 2008. Effective utilization of waste ash from MSW and coal co-combustion power plant：Zeolite synthesis[J]. Journal of Hazardous Materials，153（1-2）：382-388.

Gil A，Siles J A，Martín M A，et al. 2018. Effect of microwave pretreatment on semi-continuous anaerobic digestion of sewage sludge[J]. Renewable Energy，115：917-925.

Gui W J，Zhang H J，Liu Q，et al. 2014. Recovery of Th（Ⅳ）from acid leaching solutions of bastnaesite at low concentrations[J]. Hydrometallurgy，147-148：157-163.

Han Y L，Zheng Z，Yin C H，et al. 2016. Catalytic oxidation of formaldehyde on iron ore tailing[J]. Journal of the Taiwan Institute of Chemical Engineers，66：217-221.

Hu P，Zhang Y H，Zhou Y R，et al. 2017. Preparation and effectiveness of slow-release silicon fertilizer by sintering with iron ore tailings[J]. Environmental Progress & Sustainable Energy，37（3）：1011-1019.

Hwang J Y，Huang X，Xu Z. 2006. Recovery of metals from aluminum dross and saltcake[J]. Journal of Minerals and Materials Characterization and Engineering，5（1）：47-62.

Ilyushechkin A Y，Hla S S，Chen X D，et al. 2018. Effect of sodium in brown coal ash transformations and slagging behaviour under gasification conditions[J]. Fuel Processing Technology，179：86-98.

Kiventerä J，Golek L，Yliniemi J，et al. 2016. Utilization of sulphidic tailings from gold mine as a raw material in geopolymerization[J]. International Journal of Mineral Processing，149：104-110.

Ko J H，Wang J C，Xu Q Y. 2018. Characterization of particulate matter formed during sewage sludge pyrolysis[J]. Fuel，224：210-218.

Koutamanis A，Van Reijn B，Van Bueren E. 2018. Urban mining and buildings：A review of possibilities and limitations[J]. Resources，Conservation and Recycling，138：32-39.

Kularatne K，Sissmann O，Kohler E，et al. 2018. Simultaneous ex-situ CO_2 mineral sequestration and hydrogen production from olivine-bearing mine tailings[J]. Applied Geochemistry，95：195-205.

Laabs M，Schwitalla D H，Ge Z F，et al. 2022. Comparison of setups for measuring the viscosity of coal ash slags for entrained-flow gasification[J]. Fuel，307：121777.

Laurent A，Bakas I，Clavreul J，et al. 2014. Review of LCA studies of solid waste management systems-Part I：Lessons learned and perspectives[J]. Waste Management，34（3）：573-588.

Lee U，Han J，Wang M. 2017. Evaluation of landfill gas emissions from municipal solid waste landfills for the life-cycle analysis of waste-to-energy pathways[J]. Journal of Cleaner Production，166：335-342.

Lei C, Yan B, Chen T, et al. 2017. Recovery of metals from the roasted lead-zinc tailings by magnetizing roasting followed by magnetic separation[J]. Journal of Cleaner Production, 158: 73-80.

Liu Z G, Quek A, Balasubramanian R. 2014. Preparation and characterization of fuel pellets from woody biomass, agro-residues and their corresponding hydrochars[J]. Applied Energy, 113: 1315-1322.

Lu X W, Shi D Q, Chen J L. 2017. Sorption of Cu^{2+} and Co^{2+} using zeolite synthesized from coal gangue: isotherm and kinetic studies[J]. Environmental Earth Sciences, 76 (17): 591.

Ma D Y, Wang Z D, Guo M, et al. 2014. Feasible conversion of solid waste bauxite tailings into highly crystalline 4A zeolite with valuable application[J]. Waste Management, 34 (11): 2365-2372.

Menegaki M, Damigos D. 2018. A review on current situation and challenges of construction and demolition waste management[J]. Current Opinion in Green and Sustainable Chemistry, 13: 8-15.

Nguyen-Trong K, Nguyen-Thi-Ngoc A, Nguyen-Ngoc D, et al. 2017. Optimization of municipal solid waste transportation by integrating GIS analysis, equation-based, and agent-based model[J]. Waste Management, 59: 14-22.

Peng N N, Liu Z G, Liu T T, et al. 2016. Emissions of polycyclic aromatic hydrocarbons (PAHs) during hydrothermally treated municipal solid waste combustion for energy generation[J]. Applied Energy, 184: 396-403.

Peri G, Ferrante P, Gennusa M L, et al. 2018. Greening MSW management systems by saving footprint : The contribution of the waste transportation[J]. Journal of Environmental Management, 219: 74-83.

Prabir B. 2010. Bioamss gasification and pyrolysis-practical design and theory[M]. New York: Academic Press.

Qiu R F, Cheng F Q. 2016. Modification of waste coal gangue and its application in the removal of Mn^{2+} from aqueous solution[J]. Water Science and Technology, 74 (2): 524-534.

Ragazzi M, Fedrizzi S, Rada E C, et al. 2017. Experiencing urban mining in an Italian municipality towards a circular economy vision[J]. Energy Procedia, 119: 192-200.

Sakthiselvan P, Madhumathi R, Partha N. 2015. Eco friendly bio-butanol from sunflower oil sludge with production of xylanase[J]. Engineering in Agriculture, Environment and Food, 8 (4): 212-221.

Suganthi S H, Murshid S, Sriram S, et al. 2018. Enhanced biodegradation of hydrocarbons in petroleum tank bottom oil sludge and characterization of biocatalysts and biosurfactants[J]. Journal of Environmental Management, 220: 87-95.

Tam V W Y, Tam C M. 2006. A review on the viable technology for construction waste recycling[J]. Resources, Conservation and Recycling, 47 (3): 209-221.

Tesfaye F, Lindberg D, Hamuyuni J, et al. 2017. Improving urban mining practices for optimal recovery of resources from e-waste[J]. Minerals Engineering, 111: 209-221.

Tuyan M, Andiç-Çakir Ö, Ramyar K. 2018. Effect of alkali activator concentration and curing condition on strength and microstructure of waste clay brick powder-based geopolymer[J]. Composites Part B: Engineering, 135: 242-252.

Van Deventer J S J, Provis J L, Duxson P, et al. 2007. Reaction mechanisms in the geopolymeric conversion of inorganic waste to useful products[J]. Journal of Hazardous Materials, 139 (3): 506-513.

Venäläinen S H. 2011. Apatite ore mine tailings as an amendment for remediation of a lead-contaminated shooting range soil[J]. Science of The Total Environment, 409 (21): 4628-4634.

Viana F F, De Castro Dantas T N C, Rossi C G F T, et al. 2015. Aged oil sludge solubilization using new microemulsion systems: Design of experiments[J]. Journal of Molecular Liquids, 210: 44-50.

Wikramanayake E D, Ozkan O, Bahadur V. 2017. Landfill gas-powered atmospheric water harvesting for oilfield operations in the United States[J]. Energy, 138: 647-658.

Winton R S, River M. 2017. The biogeochemical implications of massive gull flocks at landfills[J]. Water Research, 122: 440-446.

Xiang J Y, Huang Q Y, Lv X W, et al. 2017. Multistage utilization process for the gradient-recovery of V, Fe, and Ti from vanadium-bearing converter slag[J]. Journal of Hazardous Materials, 336: 1-7.

Yi C, Ma H Q, Chen H Y, et al. 2018. Preparation and characterization of coal gangue geopolymers[J]. Construction and Building Materials, 187: 318-326.

Yoshimura H N, Abreu A P, Molisani A L, et al. 2008. Evaluation of aluminum dross waste as raw material for refractories[J]. Ceramics International, 34 (3): 581-591.

Yu J L, Williams E, Ju M T, et al. 2010. Forecasting global generation of obsolete personal computers[J]. Environmental Science & Technology, 44 (9): 3232-3237.

Yuan H P, Shen L Y. 2011. Trend of the research on construction and demolition waste management[J]. Waste Management, 31 (4): 670-679.

Zeng X L, Gong R L, Chen W Q, et al. 2016. Uncovering the recycling potential of "new" WEEE in China[J]. Environmental Science & Technology, 50 (3): 1347-1358.

Zhang C Q, Li S Q. 2018. Utilization of iron ore tailing for the synthesis of zeolite A by hydrothermal method[J]. Journal of Material Cycles and Waste Management, 20 (3): 1605-1614.

Zhang R, Zheng S L, Ma S H, et al. 2011. Recovery of alumina and alkali in Bayer red mud by the formation of andradite-grossular hydrogarnet in hydrothermal process[J]. Journal of Hazardous Materials, 189 (3): 827-835.

Zhou L, Zhou H J, Hu Y X, et al. 2019. Adsorption removal of cationic dyes from aqueous solutions using ceramic adsorbents prepared from industrial waste coal gangue[J]. Journal of Environmental Management, 234: 245-252.